"十三五"国家重点出版物出版规划项目
面向可持续发展的土建类工程教育丛书

SUSTAINABLE
DEVELOPMENT

建设工程合同管理

◎ 徐勇戈 编著

本书根据国际工程合同管理的发展趋势,同时吸收了国际工程合同管理的实践经验,系统地总结了我国建设工程合同管理的最新实际操作经验和方法,理论体系完备,实践性和可操作性强,案例丰富,具有较强的可读性。

本书具体包括建设工程合同管理概述、建设工程合同管理的法律基础、建设工程招标与投标、建设工程勘察设计合同、建设工程施工合同、建设工程总承包合同、国际工程FIDIC合同条件、建设工程合同签约、履约与变更管理、建设工程索赔管理和建设工程合同争议处理等内容。

本书主要作为高等学校土木工程专业和工程管理专业及其他相关专业的本科教材,也可作为从事工程建设和工程管理的专业人员的学习参考书。

图书在版编目(CIP)数据

建设工程合同管理/徐勇戈编著. —北京:机械工业出版社,2020.5
(面向可持续发展的土建类工程教育丛书)
"十三五"国家重点出版物出版规划项目
ISBN 978-7-111-64996-0

Ⅰ. ①建… Ⅱ. ①徐… Ⅲ. ①建筑工程-经济合同-管理-高等学校-教材 Ⅳ. ①TU723.1

中国版本图书馆CIP数据核字(2020)第038496号

机械工业出版社(北京市百万庄大街22号 邮政编码100037)
策划编辑:冷 彬　　　责任编辑:冷 彬 於 薇 商红云
责任校对:李亚娟 潘 蕊　封面设计:张 静
责任印制:张 博
三河市宏达印刷有限公司印刷
2020年4月第1版第1次印刷
184mm×260mm・20.75印张・512千字
标准书号:ISBN 978-7-111-64996-0
定价:53.00元

电话服务　　　　　　　　网络服务
客服电话:010-88361066　机 工 官 网:www.cmpbook.com
　　　　　010-88379833　机 工 官 博:weibo.com/cmp1952
　　　　　010-68326294　金 书 网:www.golden-book.com
封底无防伪标均为盗版　　机工教育服务网:www.cmpedu.com

前 言

改革开放以来，随着《中华人民共和国民法总则》《中华人民共和国合同法》《中华人民共和国建筑法》《中华人民共和国招标投标法》等法律法规的逐步实施以及社会主义市场经济体系的不断建立和完善，我国建设领域已经广泛推行了招标投标制、建设监理制、合同管理制、风险管理制等工程建设基本制度，制定并推广应用了建设工程勘察、设计、监理、施工、总承包等系列标准合同示范文本。市场经济本质是契约（合同）经济，合同是市场主体进行交易的依据。合同的本质在于规范市场交易、节约交易费用。在工程项目全寿命周期过程中，众多项目参与方之间形成了大量的合同法律关系。建设工程合同确立了建设工程项目的工期、质量、价款、安全和环境保护等目标，规定和明确了当事人各方的权利、义务和责任。因此，合同管理贯穿于建设工程项目实施的全过程，是建设工程项目管理的核心。

随着建设工程合同管理理论研究和工程实践的不断深入，建设工程合同管理在项目管理和建筑业企业管理中的重要性日益凸显，建设工程合同管理的内容不断拓展和丰富、深化和优化，已经成为注册建造师、注册监理工程师、注册造价工程师等专业人士知识结构和能力结构的重要组成部分。建设工程合同管理已成为土木工程、工程管理相关本科专业的核心主干课程，是其人才核心能力培养的重要支撑。建设工程合同管理主要研究建设工程的法律问题和建设工程项目的合同管理问题，明确要求学生掌握建设工程合同的基本原理和方法，具备从事建设工程项目招标、投标和合同拟定及管理的能力。通过本课程的教学，学生应能掌握《合同法》的基本理论和方法，熟悉建设工程招投标法律制度和方法，掌握工程建设领域内重要专业合同的基本内容及国际通用的《土木工程施工合同条件》（FIDIC）的运作与方法，熟悉并掌握建设工程合同索赔的理论、方法和实务。

值得说明的是，在本书的编写过程中，作者力图反映与工程建设领域中民事法律行为相关的最新立法动态和司法实践，但随着我国社会主义法制的不断深入和立法进程的逐步加快，上述目的初衷未能充分实现。具有代表性的例子是2019年12月16日公布的《中华人民共和国民法典（草案）》，该草案经过相关程序后会成为正式法律予以颁布实施，在该法颁布实施前，现行的相关法律如《中华人民共和国民法总则》《中华人民共和国合同法》和《中华人民共和国物权法》等仍然有效。考虑到我国工程建设领域的实际情况和教学的内在要求，作者仍然主要按现行的相关法律法规编写有关内容，但同时前瞻性的考虑了未来相关法律法规可能发生的变化，在本书的编写过程中予以了相关的备注或说明。未来若有机会，作者会根据与工程建设相关的最新法律法规对本书进行补充、修改和完善，以期能更好地服务于读者。

  本书由西安建筑科技大学徐勇戈编著。全书根据国际工程合同管理的发展趋势，同时吸收了国际工程合同管理的实践经验，系统地总结了我国建设工程合同管理的最新实际操作经验和方法。全书理论体系完备，实践性和可操作性强，案例丰富，具有较强的可读性。

  由于建设工程合同管理的理论、方法和运作还需要在工程实践中不断丰富、发展和完善，加之作者水平所限，本书不当之处敬请读者批评指正。

编　者

目 录

前 言

第一章　建设工程合同管理概述　/　1
　第一节　工程项目采购模式　/　2
　第二节　工程合同文本和标准条件　/　11
　第三节　工程合同管理的内涵　/　14
　复习思考题　/　18

第二章　建设工程合同管理的法律基础　/　19
　第一节　民事法律基础　/　19
　第二节　建设工程代理制度　/　26
　第三节　建设工程合同法律制度　/　30
　第四节　建设工程担保制度　/　51
　第五节　建设工程保险制度　/　56
　第六节　建设工程税收制度　/　60
　复习思考题　/　65

第三章　建设工程招标与投标　/　66
　第一节　建设工程招标与投标概述　/　66
　第二节　建设工程招标与投标程序　/　72
　第三节　建设工程施工招标投标管理　/　81
　第四节　案例分析　/　89
　复习思考题　/　92

第四章 建设工程勘察设计合同 / 93

第一节 建设工程勘察设计合同概述 / 93

第二节 建设工程勘察合同的主要内容 / 97

第三节 建设工程设计合同的主要内容 / 100

复习思考题 / 103

第五章 建设工程施工合同 / 104

第一节 建设工程施工合同概述 / 104

第二节 建设工程施工合同的主要内容 / 114

第三节 标准施工招标文件的合同条款内容 / 159

复习思考题 / 188

第六章 建设工程总承包合同 / 189

第一节 建设工程总承包合同概述 / 189

第二节 建设工程总承包合同文本 / 191

第三节 建设工程总承包合同重点条款 / 194

复习思考题 / 207

第七章 国际工程 FIDIC 合同条件 / 208

第一节 FIDIC 合同条件概述 / 208

第二节 FIDIC 施工合同条件的主要内容 / 211

第三节 FIDIC 总承包合同条件的主要内容 / 230

复习思考题 / 235

第八章 建设工程合同签约、履约与变更管理 / 236

第一节 建设工程合同的签约管理 / 236

第二节 建设工程合同履约管理 / 246

第三节 建设工程合同变更管理 / 258

复习思考题 / 265

第九章 建设工程索赔管理 / 266

第一节　工程索赔的基本理论 / 266

第二节　建设工程工期索赔 / 284

第三节　建设工程费用索赔 / 292

复习思考题 / 296

第十章 建设工程合同争议处理 / 297

第一节　建设工程合同的常见争议 / 297

第二节　建设工程合同争议的解决方式 / 299

第三节　建设工程合同争议的防范和管理 / 313

第四节　案例分析 / 315

复习思考题 / 322

参考文献 / 323

第一章 建设工程合同管理概述

　　市场经济的本质是契约（合同）经济。合同是商品经济的产物，是市场主体进行交易的依据。合同的本质在于规范市场交易，节约交易费用。在工程项目全寿命周期过程中，众多的工程项目参与方之间，如业主、承包商、设计单位、监理单位、供应商等形成了大量的合同法律关系，如工程勘察合同、设计合同、监理合同、施工合同、材料设备供应合同等。工程合同确定了成本、工期、质量、安全和环境等工程项目总体目标，规定并明确了当事人各方的权利、义务和责任。因此，合同管理是工程项目管理的核心，贯穿于工程实施的全过程。现代建设工程项目是一个复杂的系统工程，其技术复杂、建设周期长、投资额大、不确定因素多、工程项目参与方多、合同种类和数量多，其中每一份具体的工程合同，都存在从合同订立、成立、生效、履行到终止的合同寿命周期。独立而又相互联系的各个合同的圆满履行，就意味着整个工程项目的最终成功。

　　自20世纪60年代末以来，国外工程合同管理领域发生了巨大变化，新的工程项目采购模式与合同条件不断涌现，除了传统的设计-招标-施工（DBB）采购模式外，设计-施工（DB）、设计-采购-施工（EPC）、建设管理（CM）、工程项目管理（PM）、建设-经营-转让（BOT）等采购模式也相继出现。在工程合同领域，FIDIC（国际咨询工程师联合会）、ICE（英国土木工程师学会）、JCT（英国合同审定联合会）、AIA（美国建筑师学会）、AGC（美国总承包商协会）等国际组织制定的系列标准合同条件也不断加以修改和完善，并且在许多实际工程中得以采用。

　　我国自1978年改革开放以来，随着《中华人民共和国合同法》（以下简称《合同法》）、《中华人民共和国建筑法》（以下简称《建筑法》）、《中华人民共和国招标投标法》（以下简称《招标投标法》）等法律法规的逐步实施，社会主义市场经济体系的不断建立和完善，以及国内外建筑市场的一体化融合，建设领域已经广泛推行了建设监理制、招标投标制、合同管理制、风险管理制等工程建设基本制度，制定并推广应用了建设工程勘察、设计、监理、施工等系列标准合同示范文本。随着工程合同管理理论研究和工程实践的不断深入，工程合同管理在工程项目管理和建筑业企业管理中的重要性日益明显和突出：工程合同管理课程和内容在广度上不断拓展和丰富、在深度上不断深化和优化，已经成为注册建造师、注册监理工程师、注册造价工程师等专业人士知识结构和能力结构的重要组成部分，特别是其执业能力的重要体现，并因此成为土木工程相关本科专业的核心主干课程之一。

第一节　工程项目采购模式

一、工程项目采购模式的演变

工程项目采购模式经历了由业主自营模式到现代采购模式的多个发展阶段。14世纪前，工程项目一般由业主直接雇佣工匠进行建设，后来由营造师负责设计和施工，这与当时的社会生产力水平、专业化协作程度以及工程复杂度较低相适应。随着社会生产力的发展和建设规模的扩大，近代建设工程项目由于投资大、结构和技术复杂等原因，产生了设计、施工、供应、管理等专业化分工，即由"合"变"分"，分阶段、分专业的平行发包模式成为主流采购模式。但随着业主逐渐适应市场要求的变化，加上信息技术等科技的高速发展，专业分工的进一步整合重新被人们所认同，工程项目采购模式出现由"分"变"合"的新趋势，逐步演变为设计-施工总承包、设计-施工-供应总承包、CM模式、PM模式以及BOT模式等多种模式并存的局面。

二、工程项目采购模式演变的动因

工程项目采购模式的演变主要基于以下四方面的原因。

1. 业主观念变化

（1）时间观念增强

世界经济一体化增加了竞争的强度，业主需要在更短的时间内拥有生产或经营设施，从而可以更快地向市场提供产品，因而要求工程项目的工期尽量缩短。

（2）质量和价值观发生变化

由于工业领域的业主在生产过程中实行了全面质量管理（Total Quality Management，TOM），因此他们希望承包方也能采用这种管理，以保证工程的质量。另外，业主意识到工程项目的价值应该是价格、工期和质量等的综合反映，是一个全面的价值度量标准，因而工程价格在价值衡量中的比重有所降低。

（3）集成化管理意识增强

提倡各专业、各部门的人员组成工程项目组联合工作，对工程项目整体进行统筹化的管理。目前，许多大型工程项目都采用联合工程项目组方式，将各个专业的人员组织起来共同办公，极大地提高了工作效率。

（4）伙伴关系意识增强

业主、承包商和专业监理人更倾向于为了工程项目的整体成功而合作，而不再是仅仅追求各自的经济利益。人们的观念正从时刻准备索赔向如何避免索赔转变。有些工程合同还规定了多种争端解决方式，尽量避免仲裁或诉讼。

（5）提供工程项目一揽子服务需求加大

由于现代建设工程项目具有规模大、资金需要量大、技术复杂且管理难度高等特点，业主自身的工程项目管理能力和融资能力也有限，因而业主越来越重视承包商提供综合服务的能力。

2. 设计与施工一体化趋势

（1）工程工程项目管理理论的发展

建设工程项目各阶段都有较成熟的工程项目管理理论和丰富的实践经验，很多有关的理论和模型都可以被纳入一体化管理的体系中，这使得研究重点集中在设计、施工等阶段的有效衔接上，工作量因而大大减少。

（2）工业领域的集成管理趋势

自从20世纪70年代中期以来，制造业领域提出了一系列新思想、新概念和新方法，例如并行工程、价值工程、准时生产、精益生产、柔性生产、计算机集成制造（CIMS）等，使制造业得到了快速发展，同时也为工程领域的设计施工一体化提供了可借鉴的理论工具和丰富经验。

（3）工程项目管理信息化集成

信息技术的高速发展，软件工程理论和实践的突破，特别是BIM（Building Information Modeling）理论和技术的提出与应用，为工程项目的设计施工一体化提供了坚实的基础，使设计施工一体化要求的高速信息共享和交流成为可能，保障了设计施工一体化的实施效率。

3. 承包商利润的追求

承包商单纯的工程施工利润逐渐降低，承包业务逐渐向工程项目前期的策划和设计阶段延伸，以及向工程项目建成后的营运阶段拓展，利润重心向产业链前端和后端转移。承包商参与建设工程项目的时间已逐渐提前到工程项目的策划、可行性研究或设计阶段，这一承包方式的发展已经成为国际大型承包商提高自身竞争力和抵抗风险能力的重要手段。

4. 传统DBB模式的局限性

采用传统的分阶段平行采购（DBB）模式，其局限性表现在以下几个方面：

（1）建设周期较长

对于大型工程工程项目来说，如果工程项目全部设计结束后才进行施工招标，然后再进行施工，就会造成承包商介入工程项目的时间推迟，建设周期延长，最终导致投资增加，影响业主的投资效率。

（2）设计变更频繁

随着现代建设工程项目构成日趋复杂化，设计商在设计时不知道谁将是施工者，因而不能结合承包商的特点和能力进行设计，施工过程中可能会引起设计修改，导致设计变更频繁。

（3）设计的可施工性较差

设计商有时对施工过程的具体工艺缺乏足够的重视，对施工方法和工艺了解也较少，在设计过程中很难从施工方法及实际成本的角度出发来选择造价尽可能低且不影响使用功能的设计方案。

（4）业主工程项目总体目标控制困难

组织、协调工作量大，业主对工程项目总体目标的控制有困难，主要是不利于工程项目的投资控制和进度控制，使得在整个工程项目实施过程中，业主对工程项目的投资控制既缺乏系统性、连续性，同时又缺乏足够的深度。

（5）承包商处于被动地位

承包商"按图施工"，基本上处于被动地位，影响其积极性的发挥。

基于传统采购模式存在的局限性，20世纪80年代，建筑业界产生了将设计和施工相结合的单方负责方式（Single Resource Responsibility Systems），其中包括设计-建造（Design-Build）总承包模式、一揽子（Package Deal）总承包模式和 EPC（Engineering, Procurement and Construction）模式等。虽然 DB 和 EPC 模式可以很好地将设计与施工结合起来，业主的组织协调工作量较少，但建设周期完全取决于工程项目总承包单位的分包模式，具有很大的不确定性。为了解决工期要求紧、业主要求其自身工作量最小的大型建设工程项目的采购问题，人们引入了 Fast-Track 概念，由此产生了 CM 采购模式。

三、工程项目采购模式的内涵

国内建筑业中习惯使用的"发包"一词，在国际建筑业中被称为"采购"。本书中所指的"采购"术语，不是泛指材料和设备的采购，而是指建设工程项目本身的采购。工程项目采购是从业主角度出发，以工程项目为标的，通过招标进行"期货"交易，而"承包"从属于并服务于采购。采购决定了承包范围，业主采购的范围越大，承包商承担的风险一般就越大，对承包商技术、经济和管理水平的要求也越高。业主为了获得理想的建筑产品或服务必须进行"采购"，而采购的效果则与采购方式密切相关。工程项目采购方式（Project Procurement Method，PPM）就是指建筑市场买卖双方的交易方式，或者业主购买建筑产品或服务所采用的方法。

在英国和英联邦国家，工程项目采购模式一般被称为"Procurement Method"或者"Procurement System"。这两个名词在含义和使用上没有任何区别，本书所用的"采购模式"便是直接从这两个词翻译过来的。而在美国以及受美国建筑业影响比较大的国家中，工程项目采购模式一般被称为"Delivery Method"或者"Delivery System"，二者在含义和使用上也没有任何区别，如果把它们直接翻译成中文就是"交付方式"。英国的"Procurement Method（System）"和美国的"Delivery Method（System）"从概念上讲是完全相同的，Procurement 的意思是采购，是从购买方（业主）的角度来讲的；Delivery 的意思是交付，是从供货方（设计者、承包商、咨询管理者等）的角度来讲的。不管从哪个角度来讲，它们的意思都是指交易，所以工程项目采购模式本质上就是指工程项目的交易模式。

我国目前对工程项目采购模式的叫法相当混乱，包括"承发包模式""承包模式""采购方式""工程项目交付方式""发包方式""承发包方式""工程项目实施方式""工程项目管理模式""工程建设模式""组织实施方式"，等等。"承发包模式"是我国使用比较多的一个叫法，但是工程项目的交易不仅仅是指承发包，承发包仅仅是指业主与承包商之间的关系，业主与设备、材料供应商之间的关系是一般的货物交易关系，与工程咨询方、工程项目管理方、设计方之间的关系是委托与被委托的关系。承发包与委托关系有着很大的不同，也与一般的货物交易有着明显的不同。所以"承发包模式"并不能完全揭示出工程项目采购模式的所有含义。"工程项目采购模式"这一中文叫法直接从英文翻译过来，忠实于原意，容易被理解，而且也便于与国际交流和接轨。

工程项目采购模式的定义是：对建设工程项目的合同结构、职能范围划分、责任权利、风险等进行确定和分配的方式，其本质上是工程项目的交易方式。从不同的角度来看，它也可以被理解成工程项目的组织方式、管理方式或者实施方式。不同的工程项目采购模式有着不同的合同结构和合同安排，工程项目采购模式的变化深刻决定着工程合同和管理的变化。

四、工程项目采购模式的基本形式

目前，国际和国内建筑市场普遍采用的工程项目采购模式有：传统采购模式（Design-Bid-

Build，DBB)、设计-建造模式（Design Build，DB）、建设管理模式（Construction Management，CM)、设计-采购-建造模式（Engineering，Procurement and Construction，EPC）、工程项目管理模式（Project Management，PM）、管理承包模式（Management Contracting，MC）、项目融资模式（Build Operate Transfer，BOT），以及工程项目伙伴模式（Project Partnering）等。下面对几种主要的工程项目采购模式进行简单的介绍。

1. 设计-招标-建造模式（DBB 模式）

DBB 采购模式是传统的、国际上通用的工程项目采购模式，世界银行、亚洲开发银行贷款工程项目和采用国际咨询工程师联合会（FIDC）合同条件的工程项目均是采用该种模式，我国工程建设领域目前基本上也是采用这种模式。这种模式最突出的特点是强调工程项目的实施必须按照设计-招标-建造的顺序进行，只有一个阶段结束后，另一个阶段才能开始。采用这种方法时，业主与设计商（建筑师或工程师）签订专业服务合同，建筑师或工程师负责提供工程项目的设计和合同文件。在设计商的协助下，通过竞争性招标将工程施工任务交给报价和质量都满足要求且具有一定资质的投标人（承包商）来完成。在施工阶段，设计专业人员通常担任重要的监督角色，并且是业主与承包商沟通的桥梁。FIDIC 土木工程施工合同条件代表的是工程项目建设的传统模式，同传统模式一样，采用单纯的施工招标发包。在施工合同管理方面，业主与承包商为合同双方当事人，工程师处于特殊的合同管理地位，对工程项目的实施进行监督管理。

DBB 模式具有如下优点：

1）参与工程项目的三方即业主、设计商（建筑师或工程师）和承包商在各自合同的约定下行使自己的权利并履行自己的义务，因而这种模式可以使三方的权、责、利分配明确，避免相互之间的干扰。

2）由于受利益驱使以及迫于市场竞争的压力，业主更愿意寻找信誉良好、技术过硬的设计咨询机构，这样具有一定实力的设计咨询公司应运而生。

3）由于该模式长期、广泛地在世界各地被采用，因而管理方法成熟，合同各方都对管理程序和内容较为熟悉。

4）业主可自由选择设计咨询人员，对设计要求可进行控制；业主可自由选择监理机构实施工程监理。

DBB 模式具有如下缺点：

1）该模式在工程项目管理方面的技术基础是按照线性顺序进行设计、招标和施工的管理，建设周期长，投资或成本容易失控，业主方的管理成本相对较高，设计师与承包商之间的协调也比较困难。

2）由于承包商无法参与设计工作，可能造成设计的"可施工性"差，设计变更频繁，导致设计与施工协调困难，设计商和承包商之间可能发生责任推诿，使业主利益受损。

3）按该模式运作的工程项目周期长，业主管理成本较高，前期投入较大，工程变更时容易引起较多的索赔。

长期以来，DBB 模式在土木建筑工程中得到了广泛的应用。但是随着社会科技的发展，工程建设变得越来越庞大和复杂，此种模式的缺点也逐渐突显出来。而工程建设领域技术的进步也使得工程建设的复杂性与日俱增，工程项目投资者在建设期面临的风险也在不断增大，因而一些新型的工程项目采购模式也就相应地发展起来，其中较为典型和常见的是 DB 模式、CM

模式、EPC 模式、PM 模式和 BOT 模式等。

2. 设计-建造模式（Design-Build，DB 模式）

DB 模式是近年来国际工程中常用的现代工程项目采购模式，它又被称为设计-施工模式（Design Construction）或是一揽子工程（Package Deal）。通常的做法是，在工程项目的初始阶段，业主邀请一家或者几家有资格的承包商（或具备资格的设计咨询公司），根据业主的要求或者设计大纲，由承包商或会同自己委托的设计咨询公司给出初步的设计和成本概算。根据不同类型的工程项目，业主也可以委托自己的顾问工程师准备更详细的设计纲要和招标文件，中标的承包商将负责该工程项目的设计和施工。DB 模式是一种工程项目组织方式，DB 承包商和业主密切合作，完成工程项目的规划、设计、成本控制、进度安排等工作，甚至负责土地购买、工程项目融资和设备采购安装。DB 模式的缺点是业主无法参与建筑师或工程师的选择，工程设计可能会受施工者的利益影响等。DB 模式主要有两个特点：

（1）具有高效率性

DB 合约签订以后，承包商就可进行施工图设计，如果承包商本身拥有设计能力，会促使承包商积极提高设计质量，通过合理和精心的设计来创造经济效益，从而达到事半功倍的效果。如果承包商本身不具备设计能力和资质，就需要委托一家或几家专业的咨询公司来做设计和咨询，承包商进行设计管理和协调，使得设计既符合业主的意图，又有利于工程施工和成本节约，使设计更加合理和实用，从而避免设计与施工之间的矛盾。

（2）责任的单一性

DB 承包商对于工程项目建设的全过程负有全部责任，这种责任的单一性避免了工程建设中各方的矛盾和扯皮，也促使承包商不断提高自己的管理水平，通过科学的管理创造效益。相对于传统模式来说，DB 承包商拥有更大的权利，它不仅可以选择分包商和材料供应商，而且还有权选择设计咨询公司，但需要得到业主的认可。这种模式解决了工程项目机构臃肿、层次重叠、管理人员比例失调的现象。

3. 建设管理模式（Construction Management，CM 模式）

CM 模式是采用快速路径法施工（Fast Track Construction）时，从工程项目开始阶段业主就雇佣具有施工经验的 CM 单位参与到工程项目的实施过程中来，以便为设计师提供施工方面的建议，并且随后负责管理施工过程。这种模式改变了过去全部设计完成后才进行招标的传统模式，采取分阶段招标，由业主、CM 单位和设计商组成联合小组，共同负责组织和管理工程的规划、设计和施工。CM 单位责工程的监督、协调及管理工作，在施工阶段定期与承包商交流，对成本、质量和进度进行监督，并预测和监控成本和进度的变化。CM 模式是由美国的查尔森·B. 汤姆森（Charles B. Thomson）于 1968 年提出的，他认为，工程项目的设计过程可看作是由业主和设计方共同连续进行工程项目决策的过程。这些决策从粗到细，涉及工程项目各个方面，而某个方面的主要决策一经确定，即可进行这部分工程的施工。CM 模式又称为分阶段发包方式，它打破过去那种等待设计图全部完成后才进行招标施工的生产方式，只要完成一部分分项（单项）工程设计后，即可对该分项（单项）工程进行招标施工，由业主与各承包商分别签订每个单项工程的合同。CM 模式具有如下优点：

（1）建设周期短

这是 CM 模式的最大优点。在组织实施工程项目时，打破了传统的设计、招标、施工的线性关系，代之以非线性的阶段施工法（Phased Construction）。CM 模式的基本思想就是缩短工程从规划、设计施工到交付使用的周期，即采用 Fast-Tack 方法，设计一部分，招标一部分，施工一部分，实现有条件的"边设计、边施工"。在 CM 模式中，设计与施工之间的界限不复存在，二者在时间上产生了搭接，从而提高了工程项目的实施速度并缩短了工程项目的施工周期。

（2）CM 经理的早期介入

CM 模式改变了传统模式工程项目各方依靠合同调解的做法，代之以依赖建筑师和（或）工程师、CM 经理和承包商在工程项目实施中的合作。业主在工程项目的初期就选定了建筑师和（或）工程师、CM 经理和承包商，由他们组成具有合作精神的工程项目组，完成工程项目的投资控制、进度计划与质量控制以及设计工作，这种方法被称为工程项目组法。CM 经理与设计商是相互协调的关系，CM 单位可以通过合理化建议来影响设计。

CM 模式的缺点主要包括：对 CM 经理的要求较高，CM 单位的资质和信誉都应该比较高，而且需要高素质的从业人员；分项招标可能导致承包费用较高等。CM 模式适用于下列三种工程工程项目：设计变更可能性较大的工程项目，时间因素最为重要的工程工程项目，因总体工作范围和规模不确定而无法准确定价的工程项目。

4. 设计-采购-建造模式（Engineering，Procurement and Construction，EPC 模式）

在 EPC 模式中，Engineering 不仅包括具体的设计工作，还可能包括整个建设工程的总体策划以及整个建设工程组织管理的策划和具体工作；Procurement 也不是一般意义上的建筑设备及材料的采购，而更多是指专业成套设备及材料的采购；Construction 应译为"建造"，其内容包括施工、安装、试车、技术培训等。

EPC 模式具有以下主要特点：

1）业主只负责整体的、原则的、目标的管理和控制，把工程的设计、采购、施工和试车服务工作全部委托给总承包商负责组织实施，业主与总承包商签订总承包合同，设计、采购、施工则是由总承包商统一策划、统一组织、统一协调和全过程控制的。总承包商可以把部分工作委托给分包商完成，分包商的全部工作由总承包商对业主负责。

2）业主可以自行组建管理机构，也可以委托专业的工程项目管理公司代表业主对工程进行整体的、原则的、目标的管理和控制。业主介入具体工程项目组织实施的程度较低，总承包商更能发挥主观能动性，运用其管理经验，为业主和自身创造更多的效益。

3）业主把管理风险转移给总承包商，因而总承包商在经济和工期方面要承担更多的责任和风险，同时承包商也拥有更多的获利机会。

4）EPC 模式还有一个明显的特点，就是合约中没有咨询工程师这个专业监控角色和独立的第三方。EPC 模式一般适用于规模较大、工期较长，且具有相当技术复杂性的工程，如化工厂、发电厂、石油开发等工程项目。EPC 的利弊主要取决于工程项目的性质，实际上涉及各方利益和关系的平衡。尽管 EPC 给承包商提供了相当大的弹性空间，但同时也给承包商带来了较高的风险。从"利"的角度看，业主的管理相对简单，因为由单一总承包商牵头，所以其工作具有连贯性，可以防止设计商与承包商之间的责任推诿，提高了工作效率，减少了协调的工作量。由于总价固定，业主基本上不用再支付索赔及追加工程项目费用（当然也是利弊参半，业主转嫁了风险，同时增加了造价）。从"弊"的角度看，尽管理论上所有工程的缺陷都是承包商的责任，但实际上质量的保障全靠承包商的自觉性，其可以通过调整设计方案来降低成本（而且会影响到长远意义上的质量）。因此，业主对承包商监控的落实十分重要，而 EPC 模式中业主又不能过多地提出设计方面的细节要求和意见。另外，在 EPC 模式中承包商获得业主变更令以及追加费用的弹性也很小。

5. 工程项目管理模式（Project Management，PM 模式）

PM 模式是指工程项目业主聘请一家公司（一般为具备相当实力的工程公司或咨询公司）代表业主进行整个工程项目过程的管理，这家公司被称为"工程项目管理承包商"（Project Management Contractor，简称 PMC）。PM 模式中的 PMC 受业主的委托，从工程项目的策划、定义、设计、施工到竣工投产全过程为业主提供工程项目管理服务。选用该种模式管理工程项目时，业主方面仅需保留很小部分的工程项目管理力量对一些关键问题进行决策，而绝大部分的工程项目管理工作都由 PMC 来承担。PMC 是由一批对工程项目建设各个环节都具有丰富经验的专门人才组成的，它具有对工程项目从立项到竣工投产进行统筹安排和综合管理的能力，能有效弥补业主工程项目管理知识与经验的不足。PMC 作为业主的代表，帮助业主进行工程项目前期策划、可行性研究、项目定义、计划、融资方案，以及在设计、采购、施工、试运行等整个实施过程中有效地控制工程质量、进度和费用，保证工程项目成功实施，达到工程项目寿命期的技术和经济指标最优化。PMC 的主要任务是自始至终对业主和工程项目负责，这包括工程项目任务书的编制、预算控制、法律与行政障碍的清除、资金的筹集等，同时使设计者、工料测量师和承包商的工作正确地分阶段进行，在适当的时候引入指定分包商的合同和任何专业建造商的单独合同，以使业主委托的活动得以顺利进行。采用 PM 模式的工程项目，通过 PMC 的科学管理，可大规模节约工程项目投资。

PM 模式具有以下主要特点：

（1）通过优化设计实现项目全寿命周期成本最低

PMC 会根据工程项目所在地的实际条件，运用自身的技术优势，对整个工程项目进行全方位的技术经济分析与比较，本着功能完善、技术先进、经济合理的原则对整个设计进行优化。

（2）选用合适的合同方式进行招标

在完成基本设计之后通过一定的合同策略，选用合适的合同方式进行招标。PMC 会根据不同工程项目的设计深度、技术复杂程度、工期长短、工程量大小等因素综合考虑采取何种合同形式，从整体上为业主节约投资。

（3）通过 PMC 的多工程项目采购协议及统一的工程项目采购策略节约投资

多工程项目采购协议是业主就某种商品（设备或材料）与制造商签订的供货协议。与业主签订该协议的制造商是该工程项目这种商品（设备或材料）的唯一供应商。业主通过此协议获得价格、日常运行维护等方面的优惠。各个承包商必须按照业主所提供的协议去采购相应的材料和设备。多工程项目采购协议是 PM 工程项目采购策略中的一个重要部分。在工程项目中，要适量地选择商品的类别，以免对承包商限制过多，直接影响其积极性。PMC 还应负责促进承包商之间的合作，以符合业主降低工程项目总投资的目标，包括最优化工程项目内容和全面符合计划等要求。

（4）PMC 的现金管理及现金流优化

PMC 可通过其丰富的工程项目融资和财务管理经验，并结合工程实际情况，对整个工程项目的现金流进行优化。

6. 建造-运营-移交模式（Build Operate Transfer，BOT 模式）

BOT 模式的基本思路是：由项目所在国政府或其下属机构为工程项目的建设和经营提供一

种特许权协议来作为项目融资的基础，由本国公司或者外国公司作为项目的投资者和经营者安排融资，承担风险，开发建设项目，并在有限的时间内经营项目获取商业利润，最后根据协议将该项目转让给相应的政府机构。BOT方式是20世纪80年代在国外兴起的基础设施建设项目依靠私人资本的一种融资、建造的工程项目管理方式，或者说是基础设施国有项目民营化。政府开放本国基础设施建设和运营市场，授权工程项目公司负责筹资和组织建设，建成后负责运营及偿还贷款，规定的特许期满后，再无偿移交给政府。

BOT模式具有如下优点：

（1）降低政府财政负担

通过采取民间资本等措、建设经营的方式，吸引各种资金参与道路、码头、机场、铁路、桥梁等基础设施项目的建设，以便政府集中资金用于其他公共项目的投资。项目融资的所有责任都转移给了私人企业，减少了政府主权借债和还本付息的责任。

（2）政府可以避免大量的项目风险

实行该种方式的融资，使政府的投资风险由投资者、贷款者及相关当事人等共同分担，其中投资者承担了绝大部分的风险。

（3）有利于提高工程项目的运作效率

项目资金投入大、周期长，由于有民间资本参加，贷款机构对工程项目的审查、监督就比政府直接投资方式更加严格。同时，民间资本为了降低风险，获得较多的收益，客观上就更要加强管理，控制造价，这从客观上为项目建设和运营提供了约束机制和有利的外部环境。

（4）引进先进的技术和管理经验

BOT项目通常都由外国的公司来承包，这会给项目所在国带来先进的技术和管理经验，既给本国的承包商带来较多的发展机会，又促进了国际经济的融合。

BOT模式具有如下缺点：

1）公共部门和私人企业往往都需要经过一个长期的调查了解、谈判和磋商过程，以致工程项目前期过长，投标费用过高。

2）投资方和贷款人风险过大，没有退路，使融资举步维艰。

3）参与工程项目各方存在某些利益冲突，对融资造成障碍。

4）机制不灵活，降低私人企业引进先进技术和管理经验的积极性。

5）在特许期内，政府对工程项目失去控制权。

BOT模式被认为是代表国际工程项目融资发展趋势的一种新型结构。BOT模式不仅得到了发展中国家政府的广泛重视和采纳，发达国家政府也考虑或计划采用BOT模式来完成政府企业的私有化过程。迄今为止，在发达国家和地区已进行的BOT项目中，比较著名的有横贯英国和法国两国的英吉利海峡隧道工程、澳大利亚悉尼港海底隧道工程等。20世纪80年代以后，BOT模式得到了许多发展中国家政府的重视，中国、马来西亚、菲律宾、巴基斯坦、泰国等发展中国家都有成功运用BOT模式的工程项目，如中国广东深圳的沙角火力发电厂、马来西亚的南北高速公路及菲律宾那法塔斯尔一号发电站等都是成功的案例。BOT模式主要用于基础设施建设项目，包括发电厂、机场、港口、收费公路、隧道、电信、供水和污水处理设施等，这些项目都是投资大、建设周期长和可以运营获利的项目。

除了以上几种工程项目采购模式外，还有伙伴模式（Partnering，20世纪90年代起源于美国）、PC——工程项目总控模式（Project Controlling，20世纪90年代起源于德国、PFI——私人主动融资模式（Private Finance Initiative，20 世纪 90 年代起源于英国），以及新近兴起的 PPP——公私合营模式等（Private Public Partnership）。

五、不同工程项目采购模式的区别

本节主要介绍传统工程项目采购模式（DBB）与设计-建造模式（DB）和建设管理模式（CM）的区别。

1. 业主介入施工活动的程度不同

1）传统工程项目采购模式中，业主聘用工程师为其提供工程管理咨询，成本工程师、工料测量师或造价工程师等为其提供完善的工程成本管理服务。在国际工程中，建筑师也为业主承担大量的工程项目管理工作，因此，业主不直接介入施工过程。

2）设计建造模式中，业主缺乏为其直接服务的工程项目管理人员，因此在施工过程中，业主必须承担相应的管理工作。

3）建设管理模式中，一般没有施工总承包商，业主与多数承包商直接签订工程合同。虽然有 CM 经理协助业主进行工程施工管理，但业主必须适当介入施工活动。

2. 设计师参与工程管理的程度不同

1）传统工程项目采购模式中授予建筑师或工程师极其重要的管理地位，建筑师或工程师在工程项目的大多数重要决策中起决定性作用，承包商必须服从建筑师或工程师的指令，严格按合同施工。因此，在传统的工程项目采购方式中，设计师参与管理工作的程度最高。

2）设计建造模式中，设计和施工均属于同一公司内部的工作，设计参与管理工作的程度也很高。设计建造承包商通常首先表现为承包商，然后才表现为设计师。在总价合同条件下，设计建造承包商更多地关注成本和进度，设计工作和工程管理工作一定程度地分离。

3）建设管理模式中，设计工作和工程管理工作彻底分离。设计师虽然作为工程项目管理的一个重要参与方，但工程管理的核心是建设管理承包商。建设管理承包商要求设计人员在适当的时间提供设计文件，配合承包商完成工程建设。

3. 工作责任的明确程度不同

1）传统工程项目采购模式中承包商的责任是按设计图施工，对于任何可能的工程纠纷首先从设计或施工等方面分析，然后从其他方面寻找原因。如果业主使用指定分包商，会导致工程责任划分更加复杂和困难。

2）设计建造模式具有最明确的责任划分，承包商对工程项目的所有工作负责，即使是自然因素导致的事故，承包商也要负责。

3）在建设管理模式中，业主和承包商直接签订工程合同，有助于明确工程责任。

4. 适用工程项目的复杂程度不同

1）传统工程项目采购模式的组织结构一般较复杂，不适用于简单工程项目的管理。传统模式在招标前已完成了所有工程的设计，并且假定设计人员比施工人员知识丰富。

2）设计建造模式的管理职责简明，比较适用于简单的工程项目，也可适用于较复杂的工程项目。但是，当工程项目组织非常复杂时，大多数设计建造承包商并不具备相应的协调管理能力。

3）对于非常复杂的工程项目，建设管理模式是最合适的。在建设管理模式中，建设管理承包商处于独立地位，与设计或施工均没有利益关系，因此建设管理承包商更擅长于组织协调。同样地，建设管理模式也适用于简单的工程项目。

5. 工程工程项目建设的进度快慢不同

1）由于传统工程项目采购模式在招标前必须完成设计，因此该模式下的工程项目进度最慢。为了克服进度缓慢的弊端，传统模式下业主经常争取让可能中标的承包商及早进行开工准备，或者设置大量暂定的工程项目，先于施工图进行施工招标。但这样做效果并不理想，时常导致问题发生。

2）设计建造方式的工作目标明确，可让设计和施工搭接，可以提前开工。

3）建设管理模式的建设进度最快，能保证快速施工和高水平地搭接。

6. 工程成本的早期明确程度不同

工程项目的早期成本对大多数业主均具有重要意义，但是由于风险因素的影响而使工程成本具有不确定性。

1）传统工程项目采购模式具有较早的成本明确程度。在传统模式中，工程量清单是影响成本的直接因素。如果工程量清单存在大量估计内容，成本的不确定性就大；如果工程量已经固定，成本的不确定性就小。

2）设计建造模式一般采用总价合同，包含了所有工作内容。虽然承包商可能为了解决某些没有预料到的问题而改变工作内容，但必须对此完全负责。从理论上来讲，设计建造方式的工程成本可能较高，但早期成本最明确。

3）建设管理模式由一系列合同组成，随着工作进展，工程成本逐渐明确。因此，工程项目开始时一般无法明确工程项目的最终成本，只有工程项目接近完成时才能够最终明确工程成本。

第二节　工程合同文本和标准条件

一、标准合同条件

合同条件规定了合同各方的权利、责任以及风险分配，是合同文件中最重要的内容之一。工程标准合同条件（Standard Conditions of Contract）能够合理平衡合同各方的利益，特别是可以在合同各方之间比较公平地分配风险和责任。另外，使用标准合同条件使得各方对合同都较为熟悉和理解，从而减少了合同管理的风险。国际上著名的标准合同格式有：FIDIC（国际咨询工程师联合会）、ICE（英国土木工程师协会）、JCT（英国合同审定联合会）、AIA（美国建筑师协会）、AGC（美国总承包商协会）等组织制定的系列标准合同格式。其中最为常见的是FIDIC标准合同格式，特别是FIDIC土木工程施工合同条件（红皮书）；ICE和JCT的标准合同格式是英国以及英联邦国家和地区的主流合同条件；AIA和AGC的标准合同格式是美国以及受美国建筑业影响较大国家的主流合同条件。

FIDIC标准合同格式主要适用于世界银行、亚洲开发银行等国际金融机构贷款的工程项目以及其他国际工程，是我国工程界较为熟悉的国际标准合同条件，也是我国《建设工程施工合同示范文本》等合同文本的主要参考蓝本。在这些标准合同条件中，FIDIC和ICE合同条件主要应用于土木工程，而JCT和AIA合同条件主要应用于建筑工程。

二、国际上权威的合同条件

1. ICE 标准合同

ICE 的标准合同条件具有很长的历史，它的《土木工程施工合同条件》已经在 1991 年出版了第 6 版。ICE 的标准合同格式属于单价合同，即承包商在招标文件中的工程量清单（Bill of Quantities）填入综合单价，以实际计量的工程量而非工程量清单里的工程量进行结算。此标准合同格式主要适用于传统施工总承包的采购模式。随着工程界和法律界对传统采购模式以及标准合同格式批评的增加，ICE 决定制定新的标准合同格式。1991 年，ICE 的"新工程合同"（New Engineering Contract，NEC）征求意见版出版，1993 年"新工程合同"第一版出版，1995 年"新工程合同"又出版了第 2 版。第 2 版中，"新工程合同"成了一系列标准合同格式的总称，用于主承包合同的合同标准条件被称为"工程和施工合同"（Engineering and Construction Contract，ECC）。制定 NEC 的目的是增进合同各方的合作，建立团队精神，明确合同各方的风险分担原则，减少工程建设中的不确定性，减少索赔以及仲裁、诉讼的可能性。ECC 一个显著的特点是它的选项表，选项表里列出了六种合同形式，使 ECC 能够适用于不同合同形式的工程。

2. JCT 标准合同

JCT 是由英国皇家建筑师协会（RIBA）主导的由多个专业组织组成的一个联合组织，其标准合同条件的制定可以追溯到 1902 年。JCT 的"建筑工程合同条件"（JCT80）用于业主与承包商之间的施工总承包合同，其最新版本是 1991 年版。同 ICE 的传统合同条件一样，JCT80 主要适用于传统的施工总承包。JCT80 属于总价合同，这是和 ICE 传统合同条件不同的地方。JCT 还分别在 1981 年和 1987 年制定了适用于 DB 模式的 JCT81 和适用于 MC 模式的 JCT87。

3. FIDIC 标准合同

FIDIC 于 1945 年首次出版了"土木工程施工合同条件"（红皮书），1989 年出版了第 4 版。红皮书来源于 ICE 传统的合同条件，它们之间有很多相同的地方，它同样适用于传统的施工总承包模式，同样是单价合同类型。红皮书虽然被工程界称为工程领域的"《圣经》"，但是红皮书里工程师的职责也引起了不少争议。这促使 FIDIC 在 1996 年红皮书的增补本里引入了"争端裁决委员会"（Dispute Adjudication Board，DAB），以替代工程师的准仲裁员角色。值得注意的是，我国几种标准施工合同格式基本上都是以 FIDIC 红皮书为蓝本的，故必须重新考虑其中工程师（监理单位）的职责是否恰当的问题。另外，FIDIC 在 1990 年出版了"业主与咨询工程师标准服务协议书"（白皮书），在 1994 年出版了"土木工程施工分包合同条件"（与红皮书配套使用），在 1995 年出版了"设计-建造与交钥匙合同条件"（橘皮书）。这几个标准合同格式和 1987 年的第 3 版"电器与机械工程合同条件"（黄皮书）共同构成了 1999 年以前的"FIDIC 合同条件"。1999 年，FIDIC 正式出版了一系列新的标准合同条件，即"施工合同条件"（新红皮书）"工程设备和设计-建造合同条件"（新黄皮书）、"EPC（设计-采购-建造）交钥匙合同条件"（银皮书）、"合同的简短格式"（绿皮书）。这四个新的合同条件，与 1999 年以前的系列合同条件有着极大的不同，不仅在适用范围上更为广泛，而且在具体的合同条件上、形式上、措辞上也有很大的不同，可以说它们是对原有 FIDIC 合同格式的根本性变革。"新红皮书"不仅可以应用于土木工程，还可以应用于机械和电器工程领域。"新黄皮书"和"银皮书"可以应用于"设计-建造"和"EPC（设计-采购-建造）交钥匙"等情况；"绿皮书"

则适用于各类中小型工程。

4. AIA 标准合同

AIA 自 1911 年起就不断编制各种合同条件，到目前为止已经制定出了从 A 系列到 G 系列完备的合同文件体系。其中，A 系列是用于业主与承包商之间的施工承包合同，B 系列是用于业主与建筑师之间的设计委托合同。AIA 系列合同文件的核心是"通用条件"（A201），在采用不同的工程项目采购模式和合同价格类型时，只需要引用不同的协议书格式与通用条件。AIA 合同文件涵盖了所有主要工程项目采购模式，如应用于"传统模式"的，即施工总承包的 A101、B141、A201 等。其中，A101 是业主与承包商之间的协议书，B141 是业主与建筑师之间的协议书。

三、我国工程合同标准条件及其完善

选择合适的合同文本，可以减轻业主或招标人合同谈判的工作量，避免出现合同条款的错漏，提高合同订立和履行的效率，并且对于平衡合同当事人之间的权利、义务和风险，顺利实现合同目的和工程项目管理目标具有积极作用。国内工程合同文本主要包括工程类、货物类和服务类这三大类合同文本。

1. 工程类合同文本

目前，我国使用该类合同文本种类较多。全国性的工程合同文本主要包括国家发展和改革委员会（以下简称"发改委"）等九部委联合颁布的《中华人民共和国标准施工招标文件》（2007 年版）、《中华人民共和国简明标准施工招标文件》（2012 年版）、《中华人民共和国标准设计施工总承包招标文件》（2012 年版）；住房与城乡建设部（以下简称"住建部"）与国家工商行政总局联合颁布的《建设工程施工合同（示范文本）》（GF—2017—0201）、《建设工程项目工程总承包合同（示范文本）（试行）》（GF—2011—0216）、《建设工程施工专业分包合同（示范文本）》（GF—2003—0213）、《建设工程施工劳务分包合同（示范文本）》（GF—2003—0214）等文本。

2. 货物类合同文本

目前，全国性的货物类采购合同文本相对较少，主要为原建设部和原国家工商行政管理局共同颁布的《城市供用气合同（示范文本）》（GF—1999—0502）、《城市供用热力合同（示范文本）》（GF—1999—0503）、《城市供用水合同（示范文本）》（GF—1999—0501）等文本。

3. 服务类合同文本

主要包括住建部和国家工商行政管理总局于 2016 年联合颁布的《建设工程勘察合同（示范文本）》（GF—2016—0203），住建部和国家工商行政管理总局于 2015 年联合颁布的《建设工程设计合同（示范文本）［房屋建筑工程］》（GF—2015—0209）和《建设工程设计合同（示范文本）［专业建设工程］》（GF—2015—0210），以及住建部和国家工商行政管理总局于 2012 年联合颁布的《建设工程监理合同（示范文本）》（GF—2012—0202）等。

发改委等九部委的标准施工招标文件、住建部的建设工程施工合同示范文本、水利部的水利水电工程施工合同条件以及交通部的道路工程施工合同示范文本是我国当前使用较多的标准施工合同条件，这几个示范文本是以 FIDIC 红皮书作为参考蓝本，可以说是中国化的 FIDIC 红皮书。它们对我国工程施工合同管理制度的建立和完善起着重要作用，但主要是基于传统采购模式的施工合同文本，表现出明显的单一性，而灵活性和实用性不够。完善我国的标准合同条件应该从三个方面着手：首先，标准合同条件应该能够反映各种工程项目采购模式，针对不同的工程项目采购模式应该制定相应的标准合同条件；其次，标准合同条件应该能够反映各种合同类型，如总价合同、单价合同、成本加酬金合同等，可通过增加相关条款来反映合同类型的多样性；最后，标准合同条件应该能够反映工程类型，如土木工程、建筑工程、机电工程等。此外，还应该制定工程施工分包合同条件和适用于小型工程和简单工程的施工合同简短格式等。

在我国工程建设领域中，传统采购模式和平行发包模式一直占据着绝对的主导地位，其他模式应用很少，工程项目采购的制度环境也只是针对传统采购模式和平行发包模式，并体现在相关的法律、法规和规章中。为了应对国际建筑业的快速发展和激烈竞争，我国工程建设体制有必要进行更深刻的改革，以使我国建筑业尽快与国际接轨。就工程合同方面，必须采取更加积极的应对措施，改善我国工程项目采购模式的制度环境，使工程项目采购模式能够实现多样性和灵活性，以建立起完善的工程项目采购模式体系。另外，还要大力发展和完善我国的标准合同条件体系，使其更加能够反映工程合同关系的多样性。

第三节　工程合同管理的内涵

在工程项目全寿命周期过程中，为了完成工程项目的总体目标，众多的工程项目参与方之间，如业主、承包商、设计单位、监理单位、供应商等，形成了大量的合同法律关系，工程合同确定了工程项目的成本、工期和质量等工程项目目标，规定和明确了各方的权利、义务和责任。因此，合同管理是工程项目管理的核心，贯穿于工程实施的全过程。

一、工程合同管理的特点

工程合同管理不仅具有与其他行业合同管理相同的特点，还因其行业和工程项目的专业性而具有自身的特点，主要有以下六个方面：

1. 合同管理周期长

相比于其他合同，工程合同周期较长，在合同履行过程中，会出现许多原先订立合同时未能预料到的情况，为及时、妥善地解决可能出现的问题，必须长期跟踪和管理工程合同，并对任何合同的修改、补充等情况做好记录和管理。

2. 合同管理效益显著

在工程合同长期的履行过程中，有效的合同管理可以帮助企业发现、预见并设法解决可能出现的问题，避免纠纷的发生，从而节约不必要的诉讼费用。同时通过大量有理有据的书面合同和履约记录，企业可以提出增补工程款项等相关签证，通过有效的索赔，合法、正当地获取应得利益。可见合同管理能够产生效益，其中蕴藏着巨大的经济效益。

3. 合同变更频繁

由于工程合同周期长、合同价款高、合同不确定因素多，因此导致变更频繁，企业面临大量的签证、索赔和反索赔工作，因此企业的合同管理必须是动态的、及时的和全面的，合同的履约管理应根据变更及时调整。

4. 合同管理系统性强

业主、承包商等市场主体往往涉及众多合同，合同种类繁杂多样，因此合同管理必须处理好技术、经济、财务、法律等各方面关系，通过合理的、系统化的管理模式分门别类地管理合同。

5. 合同管理法律要求高

工程合同管理不仅要求管理者熟悉普通企业所要了解的法律法规，还必须熟知工程建设专业法律法规。由于建设领域的法律法规、标准规范和合同文本众多，且在不断更新和增加，因此要求企业的合同管理人员必须在充分、及时地学习最新法律法规的前提下，再结合企业的实际情况开展工作。

6. 合同管理信息化要求高

工程合同管理涉及大量信息，需要及时收集、整理、处理和利用，因而必须建立合同管理信息系统，才能开展有效的合同管理。

二、工程合同管理的阶段和内容

合同生命期从签订之日起到双方权利义务履行完毕而自然终止。而工程合同管理的生命期和工程项目建设期有关，主要有合同策划、招标采购、合同签订和合同履行等阶段的合同管理。各阶段合同管理的主要工作内容如下：

1. 合同策划阶段

合同策划是在工程项目实施前对整个工程项目合同管理方案预先做出科学合理的安排和设计，从合同管理组织、方法、内容、程序和制度等方面预先做出细致的方案，以保证工程项目所有合同的圆满履行，减少合同争议和纠纷，从而保证整个工程项目目标的实现。该阶段合同管理的主要内容有：

1）合同管理组织机构设置及专业合同管理人员配备。
2）合同管理责任及其分解体系。
3）工程项目采购模式和合同类型的选择和确定。
4）工程项目结构分解体系和合同结构体系设计，包括合同打包、分解或合同标段划分等。
5）招标方案和招标文件设计。
6）合同文件和主要内容设计。
7）主要合同管理流程设计，包括投资控制、进度控制、质量控制、设计变更、支付与结算、竣工验收、合同索赔和争议处理等流程。

2. 招标采购阶段

合同管理并不是在合同签订之后才开始的，招标投标过程中形成的文件基本都是合同文件的组成部分。在招标投标阶段，应保证合同条件的完整性、准确性、严格性、合理性与可行性。该阶段合同管理的主要内容有：

1）编制合理的招标文件，严格投标人的资格预审，依法组织招标。
2）组织现场踏勘，投标人编制投标方案和投标文件。
3）做好开标、评标和定标工作。
4）合同审查工作。
5）组织合同谈判和签订。
6）履约担保等。

3. 合同履行阶段

合同履行阶段是合同管理的重点阶段，包括履行过程和履行后的合同管理工作，该阶段合同管理的主要内容有：
 1）合同总体分析与结构分解。
 2）合同管理责任体系及其分解。
 3）合同工作分析和合同交底。
 4）合同成本控制、进度控制、质量控制及安全、健康、环境管理等。
 5）合同变更管理。
 6）合同索赔管理。
 7）合同争议管理等。

三、工程合同管理相关制度

鉴于工程合同管理的特点，工程项目的合同管理必须注重专门化、专业化、协调化和信息化。具体来说，企业或工程项目应设立专门的合同管理机构统一保存和管理合同；配备专门的专业人员具体负责合同管理工作；强化合同管理过程中企业或工程项目内外部的分工、协调与合作，逐步建立和完善合同管理体系和制度。合同管理制度主要包括以下几个方面：

1. 合同会签制度

由于工程合同涉及企业或工程项目相关部门的工作，为了保证合同签订后得以全面履行，在合同正式签订之前，办理合同的业务部门应会同企业或工程项目的其他部门共同研究，提出对合同条款的具体意见，进行会签。实行合同会签制度有利于调动各部门的积极性，发挥各部门的管理职能，群策群力，集思广益，以保证合同履行的可行性，并促使企业或工程项目各部门之间的相互衔接和协调，确保合同全面、切实地得以履行。

2. 合同审查制度

为了保证企业签订的合同合法、有效，必须在签订前履行审查和批准手续。合同审查是指将准备签订的合同在部门会签后，交给企业主管合同的机构或法律顾问进行审查；合同批准是由企业主管或法定代表人签署意见，同意对外正式签订合同。通过严格的审查和批准手续，可以使合同的签订建立在可靠的基础上，尽量防止合同纠纷的发生，维护企业和工程项目的合法利益。

3. 合同印章管理制度

企业合同专用章是代表企业在经营活动中对外行使权利、承担义务、签订合同的凭证。因此，企业对合同专用章的登记、保管、使用等都要有严格的规定。合同专用章应由合同管理员保管、签印，并实行专章专用。合同专用章只能在规定的业务范围内使用，不能超越范围使用；不得为空白合同文本加盖合同印章；不得为未经审查批准的合同文本加盖合同印章；严禁与合同洽谈人员相勾结，利用合同专用章谋取个人利益。如出现上述情况，要追究合同专用章管理人员的责任。凡外出签订合同时，应由合同专用章管理人员携章陪同负责签约的人员一起前往签约。

4. 合同信息管理制度

由于工程合同在签订和履行中的往来函件和资料非常多，因此合同管理系统性较强，必须实行档案化、信息化管理。首先，应建立文档编码及检索系统：每一份合同、往来函件、会议纪要和图纸变更等文件均应录入计算机系统，并确立特定的文档编码，根据计算机设置的检索系统进行保存和调阅。其次，应建立文档的收集和处理制度，安排专人及时收集、整理和归档各种工程信息,严格信息资料的查阅、登记、管理和保密制度。工程全部竣工后,应将全部合同及文件,包括完整的工程竣工资料、竣工图、竣工验收、工程结算和决算等,按照《中华人民共和国档案法》(以下简称《档案法》)及有关规定建档保管。最后,应建立行文制度、传送制度和确认制度。合同管理机构应制定标准化的行文格式,对外统一使用。相关文件和信息经过合同管理机构准许后才能对外传送。经由信息化传送方式传达的资料需由收到方以书面的或同样信息化的方式加以确认,确认结果由合同管理机构统一保管。

5. 合同检查和奖励制度

企业应建立合同签订、履行的监督检查制度,通过检查及时发现合同履行、管理中的薄弱环节和矛盾,以利提出改进意见,促进企业各部门的协调配合,提高企业的经营管理水平。通过定期的检查和考核,对合同履行管理工作完成情况较好的部门和人员给予表扬和鼓励;对于成绩突出且有重大贡献的人员给予物质和精神奖励;对于工作质量差、不负责任的或经常"扯皮"的部门和人员要给予批评教育;对玩忽职守、严重渎职或有违法行为的人员要给予行政处分、经济制裁,情节严重的、触犯法律的要追究其法律责任。实行奖惩制度有利于增强企业各部门和有关人员履行合同的责任心,是保证全面履行合同的有力措施。

6. 合同统计考核制度

合同统计考核制度,是企业整个统计报表制度的重要组成部分。合同统计考核制度是运用科学方法,利用统计数字,反馈合同的订立和履行情况,通过对统计数字的分析,总结经验,找出教训,为企业的经营决策提供重要依据。合同考核制度包括统计范围、计算方法、报表格式、填报规定、报送期限和报送部门等。承包商一般是对中标率、合同谈判成功率、合同签约率、索赔成功率和合同履行率等进行统计考核。

7. 合同管理目标制度

合同管理目标是各项合同管理活动应达到的预期结果和最终目的。合同管理的目的是企业通过自身在合同订立和履行过程中进行的计划、组织、指挥、监督和协调等工作,促使企业或工程项目内部各部门、各环节互相衔接、密切配合,进而使人、财、物、信息等要素得到合理组织和充分利用,保证企业经营管理活动顺利进行,提高工程管理水平,增强市场竞争能力。

8. 合同管理质量责任制度

合同管理质量责任制度是承包商的一项基本管理制度,它具体规定企业内部具有合同管理任务的部门和合同管理人员的工作范围、应负的责任以及拥有的职权。这一制度有利于企业内部合同管理工作分工协作、明确责任、落实任务、逐级负责、人人负责,从而调动企业合同管理人员以及有关人员的积极性,促进承包商管理工作正常开展,保证合同圆满履行完成。

9. 合同管理评估制度

合同管理评估制度是合同管理活动及其运行过程的行为规范,合同管理评估制度是否健全是合同管理的关键所在。因此,建立一套有效的合同管理评估制度是十分必要的。合同管理评估制度的主要内容有:

1)合法性,指合同管理制度应符合国家有关法律法规的规定。

2)规范性,指合同管理制度具有规范合同行为的作用,对合同管理行为进行评价、指导和预测,对合法行为进行保护奖励,对违法行为进行预防、警示或制裁等。

3)实用性,指合同管理制度能适应合同管理的需求,便于操作和实施。

4)系统性,指各类合同的管理制度互相协调、制约,形成一个有机系统,在工程合同管理中能够发挥整体效应。

5）科学性，指合同管理制度能够正确反映合同管理的客观规律，能保证利用客观规律进行有效的合同管理。

复习思考题

1. 试分析工程项目采购模式演变的动因和发展过程。
2. 工程项目采购模式有哪些？各自的主要内容和特点是什么？
3. 试分析传统采购模式（DBB）与设计建造模式（DB）、建设管理模式（CM）的区别。
4. 从业主角度分析如何选择合理的工程项目采购模式？
5. 国际上常见的标准合同条件有哪些？
6. 工程合同管理有哪些特点？合同管理各阶段的主要内容是什么？
7. 结合建筑企业的实际，如何建立企业和工程项目合同管理制度？

第二章 建设工程合同管理的法律基础

第一节 民事法律基础

一、概述

(一) 民法的概念和调整对象

民法是调整平等主体的自然人、法人和非法人组织之间的财产关系、人身关系的各种法律规范的总称。民法是现代国家的基本法之一。

民事主体的平等性有两层含义：一是指当事人的民事法律地位平等，具有独立、平等的关系，相互之间不是领导与被领导的行政隶属关系；二是指当事人的民事活动意志平等，是在自主、自愿的基础上进行的，一方不能强加意志给另一方或被强加。

民法所调整的财产关系，是指人们在占有、使用、交换和分配物质财富的过程中形成的具有经济内容的社会关系。这种关系表现为两种：一是财产的所有关系，二是财产的流转关系。它们反映在民法上，形成了所有权、使用权、经营权、相邻权、债权、知识产权和继承权等法律关系。

民法所调整的人身关系，是指平等主体之间，基于一定的人格和身份而发生的，不具有直接经济内容的社会关系。民法调整的人身关系表现为人身权，包括人格权和身份权。人身权无直接经济内容，但又与财产关系密切相连，是人们能够具有民事主体资格、获取经济利益所不可缺少的，是财产关系的前提，也是民法调整的对象之一。

(二) 我国民法的构成与基本内容

1. 民法典

(1) 概述

目前，我国正在已经颁布施行的各民法单行法的基础上加紧制定我国的民法典。根据立法机构的工作安排，我国的民法典将由总则编和各分编组成，各分编包括物权编、合同编、侵权责任编、婚姻家庭编和继承编等，其中《中华人民共和国民法总则》（以下简称《民法总则》）

已于2017年3月15日由第十二届全国人民代表大会第五次会议通过，自2017年10月1日起施行。目前，民法典中其他各分编的草案均已提交全国人大常委会立法委员会审议。未来民法典颁布施行后，现行的如《中华人民共和国民法通则》（以下简称《民法通则》）、《中华人民共和国物权法》（以下简称《物权法》）、《合同法》等民商事法律的法律适用问题以及与民法典的衔接关系，将依照我国立法机构的有关规定和解释。

（2）民法典草案

2019年12月16日《中华人民共和国民法典（草案）》（以下简称《民法典（草案）》）正式对外公布。这是自2014年，党的十八届三中全会提出"加强市场法律制度建设，编纂民法典"的目标以来，立法机关首次以连续条文编号的形式公布民法典。

该草案包括总则、物权、合同、人格权、婚姻家庭、继承、侵权责任共七编，共计1260条。其中物权编、合同编、继承编已经经过两次人大常委会审议，人格权编、婚姻家庭编、侵权责任编已经经过三次人大常委会审议。而在此之前已完成立法的《民法总则》也前后经过了三次人大常委会审议，最终于2017年3月15日，由十二届全国人民代表大会第五次会议审议通过。

根据该草案第1260条规定，民法典审议通过后，与之各分编相对应的，现行的各有关单行法都将予以废止。

将《民法典（草案）》中各分编和与之相对应的各单行法予以比较后可以发现："总则编"除了不包括"附则"外，其余内容和《民法总则》基本一致；其余各分编和与其相对应的单行法相比，尽管都有一定程度的修改、补充或调整，但在立法精神、法律框架和主要内容等方面却是一脉相承的。

2. 民法总则

《民法总则》（待民法典正式颁布实施后则为"总则编"，下同）是民法典的开篇之作，在民法典中起统领作用。《民法总则》规定民事活动必须遵循的基本原则和一般规则，统领民法典的各分编；各分编将在总则的基础上对各项民事制度做出具体规定。《民法总则》以1986年制定的《民法通则》为基础，采取"提取公因式"的办法，将民事法律制度中具有普遍适用性和引领性的规定写入总则，就民法基本原则、民事主体、民事权利、民事法律行为、民事责任和诉讼时效等基本民事法律制度做出规定，既构建了我国民事法律制度的基本框架，又为民法典各分编的规定提供了依据。

《民法总则》分为十一章，包括基本规定、自然人、法人、非法人组织、民事权利、民事法律行为、代理、民事责任、诉讼时效、期间计算、附则，共206条。

《民法总则》确立了处理民事纠纷的法律适用规则，即处理民事纠纷应当依照法律；法律没有规定的，可以使用习惯，但不得违背公序良俗。

《民法总则》规定，其他法律对民事关系有特别规定的，依照其规定。《中华人民共和国立法法》（以下简称《立法法》）第九十二条规定，同一机关制定的法律，特别规定与一般规定不一致的，适用于特别规定。考虑到我国制定了诸多民商事单行法，对特定领域的民事法律关系做出规范。民法典出台后将作为一般法，各民商事单行法作为特别法，根据《立法法》的规定，特别法的规定将优先适用。

《民法典（草案）》之"总则编"分为十章，包括基本规定、自然人、法人、非法人组织、民事权利、民事法律行为、代理、民事责任、诉讼时效和期间计算等。

（三）民法的立法目的、调整范围与基本原则

1. 立法目的

（1）保护民事主体的合法权益

民事主体的合法权益包括人身权利、财产权利、兼具人身和财产性质的知识产权等权利，以及其他合法权益。保护公民的各项基本权利是宪法的基本原则和要求，保护民事主体的合法权益是民法的首要目的，也是落实和体现宪法精神的表现。

（2）调整民事关系

民事权益存在于特定社会关系中，民法保护民事权利，是通过调整民事关系来实现的。调整社会关系是法律的基本功能。民法调整的仅仅是民事关系，民事关系就是平等主体之间的权利与义务关系。

（3）维护社会和经济秩序

民法通过调整民事主体之间的人身关系、财产关系和交易关系，实现对社会与经济秩序的维护，使得民事主体享有合法的财产权，进而能在此基础上与他人开展交易，从而确保整个社会的经济有条不紊地运行。

（4）适应中国特色社会主义发展要求

社会主义市场经济体系本质上是法制经济，通过编纂民法典、制定民法总则不断完善社会主义法律体系，健全市场秩序，维护交易安全，促进社会主义市场经济的持续健康发展。

2. 调整范围

民法调整平等主体的自然人、法人和非法人组织之间的人身关系和财产关系。

人身关系是指民事主体之间基于人格和身份形成的无直接物质利益因素的民事法律关系。人身关系有的与民事主体的人格利益相关，有的与民事主体的特定身份相关，如配偶之间的婚姻关系，父母子女之间的抚养和赡养关系。

财产关系是指民事主体之间基于物质利益而形成的民事法律关系。财产关系包括静态的财产支配关系，如所有权关系，还包括动态的财产流转关系，如债权债务关系。从财产关系所涉及的权利内容来看，财产关系包括物权关系、债权关系等。

3. 基本原则

（1）民事主体的人身权利、财产权利以及其他合法权益受法律保护原则

民事主体的民事权利及其他合法权益受法律保护的要求在我国诸多法律中都有规定。如宪法第十三条规定，公民合法的私有财产不受侵犯，国家依照法律规定保护公民的私有财产权和继承权。

（2）平等、自愿、公平和诚信原则

平等原则是指民事主体，不论法人、自然人还是非法人组织，在从事民事活动时，他们相互之间在法律地位上都是平等的，他们的合法权益受到法律平等的保护。自愿原则也称意思自治原则，就是民事主体有权根据自己的意思自愿从事民事活动，按照自己的意思自主决定民事法律关系的内容及其设立、变更和终止，自觉承受相应的法律后果。公平原则要求民事主体从事民事活动时要秉承公平理念，公正、公允、合理地确定各方的权利和义务，并依法承担相应的民事责任。诚信原则要求所有民事主体在从事任何民事活动时，包括行使民事权利、履行民事义务、承担民事责任时，都应该秉持诚实、善意，信守自己的承诺。

(3) 守法与公序良俗原则

民事主体从事民事活动，既不得违反法律，也不得违背公序良俗。所谓民事主体从事民事活动不得违反法律，就是要求不违反法律的强制性规定。对于任意性规范，民事主体可以结合自身的利益需要决定是否纳入自己的意思自治范围。民事主体从事民事活动不得违背公序良俗，则是要求不违背公共秩序和善良习俗。公共秩序，是指政治、经济、文化等领域的基本秩序和根本理念，是与国家和社会整体利益相关的基础性原则、价值和秩序，在以往的民商事立法中被称为社会公共利益。善良习俗，是指基于社会主流道德观念的习俗，也被称为社会公共道德，是全社会和全体社会成员所普遍认可、遵循的道德准则。

(4) 绿色原则

民事主体从事民事活动，应当有利于节约资源和保护生态环境。绿色原则是贯彻宪法关于保护环境的要求，同时也是落实国家关于建设生态文明、实现可持续发展理念的要求，将环境资源保护上升至民法基本原则的地位，具有鲜明的时代特征，将全面开启环境资源保护的民法通道，有利于构建人与自然的新型关系。

二、民事法律关系

(一) 民事法律关系的构成要素

法律关系是指由法律规范调整一定社会关系而形成的权利与义务关系。法律关系的种类很多，如民事法律关系、婚姻家庭法律关系、行政法律关系、劳动法律关系、刑事法律关系和经济法律关系等。

民事法律关系是指当事人之间由民事法律规范调整而具有民事权利和民事义务的社会关系，是民法所调整的财产关系和人身关系在法律上的体现。所有权关系、债权关系、著作权关系、继承权关系等均是民事法律关系。

民事法律关系由主体、客体和内容三个要素组成。

1. 民事法律关系主体

(1) 自然人

自然人是指基于出生而依法成为民事法律关系主体的人。我国的《民法总则》规定，公民与自然人在法律地位上是相同的。但实际上，自然人的范围要比公民的范围广。公民是指具有本国国籍，依法享有宪法和法律所赋予的权利并承担宪法和法律所规定的义务的人。在我国，公民是社会中具有我国国籍的一切成员，包括成年人、未成年人和儿童；而自然人则既包括我国公民，又包括外国人和无国籍的人。各国的法律一般对自然人都没有条件限制。

(2) 法人

法人是指具有民事权利能力和民事行为能力，依法独立享有民事权利和承担民事义务的组织。

法人应当依法成立。法人应当有自己的名称、组织机构、住所、财产或者经费。法人成立的具体条件和程序依照法律、行政法规的规定。对于设立法人的活动，法律、行政法规规定需经有关机关批准的，依照其规定执行。

《民法总则》将法人分为以下三类：

1) 营利法人。以取得利润并分配给股东等出资人为目的成立的法人，为营利法人。营利法人区别于非营利法人的重要特征不是"取得利润"，而是"利润分配给出资人"。是否从事经营活动并取得利润，与法人成立的目的没有直接关系，也不影响营利法人与非营利法人的分类。如果利润归属于法人，用于实现法人的目的，则不是营利法人；如果利润分配给出资人，则属于营利法人。营利法人包括有限责任公司、股份有限公司和其他法人企业。

2）非营利法人。为公益目的或者其他非营利目的成立，不向出资人、设立人或者会员分配所取得利润的法人，为非营利性法人。非营利性法人包括事业单位、社会团体、基金会、社会服务机构等。

3）特别法人。特别法人包括机关法人、农村集体经济组织法人、城镇农村的合作经济组织法人和基层群众性自治组织法人等。

(3) 非法人组织

非法人组织是不具有法人资格，但是能够依法以自己的名义从事民事活动的组织。非法人组织包括个人独资企业、合伙企业、不具有法人资格的专业服务机构等。

2. 民事法律关系客体

民事法律关系客体，是指作为法律关系的主体享有的民事权利和承担的民事义务所共同指向的对象。在通常情况下，主体都是为了某一客体，彼此才设立一定的权利和义务，从而产生法律关系。

(1) 财

财一般是指资金及各种有价证券。在工程建设法律关系中表现为财的客体主要是建设资金，如基本建设贷款合同的标的，即一定数量的货币。有价证券包括支票、汇票、期票、债券、股票、国库券、提单、抵押单等。

(2) 物

物是指可以为人们控制和支配，有一定经济价值并以物质形态表现出来的物体。物是我国应用最广泛的工程建设法律关系的客体，如建筑物、构筑物、建筑材料、工程设备等。

(3) 行为

行为是法律关系主体为达到一定的目的所进行的活动。在工程建设法律关系中，行为多表现为完成一定的工作，如勘察设计、施工安装、检查验收等活动。

(4) 非物质财富

非物质财富是指人们脑力劳动的成果或智力方面的创作，也称智力成果，如商标、专利、专有技术、设计图等。

3. 民事法律关系的内容

民事法律关系的内容，是指民事法律关系的主体享有的民事权利和承担的民事义务。这是民事法律关系的核心，直接体现了主体的要求和利益。

(1) 民事权利

民事权利是指民事法律关系主体在法定范围内有权进行各种民事活动。权利主体可要求其他主体做出一定的行为或抑制一定的行为，以实现自己的民事权利，因其他主体的行为而使民事权利不能实现时，权利主体有权要求国家机关加以保护并予以制裁。

根据标的不同，民事权利可以分为财产权、人身权和知识产权。财产权是以财产利益为客体的权利，如物权、债权。人身权是以民事主体的人身要素为客体的权利，如名誉权、身体权、亲属权。知识产权是以受保护的智力劳动成果为客体的权利，它体现着人格权和财产权两方面内容，如署名权、对作品的使用权等。

(2) 民事义务

民事义务是指民事法律关系主体必须按法律规定或约定承担应负的责任。民事义务和民事权利是相互对应的，相应主体应自觉履行民事义务，义务主体如果不履行或不适当履行，就要受到法律制裁。

(二) 民事法律关系的产生、变更与终止

1. 法律事实

民事法律关系的发生、变更与终止，必须以法律事实为根据，没有法律事实，不可能形成任何法律关系。

法律事实是指能够引起法律关系发生、变更和终止的客观情况。法律关系是法律事实的结果，而法律事实可以分为事件和行为两类。

(1) 事件

法律事件是指不以当事人意志为转移的法律事实。包括自然事件（如地震、台风、水灾等自然灾害）、社会事件（如战争、暴乱、政府禁令等）、意外事件（如失火、爆炸等）。

(2) 行为

法律行为是指人有意识的活动，是能够引起法律关系发生、变更、终止和产生法律后果的行为。行为包括积极的作为和消极的不作为。行为通常表现为民事法律行为、违法行为、行政行为、立法行为、司法行为等。

在社会经济生活中，行为和事件这两类不同的法律事实，由于出现的原因不同，其社会效果和作用也有显著的差别。行为是以对社会产生积极的效果为主的，因此是处于主导和主动地位的法律事实；事件是以对社会产生消极作用为主的，因而是一种处于次要和被动地位的法律事实。

并不是所有的自然现象和人的活动都可以成为法律事实。客观事实只有由法律规定将它和一定法律后果联系起来，才能成为法律事实。这就是法律关系产生、变更或终止的原因。如由于自然原因而发生的火灾、水灾等，而引起保险合同的赔偿责任；再如由于战争可能引起民事法律关系的变更或消灭。

法律规范、法律事实和法律关系是三个既不相同又有联系的概念。三者的关系是：法律规范是确定法律事实的依据，法律事实是引起法律关系产生、变更、终止的原因，法律关系这是法律事实引起的结果。

2. 民事法律关系的产生

民事法律关系的产生，是指民事法律关系的主体之间形成了一定的权利和义务关系。如某施工单位与某建设单位签订了施工承包合同，主体双方之间就产生了相应的权利和义务。此时，受民事法律关系调整的民事法律关系即告产生。

3. 民事法律关系的变更

民事法律关系的变更，是指构成民事法律关系的三个要素发生变化。

(1) 主体变更

主体变更，既可以表现为民事法律关系主体数目增多或减少，又可以表现为主体改变。在各种类型的合同当中，如果民事法律关系中的客体不变，则相应的权利和义务也不发生改变，此时，主体的改变也成为合同的转让。

(2) 客体变更

客体变更是指民事法律关系中权利和义务所指向的对象发生变化。客体的变更可以是数

量、质量以及范围大小的变更，也可以是不同性质的变更，从而引起权利和义务，即民事法律关系内容的变更。

（3）内容变更

民事法律关系主体与客体的变更将会导致相应的权利和义务，即内容的变更。民事法律关系的主体与客体不变，内容也可以变更，表现为双方权利或义务的增加或减少。

4. 民事法律关系的终止

民事法律关系的终止，是指民事法律关系主体之间的权利和义务关系不复存在，对民事法律主体双方当事人失去约束力。

（1）自然终止

民事法律关系自然终止，是指某类民事法律关系所规范的权利义务顺利得到履行，各方实现了各自的利益，从而使该民事法律关系得以完结。

（2）协议终止

民事法律关系协议终止，是指民事法律关系主体之间协商解除某类法律关系所规范的权利义务，致使该民事法律关系归于消灭。

（3）违约终止

民事法律关系违约终止，是指民事法律关系主体一方违约，或发生不可抗力，致使某类民事法律关系规范的权利不能实现，而使该民事法律关系得以终止。

（三）民事法律行为的要件

民事法律行为，是指以意思表示为要素，设立、变更或终止权利义务关系的合法行为。民事法律行为只有具备一定的条件，才能产生预期的法律效果。

1. 法律行为主体具有相应的民事权利能力和行为能力

民事权利能力是指能够参加民事活动、享有民事权利和承担民事义务的法律资格。民事权利能力始于自然人出生之时，终止于自然人死亡之时。法人的民事权利能力始于法人成立之时，终止于法人消灭之时。

民事行为能力是指民事主体通过自己的行动取得民事权利、承担义务及责任的能力。对自然人而言，行为能力取决于其体能和智力，即智力发育情况和精神健康状态。法人的法定代表人依其职权代表法人行使职权。

法律行为主体只有在取得了相应的民事权利能力和民事行为能力以后做出的民事法律行为才能被认可。

2. 行为人意思表示真实

行为人意思表示真实是指行为人表现于外部的表示与其内在的真实意志相一致。如果行为人的意思表示是基于胁迫、欺诈的原因而做出的，则不能反映行为人的真实意志，就不能产生法律上的效力。如果行为人故意做出不真实的意思表示，则该行为人无权主张行为无效，而善意的相对人或第三人，则可根据情况主张行为无效。如果行为人基于某种错误的认识而导致意思表示与内在意志不一致，则只有在存在重大错误的情况下，才有权请求人民法院或者仲裁机构予以变更或撤销。

3. 行为内容合法

行为内容合法表现为不违反法律和社会公共利益、社会公德。首先，行为内容合法不得与法律、行政法规的强制性或禁止性规范相抵触。其次，行为内容合法还包括行为人实施的民事行为不得违背社会公德，不得损害社会公共利益。

4. 行为形式合法

民事法律行为的形式也就是行为人进行意思表示的形式。民事法律行为所采用的形式分为要式民事法律行为和不要式民事法律行为。凡属要式的民事法律行为，必须采用法律规定的特定形式才合法，而不要式民事法律行为，则当事人在法律允许范围选择口头形式、书面形式或其他形式作为民事法律行为的形式皆为合法。如法律规定不动产交易与抵押、法人合并与分立等均需经过登记程序，未经登记时即使其他条件都符合要求，该行为也不能生效。

第二节 建设工程代理制度

一、代理的法律特征和主要种类

《民法总则》规定，公民、法人可以通过代理人实施民事法律行为。代理人在代理权限内，以被代理人的名义实施民事法律行为，被代理人对代理人的代理行为承担民事责任。

所谓代理，是指代理人在被授权的代理权限范围内，以被代理人的名义与第三人实施法律行为，而行为后果由该被代理人承担的法律制度。代理涉及三方当事人，即被代理人、代理人和代理关系所涉及的第三人。

（一）代理的法律特征

1. 代理人必须在代理权限范围内实施代理行为

代理人实施代理活动的直接依据是代理权。因此，代理人必须在代理权限范围内与第三人或相对人实施代理行为。

代理人实施代理行为时有独立进行意思表示的权利。代理制度的存在，正是为了弥补一些民事主体没有资格、精力和能力去处理有关事务的缺陷。如果仅是代为传达当事人的意思表示或接受意思表示，而没有任何独立决定意思表示的权利，则不能视为代理。

2. 代理人应该以被代理人的名义实施代理行为

《民法总则》规定，代理人应以被代理人的名义对外实施代理行为。

代理人如果以自己的名义实施代理行为，则该代理行为产生的法律后果只能由代理人自行承担。那么，这种行为是代理人自己的行为而非代理行为。

3. 代理行为必须是具有法律意义的行为

代理人为被代理人实施的是能够产生法律上的权利义务关系，并且产生法律后果的行为。如果是代理人请朋友吃饭、聚会等，不能产生权利义务关系，就不是代理行为。

4. 代理行为的法律后果归属于被代理人

代理人在代理权限内，以被代理人的名义同第三人进行的具有法律意义的行为，在法律上产生与被代理人自己的行为同样的后果。因此，被代理人对代理人的代理行为承担民事责任。

（二）代理的主要种类

1. 委托代理

委托代理是指按照被代理人的委托行使代理权。因委托代理中，被代理人是以意思表示的方法将代理权授予代理人的，故又称"意定代理"或"任意代理"。

2. 法定代理

法定代理是指根据法律的规定而发生的代理。例如，《民法总则》规定，无民事行为能力人、限制行为能力人的监护人是其法定代理人。

二、建设工程代理行为的设立和终止

（一）建设工程代理行为的设立

建设工程活动不同于一般的经济活动，其代理行为不仅要依法实施，有些还要受到法律的限制。

1. 不得委托代理的建设工程活动

《民法总则》规定，依照法律规定或者按照双方当事人约定，应当由本人实施的民事法律行为，不得代理。

建设工程承包活动不得委托代理。《建筑法》规定，禁止承包单位将其承包的全部建筑工程转包给他人，禁止承包单位将其承包的全部建筑工程肢解以后以分包的名义转包给他人。施工总承包的，建筑工程主体结构的施工必须由总承包单位自行完成。

2. 须取得法定资格方可从事的建设工程代理行为

一般的代理行为可以由自然人、法人担任代理人，对其资格并无法定的严格要求。即使是诉讼代理人，也不要求必须由具有律师资格的人担任。2012年8月经修改后颁布的《中华人民共和国民事诉讼法》（以下简称《民事诉讼法》）第五十八条规定："下列人员可以被委托为诉讼代理人：①律师、基层法律服务工作者；②当事人的近亲属或者工作人员；③当事人所在社区、单位以及有关社会团体推荐的公民。"

但是，某些建设工程代理行为必须由具有法定资格的组织方可实施。《招标投标法》第十三条规定："招标代理机构是依法设立、从事招标代理业务并提供相关服务的社会中介组织。招标代理机构应当具备下列条件：①有从事招标代理业务的营业场所和相应资金；②有能够编制招标文件和组织评标的相应专业力量；③有符合本法第三十七条第三款规定条件，可以作为评标委员会成员人选的技术、经济等方面的专家。"《招标投标法》还规定，从事建设工程项目招标代理业务的招标机构，其资格由国务院或者省、自治区、直辖市人民政府的建设主管部门认定。

3. 民事法律行为的委托代理

建设工程代理行为多为民事法律行为的委托代理。民事法律行为的委托代理，可以用书面形式，也可以用口头形式。但是法律规定用书面形式的，应当用书面形式。

书面委托代理的授权委托书应当载明代理人的姓名或者名称、代理事项、权限和期限，并由委托人签名或者盖章。委托人授权不明的，被代理人应当向第三人承担民事责任，代理人负连带责任。

（二）建设工程代理行为的终止

有下列情形之一的，委托代理终止：①代理期间届满或者代理事务完成；②被代理人取消委托或者代理人辞去委托；③代理人死亡；④代理人丧失民事行为能力；⑤作为被代理人或者代理人的法人终止。

建设工程代理行为的终止，主要是第①、②、⑤三种情况。

1. 代理期间届满或代理事项完成

被代理人通常是授予代理人某一特定期间内的代理权，或者是某一项也可能是某几项特定事务的代理权，那么在这一期间届满或者被指定的代理事项全部完成，代理关系即告终止，代理行为也随之终止。

2. 被代理人取消委托或者代理人辞去委托

委托代理是被代理人基于对代理人的信任而授权其进行代理事务的。如果被代理人由于某种原因失去了对代理人的信任，法律就不应当强制被代理人仍须以其为代理人。反之，如果代理人由于某种原因不愿再行代理，法律也不能强制要求代理人继续从事代理。因此，法律规定被代理人有权根据自己的意愿单方取消委托，也允许代理人单方辞去委托，均不必以对方同意为前提，并以通知到对方时，代理权即行消灭。

但是，单方取消或辞去委托可能会承担相应的民事责任。《合同法》规定，委托人或者受托人可以随时解除合同。因解除合同给对方造成损失的，除不可归责于该当事人的事由以外，应当赔偿损失。

3. 作为被代理人或者代理人的法人终止

在建设活动中，不管是被代理人还是代理人，任何一方的法人终止，代理关系均随之终止。因为，对方的主体资格已消灭，代理行为将无法继续，其法律后果也将无从承担。

三、代理人和被代理人的权利、义务及法律责任

建设工程代理法律关系与其他代理关系一样，存在着两个法律关系：一是代理人与被代理人之间的委托关系；二是被代理人与第三人之间的合同关系。

（一）代理人和被代理人的权利与义务

1. 代理人在代理权限内以被代理人的名义实施代理行为

代理人在代理权限内，以被代理人的名义实施民事法律行为，被代理人对代理人的代理行为，承担民事责任。

这是代理人与被代理人基本权利和义务的规定。代理人必须取得代理权，并根据代理权限，以被代理人的名义实施民事法律行为。被代理人要对代理人的代理行为承担民事责任。

2. 转托他人代理应当事先取得代理人的同意

委托代理人为被代理人的利益需要转托他人代理的，应当事先取得被代理人的同意。事先没有取得被代理人同意的，应当在事后及时告诉被代理人，如果被代理人不同意，则由代理人对自己所转托的人的行为负民事责任，但在紧急情况下，为了保护被代理人的利益而转托他人的除外。

代理人为处理代理事物，为被代理人选任其他人进行代理被称为复代理。复代理所基于的代理成为本代理，由本代理中的代理人转托的代理人称为复代理人。

（二）无权代理与表见代理

没有代理权、超越代理权或者代理权终止后的行为，只有经过被代理人的追认，被代理人才承担民事责任。未经追认的行为，由行为人承担民事责任。本人知道他人以本人名义实施民事行为而不做否认的，视为同意。

1. 无权代理

无权代理是指行为人不具有代理权，但以他人的名义与第三人进行法律行为。无权代理一般存在三种表现形式：①自始未经授权。如果行为人自始至终没有被授予代理权，就以他人的名义进行民事行为，属于无权代理。②超越代理权。代理权限是有范围的，超越了代理权限，

依然属于无权代理。③代理权已终止。行为人虽曾得到被代理人的授权，当该代理权已经终止的，行为人如果仍以被代理人的名义进行民事行为，则属无权代理。

被代理人对无权代理人实施后的行为如果予以追认，则无权代理可以转化为有权代理，产生与有权代理相同的法律效力，但不会发生代理人的赔偿责任。如果被代理人不予追认的，对被代理人不发生效力，则无权代理人需承担因无权代理行为给被代理人和善意第三人造成的损失。

2. 表见代理

表见代理是指行为人虽无权代理，但由于行为人的某些行为造成了足以使善意第三人相信其有代理权的表象，而与善意第三人进行的、由本人承担法律后果的代理行为。《合同法》规定，相对人有理由相信行为人有代理权的，该代理行为有效。

表见代理除需符合代理的一般条件外，还需具备以下特别构成要件：①须存在足以使相对人相信行为人具有代理权的事实或理由，这是构成表见代理的客观要件。它要求行为人与本人之间应存在某些事实上或法律上的联系，如行为人持有本人发出的委任状、已加盖公章的空白合同或者有显示本人向行为人授予代理权的通知函告等证明文件。②须本人存在过失。其过失表现为本人表达了足以使第三人相信有授权意思的表示，或者实施了足以使第三人相信有授权意义的行为，发生了外表授权的事实。③须相对人为善意。这是构成表见代理的主观要件。如果相对人明知行为人无权代理而仍与之实施民事行为，则相对人为主观恶意，不构成表见代理。

表见代理对本人产生有权代理的效力，即在相对人与本人之间产生民事法律关系。本人受表见代理人与相对人之间实施的法律行为的约束，享有该行为设定的权利和履行该行为约定的义务。本人不能以无权代理为抗辩。本人在承担表见代理行为所产生的责任后，可以向无权代理人追偿因代理行为而遭受的损失。

3. 知道他人以本人名义实施民事行为而不做否认表示的视为同意

本人知道他人以本人名义实施民事行为而不做否认表示的，视为同意。这是一种被称为默示方式的特殊授权。就是说，即使本人没有授予他人代理权，但事后并未做否认的意思表示，应当视为授予了代理权。由此，他人以其名义实施法律行为的后果应由本人承担。

（三）不当或违法行为应承担的法律责任

1. 委托书授权不明应承担的法律责任

授权委托书不明的，被代理人应当向第三人承担民事责任，代理人负连带责任。

2. 损害被代理人利益应承担的法律责任

代理人不履行职责而给被代理人造成损害的，应当承担民事责任。代理人和第三人串通，损害被代理人的利益的，由代理人和第三人负连带责任。

3. 第三人故意行为应承担的法律责任

第三人知道行为人没有代理权、超越代理权或者代理权已终止还与行为人实施民事行为给他人造成损害的，由第三人和行为人负连带责任。

4. 违法代理行为应承担的法律责任

代理人知道被委托代理的事项违法仍然进行代理活动的，或者被代理人知道代理人的代理行为违法不表示反对的，被代理人和代理人负连带责任。

第三节
建设工程合同法律制度

一、建设工程合同法律制度概述

（一）合同的法律特征

《合同法》规定，合同是平等主体的自然人、法人、其他组织之间设立、变更、终止民事权利、义务关系的协议。

合同具有以下法律特征：①合同是一种法律行为；②合同当事人的法律地位一律平等，双方自愿协商，任何一方不得将自己的意志、观点和主张强加给另一方；③合同的目的性在于设立、变更和终止民事权利、义务关系；④合同的成立必须有两个以上当事人；⑤当事人所做出的意思表示是真实且一致的。

（二）合同的订立原则

合同的订立，应当遵循平等原则、自愿原则、公平原则、诚实信用原则、合法原则等。

1. 平等原则

《合同法》规定，当事人的法律地位平等，一方不得将自己的意志强加给另一方。

这一原则包括三方面的内容：①合同当事人的法律地位一律平等。不论所有制性质、单位大小和经济实力强弱，其法律地位都是平等的。②合同中的权利义务对等，即享有权利的同时就应当承担义务，而且彼此的权利、义务是对等的。③合同当事人必须就合同条款充分协商，在互利互惠的基础上达成一致，合同方能成立。任何一方都不得将自己的意志强加给另一方，更不得以强迫、命令、胁迫等手段签订合同。

2. 自愿原则

《合同法》规定，当事人依法享有自愿订立合同的权利，任何单位和个人不得非法干预。

自愿原则体现了民事活动的基本特征，是民事活动区别于行政法律关系、刑事法律关系的特有原则。自愿原则贯穿于合同活动的全过程，包括订不订立合同自愿，与谁订立合同自愿，合同内容由当事人在不违法的情况下自愿约定，在合同履行过程当中当事人可以协议补充、协议变更有关内容，双方也可以协议解除合同，可以约定违约责任，以及自愿选择解决争议的方式。总之，只要不违背法律、行政法规强制性的规定，合同当事人有权自愿决定，任何单位和个人不得非法干预。

3. 公平原则

《合同法》规定，当事人应当遵循公平原则确定各方的权利和义务。

公平原则主要包括：①订立合同时，要根据公平原则确定双方的权利和义务，不得欺诈，不得假借合同恶意进行磋商；②根据公平原则确定风险的合理分配；③根据公平原则确定违约责任。

公平原则作为合同当事人的行为准则，可以防止当事人滥用权力，保护当事人的合法权益，维护和平衡当事人之间的利益。

4. 诚实信用原则

《合同法》规定，当事人行使权力、履行义务应当遵循诚实信用原则。

诚实信用原则主要包括：①订立合同时，不得有欺诈或其他违背诚实信用的行为；②履行合同义务时，当事人根据合同的性质、目的和交易习惯，履行及时通知、协助、提供必要条件、防止损失扩大、保密等义务；③合同终止后，当事人应当根据交易习惯，履行通知、协助、保密等义务，也称后合同义务。

5. 合法原则

《合同法》规定，当事人订立、履行合同应当遵守法律、行政法规，尊重社会公德，不得扰乱社会经济秩序，损害社会公共利益。

一般来讲，合同的订立和履行属于合同当事人之间的民事权利义务关系，只要当事人的意思不与法律法规、社会公共利益和社会公德相抵触，即承认合同的法律效力。但是，合同不仅仅是当事人之间的问题，有时可能会涉及社会公共利益、社会公德和经济秩序。为此，对于损害社会公共利益、扰乱社会经济秩序的行为，国家应当予以干预，但这种干预要依法进行，由法律、行政法规做出规定。

(三) 合同的分类

合同的分类是指按照一定的标准，将合同划分成不同的类型。合同的分类，有利于当事人找到能达到自己交易目的的合同类型，订立符合自己意愿的合同条款，便于合同的履行，也有助于司法机关在处理合同纠纷时准确地运用法律，正确处理合同纠纷。

1. 有名合同与无名合同

根据法律是否明文规定了一定合同的名称，可以将合同分为有名合同与无名合同。

有名合同（又称典型合同），是指法律上已经确定了一定的名称及具体规则的合同。《合同法》分则中所规定的 15 类合同，都属于有名合同，如买卖合同、租赁合同、建设工程合同等。

无名合同（又称非典型合同），是指法律上尚未确定一定的名称与规则的合同。合同当事人可以自由决定合同的内容，即使当事人订立的合同不属于有名合同的范围，只要不违背法律的禁止性规定和社会公共利益，就仍然是有效的。

有名合同与无名合同的区分意义，主要在于两者适用的法律规则不同。对于有名合同，应当直接适用《合同法》的相关规定，如建设工程合同直接适用《合同法》第 16 章的规定。对于无名合同，《合同法》规定："本法分则或其他法律没有明确规定的合同，适用于本法总则的规定，并可以参照本法分则或其他法律最相类似的规定。"因此，无名合同首先应当适用《合同法》的一般规则，然后可比照最相类似的有名合同的规则，确定合同效力、当事人权利义务等。

2. 双务合同与单务合同

根据合同当事人是否互相负有给付义务，可以将合同分为双务合同和单务合同。

双务合同是指当事人双方互负对待给付义务的合同，即双方当事人互享债权，互负债务，一方的合同权利正好是对方的合同义务，彼此形成对价关系。例如，建设工程合同中，承包人有获得工程价款的权利，而发包人则有按约支付工程价款的义务。大部分的合同都是双务合同。

单务合同是指合同当事人仅有一方负担义务，而另一方只享有合同权利的合同。例如，在赠与合同中，受赠人享有接受赠与物的权利，但不负担任何义务。无偿委托合同、无偿保管合同等均属于单务合同。

3. 诺成合同与实践合同

根据合同的成立是否需要交付标的物，可以将合同分为诺成合同和实践合同。

诺成合同（又称不要物合同），是指当事人双方意思表示一致就可以订立的合同。大多数的合同都属于诺成合同，如建设工程合同、买卖合同、租赁合同等。

实践合同（又称要物合同），是指除当事人双方意思表示一致外，尚需交付标的物才能成立的合同，如保管合同。

4. 要式合同与不要式合同

根据法律对合同的形式是否有特定的要求，可以将合同分为要式合同与不要式合同。

要式合同是指根据法律规定必须采取特定形式的合同。如《合同法》规定，建设工程合同应当采用书面形式。

不要式合同是指当事人订立的合同依法并不需要采取特定的形式，当事人可以采取口头的形式，也可以采取书面形式或其他形式。

要式合同与不要式合同的区别，实际上是一个关于合同成立与生效的条件问题，如果法律规定某种合同必须经过批准或登记才能生效，则合同未经批准或登记便不能生效；如果法律规定某种合同必须采用书面形式才能成立，则当事人未采用书面形式时合同便不成立。

5. 主合同与从合同

根据合同相互间的主从关系，可以将合同分为主合同与从合同。

主合同是指能够独立存在的合同，依附于主合同方能存在的合同为从合同。例如，发包人与承包人签订的建设工程施工合同为主合同；为确保该主合同的履行，发包人与承包人签订的履约保证合同为从合同。

6. 有偿合同与无偿合同

根据合同当事人之间的权利义务是否存在对价关系，可以将合同分为有偿合同与无偿合同。

有偿合同是指一方通过履行合同义务而给对方某种利益，对方要得到该利益必须支付相应代价的合同，如建设工程合同等。

无偿合同是指一方给付对方某种利益，对方取得该利益时并不支付任何代价的合同，如赠与合同等。

（四）建设工程合同

《合同法》规定，建设工程合同是承包人进行工程建设，发包人支付价款的合同。

建设工程合同实质上是一种特殊的承揽合同。《合同法》第 16 章 "建设工程合同" 中规定："本章没有规定的，适用承揽合同的有关规定。"建设工程合同可分为建设工程勘察合同、建设工程设计合同、建设工程施工合同。

《合同法》对建设工程合同的定义、建设工程的勘察、设计和施工过程中的当事人的权利、义务和责任做了比较全面的规定，主要包括：①建设工程合同的定义；②建设工程合同的订立；③工程的发包与承包、分包；④勘察、设计和施工合同的主要内容；⑤发包人的监督检查权；⑥隐蔽检查；⑦竣工验收；⑧勘察设计人的违约责任；⑨施工人的违约责任；⑩发包人的违约责任；⑪承包人价款的优先受偿权。

（五）调整、规范建设工程合同的法律规范

1. 调整、规范建设工程合同的法律

调整、规范建设工程合同的法律包括《民法总则》《合同法》《建筑法》《招标投标法》《民法通则》《担保法》《保险法》《仲裁法》《民事诉讼法》等。其中，《合同法》是规范建设工程合同最基本、最重要的法律。

2. 调整、规范建设工程合同的行政法规

调整、规范建设工程合同的行政法规主要有《建设工程质量管理条例》《建设工程勘察、设计管理条例》和《建设工程安全生产管理条例等》，主要规定了建设活动中建设单位、勘察设计单位、施工单位的权利、义务，以及应承担的法律责任等。

3. 调整、规范建设工程合同的部门规章

调整、规范建设工程合同的部门规章主要有《建筑市场管理规定》《建设工程勘察、设计合同管理办法》《工程建设项目施工招标投标办法》《工程建设项目勘察、设计招标投标办法》《房屋建筑和市政基础设施工程分包管理办法》《建设工程价款结算暂行办法》《建设工程质量保证金管理暂行办法》等。

4. 调整、规范建设工程合同的地方性法规及规章

各省、自治区、直辖市等具有立法权的地方人民代表大会或地方人民政府，结合当地具体情况，制定了大量的地方性法规与规章，用以规范本地区的建设工程合同行为，如《××省（市）建筑工程造价管理办法》等。

5. 各种建设工程合同示范文本

为了进一步规范和指导发、承包双方当事人的合同签订与履行行为，住建部、国家工商总局印发了《建设工程施工合同（示范文本）》《建设工程委托监理合同（示范文本)》《建设工程勘察合同（示范文本）》《建设工程设计合同（示范文本)》等。

国际工程中较为通用的合同文本是国际咨询工程师联合会（FIDIC）编制的 FIDIC 系列合同条件，包括《土木工程施工合同条件》（新红皮书，1999 年）、《生产设备和设计-建造合同条件》（新黄皮书，1999 年）、《设计-建造与交钥匙工程合同条件》（橘皮书，1995 年）、《设计采购施工（EPC）/交钥匙工程合同条件》（银皮书，1999 年）等。FIDIC 合同条件一般包括协议书、通用（标准）条件和专用（特殊）条件三部分。

6. 相关的司法解释文件、批复等

在相关的司法解释文件、批复中，与工程建设密切相关的主要有：2002 年 6 月 11 日最高人民法院审判委员会第 1225 次会议通过的《最高人民法院关于工程价款优先受偿权问题的批复》（以下简称《批复》，该批复答复了上海市高级人民法院《关于合同法第 286 条理解与使用问题的请示》）；2004 年 9 月 29 日最高人民法院审判委员会第 1327 次会议通过的《最高人民法院关于审理建设工程施工合同纠纷案件适用法律问题的解释》（以下简称《解释》，该解释于 2005 年 1 月 1 日起施行），并于 2018 年 10 月 29 日最高人民法院审判委员会第 1751 次会议通过；自 2019 年 2 月 21 日起施行的《最高人民法院关于审理建设工程施工合同纠纷案件适用法律问题的解释（二）》（以下简称《解释二》）。

二、建设工程合同的主要内容

（一）建设工程勘察、设计合同

1. 建设工程勘察、设计合同的概念

建设工程勘察、设计合同是委托人与承包人为完成一定的勘察、设计任务，明确双方权利、义务关系的协议。承包人应当完成委托人委托的勘察、设计任务，委托人则应接受符合约定要求的勘察、设计成果并支付报酬。一般情况下，建设工程勘察、设计合同是两个合同，但是这两种合同的特点和管理内容相似，因此，我们往往将这两个合同统称为建设工程勘察、设计合同。

建设工程勘察、设计合同的委托人一般是项目业主（建设单位）及建设项目总承包单位；承包人是持有国家认可的勘察、设计证书，具有经过有关部门核准的资质等级的勘察、设计单位。合同的委托人和承包人均应具有法人地位。委托人必须是由国家批准建设项目，落实投资计划的企事业单位、社会团体；或者是获得总承包合同的建设项目的总承包单位。

2. 建设工程勘察、设计合同的主要内容

（1）委托人提交有关基础资料的期限

这是委托人提交有关基础资料在时间上的要求。勘察或设计的基础资料是指勘察、设计单位进行勘察、设计工作所依据的基础文件和情况。勘察的基础资料包括项目的可行性研究报告，工程需要勘察的地点和内容，勘察技术要求及附图等。设计的基础资料包括工程的选址报告等勘察资料以及原料（或经过批准的资源报告）、燃料、水、电、运输等方面的协议文件，需要经过科研取得的技术资料等。

（2）勘察、设计单位提交开勘察、设计文件的期限

这是指勘察、设计单位完成勘察设计工作，交付勘察或设计文件的期限。勘察、设计文件主要包括勘察、设计图及说明，材料设备清单和工程的概预算等。勘察、设计文件是工程建设的依据，工程必须按照勘察设计文件进行施工，因此勘察设计文件的交付期限直接影响着工程建设的期限，所以当事人在勘察或者设计合同中应当明确勘察、设计文件的交付期限。

（3）勘察或者设计的质量要求

这主要是委托人对勘察、设计工作提出的标准和要求。勘察、设计单位应当按照确定的质量要求进行勘察、设计，按时提交符合质量要求的勘察、设计文件。勘察、设计的质量要求条款明确了勘察、设计成果的质量，也是确定勘察、设计单位工作责任的重要依据。

（4）勘察、设计费用

勘察、设计费用是委托人对勘察、设计单位完成勘察、设计工作的报酬。支付勘察、设计费是委托人在勘察、设计合同中的主要义务。双方应当明确勘察、设计的费用数额和计算方法，以及勘察、设计费用的支付方式、地点、期限等内容。

（5）双方的其他协作条件

其他协作条件是指双方当事人为了保证勘察、设计工作顺利完成所应当履行的相互协助的义务。委托人的主要协作义务是在勘察、设计人员进入现场工作时，为勘察、设计人员提供必要的工作条件和生活条件，以保证其正常开展工作。勘察、设计单位的主要协作义务是配合工程建设的施工，进行设计交底，解决施工中的有关设计问题，负责设计变更和修改预算，参加试车考核和工程验收等。

（6）违约责任

合同当事人双方应当根据国家的有关规定约定双方的违约责任。

3. 建设工程勘察、设计合同双方的义务

（1）委托人的义务

1）向承包人提供开展勘察、设计工作所需要的有关基础资料，并对提供有关基础资料的时间、进度与资料的可靠性负责。委托勘查工作的，在勘查工作开展前，应提出勘察技术要求及附图。

委托初步设计的，在初步设计前，应提供经批准的设计任务书、选址报告，以及原料（或经批准的资源报告）、燃料、水、电、运输等方面的协议文件和能满足初步设计要求的勘察资料等。

委托施工图设计的，在施工图设计前，应提供经过批准的初步设计文件和能满足施工图设计要求的勘察资料、施工条件，以及有关设备的技术资料。

2）在勘察、设计人员进入现场作业或配合施工时，应负责提供必要的工作和生活条件。

3）委托配合引进项目的设计任务，从询价、对外谈判、国内外技术考察直至建成投产的各阶段，应吸收承担有关设计任务的单位参加。

4）按照国家有关规定支付勘察、设计费。

5）维护承包人的勘察成果和设计文件，不得擅自修改，不得转让给第三方重复使用。

（2）承包人的义务

1）勘察单位应按照现行的标准、规范、规程和技术条例，进行工程测量、工程地质、水文地质等勘查工作，并按合同规定的进度、质量提交勘查成果。

2）设计单位要根据批准的设计任务书或上一阶段涉及的批准文件，以及有关设计技术经济协议文件、设计标准、技术规范、规程、定额等提出勘查技术要求和进行设计，并按合同规定的进度和质量提交设计文件。

3）初步设计经上级主管部门审查后，在原定任务书范围内的必要修改由设计单位负责。原定任务书有重大变更而重做或修改设计时，需具有设计审批机关或设计任务书批准机关的意见书，经双方协商，另订合同。

4）设计单位对所承担设计任务的建设项目应配合施工，进行设计技术交底，解决施工过程中有关设计的问题，负责设计变更和预算修改，参加试车考核及工程竣工验收。对于大中型工业项目和复杂的民用工程，应派现场设计代表，并参加隐蔽工程验收。

（二）建设工程施工合同

1. 建设工程施工合同的概念

建设工程施工合同即建筑安装工程承包合同，是发包人和承包人为完成商定的建筑安装工程，明确相互权利、义务关系的合同。按照建设工程施工合同，承包人应完成一定的建筑、安装工程任务，发包人应提供必要的施工条件并支付工程价款。建设工程施工合同是建设工程合同的一种，它与其他建设工程合同一样是双务合同，在订立时也应遵守平等、自愿、公平、诚实信用等原则。

建设工程施工合同是工程建设的主要合同，是施工单位进行工程建设质量管理、进度管理、费用管理等的主要依据之一。在市场经济条件下，建筑市场主体之间的相互权利、义务关系主要是通过合同确立的，因此在建设领域加强对建设工程施工合同的管理具有十分重要的意义。国家立法机关、国务院、国家建设行政主管部门都十分重视建设工程施工合同的规范工作，1999年3月15日九届全国人大第二次会议上通过，1999年10月1日生效的《中华人民共和国合同法》对建设工程施工合同做了专章规定。《中华人民共和国建筑法》中也有许多涉及建设工程施工合同的规定。1993年1月29日，建设部发布了《建设工程施工合同管理办法》。这些法律、法规、部门规章是我国工程建设施工合同管理的依据。最高人民法院审判委员会于2004年和2018年分别发布的《关于审理建设工程施工合同纠纷案件适用法律问题的解释》与《最高人民法院关于审理建设工程施工合同纠纷案件适用法律问题的解释（二）》，对司法实践中建设工程施工合同的一些纠纷与争议进行了解释。

2. 建设工程施工合同的主要内容

（1）工程范围

工程范围是指施工的界区，是施工人进行施工的工作范围。

（2）建设工期

建设工期是指施工人完成施工任务的期限。在实践中，有的发包人常常要求缩短工期，施工人为了赶进度，常出现严重的质量问题。因此，为了保证工程质量，双方当事人应当在施工合同中确定合理的建设工期。

（3）中间交工工程的开工和竣工时间

中间交工工程是指施工过程中的阶段性工程。为了保证工程各阶段的交接，顺利完成工程建设，当事人应当明确中间交工工程的开工和竣工时间。

（4）工程质量

工程质量条款是明确施工人施工要求，确定施工人责任的依据。施工人必须按照工程设计图和施工技术标准施工，不得擅自修改工程设计，不得偷工减料。发包人也不得明示或者暗示施工人违反工程建设强制性标准，降低质量要求。

（5）工程造价

工程造价是指进行工程建设所需的全部费用，包括人工费、材料费、施工机械使用费、措施费等。在实践中，有的发包人为了获得更多的利益，往往压低工程造价，而施工人为了盈利或不亏本，不得不偷工减料、以次充好，结果导致工程质量不合格，甚至造成严重的工程质量事故。因此，为了保证工程质量，双方当事人应当合理确定工程造价。

（6）技术资料交付时间

技术资料主要指勘察、设计文件以及其他施工人据以施工所必需的基础资料。当事人应当在施工合同中明确技术资料的交付时间。

（7）材料和设备供应责任

材料和设备供应责任，是指由哪一方当事人提供工程所需材料设备及其应承担的责任。材料和设备可以由发包人负责提供，也可以由施工人负责采购。如果按照合同约定由发包人负责采购建筑材料、构配件和设备的，发包人应当保证建筑材料、构配件和设备符合设计文件和合同要求。施工人则需按照工程设计要求、施工技术标准和合同约定，对建筑材料、构配件和设备进行检验。

（8）拨款和结算

拨款主要指工程款的拨付，结算是指施工人按照合同约定和已完工程量向发包人办理工程款的清算。拨款和结算条款是施工人请求发包人支付工程款和报酬的依据。

（9）竣工验收

竣工验收条款一般应当包括验收范围与内容、验收标准与依据、验收人员组成、验收方式和日期等内容。

（10）质量保修范围和质量保证期

建设工程质量保修范围和质量保证期，应当按照《建设工程质量管理条例》的规定执行。

（11）双方相互协作条款

双方相互协作条款一般包括双方当事人在施工前的准备工作，施工人及时向发包人提出开工通知书、施工进度报告、对发包人的监督检查提供必要的协助等。

3. 建设工程施工合同发承包双方的主要义务

（1）发包人的主要义务

1）不得违法发包。《合同法》规定，发包人不得将应当由一个承包人完成的建设工程肢解成若干部分发包给几个承包人。

2）提供必要施工条件。发包人未按照约定的时间和要求提供原材料、设备、场地、资金、技术资料的，承包人可以顺延工程日期，并有权要求停工、窝工等损失。

3）及时检查隐蔽工程。隐蔽工程在隐蔽以前，承包人应当通知发包人检查。发包人没有及时检查的，承包人可以顺延工期，并有权要求赔偿停工、窝工等损失。

4）及时验收工程。建设工程竣工后，发包人应当根据施工图及说明书、国家颁发的施工验收规范和质量检验标准及时进行验收。

5）支付工程价款。发包人应当按照合同约定的时间、地点和方式等，向承包人支付工程价款。

（2）承包人的主要义务

1）不得转包和违法分包。承包人不得将其承包的全部建设工程转包给第三人，不得将其承包的全部建设工程肢解以后以分包的名义转包给第三人。禁止承包人将工程分包给不具备相应资质条件的单位。禁止分包单位将其承包的工程再分包。

2）自行完成建设工程主体结构施工。建设工程主体结构的施工必须由承包人自行完成。承包人将建设工程主体结构的施工分包给第三人的，该分包合同无效。

3）接受发包人有关检查。发包人在不妨碍承包人正常作业的情况下，可以随时对作业进度、质量进行检查。隐蔽工程在隐蔽以前，承包人应当通知发包人检查。

4）交付竣工验收合格的建设工程。建设工程竣工经验收合格后，方可交付使用；未经验收或者验收不合格的，不得交付使用。

5）建设工程质量不符合约定的无偿修理。因施工人的原因致使建设工程质量不符合约定的，发包人有权要求施工人在合理期限内无偿修理或者返工、改建。经过修理或者返工、改建后，造成逾期交付的，施工人应当承担违约责任。

三、建设工程合同的订立与履行

（一）建设工程合同的订立

1. 建设工程合同的订立原则

《合同法》的基本原则是贯穿于整个《合同法》的根本性准则，其内容不仅适用于总则部分，对于分则同样适用。建设工程合同的订立主要应遵循以下原则：

（1）合法原则

该原则不仅要求当事人在合同法及其他法律规定的范围内享有合同的权利并履行合同的义务，而且还包含了事实上的另一个原则，即公序良俗原则。公序良俗原则的基本要求就是当事人在享有权利和履行义务的过程中，不得损害国家、集体和第三人的合法权益，不得损害社会的公共利益。

（2）公平原则

公平原则是指以利益均衡作为价值判断标准，依此来确定合同当事人的民事权利、民事义务及其承担的民事责任。具体表现为：合同当事人应有同等进行交易活动的机会；当事人所享有的权利与其所承担的义务大致相当，不得显失公平；当事人所承担的违约责任与其违约行为所造成的实际损失应大致相当；当实际情况发生重大变化导致合同履行受阻时，合同内容应得到相应变更等。

（3）自愿原则

这一原则的基本含义是指当事人依法享有缔结合同、选择相对人、确定合同内容、变更和解除合同，以及选择合同补救方式等方面的自由，即在法律规定的范围内，当事人在是否订立合同、与谁订立合同、订立什么样的合同以及是否变更或解除合同、选择哪种合同补救方式等方面具有完全的自主权，任何单位和个人不得强迫、阻止或干预。

（4）诚实信用原则

诚实信用原则是指当事人在从事民事活动中诚实守信，以善意的方式履行其义务，不得滥用权力及规避法律或合同规定的义务。该原则对于解释合同、平衡利益冲突、维护正常的交易秩序具有重要意义。

（5）鼓励交易原则

鼓励交易原则是指只要当事人在真实意思表示一致且不违背法律和社会的公共利益，不损害国家、集体和第三人的合法权益的基础上产生的交易，即使缺少了某些合同要件，也不一味地宣告合同无效，而给当事人适当的调整、补正的机会，从而使交易能够继续进行。合同法中在合同的订立、合同的效力、合同的解释、可撤销合同、合同的解除等方面均体现了这一原则。

2. 建设工程合同的订立程序

签订经济合同一般要经过要约和承诺两个步骤，建设工程合同的签订因为其特殊性，需要经过要约邀请——要约——承诺三个步骤。

（1）要约邀请

要约邀请是指当事人一方邀请不特定的另一方向自己提出要约的意思表示。在合同法中，要约邀请行为属于事实行为，一般没有法律约束力，只有经过被邀请的一方做出要约并经要约邀请方承诺后，合同方能成立。

在建设工程合同签订的过程中，发包方发布招标公告或发送投标邀请函的行为均属于要约邀请，其目的在于邀请承包方投标。建设工程合同签订过程中有一个显著特点，即受要约人（招标发包方）是特定的，要约人（投标承包方）是不特定的。而在一般民事或经济合同的签订中，受要约人与要约人均为特定人。

（2）要约

要约是指当事人一方向另一方提出合同条件，希望与另一方订立合同的意思表示。提出要约的一方称为要约人，另一方称为受要约人。要约是以签订合同为目的的一种意思表示，其内容必须具体明确，应包括合同的主要条款，而且必须向受要约人提出。要约生效后，具有法律效力，要约人不得擅自撤回或更改。

建设工程招标投标中，承包方向发包方递交投标文件是一种要约行为，投标截止日即为要约生效日，投标文件中应包括建设工程合同应具备的主要条款，如工程造价、工程质量、建设工期等内容。作为要约的投标文件对承包方的法律约束力表现在：承包方在投标文件生效后无权修改或撤回投标文件以及一旦中标就必须与发包方签订合同，否则就要承担相应的缔约过失责任。

(3) 承诺

承诺是指受要约人同意要约的意思表示，是受要约人愿意按照要约的内容与要约人订立合同的允诺。承诺的内容应当与要约的内容一致。受要约人对要约的内容做出实质性变更的，为新要约或反要约。有关合同的标的、数量、质量、价款或者报酬、履行期限、履行地点和方式、违约责任和争议解决方法等的变更，属于对要约内容的实质性变更。承诺对要约内容做出非实质性变更的，除要约人及时表示反对或者要约表明承诺不得对要约的内容做出任何实质性变更的以外，该承诺有效，合同的内容以承诺的内容为准。

承诺必须在要约规定的有效期间内向要约人提出，一般而言，承诺生效的时间就是要约人收到承诺的时刻。受要约人做出承诺后，即受到法律的约束，不得任意变更或解除。

建设工程招标投标中，发包方经过开标、评标过程确定中标人，最后发出中标通知书的行为即为承诺。《招标投标法》第四十三条规定："在确定中标人前，招标人不得与投标人就投标价格、投标方案等实质性内容进行谈判。"招标人和中标人应当自中标通知书发出之日起三十日内，按照招标文件和中标人的投标文件订立书面合同。招标人和中标人不得再行订立背离合同实质性内容的其他协议。

3. 建设工程合同的订立形式

《合同法》规定当事人订立合同，有书面形式、口头形式和其他形式，法律、行政法规规定采用书面形式的，应当采用书面形式。建设工程合同应采用书面形式。

《建筑法》和《招标投标法》也明确指出，建设工程的发包单位与承包单位应当依法订立书面合同，以明确双方的权利和义务。

书面形式包括合同书、信件和数据电文（包括电报、电传、传真、电子数据交换和电子邮件）等可以有形地表现所载内容的形式。建设工程合同的订立一般采用合同书的形式，主要为各类示范文本。

当事人采用合同书形式订立合同的，自双方当事人签字或者盖章时合同成立，双方当事人签字或者盖章的地点为合同成立的地点。

为切实保护当事人的合法权益以及根据合同实际履行原则，《合同法》第三十六条规定："法律、行政法规规定或者当事人约定采用书面形式订立合同，当事人未采用书面形式但一方已经履行主要义务，对方接受的，该合同成立。"《合同法》第三十七条规定："采用合同书形式订立合同，在签字或者盖章之前，当事人一方已经履行主要义务，对方接受的，该合同成立。"

4. 建设工程合同的缔约过失责任

（1）缔约过失责任的概念

缔约过失责任是指在合同订立过程中，一方当事人因过错而导致另一方相应利益的损失所应承担的民事责任。

订立合同的当事人之间，在合同成立之前，自双方相互接触以商签合同时起，就会产生诸如相互协助、相互保护、相互通知等附随义务，双方都应遵循诚实信用的原则。当事人这种基于诚实信用原则而产生的缔约过程中的义务，是一种先合同义务（或称合同前义务）。《合同法》对此有明确规定，违反上述义务的当事人，必须对对方的损失承担赔偿责任，即承担缔约过失责任。

（2）缔约过失责任的构成要件

1）发生在合同订立过程中。缔约过失行为发生在当事人之间洽商订立合同的过程中，即当事人双方做出订立合同的意思表示，但合同尚未成立。

2) 当事人一方主观上有过错。主观上的过错行为包括主观上的故意行为、过失行为所引发的合同不成立。

3) 当事人一方受到实际损失。缔约当事人一方基于对另一方的信赖，本能够订立有效合同，却因对方的过错行为致使合同不能成立而造成实际损失，有权依法得到保护，追究对方的缔约过失责任。

4) 过错行为与实际损失之间存在因果关系。缔约过程中，当事人一方的过错行为与另一方的实际损失之间存在客观上的因果关系，是承担法律责任的前提条件。

缔约过失责任不属于合同中的违约责任，而是因为缔约过失责任人在合同订立过程中存在违反先合同义务的过错行为导致合同不成立而承担的法律责任。

(3) 承担缔约过失责任的情况

根据《合同法》的规定，出现下列情况时，当事人应承担缔约过失责任：

1) 假借订立合同，恶意进行磋商，即当事人无订立合同的诚意，而是采用欺诈等手段诱使对方与之谈判，造成对方损失。

2) 故意隐瞒与订立合同有关的重要事实或提供虚假情况。

3) 其他违背诚实信用原则的行为。这些行为包括：擅自变更、撤回要约；未尽通知义务；未办理合同订立前应履行的审批手续等。

4) 不正当透露了对方的商业秘密。在订立合同中，当事人对所获悉的对方商业秘密负有保密义务，如因泄密或不正当使用而造成对方损失的，应承担赔偿责任。

(二) 建设工程合同的履行

1. 建设工程合同的履行原则和规则

合同履行是指合同双方当事人依据合同条款的约定，行使各自享有的权利并承担各自负有的义务的行为。

(1) 建设工程合同的履行原则

《合同法》第六十条规定："当事人应当按照约定全面履行自己的义务。遵循诚实信用原则，根据合同的性质、目的和交易习惯履行通知、协助、保密等义务。"这些原则对建设工程合同的履行同样适用。

1) 全面履行原则。全面履行原则是指合同当事人必须按照合同规定的标的、质量和数量、履行地点、履行价格、履行期限和履行方式全面完成各自应承担的义务。

建设工程合同的全面履行是指合同当事人必须按照合同所规定的全部条款完成建设任务，包括履行标的（工程建设行为）、履行期限（建设工期）、履行地点（建设工程所在地）、履行价格（工程造价）等。

2) 实际履行原则。实际履行原则是指除非不可抗力，签订合同当事人应交付和接受标的，不得任意降低标的物的标准、变更标的物或以货币代替实物。

建设工程合同的实际履行就是合同当事人必须依据建设工程合同规定的标的不折不扣地实现其内容，承包方应按期保质地交付勘察设计成果和建设工程，发包方应及时予以接受并支付价款。

3) 诚实信用原则。诚实信用原则既是《合同法》的一项主要原则，也是我国《民法通则》的基本原则，它贯穿于合同的订立、履行、变更、终止的全过程。当事人在履行合同的过程中，要讲诚实、守信用，还要相互协作，并根据合同的性质、目的和交易习惯自觉地履行通知、协助和保密等附随义务，保证合同顺利履行。

（2）建设工程合同的履行规则

《合同法》规定，合同生效后，当事人就质量、价款或者报酬、履行地点等内容没有约定或者约定不明确的，可以协议补充；不能达成补充协议的，按照合同有关条款或者交易习惯确定。当事人就有关合同内容约定不明确，依照上述规定仍不能确定的，可以按照以下规则履行。

1）质量要求不明确的，按照国家标准、行业标准履行；没有国家标准、行业标准的，按照通常标准或者符合建设工程合同目的的特定标准履行。

2）价款或者报酬不明确的，按照订立建设工程合同时履行地的市场价格履行；依法应当执行政府定价或者政府指导价的，按照规定履行。

3）履行地点不明确的，给付货币的，在接受货币一方所在地履行；交付不动产的，在不动产所在地履行；其他标的，在履行义务一方所在地履行。

4）履行期限不明确的，债务人可以随时履行，债权人也可以随时要求履行，但应当给对方必要的准备时间。

5）履行方式不明确的，按照有利于实现建设工程合同目的的方式履行。

6）履行费用的负担不明确的，由履行义务一方负担。

2. 建设工程合同履行的抗辩权

（1）抗辩权的概念

合同履行中的抗辩权是指在双务合同中，在满足一定法定条件下，合同当事人一方可以对抗对方当事人的履行要求，暂时拒绝履行合同义务的权利。它是法律为确保双务合同履行而特别设定的制度，对合同的履行具有重要的意义。双务合同履行中的抗辩权可分为同时履行抗辩权和异时履行抗辩权。

（2）同时履行抗辩权

同时履行是指合同没有约定双方履行义务的先后顺序，而是在一定期限内，双方当事人不分先后地履行各自义务的行为。这里的"同时"是指一定期限内，而不能机械地理解为某一时刻。

同时履行抗辩权是指同时履行义务的双务合同当事人一方在对方未为对待给付之前，有权对抗对方履行的要求，拒绝自己履行合同义务的权利。《合同法》第六十六条规定："当事人互负债务，没有先后履行顺序的应当同时履行。一方在对方履行之前有权拒绝其履行要求。一方在对方履行债务不符合约定时，有权拒绝其相应的履行要求。"

（3）异时履行抗辩权

异时履行是指合同已明确约定双方当事人履行义务的先后顺序。异时履行抗辩权分为先履行抗辩权和不安履行抗辩权两种。

1）先履行抗辩权。《合同法》规定，先履行一方应当先行履行自己的义务，当其未予履行，或虽已履行但不符合合同的约定时，后履行的一方可以行使抗辩权拒绝先履行一方的履行要求。

2）不安抗辩权是指按合同约定，本应先行履行义务的一方，在有确切证据证明对方的财产明显减少而难以对待给付时，有权拒绝先行履行。这是法律对先履行一方当事人合法权益的有力保护。

为防止滥用不安抗辩权，保证合同的顺利履行，《合同法》对不按抗辩权的行使做出了限制。只有当对方出现下述情形时，才可行使不安抗辩权：
① 经营状况严重恶化。
② 转移财产、抽逃资金以逃避债务。
③ 丧失商业信誉。
④ 有丧失或可能丧失履行债务能力的其他情形。

这种限制还表现在以下三方面：一是要有确切证据，当事人没有确切证据而中止履行的，应认定为违约并承担相应责任；二是依法中止履行时，应及时通知对方当事人，否则应当承担违约责任；三是中止履行后，一旦对方当事人提供了适当担保，就应当恢复履行，否则仍将被认定为违约。中止履行后，若对方当事人在合理期限内未恢复履行能力并且未提供适当担保，中止履行的一方可以解除合同。

值得注意的是，行使不安抗辩权是建设工程合同当事人依法享有的权利，不以对方当事人的同意为必要条件，但是，权利人应及时通知对方当事人。同时，行使不安抗辩权的当事人还负有证明对方财产恶化等足以危及自己获得对待给付的现实危险的举证义务，如不能证明而中止履行建设工程合同的，将构成违约。

四、建设工程合同的效力

（一）建设工程合同的效力表现

建设工程合同效力是指建设工程合同依法成立后所具有的法律约束力，表现为对内效力和对外效力。

1. 对内效力

建设工程合同的效力首先表现为在合同当事人之间产生特定的权利和义务关系，当事人应依照合同约定正确行使自己的权利，履行自己的义务。若当事人有违反合同约定的行为，应承担相应的违约责任。

2. 对外效力

依法成立的建设工程合同对当事人以外的第三人也会产生一定的法律约束力。依法成立的建设工程合同不受任何非法干预即是其对外效力的具体体现，任何单位和个人不得利用任何方式非法阻挠当事人依照合同约定所享有的权利和应履行的义务，更不得用行政命令解除建设工程合同。

（二）有效的建设工程合同

有效的建设工程合同是指当事人双方依法订立，受国家法律保护，具有法律约束力的合同。

建设工程合同的生效条件如下：

1. 主体合格

建设工程合同的当事人必须符合法律规定的要求，如满足经营范围、生产许可、资质等级等约束条件。

2. 内容合法

建设工程合同中约定的当事人权利和义务必须合法，凡是涉及法律法规有强制性或禁止性规定的，必须符合有关规定。

3. 意思表示真实

建设工程合同中必须贯彻平等互利、协商一致的原则，任何一方不得将自己的意志强加给对方。

4. 符合法定或约定的形式要件

《合同法》规定，当事人采用合同书形式订立合同的，自双方当事人签字或者盖章时起合同成立，依法成立的合同自成立时生效。依照法律规定或合同约定应当履行公证、鉴证、登记、批准等手续的，履行完上述手续后合同生效。附生效条件的合同，自条件成就时生效。附生效期限的合同，自期限届至时合同生效。例如，《建设工程设计合同示范文本》第8.9款规定："本合同经双方签章并在发包人向设计人支付订金后生效"。发包人向设计人支付订金即为该合同生效的附加条件。

（三）无效的建设工程合同

无效的建设工程合同是指虽然已经订立（或成立），但从订立（或成立）时起即不具法律约束力，不受国家法律保护。"不具法律约束力"的实质是指不发生履行效力，但无效合同仍然会引起一定的法律后果，只是因为合同无效所引发的法律后果非当事人双方订立合同时的意愿。

1. 导致合同无效的情形

《合同法》规定，下列情形会导致合同的无效：

1）一方以欺诈、胁迫的手段订立合同，损害国家利益的。
2）恶意串通，损害国家、集体或者第三人利益。
3）以合法形式掩盖非法目的。
4）损害社会公共利益。
5）违反法律、行政法规的强制性规定。

因建设工程合同自身的特殊性，最高人民法院在《解释》中对于建设工程施工合同效力的认定，做了进一步的明确，凡具有下列情形之一的，合同无效：

1）承包人未取得建筑施工企业资质或者超越资质等级的。
2）没有资质的实际施工人借用有资质的施工企业名义的。
3）建设工程必须进行招标而未进行招标或者中标无效的。
4）承包人非法转包、违法分包建设工程。

2. 确认建设工程合同无效的规则

合同无效包括整体无效和部分无效两种情况。《合同法》规定，合同部分无效，不影响其他部分效力的，其他部分仍然有效。

（1）建设工程合同中的部分条款无效

若无效条款部分与合同中的其他条款相比较是相对独立的，该无效部分与合同整体具有可分性，则可认定无效条款不影响其他条款的效力。若无效条款部分与合同整体具有不可分性，则应认定合同整体无效。

《合同法》规定合同中的下列免责条款无效：

1）造成对方人身伤害的。
2）因故意或者重大过失造成对方财产损失的。
3）提供格式条款一方免除其责任、加重对方责任、排除对方主要权利的，该条款无效。

（2）合同整体无效

若建设工程合同的订立程序或目的违法以及违反社会公共利益和国家利益的，应认定合同整体无效。一般来讲，《合同法》规定的合同无效的五种情形，以及《招标投标法》规定的中标无效的六种情形均会导致合同整体无效。

3. 主张建设工程合同无效的主体和时间

根据引起合同无效的原因，可将无效合同归纳为侵害合同当事人或特定第三人利益的无效合同，以及违反社会公共利益和国家利益的无效合同两种。

对于只涉及当事人之间利益的无效合同，主张该合同无效应受主体和时间的限制，即主张合同无效的主体只能是合同当事人，申请无效合同应受我国《民法总则》时效制度的约束。当无效合同涉及第三人利益，且对第三人构成侵权时，第三人有权主张合同无效，但同样应受时效限制。

对于违反社会公共利益和国家利益的无效合同，主张合同无效的主体不应受限制，也不受民法时效制度的限制。

4. 确认建设工程合同无效的机构

在我国，关于合同效力的纠纷只能由人民法院或仲裁机构予以裁决，其他任何单位和个人都无权确认建设工程合同有效或无效。

5. 合同无效的法律后果

无效合同从订立时起就没有法律约束力，不产生履行效力。合同被确认无效后，尚未履行的，不得履行；已经部分履行的，应当立即终止履行。建设工程合同无效，不影响合同中独立存在的有关争议解决方法的条款的效力。

无效合同应承担的法律后果主要有以下几种情形：

（1）返还财产或折价补偿

返还财产或折价补偿以使当事人的财产关系恢复到建设工程合同签订前的状态，这是消除无效合同所造成财产后果的一种法律手段，而非惩罚措施。合同被确认无效后，当事人依据建设工程合同所实际取得的财产应返还给对方，不能返还的或者没有必要返还的，应按照所取得的财产减值进行折算，以金钱的方式对对方当事人进行补偿。

（2）赔偿损失

赔偿损失是过错方给对方造成损失时，应赔偿对方因此而遭受的损失。双方都有过错的，应各自承担相应的责任。

（3）收归国有或返还集体、第三人

当事人恶意串通，损害国家利益的，因此取得的财产收归国家所有；损害集体或者第三人利益的，因此取得的财产返还集体、第三人。

最高人民法院在《解释》中的第四条做出了关于无效建设工程施工合同的处理规定："承包人非法转包、违法分包建设工程或者没有资质的实际施工人借用有资质的建筑施工企业名义与他人签订建设工程施工合同的行为无效。人民法院可以根据《民法通则》第一百三十四条的规定，收缴当事人已经取得的非法所得。"

五、建设工程合同的变更、撤销、解除与终止

（一）《合同法》关于合同变更与撤销的规定

《合同法》第七十七条规定："当事人协商一致，可以变更合同。"合同变更有广义和狭义

两种。广义的合同变更包括合同内容的变更及合同主体的变更；狭义的合同变更仅指合同内容的变更，即在合同主体不变的前提下，对某些合同条款进行修改和补充。

1. 合同变更或撤销的情形

变更或撤销合同必须具备一定的法律事实，合同订立存在下列情形的，当事人一方有权请求人民法院或者仲裁机构进行合同变更或者撤销合同。

1）双方当事人在重大误解情形下订立的合同。重大误解的构成一般应符合下列条件：

① 重大误解是合同当事人自己的误解。

② 重大误解与合同的订立或合同条件存在因果关系。

③ 误解可能造成的预期损失必须是重大的。

2）双方当事人在显失公平情形下订立的合同。在订立合同时，合同当事人之间享有的权利和承担的义务严重不对等，如价款与标的价值相差过于悬殊，责任或风险承担明显不合理等都构成显失公平。

一般认为，构成合同显失公平的客观要件是指合同成立时当事人双方的物质利益显著不均衡。主观要件是指一方当事人利用信息优势或利用对方没有经验，致使双方的权利义务关系明显违反公平和等价有偿原则。

3）一方以欺诈、胁迫的手段或者乘人之危，使对方在违背真实意思的情况下订立的合同。

对于以上三种情形下订立的合同，受损害方均有权请求人民法院或者仲裁机构变更或者撤销。

2. 合同撤销的法律后果

合同被撤销后，因该合同取得的财产，应当予以返还；不能返还或者没有必要返还的，应当折价补偿。有过错的一方应当赔偿对方因此所受到的损失，双方都有过错的，应当各自承担相应的责任。合同被撤销后，不影响合同中独立存在的有关解决争议方法的条款的效力。

对于可变更或可撤销的合同，若当事人没有向人民法院或者仲裁机构提出申请要求变更或撤销，则该合同仍然有效。只有在当事人提出了申请，人民法院或者仲裁机构做出变更或撤销的判决或者裁决后，被变更部分或被撤销部分的合同才无效。当事人只请求变更合同的，人民法院或者仲裁机构不得撤销合同。

（二）建设工程合同的变更

我国《合同法》《建筑法》和《招标投标法》中都明确规定，承包人不得将其承包的全部任务转包给第三方。所以，建设工程合同的变更属于狭义的合同变更，即在合同主体不变的前提下，对合同内容的修改与补充。

建设工程合同的变更主要通过补充协议或工程签证的方式加以确认。所谓工程签证，实际上就是工程发包方和承包方在履行合同过程中对支付费用、顺延工期、赔偿损失等事项通过协商达成一致的书面文件，具有与原合同同等的法律效力，并构成整个工程合同文件的组成部分。

（三）建设工程合同的解除

建设工程合同的解除是指依法订立的有效建设工程合同，在履行完毕前，因一定的法定事由发生而使合同的权利义务关系归于消灭的行为。

1. 建设工程合同解除的条件

（1）协商解除

当事人协商一致并且不因此损害国家利益和社会公共利益的合同可以解除。

（2）约定解除

当事人可以约定一方解除合同的条件，解除合同的条件成熟时，解除权人可以解除合同。

（3）不可抗力

由于不可抗力致使建设工合同的全部义务不能履行的，允许解除建设工程合同，部分不能履行的，允许变更建设工程合同。

不可抗力是指不能预见、不能避免并且无法克服的客观情况。一般包括自然原因和社会原因，前者如台风、地震等，后者如战争、暴乱、禁运等。不可抗力的具体范围可由双方当事人在合同中约定；如无约定，则依法律规定并结合合同履行时的具体情况来确定是否属于不可抗力。

（4）违约行为

《合同法》规定有下列违约行为的，当事人可以解除建设工程合同：

1）在履行期限届满之前，当事人一方明确表示或者以自己的行为表明不履行主要债务。例如，发包人原因造成的建设工程停建或缓建的，承包人有权解除合同。

2）当事人一方延迟履行主要债务，经催告后在合理期限内仍未履行。

3）当事人一方迟延履行债务或者有其他违约行为致使建设工程合同的目的无法实现。

最高人民法院在《解释》中的第八条规定，承包人具有下列情形之一，发包人请求解除建设工程施工合同的，应予支持：

1）明确表示或者以行为表明不履行合同主要义务。

2）合同约定的期限内没有完工，且在发包人催告的合理期限内仍未完工。

3）已经完成的建设工程质量不合格，并拒绝修复。

4）将承包的建设工程非法转包、违法分包。

最高人民法院在《解释》中的第九条规定，发包人具有下列情形之一的，致使承包人无法施工，且在催告的合理期限内仍未履行相应义务的，承包人请求解除建设工程施工合同的，应予支持：

1）未按约定支付工程价款。

2）提供的主要建筑材料、建筑构配件和设备不符合强制性标准。

3）不履行合同约定的协助义务。

2. 建设工程合同解除的程序

（1）通知

在法定或约定的合同解除情形出现后，当事人一方主张解除合同的，应以书面形式向对方发出解除合同的通知，通知到达对方时合同解除。《建设工程施工合同（示范文本）》（GF—2017—0201）规定，施工合同的解除应在发出通知前7天告知对方。

（2）答复

当事人一方收到另一方解除合同的书面通知后，应当在法定或约定的时间内予以答复。答复可以是同意，也可以是不同意，还可以是部分同意、部分不同意。如果在约定或法定的期限不答复，则应视为默认。《合同法》规定，对方对解除合同有异议的，可以请求人民法院或者仲裁机构确认解除合同的效力。

（3）协议

双方协商解除合同的，应形成书面协议。在对方违约的情况下，单方解除合同的不需要形成书面协议。

3. 建设工程合同解除的法律后果

《合同法》规定，合同解除后，尚未履行的，终止履行；已经履行的，根据履行情况和合同性质，当事人可以要求恢复原状、采取其他补救措施，并有权要求赔偿。

最高人民法院在《解释》中的第十条规定，建设工程合同解除后，已经完成的建设工程质量合格的，发包人应当按照约定支付相应的工程价款。因一方违约导致合同解除的，违约方应当赔偿因此而给对方造成的损失。

（四）建设工程合同的终止

建设工程合同的终止是指由于一定的法定事由的发生而使合同的权利义务关系归于消灭的行为。合同终止的情形包括：

1）债务已经按照约定履行。
2）建设工程合同解除。
3）债务相互抵消。
4）债务人依法将标的物提存。
5）债权人免除债务。
6）债权债务同归于一人。
7）法律规定或者当事人约定终止的其他情形。

合同的解除只是合同终止的一种情形，合同的权利义务终止后，当事人应当遵循诚实信用原则，根据交易习惯履行通知、协助、保密等义务。

根据《合同法》规定，合同的权利义务关系终止，不影响合同中结算和清理条款的效力，也不影响合同中独立存在的有关解决争议方法的条款的效力。对于建设工程合同来说，合同终止后，合同中的索赔条款、价款结算条款等并不因此失效。

六、建设工程合同的违约责任

（一）建设工程合同违约责任概述

建设工程合同违约责任是指合同一方不履行合同义务或履行合同义务不符合约定所应承担的民事责任。对于建设工程合同而言，违约方不但要承担民事责任，而且还可能要依法承担行政责任和刑事责任，即违反建设工程合同的法律责任，包括民事责任（违约责任）、行政责任和刑事责任。

1. 违约类型

违约行为是指当事人违反合同义务的客观表现，包括作为和不作为两种表现。依照我国现行《合同法》，可以将建设工程合同违约行为归纳为履行不能、迟延履行、不适当履行和部分不履行四种类型。

（1）履行不能

履行不能是指履行期限届至时，建设工程合同义务人无正当理由不能履行合同义务的行为。履行不能是最严重的违约行为。一般认为，履行不能违反了信守给付的义务，构成了积极侵害债权，债务人不仅未为给付，而且并无给付的意思。

（2）迟延履行

迟延履行是指义务人能够履行，但在履行期限届满时却未能履行义务，包括给付迟延（义务人迟延）和受领迟延（权利人迟延）。这两种迟延在性质上都违背了建设工程合同义务，属于违约行为。

(3) 不适当履行

不适当履行是指当事人虽然履行了合同义务，但其履行行为与建设工程合同的约定不完全相符，包括履行方法不适当、履行地点不适当，以及提供的标的在质量、品质、规格、型号等方面不符合建设工程合同的约定。

(4) 部分不履行

部分不履行是指建设工程合同当事人履行义务不全面，也称量的不完全履行。附随义务不履行也属于部分不履行的一种表现，即建设工程合同基本义务之外不影响合同目的实现的义务不履行，如违反重要事项通知义务等。

2. 承担违约责任的方式

(1) 采取补救措施

当事人一方违约，应守约方的要求，可采取补救措施这一承担违约责任的形式。如质量不符合约定，受损害方根据标的的性质及损失大小，可选择要求对方采取修理、更换、重作、退货、减少价款或者酬金等补救措施。

(2) 赔偿损失

当事人一方不履行或履行建设工程合同义务不符合约定的，在采取补救措施后，对方还有其他损失的，应当赔偿损失。损失赔偿额应相当于因违约所造成的损失，包括合同履行后可以获得的利益，但不得超过违反合同一方订立合同时预见的或者应当预见的应违反合同可能造成的损失。

(3) 违约金或定金

《合同法》规定，当事人可以约定一方违约时应当根据违约情况向对方支付一定数额的违约金，也可以约定因违约产生的损失赔偿额的计算方法。当事人既约定违约金，又约定定金的，一方违约时，对方可以选择适用违约金或者定金条款。

约定的违约金低于造成的损失的，当事人可以请求人民法院或者仲裁机构予以增加；约定的违约金过分高于造成的损失的，当事人可以请求人民法院或者仲裁机构予以适当减少。当事人就迟延履行约定违约金的，违约方支付违约金后，还应当履行债务。

(4) 继续履行

继续履行是承担上述违约责任的补充，也是合同法鼓励交易原则的体现。一方违约后，另一方要求违约方继续履行合同时，违约方在承担上述违约责任后仍应继续履行合同。但有下列情形之一的除外：

1) 法律上或者事实上不能履行。
2) 债务的标的不适于强制履行或者履行费用过高。
3) 债权人在合理期限内未要求履行。

继续履行与自觉履行的性质是不同的，自觉履行是合同当事人的守约行为，而继续履行是承担违约责任的方式。违约情形发生后，建设工程合同是否继续履行完全取决于权利受害一方的意志，既可以选择继续履行，又可以选择其他承担违约责任的方式。

3. 不承担违约责任的情形

在法律规定或合同约定且这种约定不与法律法规相抵触的情况下，允许免除或部分免除不履行或不完全履行合同的违约责任。主要包括：

1）不可抗力。但当事人迟延履行后发生不可抗力的，不能免除其违约责任。

2）货物本身的自然性质所引起的合理损耗。

3）对方当事人原因引起。

4）当事人一方违约后，对方应当采取适当措施防止损失的扩大，没有采取适当措施致使损失扩大的，不得就扩大的损失要求赔偿。

5）双方约定免除的其他情形。

（二）建设工程勘察、设计合同的违约责任

1. 发包方的违约责任

《合同法》规定，因发包人变更计划，提供的资料不准确，或者未按期提供必需的勘察和设计工作条件而造成勘察、设计的返工、停工或者修改设计的，发包人应当按照勘察人、设计人实际消耗的工作量增付费用。

1）发包人提供的技术资料不准确或变更计划，致使勘察、设计工作无法正常进行的，勘察人、设计人有权停工或顺延工期，停工的损失应当由发包人承担。发包人重新提供的技术资料有重大修改，需要勘察人、设计人返工、修改设计的，发包人应当按照勘察人、设计人实际消耗的返工、修改工作量相应增付勘察、设计费。

2）发包人未能按照合同约定提供勘察、设计工作所需工作条件，致使勘察、设计工作无法正常进行的，勘察人、设计人有权停工、顺延工期，并要求发包人承担勘察人、设计人停工期间的损失。

3）勘察、设计成果按期、按质、按量交付后，发包方应按合同约定，按期、按量支付勘察设计费，发包方未按约定支付费用的，应承担相应的违约责任。

合同中一般约定，每逾期一天，应承担迟延支付金额2‰的逾期违约金。逾期超过30天以上的，勘察人、设计人有权暂停履行下阶段工作，并书面通知发包人。

4）在履行合同期间，由于工程停建而终止合同或因发包人自身原因要求解除合同时，勘察人、设计人未开始勘察、设计工作的，不退还发包人已付的定金；已开始勘察、设计工作的，发包人应根据勘察人、设计人已进行的实际工作量，不足50%的，按该阶段设计费的50%支付；超过50%的，按该阶段设计费的全部支付。

2. 承包方的违约责任

《合同法》规定，勘察、设计的质量不符合要求或者未按照期限提交勘察、设计文件拖延工期，造成发包人损失的，勘察人、设计人应当继续完善勘察、设计，减收或者免收勘察、设计费并赔偿损失。

1）勘察人、设计人提交的勘察、设计文件不符合质量要求的，发包人可以要求勘察人、设计人继续完善勘察、设计文件，并视造成的损失、浪费大小减收或免收勘察、设计费并赔偿损失。若勘察人无力补充完善，需要发包人另行委托其他单位时，勘察人应承担全部勘察费用。如果勘察人、设计人提交的勘察、设计文件质量严重不符合同约定或有其他违约行为致使合同目的不能实现的，发包人可以解除合同。

2）因勘察、设计错误造成工程质量事故损失的，勘察人、设计人除负责采取补救措施外，应免收直接受损失部分的勘察设计费，并根据损失程度向发包人支付赔偿金，赔偿金数额由双方在合同中商定为实际损失的百分比。

3）勘察人、设计人迟延提交勘察、设计文件，致使工期拖延给发包人造成损失的，发包

人可以要求勘察人、设计人赔偿损失。

合同一般约定，每延期交付一天，应减收该项目应收勘察、设计费的2‰。如果勘察人、设计人在催告后的合理期限内仍未能提交勘察、设计文件，严重影响工程进度的，发包人可以解除合同。

另外，在勘察、设计合同中一般约定发包人向勘察、设计人支付一定比例的定金，双方违约时，可适用定金罚则，即发包人不履行合同时，无权要求返还定金；勘察人不履行合同时，应双倍返还定金。

（三）建设工程施工合同的违约责任

1. 发包方的违约责任

（1）发包人未按约定提供原材料、设备、资金、技术、场地的违约责任

《合同法》规定，合同中约定由发包人提供的原材料和设备，发包人应当按照约定的原材料和设备的种类、规格、数量、单价、质量等级以及时间和地点向承包人提供。如果发包人未按照约定提供的，承包人可以中止施工并顺延工期，因此造成承包人停工、窝工损失的，由发包人承担违约责任。

合同约定由发包人负责提供场地条件的，发包人应按照合同约定向承包人提供施工、操作、运输、堆放材料、设备所需的场地条件，发包人未能提供符合约定的场地条件而致使承包人无法开展施工的，因此造成承包人停工、窝工损失的，由发包人承担赔偿责任。

实行工程预付款的，双方应当在专用条款内约定发包人向承包人预付工程款的时间和数额，发包人不按约定预付的，承包人在约定预付时间7天后向发包人发出要求预付的通知，发包人收到通知后仍不能按要求预付的，承包人可在发出通知后7天停止施工，发包人应从约定应付之日起向承包人支付应付款的贷款利息，并承担违约责任。

合同约定发包人按工程进度支付进度款的，发包人不按合同约定支付工程进度款，双方又未达成延期付款协议，导致施工无法进行的，承包人可停止施工，由发包人承担违约责任。

发包人收到竣工结算报告及结算资料后28天内无正当理由不支付工程竣工结算价款的，从第29天起按承包人同期银行贷款利率支付拖欠工程价款的利息，并承担违约责任。

合同约定由发包人提供的有关工程建设技术资料，发包人应按照合同约定的时间和份数向发包人提供。技术资料主要包括勘查数据、设计文件、施工图及说明书等。如果发包人未能按照约定提供技术资料致使承包人无法正常开展工作的，承包人应通知发包人并有权暂停工作，顺延工期，发包人承担因停工、窝工所造成的损失。

（2）发包人原因造成工程停建、缓建的责任

《合同法》规定，因发包人的原因致使工程中途停建、缓建的，发包人应当采取措施或者减少损失，赔偿承包人因此造成的停工、窝工、倒运、机械设备调迁、材料和构件的积压等损失和实际费用。

工程实践中，发包人的原因一般包括下列情况：

1）发包人提供的设计文件等技术资料有错误或者发包人变更设计文件。

2）发包人未能按照约定及时提供建筑材料、设备或者资金。

3）发包人未能及时进行中间工程和隐蔽工程的验收。

4）发包人未能按照合同的约定保障现场施工所需的工作条件等。

在发生上述情况，致使工程建设无法正常进行的情况下，承包人应及时通知发包人，并要

求发包人赔偿损失。发包人应当承担违约责任并采取必要措施弥补或减少损失。

承包人在停建、缓建期间应当采取合理措施减少和避免损失，妥善保护好已完工工程并做好已购材料、设备的保护和移交工作，将自有机械和人员撤出施工现场，发包人应当为承包人的撤出提供必要的条件。

（3）其他违约责任

其他违约责任包括发包人在对作业进度、质量进行检察时，妨碍承包人正常作业的情况下所应承担的违约责任，例如随意停工检查等。

最高人民法院在《解释》中的第十二条规定，发包人若具有下列情形之一，造成建设工程质量缺陷，应当承担过错责任：

1）提供的设计有缺陷。

2）提供或指定购买的建筑材料、建筑构配件、设备不符合强制性标准。

3）直接指定分包人分包专业工程。

2. 承包方的违约责任

（1）建设工程施工质量不符合约定的违约责任

《合同法》规定，因施工人的原因致使建设工程质量不符合约定的，发包人有权要求施工人在合理的期限内无偿修理或者返工、改建。经过修理或者返工、改建后，造成逾期交付的，施工人应当承担违约责任。其中，修理或者返工、改建属于采取补救措施的违约责任方式。

关于施工质量不符合约定的违约责任，最高人民法院在《解释》中的第十一条规定，因承包人的过错造成建设工程质量不符合约定，承包人拒绝修理、返工或者改建，发包人请求减少工程价款的，应予以支持。

（2）建设工程合理使用期内造成人身和财产损失的赔偿责任

《合同法》规定，因承包人的原因致使建设工程合同在合理使用期限内造成人身和财产损害的，承包人应当承担损害赔偿责任。

承包人承担损害赔偿责任应具备以下三个条件：

1）造成了人身和财产损害的实际结果。

2）人身、财产损害是因承包人违反质量安全要求所致。

3）人身、财产损害是发生在建设工程合理使用期限内。

造成人身、财产损害的受损方不仅包括建设工程合同的对方当事人即发包人，还包括建设工程的最终用户以及因该建设工程而受到损害的第三人。建设工程的合理使用期限一般在设计合同或设计文件中注明，自建设工程竣工验收合格之日起计算，建设工程的承包人应当在该期限内对施工的质量承担责任。

第四节

建设工程担保制度

一、担保与担保合同的规定

担保是指当事人根据法律规定或者双方约定，为促使债务人履行债务实现债权人权利的法律制度。

《担保法》规定，在借贷、买卖、货物运输、加工承揽等经济活动中，债权人需要以担保方式保障其债权实现的，可以依照本法规定设定担保。

第三人为债务人向债权人提供担保时，可以要求债务人提供反担保。反担保适用担保法担保的规定。

担保合同是主合同的从合同，主合同无效，担保合同也无效。担保合同另有约定的，按照约定。担保合同被确认无效后，债务人、担保人、债权人有过错的，应当根据其过错各自承担相应的民事责任。

二、建设工程担保的方式和责任

《担保法》规定，担保方式为保证、抵押、质押、留置和定金。

在建设工程活动中，保证是最为常用的一种担保方式。所谓保证，是指保证人和债权人约定，当债务人不履行债务时，保证人按照约定履行债务或者承担责任的行为。具有代为清偿债务能力的法人、其他组织或者公民，可以做保证人。但在建设工程活动中，由于担保的标的额较大，因此保证人往往是银行或者担保公司。银行出具的保证通常称为保函，其他保证人出具的书面保证一般称为保证书。

（一）保证的基本法律规定

1. 保证合同

保证人与债权人应当以书面形式订立保证合同。保证人与债权人可以就单个主合同分别订立保证合同，也可以协议在最高债权额限度内，就一定期间连续发生的借款合同或者某项商品交易合同订立一个保证合同。

保证合同应当包括以下内容：①被保证的主债权种类和数额；②债务人履行债务的期限；③保证的方式；④保证担保的范围；⑤保证的期间；⑥双方认为需要约定的其他事项。保证合同不完全具备以上规定的内容的，可以补正。

2. 保证方式

保证的方式有两种：①一般保证；②连带责任保证。

当事人在保证合同中约定，债务人不能履行债务时，由保证人承担保证责任的，为一般保证。当事人在保证合同中约定保证人与债务人对债务承担连带责任的，为连带责任保证。连带责任保证的债务人在主合同规定的债务履行期届满而没有履行债务的，债权人可以要求债务人履行债务，也可以要求保证人在其保证范围内承担保证责任。

当事人对保证方式没有约定或者约定不明的，按照连带责任保证承担保证责任。

3. 保证资格

具有代为清偿债务能力的法人、其他组织或者公民，可以作为保证人。但是，以下组织不能作为保证人：

1）国家机关不得作为保证人，但经国务院批准为使用外国政府或者国际经济组织贷款进行转贷的除外。

2）学校、幼儿园、医院等以公益为目的的事业单位、社会团体不得作为保证人。

3）企业法人的分支机构、职能部门不得作为保证人。企业法人的分支机构有法人书面授权的，可以在授权范围内提供保证。

任何单位和个人不得强令银行等金融机构或者企业为他人提供保证；银行等金融机构或者

企业对强令其为他人提供保证的保证行为，有权拒绝。

4. 保证责任

保证合同生效后，保证人就应当在合同约定的保证范围和保证期间承担保证责任。

保证担保的范围包括主债权及利息、违约金、损害赔偿金和实现债权的费用。保证合同另有约定的，按照约定。当事人对保证担保的范围没有约定或者约定不明的，保证人应当对全部债务承担责任。

保证期间，债权人依法将主债权转让给第三人的，保证人在原保证担保的范围内继续承担保证责任。保证合同另有约定的，按照约定。保证期间，债权人许可债务人转让债务的，应当取得保证人书面同意，保证人对未经其同意转让的债务，不再承担保证责任。债权人与债务人协议变更主合同的，应当取得保证人书面同意；未经保证人书面同意的，保证人不再承担保证责任。保证合同另有约定的，依照约定。

一般保证的保证人未约定保证期间的，保证期间为主债务履行期届满之日起6个月。连带责任保证的保证人与债权人未约定保证期间的，债权人有权自主债务履行期届满之日起6个月内要求保证人承担保证责任。

（二）建设工程施工常用的担保种类

1. 施工投标保证金

投标保证金是指投标人按照招标文件的要求向招标人出具的，以一定金额表示的投标责任担保。其实质是为了避免投标人在投标有效期内随意撤回、撤销投标或中标后不能提交履约保证金和签署合同等行为而给招标人造成损失。

投标保证金除现金外，可以是银行出具的银行保函、保兑支票、银行汇票或现金支票等。

2. 施工合同履约保证金

《招标投标法》规定，招标文件要求中标人提交履约保证金的，中标人应当提供。

施工合同履约保证金，是为了保证施工合同的顺利履行而要求承包人提供的担保。施工合同履约保证金多为第三人提供的信用担保（保证），一般是由银行或者担保公司向招标人出具履约保函或者担保书。

3. 工程支付款担保

2013年3月，经国家发展和改革委员会等八部门修改后发布的《工程建设项目施工招标投标办法》规定，招标人要求中标人提供履约保证金或其他形式履约担保的，招标人应当同时向中标人提供工程支付款担保。

工程支付款担保，是发包人向承包人提交的、保证按照合同约定支付工程款的担保，通常采用由银行出具保函的方式。

4. 预付款担保

2017年4月，经住建部、国家工商总局修改发布的《建设工程项目施工合同（示范文本）》中提出，发包人要求承包人提供预付款担保的，承包人应在发包人支付预付款7天前提供预付款担保，专用合同条款另有约定除外。预付款担保可以是银行保函、担保公司担保等形式，具体由合同当事人在专用合同条款中约定。在预付款完全扣回之前，承包人应保证预付款担保持续有效。发包人在工程款逐期抵扣预付款后，预付款担保额度应相应减少，但剩余的预付款担保金额不得低于未被扣回的预付款金额。

三、抵押权、质权、留置权、定金的规定

（一）抵押权

1. 抵押的法律概念

按照《担保法》《物权法》的规定，抵押是指债务人或者第三人不转移对财产的占有，将该财产作为债权的担保。债务人不履行债务时，债权人有权按照法律规定，以该财产折价或者以拍卖、变卖该财产所得的价款优先受偿。其中，债务人或者第三人称为抵押人，债权人称为抵押权人。

2. 抵押物

债务人或者第三人提供担保的财产为抵押物。由于抵押物是不转移其占有的，因此能够成为抵押物的财产必须具备一定的条件。这类财产轻易不会灭失，其所有权的转移应当经过一定的程序。

债务人或者第三人有权处分的下列财产可以抵押：①建筑物和其他土地附着物；②建设用地使用权；③以招标、拍卖、公开协商等方式取得的荒地等土地的承包经营权；④生产设备、原材料、半成品、产品；⑤正在建造的建筑物、船舶、航空器；⑥交通运输工具；⑦法律、行政法规未禁止抵押的其他财产。抵押人可以将上述所列财产一并抵押。

下列财产不得抵押：①土地所有权；②耕地、宅基地、自留地、自留山等集体所有的土地使用权，但法律另有规定的除外；③学校、幼儿园、医院等以公益为目的的事业单位、社会团体的教育设施、医疗卫生设施和其他社会公益设施；④所有权、使用权不明或者有争议的财产；⑤依法被查封、扣押、监管的财产；⑥依法不得抵押的其他财产。

当事人以下列财产抵押的，应当办理抵押登记，抵押权自登记时设立：①建筑物和其他土地附着物；②建设用地使用权；③以招标、拍卖、公开协商等方式取得的荒地等土地承包经营权；④正在建造的建筑物。当事人以下列财产抵押的，抵押权自抵押合同生效时设立，未经登记，不得对抗善意第三人：①生产设备、原材料、半成品、产品；②交通运输工具；③正在建造的船舶、航空器。

办理抵押物登记，应当向登记部门提供主合同、抵押合同、抵押物的所有权或者使用权证书。

3. 抵押的效力

抵押担保的范围包括主债权及利息、违约金损害赔偿金和实现抵押权的费用。当事人也可以在抵押合同中约定抵押担保的范围。

抵押人有义务妥善保管抵押物并保证其价值。抵押期间，抵押人经抵押权人同意转让抵押财产的，应当将转让所得的价款提前向抵押权人清偿或者提存。转让的价款超过债权数额的部分归抵押人，不足部分由债务人清偿。抵押期间，抵押人未经抵押权人同意，不得转让抵押财产，但受让人代为清偿债务消灭抵押权的除外。

抵押权不得与债权分离而单独转让，或者作为其他债权的担保。债权转让的，担保该债权的抵押权一并转让，但法律另有规定或者当事人另有约定的除外。

4. 抵押权的实现

债务人不履行到期债务或者发生当事人约定的实现抵押权的情形，抵押权人可以与抵押人协议以抵押财产折价或者拍卖、变卖该抵押财产所得的价款优先受偿。协议损害其他债权人利

益的，其他债权人可以在知道或者应当知道撤销事由之日起一年内请求人民法院撤销该协议。抵押权人与抵押人未就抵押权实现方式达成协议的，抵押权人可以请求人民法院拍卖、变卖抵押财产。抵押财产折价或者变卖的，应当参照市场价格。

抵押财产折价或者拍卖、变卖后，其价款超过债权数额的部分归抵押人所有，不足部分由债务人清偿。

同一财产向两个以上债权人抵押的，拍卖、变卖抵押财产所得的价款按照下列规定清偿：①抵押权已登记的，按照登记的先后顺序清偿；顺序相同的，按照债权比例清偿；②抵押权已登记的先于未登记的受偿；③抵押权未登记的，按照债权比例受偿。

（二）质权

1. 质押的法律概念

按照《担保法》《物权法》的规定，质押是指债务人或者第三人将其动产或权利移交债权人占有，将该动产或权利作为债权的担保。债务人不履行债务时，债权人有权依照法律规定，以该动产或权利折价，或者以拍卖、变卖该动产或权利所得的价款优先受偿。

质权是一种约定的担保物权，以转移占有为特征。债务人或者第三人为出质人，债权人为质权人，移交的动产或权利为质物。

2. 质押的分类

质押分为动产质押和权利质押。

动产质押是指债务人或者第三人将其动产移交债权人占有，将该动产作为债权的担保。能够用作质押的动产没有限制。

权利质押一般是将权利凭证交付质权人的担保。债务人或者第三人有权处分的下列权利可以出质：①汇票、支票、本票；②债券、存款单；③仓单、提单；④可以转让的基金股份、股权；⑤可以转让的注册商标专用权、专利权、著作权等知识产权中的财产权；⑥应收账款；⑦法律、行政法规规定可以出质的其他财产权利。

（三）留置

按照《担保法》《物权法》的规定，留置是指债权人按照合同约定占有债务人的动产，债务人不按照合同约定的期限履行债务的，债权人有权依照法律规定留置该财产，以该财产折价或者以拍卖、变卖该财产的价款优先受偿。

由于留置是一种比较强烈的担保方式，必须依法行使，因此《担保法》规定，因保管合同、运输合同、加工承揽合同发生的债权，债务人不履行债务的，债权人有留置权。法律规定可以留置的其他合同，适用以上规定。当事人可以在合同中约定不得留置的物品。法律规定或者当事人约定不得留置的动产，不得留置。留置权人负有妥善保管留置物的义务，因保管不善致使留置财产毁损、灭失的，应当承担赔偿责任。

债务人可以请求留置权人在债务履行期届满后行驶留置权；留置人不行使的，债务人可以请求人民法院拍卖、变卖留置财产。

留置财产折价或者拍卖、变卖后，其价款超过债权数额的部分归债务人所有，不足部分由债务人清偿。

（四）定金

《担保法》规定，当事人可以约定一方给付定金作为债权的担保。债务人履行债务后，定金应抵作价款或者收回。给付定金的一方不履行约定的债务，无权要求返还定金；收受定金的一方不履行约定的债务的，应当双倍返还定金。

定金应当以书面形式约定。当事人在定金合同中应当约定交付定金的期限。定金合同从实际交付定金之日起生效。定金的数额由当事人约定，但不得超过主合同标的额的20%。

第五节 建设工程保险制度

一、保险与保险索赔的规定

（一）保险概述

1. 保险的法律概念

《保险法》规定，保险是指投保人根据合同约定，向保险人支付保险费，保险人对于保险合同约定的可能发生的事故因其发生所造成的财产损失承担赔偿保险金责任，或者当被保险人死亡、伤残、疾病或者达到合同约定的年龄、期限等条件时承担给付保险金责任的商业保险行为。

保险是一种受法律保护的分散危险、消化损失的法律制度。因此，危险的存在是保险产生的前提。但保险制度所指的危险具有损失发生的不确定性，包括发生与否的不确定性、发生时间的不确定性和发生后果的不确定性。

2. 保险合同

保险合同是指投保人与保险人约定保险权利义务关系的协议。投保人是指与保险人订立保险合同，并按照合同约定负有支付保险费义务的人。保险人是指与投保人订立保险合同，并按照合同约定承担赔偿或者给付保险金责任的保险公司。

保险合同在履行中还会涉及被保险人和受益人。被保险人是指其财产或者人身受保险合同保障，享有保险金请求权的人。投保人可以为被保险人。受益人是指人身保险合同中由被保险人或者投保人指定的享有保险金请求权的人。投保人、被保险人可以为受益人。投保人提出保险要求，经保险人同意承保，保险合同成立。保险人应当及时向投保人签发保险单或者其他保险凭证。

保险合同一般是以保险单的形式订立的。保险合同分为人身保险合同、财产保险合同。

（1）人身保险合同

人身保险合同是以人的寿命和身体为保险标的的保险合同。投保人应向保险人如实申报被保险人的年龄、身体状况。投保人于合同成立后，可以向保险人一次性支付全部保险费，也可以按照合同规定分期支付保险费。人身保险的受益人由被保险人或者投保人指定。保险人对人身保险的保险费，不得以诉讼方式要求投保人支付。

（2）财产保险合同

财产保险合同是以财产及其有关利益为保险标的的保险合同。在财产保险合同中，保险合同的转让应当通知保险人，经保险人同意继续承包后，依法转让合同。

在合同的有效期内，保险标的的危险程度显著增加的，被保险人应当按照合同约定及时通知保险人，保险人可以按照合同约定增加保费或者解除合同。建筑工程一切险和安装工程一切险即为财产保险合同。

（二）保险索赔

对于投保人来说，保险的根本目的是发生风险事件时能够得到补偿，而这一目的必须通过索赔来实现。

1. 投保人进行保险索赔须提供必要的有效的证明

保险事故发生后，依照保险合同请求保险人赔偿或者给付保险金时，投保人、被保险人或者受益人应当向保险人提供其所能提供的与确认保险事故的性质、原因、损失程度等有关的证明和资料。

这就要求投保人在日常管理中应当注意证据的收集和保存。当保险事件发生后，更应该注意证据收集，有时还需要有关部门的证明。索赔的证据一般包括保单、建设工程合同、事故照片、鉴定报告以及保单中规定的证明文件。

2. 投保人等应当及时提出保险索赔

投保人、被保险人或者受益人知道保险事故发生后，应当及时通知保险人。这与索赔能否成功密切相关。因为资金有时间价值，如果保险事件发生后很长时间才能取得索赔，即使是全额赔偿，也不足以补偿自己的全部损失。而且，时间过长还会给索赔人的取证或保险人的理赔增加很大的难度。

3. 计算损失值

保险单上载明的保险财产全部损失，应当按照全损进行保险索赔。保险单上载明的保险财产没有全部损失，应当按照部分损失进行保险索赔。但是，财产虽然没有全部毁损或者消灭，但其损坏程度已达到无法修理，或者虽能修理但修理费将超过赔偿金额的，也应当按照全损进行索赔。如果一个建设工程项目同时由多家保险公司承保，则应按照约定的比例分别向不同的保险公司提出索赔要求。

二、建设工程保险的主要种类和投保权益

建筑工程活动涉及的法律关系较为复杂，风险较为多样。因此，建设工程活动涉及的险种也较多，主要包括建筑工程一切险（及第三者责任险）、安装工程一切险（及第三者责任险）、机器损坏险、机动车辆险、建筑意外伤害险、勘察设计责任险、工程监理责任险等。

（一）建筑工程一切险

建筑工程一切险是承保各类民用、工业和公用事业建筑工程项目，包括道路、桥梁、水坝、港口等，在建造过程中因自然灾害或意外事故而引起的一切损失的险种。因在建工程抗灾能力差，危险程度高，一旦发生损失，不仅会对工程本身造成巨大的物质财产损失，甚至可能殃及邻近人员与财物。因此，随着各种新建、扩建、改建的建设工程项目日渐增多，许多保险公司已经开设了这一险种。

建筑工程一切险往往还加保第三者责任险。第三者责任险是指在保险有效期内因在施工工地上发生意外事故造成在施工工地及邻近地区的第三者人身伤亡或财产损失，依法应由被保险人承担的经济赔偿责任。

1. 投保人与被投保人

《建设工程施工合同（示范文本）》中规定，除专用合同条款另有约定外，发包人应投保建筑工程一切险或安装工程一切险；发包人委托承包人投保的，因投保产生的保险费和其他相关费用由发包人承担。

建筑工程一切险的被保险人范围较宽，所有在工程进行期间，对该项工程承担一定风险的有关各方（即具有可保利益的各方）均可作为被保险人。如果被保险人不止一家，则各家接受赔偿的权利以不超过其对保险标的的可保利益为限。被保险人具体包括：①业主或工程所有人；②承包商或分包商；③技术顾问，包括业主聘用的建筑师、工程师及其他专业顾问。

2. 保险责任范围

保险人对下列原因造成的损失和费用，负责赔偿：①自然事件，指地震、海啸、雷电、飓风、台风、龙卷风、风暴、暴雨、洪水、水灾、冻灾、冰雹、山崩、雪崩、火山爆发、地面下陷下沉以及其他人力不可抗拒的破坏力巨大的自然现象；②意外事故，指不可预料的以及被保险人无法控制并造成物质损失或人身伤亡的突发事件，包括火灾和爆炸。

3. 除外责任

保险人对下列各项原因造成的损失不负责赔偿：①设计错误引起的损失和费用；②自然磨损、内在或潜在缺陷、物质本身变化、自燃、自热、氧化、锈蚀、渗漏、大气变化、正常水位变化或其他渐变原因造成的保险财产自身的损失和造成的费用；③因原材料缺陷或工艺不善引起的保险财产本身的损失以及为置换、修理或矫正这些缺点错误所支付的费用；④非外力引起的机械或电气装置的本身损失，或施工用机具、设备、机械装置失灵造成的本身损失；⑤维修保养或正常检修的费用；⑥档案、文件、账簿、票据、现金、各种有价证券、图表资料及包装物料的损失；⑦盘点时发现的短缺；⑧领有公共运输行使执照的，或已由其他保险予以保障的车辆、船舶和飞机的损失；⑨除非另有约定，在保险单保险期限终止以前，保险财产中已由工程所有人签发了验收证书，或验收合格，或实际占有或使用或接受的部分。

4. 第三者责任险

建筑工程一切险如果加保第三者责任险，保险人对下列原因造成的损失和费用负责赔偿：①在保险期限内，因发生与所保工程直接相关的意外事故引起工地内及邻近区域的第三者人身伤亡、疾病或财产损失；②被保险人因上述原因支付的诉讼费用以及事先经保险人书面同意而支付的其他费用。

5. 赔偿金额

保险人对每次事故引起的赔偿金额以法院或政府有关部门根据现行法律裁定的应由被保险人偿付的金额为准，但在任何情况下，均不得超过保险单明细表中对应列明的每次事故的赔偿限额。在保险期限内，保险人经济赔偿的最高赔偿责任不得超过本保险单明细单列明的累计赔偿限额。

6. 保险期限

建筑工程一切险的保险责任自保险工程在工地动工或用于保险工程的材料、设备运抵工地之时起始，至工程所有人对部分或全部工程签发验收证书或验收合格，或工程所有人实际占用或使用或接收该部分或全部工程之时终止，以先发生者为准。但在任何情况下，保险期限的起始或终止不得超出保险单明细表中列明的保险生效日和终止日。

（二）安装工程一切险

安装工程一切险是承保安装机器、设备、储油罐、钢结构工程、起重机、吊车以及包含机械工程因素的各种安装工程险种。由于科学技术日益进步，现代工业的机器设备已进入电子计算机操控的时代，这些机械设备具有工艺精密、构造复杂，技术高度密集和价格昂贵等特点。在安装、调试机器设备的过程中，如果遇到自然灾害和意外事故，就会造成巨大的经济损失。

安装工程一切险可以保障机器设备在安装、调试过程中，被保险人可能遭受的损失能够得到经济补偿。

安装工程一切险往往还加保第三者责任险。安装工程一切险的第三者责任险，负责被保险人在保险期限内因发生意外事故，造成在工地及邻近地区的第三者人身伤亡、疾病或财产损失，依法应由被保险人赔偿的经济损失，以及因此而支付的诉讼费用和经保险人书面同意支付的其他费用。

1. 保险责任范围

保险人对因自然灾害、意外事故（具体内容与建筑工程一切险基本相同）造成的损失和费用，负责赔偿。

2. 除外责任

其除外责任与建筑工程一切险除外责任的②、⑤、⑥、⑦、⑧、⑨、⑩相同，不同之处主要是：因设计错误、铸造或原材料缺陷或工艺不善引起的保险财产本身的损失，以及为换置、修理或矫正这些缺点错误所支付的费用；由于超负荷、超电压、碰线、电弧、漏电、短路、大气放电及其他电气原因造成电气设备或电气用具本身的损失；以及因施工用机具、设备、机械装置失灵造成的本身损失。

3. 保险期限

安装工程一切险的保险责任自保险工程在工地动工或用于保险工程的材料、设备运抵工地之时起始，至工程所有人对部分或全部工程签发完工验收证书或验收合格，或工程所有人实际占有或使用接收该部分或全部工程之时终止，以先发生者为准。但在任何情况下，安装期保险期限的起始或终止不得超过保险单明细表中列明的保险生效日或终止日。

安装工程一切险的保险期内，一般应包括一个试车考核期。试车考核期的长短一般根据安装工程合同中的约定进行确定，但不得超过安装工程保险单明细表中列明的试车和考核期限。安装工程一切险对考核期的保险责任一般不超过 3 个月；若超过 3 个月，应另行加收保险费。安装工程一切险对于旧机器设备不负考核期的保险责任，也不承担其维修期的保险责任。

（三）工伤保险和建筑意外伤害险

《建筑法》规定，建筑施工企业应当依法为职工参加工伤保险缴纳工伤保险费。鼓励企业为从事危险作业的职工办理意外伤害保险，支付保险费。

据此，工伤保险是强制性保险。意外伤害保险则属于法定的鼓励性保险，其适用范围是施工现场从事危险作业的特殊职工群体，即在施工现场从事高处作业、深基坑作业、爆破作业等危险性较大工作的施工人员，尽管这部分人员可能已参加了工伤保险，但法律鼓励建筑施工企业再为其办理意外伤害保险，使他们能够比其他职工依法获得更多的权益保障。

1. 工伤保险

修订后颁布的《工伤保险条例》规定，中华人民共和国境内的企业、事业单位、社会团体、民办非企业单位、基金会、律师事务所、会计事务所等组织和有雇工的个体工商户，应当依照本条例规定参加工伤保险，为本单位全部职工或者雇工缴纳工伤保险费。

中华人民共和国境内的企业、事业单位、社会团体、民办非企业单位、基金会、律师事务所、会计师事务所等组织的职工和个体工商户的雇工，均有依照本条例的规定享受工伤保险待遇的权利。

2. 建筑意外伤害险

《建筑法》规定，鼓励企业为从事危险作业的职工办理意外伤害保险并支付保险费。《建设工程安全生产管理条例》则规定，施工单位应当为施工现场从事危险作业的人员办理意外伤害保险。意外伤害保险费由施工单位支付。实行施工总承包的，由总承包单位支付意外伤害保险费。意外伤害保险期限自建设工程开工之日起至竣工验收合格止。

建筑意外伤害保险与工伤保险有着很大的不同。工伤保险是社会保险的一种，实行实名制，并按工资总额计提保险费，较适合于企业的固定职工。建筑意外伤害保险则是一种法定的非强制性商业保险，通常是按照施工合同额或建筑面积计提保险费，针对施工现场从事危险作业的特殊群体，较适合施工现场作业人员流动性大的行业特点。

（四）保险代理人和保险经纪人

《保险法》规定，保险代理人是根据保险人的委托，向保险人收取佣金，并在保险人授权范围内代为办理保险业务的机构或者个人。保险经纪人是基于投保人的利益，为投保人与保险人订立保险合同提供中介服务，并依法收取佣金的机构。

保险代理人和保险经纪人最大的区别是：保险代理人是受保险公司的委托，为该保险公司推销保险产品。保险经纪人则是受投保人（保险客户）委托，根据客户风险情况，为其设计保险方案、制订保险计划，横向比较各保险公司的保险条款优劣，帮助投保人选择适当的保险公司。保险经纪公司作为衔接保险公司与保险客户的中间环节，可以为客户提供专业的全方位的保险咨询服务，代表客户与保险公司谈判，协助客户办理投保与索赔工作，最大限度地保障投保人的利益。

第六节 建设工程税收制度

税收是政府为了满足社会公共需要，凭借其政治权力，按照法律规定，强制、无偿地取得财政收入的一种形式。在建设工程活动中，应当熟悉和执行有关税收法律制度。

一、企业增值税的规定

增值税是以商品和劳务在流转过程中产生的增值额作为征税对象而征收的一种流转税。

（一）纳税人

2017年11月经修改后发布的《中华人民共和国增值税暂行条例》（以下简称《增值税暂行条例》）规定，在中华人民共和国境内销售货物或者提供加工、修理修配劳务（以下简称劳务）、销售服务、无形资产、不动产以及进口货物的单位和个人，为增值税的纳税人。

纳税人分为一般纳税人和小规模纳税人。小规模纳税人以外的纳税人应向主管税务机关办理登记。会计核算健全，能够提供准确税务资料的小规模纳税人，可以向主管税务机关办理登记，不作为小规模纳税人计算应纳税额。

（二）应纳税额的计算

纳税人兼营不同税率的项目，应当分别核算不同税率项目的销售额；未分别核算销售额的，从高适用税率。纳税人销售货物、劳务、服务、无形资产、不动产（以下统称应税销售行为），应纳税额为当期销项税额抵扣当期进项税额后的余额。当期销项税额小于当期进项税额不足抵扣时，其不足部分可以转结下期继续抵扣。小规模纳税人发生应税销售行为，实行按照销售额和征收率计算应纳税额的简易办法，并不得抵扣进项税额。纳税人进口货物，按照组成计税价格和《增值税暂行条例》规定的税率计算应纳税额。

纳税人发生应税销售行为，按照销售额和《增值税暂行条例》规定的税率计算收取的增值税额，为销项税额。纳税人发生应税销售行为的价格明显偏低并无正当理由的，由主管税务机关核定其销售额。纳税人购进货物、劳务、服务、无形资产、不动产支付或者负担的增值税额，为进项税额。

纳税人发生应税销售行为，应当向索取增值税专用发票的购买方开具增值税专用发票，并在增值税专用发票上分别注明销售额和销项税额。属于下列情形之一的，不得开具增值税专用发票：①应税销售行为的购买方为消费者个人的；②发生应税行为适用免税规定的。

财政部、国家税务总局《关于建筑服务等营改增试点政策的通知》（财税〔2017〕58号）规定，建筑工程总承包单位为房屋建筑的地基与基础、主体结构提供工程服务，建设单位自行采购全部或部分钢材、混凝土、砌体材料、预制构件的，适用于简易计税方法计税。地基与基础、主体结构的范围，按照《建筑工程施工质量验收统一标准》（GB 50530—2013）附录B中的"地基基础""主体结构"分部工程的范围执行。纳税人提供建筑服务取得的预收款，应在收到预收款时，以取得的预收款扣除支付的分包款后的余额，按照本规定的预征率预缴增值税。按照现行规定应在建筑服务发生地预交增值税的项目，纳税人收到预收款时在建筑服务发生地预缴增值税。按照现行规定无须在建筑服务发生地预缴增值税的项目，纳税人收到预付款时在机构所在地预缴增值税。适用一般计税方法计税的项目预征率为2%，适用简易计税方法计税的项目预征率为3%。

国家税务总局、住房城乡建设部、财政部《关于进一步做好建筑行业营改增试点工作的意见》（税总发〔2017〕99号）规定，各地税务部门要积极创造条件，在建材市场、大型工程项目部等地增设专用发票代开点，为砂土石料销售企业、临时经营企业及建筑材料零售企业代开专用发票提供便利，不断提高建筑企业购买建筑材料获得专用发票的比例。各地税务部门要强化对砂土石料等建筑材料销售企业的税收检查，及时处理建筑材料企业拒绝开票、加价开票等违规行为，发现建筑材料销售企业通过不开发票隐瞒收入偷税的，要依法依规严肃查处。各级住房城乡建设部门和税务部门要进一步加强信息共享，充分利用税收征管数据，对于增值税缴纳单位与工程建设合同承包方不一致的工程项目，重点核查是否存在转包、违法分包、挂靠等行为，一经发现，严肃查处，切实维护建筑市场秩序。

（三）销项税额的抵扣

《增值税暂行条例》规定，下列进项税额准予从销项税额中抵扣：①从销售方取得的增值税专用发票上注明的增值税额；②从海关取得的海关进口增值税专用缴款书上注明的增值税额；③购进农产品，除取得增值税专用发票或者海关进口增值税专用缴款书外，按照农产品收购发票或者销售发票注明的农产品买价和11%的扣除率计算的进项税额，国务院另有规定的除外；④自境外单位或者个人购进劳务、服务、无形资产或者境内的不动产，从税务机关或者扣缴义务人处取得的代扣代缴税款的完税凭证上注明的增值税额。

纳税人购进货物、劳务、服务、无形资产、不动产，取得的增值税扣缴凭证不符合法律、行政法规或者国务院税务主管部门有关规定的，其进项税额不得从销项税额中抵扣。

下列项目的进项税额不得从销项税额中抵扣：①用于简易计税方法计税项目、免征增值税项目、集体福利或者个人消费的购进货物、劳务、服务、无形资产和不动产；②非正常损失的购进货物，以及相关的劳务和交通运输服务；③非正常损失的在产品、产成品所耗用的购进货物（不包括固定资产）、劳务和交通运输服务；④国务院规定的其他项目。

（四）税率

按照国务院常务会议决定，从2019年4月1日起，增值税税率调整为：①纳税人销售货物、劳务、有形动产租赁服务或者进口货物，除下述第②项、第④项、第⑤项另有规定外，税率为13%。②纳税人销售交通运输、邮政、基础电信、建筑、不动产租赁服务，销售不动产，转让土地使用权，销售或者进口下列货物，税率为9%：a. 粮食等农产品、食用植物油、食用盐；b. 自来水、暖气、冷气、热水、煤气、石油液化气、天然气、二甲醇、沼气、居民用煤炭制品；c. 图书、报纸、杂志、音像制品、电子出版物；d. 饲料、化肥、农药、农机、农膜；e. 国务院规定的其他货物。③纳税人销售服务、无形资产，除第①项、第②项、第⑤项另有规定外，税率为6%。④纳税人出口货物，税率为零；但是，国务院另有规定的除外。⑤境内单位和个人跨境销售国务院规定范围内的服务、无形资产，税率为零。

二、环境保护税的规定

环境保护税是为了保护和改善环境，减少污染排放，推进生态文明建设而征收的一种税。

（一）纳税人

2018年19月公布的《中华人民共和国环境保护法》规定，在中华人民共和国领域和中华人民共和国管辖的其他海域，直接向环境排放应税污染物的企业事业单位和其他生产经营者为环境保护税的纳税人。应税污染物详见该法所附《环境保护税税目税额表》和《应税污染物和当量值表》。有下列情形之一的，不属于直接向环境排放污染物，不缴纳相应污染物的环境保护税：①企业事业单位和其他生产经营者向依法设立的污水集中处理、生活垃圾集中处理场所排放应税污染物的；②企业事业单位和其他生产经营者在符合国家和地方环境保护标准的设施、场所贮存或者处理固体废物的。

依法设立的城乡污水集中处理、生活垃圾集中处理场所超过国家和地方规定的排放标准向环境排放应税污染物的，应当缴纳环境保护税。企业事业单位和其他生产经营者贮存或者处置固体废物不符合国家和地方环境保护标准的，应当缴纳环境保护税。

（二）计税依据和应纳税额

应税污染物的计税依据，按照下列方法计算：①应税大气污染物按照污染物排放量折合的污染物当量数确定；②应税水污染物按照污染物排放量折合的污染当量数确定；③应税固体废物按照固体废物的排放量确定；④应税噪声按照超过国家规定标准的分贝数确定。

环境保护税应纳税额按照下列方法计算：①应税大气污染物的应纳税额为污染当量数乘以具体适用税额；②应税水污染物的应纳税额为污染当量数乘以具体适用税额；③应税固体废物的应纳税额为固体废物排放量乘以具体适用税额；④应税噪声的应纳税额为超过国家规定标准的分贝数对应的具体适用税额。

（三）税收减免

下列情形暂予免征环境保护税：①农业生产（不包括规模化养殖）排放应税污染物的；②机动车、铁路机车、非道路移动机械、船舶和航空器等流动污染源排放应税污染物的；③依法设立的城乡污水集中处理、生活垃圾集中处理场所排放相应污染物，不超过国家和地方规定的排放标准的；④纳税人综合利用的固体废物，符合国家和地方环境保护标准的；⑤国务院批准免税的其他情形。

纳税人排放应税大气污染物或者水污染物的浓度值低于国家和地方规定标准的污染物排放标准30%的，减按75%征收环境保护税。纳税人排放应税大气污染物或者水污染物的浓度值低于国家或地方规定标准的污染物排放标准50%的，减按50%征收环境保护税。

三、其他相关税收的规定

同建设工程有关的税收法律制度还有城市建设维护税、教育费附加、城镇土地使用税、房产税、车船税、印花税等。

（一）城市维护建设税

2011年1月经修改后发布的《中华人民共和国城市维护建设税暂行条例》规定，凡缴纳消费税、增值税营业税的单位和个人，都是城市维护建设税的纳税义务人。

城市维护建设税，以纳税人实际缴纳的消费税、增值税、营业税税额为计税依据，分别与消费税、增值税、营业税同时缴纳。城市维护建设税税率如下：纳税人所在地为市区的，税率为7%；纳税人所在地为县城、镇的，税率为5%；纳税人所在地不是市区、县城或镇的，税率为1%。

开征城市维护建设税后，任何地区和部门，都不得再向纳税人摊派资金或物资。遇到摊派情况，纳税人有权拒绝。

（二）教育费附加

2011年1月经修改后发布的《征收教育费附加的暂行规定》中规定，凡缴纳消费税、增值税、营业税的单位和个人，除按照《国务院关于筹措农村中小学办学经费的通知》（国发〔1984〕174号文）的规定，缴纳农村教育事业费附加的单位外，都应当缴纳教育费附加。

教育费附加，以各单位和个人实际缴纳的增值税、营业税、消费税的税额为计征依据，教育费附加率为3%，分别与增值税、营业税、消费税同时缴纳。

凡办有职工子弟学校的单位，应当先按本规定缴纳教育费附加；教育部门可根据其办学的情况酌情返还给办学单位，作为对所办学校经费的补贴。办学单位不得借口缴纳教育费附加而撤并学校，或者缩小办学规模。

（三）城镇土地使用税

2013年12月经修改后发布的《中华人民共和国城镇土地使用税暂行条例》规定，在城市、县城、建制镇、工矿区范围内使用土地的单位和个人，为城镇土地使用税的缴纳人。

土地使用税以纳税人实际占用的土地面积为计税依据，依照规定税额计算征收。土地使用税每平方米年税额如下：①大城市1.5元至30元；②中等城市1.2元至24元；③小城市0.9元至18元；④县城、建制镇、工矿区0.6元至12元。

经省、自治区、直辖市人民政府批准，经济落后地区土地使用税额标准可以适当降低，但降低额不得超过《城镇土地使用税暂行条例》规定最低税额的30%。经济发达地区土地使用税的适用税额标准可以适当提高，但必须报经财政部批准。

下列土地免缴土地使用税：①国家机关、人民团体、军队自用的土地；②由国家财政部门拨付事业经费的单位自用土地；③宗教寺庙、公园、名胜古迹自用的土地；④市政街道、广场、绿化地带等公共用地；⑤直接用于农、林、牧、渔业的生产用地；⑥经批准开山填海整治的土地和改造的废弃土地；⑦由财政部另行规定免税的能源、交通、水利设施用地和其他用地。

土地使用税按年计算、分期缴纳，缴纳期限由省、自治区、直辖市人民政府确定。

（四）房产税

2011年经修改后发布的《中华人民共和国房产税暂行条例》（以下简称《房产税暂行条例》）规定，房产税在城市、县城、建制镇和工矿区征收。房产税由产权所有人缴纳。产权属于全民所有的，由经营管理的单位缴纳。产权出典的，由承典人缴纳。产权所有人、承典人不在房产所在地的，或产权未确定及租典纠纷未解决的，由房产代管人或者使用人缴纳。上述列举的产权所有人、经营管理单位、承典人、房产代管人或者使用人，统称为纳税义务人。

房产税依照原房产原值一次减除10%~30%后的余值计算缴纳。具体减除幅度，由省、自治区、直辖市人民政府规定。没有房产原值作为依据的，由房产所在地税务机关参考同类房产核定。房产出租的，以房产租金收入为房产税的计税依据。

房产税的税率，依照房产余值计算缴纳的，税率为1.2%；依照房产租金收入计算缴纳的，税率为12%。

下列房产免纳房产税：①国家机关、人民团体、军队自用的房产；②由国家财政部门拨付事业经费的单位自用的房产；③宗教寺庙、公园、名胜古迹自用的房产；④个人所有非营业用的房产；⑤经财政部批准的免税的其他房产。除《房产税暂行条例》规定外，纳税人纳税确有困难的，可经省、自治区、直辖市人民政府确定，定期减征或者免征房产税。

（五）车船税

2011年2月公布的《中华人民共和国车船税法》规定，在中华人民共和国境内属于本法所附《车船税税目税额表》规定的车辆、船舶（以下简称车船）的所有人或者管理人，为车船税的纳税人。车辆的适用税额详见《车船税税目税额表》和《中华人民共和国车船税法实施条例》。

下列车船免征车船税：①捕捞、养殖渔船；②军队、武警部队专用的车船；③警用车船；④依照法律规定应当予以免税的外国驻华使领馆、国际组织驻华代表机构及其有关人员的车船。

对节约能源、使用新能源的车船可以见证或者免征车船税；对受严重自然灾害影响纳税困难以及有其他特殊原因需要减免、免税的，可以减征或者免征车船税。

从事机动车第三者责任强制险保险业务的保险机构为机动车车船税的扣缴义务人，应当在收取保险费时依法代扣车船税，并出具代收税款凭证。

（六）印花税

2011年1月经修改后发布的《中华人民共和国印花税暂行条例》规定，在中华人民共和国境内书立、领受本条例所列举凭证的单位和个人，都是印花税的纳税义务人。

下列凭证为应税纳税凭证：①购销、加工承揽、建设工程承包、财产租赁、货物运输、仓储保管、借款、财产保险、技术合同或者具有合同性质的凭证；②产权转移书据；③营业账簿；④权利、许可证照；⑤经财政部确定征税的其他凭证。

纳税人根据应纳税额凭证的性质，分别按比例税率或者按件定额计算应纳税额。具体税率、税额详见《印花税税目税率表》。

下列凭证免征印花税：①已缴纳印花税的凭证的副本或者抄本；②财产所有人将财产赠给政府、社会福利单位、学校所立的书据；③经财政部批准免税的其他凭证。

复习思考题

1. 民法的调整对象是什么？
2. 民法的立法目的是什么？
3. 什么是民法中的守法与公序良俗原则？
4. 什么是民事法律关系？它的构成要素包括哪些内容？
5. 民事法律性要产生预期的法律后果必须具备哪些要件？
6. 代理的法律特征有哪些？
7. 不得委托代理的建设工程活动有哪些？
8. 什么是表见代理？
9. 合同具有哪些法律特征？
10. 对合同进行分类的目的和意义是什么？
11. 调整、规范建设工程合同的法律包括哪些？
12. 建设工程施工合同的主要内容是什么？
13. 什么是建设工程合同订立过程中的"鼓励交易原则"？
14. 根据《合同法》的规定，什么情况下合同当事人应承担缔约过失责任？
15. 什么是建设工程合同履行中的抗辩权？
16. 什么是无效合同？无效合同的法律后果是什么？
17. 承担合同违约责任的方式有哪些？
18. 什么是保证？哪些组织不能作为保证人？
19. 哪些财产抵押时应当办理抵押登记手续？
20. 建筑工程一切险的保险责任范围是什么？
21. 增值税的应纳税额如何计算？
22. 城市维护建设税的计税依据是什么？
23. 印花税的应纳税凭证包括哪些？

第三章 建设工程招标与投标

第一节 建设工程招标与投标概述

建设工程招标投标是市场经济条件下进行工程建设发包与承包过程中所采用的一种交易方式,是建设市场中一对相互依存的经济活动。

建设工程招标是指发包人(或称招标人)依照招标投标法的规定提出招标项目,在发包建设项目之前通过公共媒介告示或直接邀请潜在的投标人,根据招标文件所设定的包括功能、质量、数量、期限及技术要求等主要内容的标的,提出实施方案及报价,经过开标、评标、决标等环节,从众多投标人中择优选定中标人的一种经济活动。

建设工程投标是指具有合法资格和能力的投标人根据招标文件要求提出实施方案和报价,在规定的期限内提交标书,并参加开标,中标后与招标人签订工程建设协议的一种经济活动。

招标投标实质上是一种市场竞争行为。招标人通过招标活动在众多投标人中选定报价合理、方案优秀、工期较短、信誉良好的承包商来完成工程建设任务。而投标人则通过有选择的投标,竞争承接资信可靠的业主的建设工程项目,以取得预期的利润。

一、开展招标投标活动的原则

我国《招标投标法》规定,招标投标活动必须遵循公开、公平、公正和诚实信用的原则。

(1) 公开

招标投标活动中所遵循的公开原则是指招标活动信息公开、开标活动公开、评标标准公开及定标结果公开。

(2) 公平

招标人应给所有的投标人以平等的竞争机会,这包括给所有投标人同等的信息量、同等的投标资格要求,不设倾向性的评标条件,不得违法限制或者排斥本地区、本系统以外的法人或者其他组织参加投标,也不能以某投标人的产品技术指标作为标的要求等。招标文件中所列合同条件的权利和义务要对等,要体现承发包双方作为民事主体的平等地位。投标人不得串通投标，打压别的投标人，更不能串通起来提高报价，损害招标人的利益。

（3）公正

招标人在执行开标、评标及定标程序，评标委员会在执行评标标准时要严格照章办事，持相同尺度，不能厚此薄彼，尤其是在处理废标、无效标以及质疑过程中要体现公正。

（4）诚实信用

诚实信用是民事活动的基本原则。招标投标的双方都要诚实守信，不得有欺骗、背信的行为。招标人不得搞内定承包人的虚假招标，也不能在招标中图谋损害承包人的利益。投标文件中所有项目都要真实，投标人不能用虚假资质、虚假业绩投标。合同签订后，任何方都要严格、认真地履行。

二、建设工程法定招标的范围和交易场所

（一）必须进行招标的建设工程项目

《招标投标法》第三条规定，在中华人民共和国境内进行下列工程建设项目包括项目的勘察、设计、施工、监理以及与工程建设有关的重要设备、材料等的采购，必须进行招标：①大型基础设施、公用事业等关系社会公共利益、公众安全的项目；②全部或者部分使用国有资金投资或者国家融资的项目；③使用国际组织或者外国政府贷款、援助资金的项目。

2018年3月经修改后公布的《中华人民共和国招标投标法实施条例》（以下简称《招标投标法实施条例》）指出，工程建设项目是指工程以及与工程建设有关的货物、服务。工程是指建设工程，包括建筑物和构筑物的新建、改建、扩建及其相关的装修、拆除、修缮等；与工程建设有关的货物，是指构成工程不可分割的组成部分，且为实现工程基本功能所必需的设备、材料等；与工程建设有关的服务，是指为完成工程所需的勘察、设计、监理等服务。

经国务院批准，2018年3月国家发改委发布的《必须招标的工程项目规定》中规定：

1）全部或者部分使用国有资金投资或者国家融资的项目包括：①使用预算资金200万元人民币以上，并且该资金占投资额的10%以上；②使用国有企业事业单位资金，并且该资金占控股或者主导地位的项目。

2）使用国际组织或者外国政府贷款、援助资金的项目包括：①使用世界银行、亚洲开发银行等国际组织贷款、援助资金的项目；②使用外国政府及其机构的贷款、援助资金的项目。

3）不属于以上规定情形的大型基础设施、公用事业等关系社会公共利益、公共安全的项目，必须招标的范围由国务院发展改革部门会同有关部门按照确有必要、严格限定的原则制定，并报国务院批准。

4）本规定范围内的项目，其勘察、设计、施工、监理以及与工程建设有关的重要设备、材料等的采购达到下列标准之一的，必须招标：①施工单项合同估算价在400万元人民币以上的；②重要设备、材料等货物的采购，单项合同及估算价在200万元人民币以上的；③勘察、设计、监理等服务的采购，单项合同估算价在100万元人民币以上的。同一项目中可以合并进行的勘察、设计、施工、监理以及与工程建设有关的重要设备、材料等的采购，合同估算价达到前款规定标准的，必须招标。

《招标投标法》规定，依法必须进行招标的项目，其招标投标活动不受地区或者部门的限制。任何单位和个人不得违法限制或者排斥本地区、本系统以外的法人或者其他组织投标，并且不得以任何方式非法干涉招标投标活动。

(二) 可以不进行招标的建设工程项目

《招标投标法》规定，涉及国家安全、国家机密、抢险救灾或者属于利用扶贫资金以工代赈、需要使用农民工等特殊情况，不适宜进行招标的项目，按照国家有关规定可以不进行招标。

《招标投标法实施条例》还规定，除《招标投标法》规定可以不进行招标的特殊情况外，有下列情形之一的，可以不进行招标：①需要采用不可替代的专利或者专有技术；②采购人依法能够自行建设、生产或者提供；③已通过招标方式选定的特许经营项目投资人依法能够自行建设、生产或者提供；④需要向原中标人采购工程、货物或者服务，否则将影响施工或者功能配套要求；⑤国家规定的其他特殊情形。

2014年8月经修改后颁布的《中华人民共和国政府采购法》规定，政府采购工程进行招标投标的，适用《招标投标法》。2015年1月颁布的《中华人民共和国政府采购法实施条例》进一步规定，政府采购工程依法不进行招标的，应当依照政府采购法和本条例规定的竞争性谈判或者单一来源采购方式采购。

《国务院办公厅关于促进建筑业持续健康发展的意见》（国发办〔2017〕19号）中规定，在民间投资的房屋建筑工程中，探索由建设单位自主决定发包方式。对依法通过竞争性谈判或单一来源方式确定供应商的政府采购工程建设项目，符合条件的应当颁发施工许可证。

(三) 建设工程招标投标交易场所

《招标投标法实施条例》规定，设区的市级以上地方人民政府可以根据实际需要建立统一规范的招标投标交易场所，为招标投标活动提供服务。招标投标交易场所不得与行政监督部门存在隶属关系，不得以营利为目的。国家鼓励利用信息网络进行电子招标投标。

2017年11月国家发改委发布的《招标公告和公示信息发布管理办法》规定，依法必须招标项目的招标公告和公示信息，除依法需要保密或者涉及商业秘密的内容外，应当按照公益服务、公开透明、高效便捷、集中共享的原则依法向社会公开。

依法必须招标项目的资格预审公告和招标公告，应当载明以下内容：①招标项目名称、内容、范围、规模、资金来源；②投标资格能力要求，以及是否接受联合体投标；③获取资格预审文件或招标文件的时间、方式；④递交资格预审文件或投标文件的截止时间、方式；⑤招标人及其招标代理机构的名称、地址、联系人及联系方式；⑥采用电子招标投标方式的，潜在投标人访问电子招标投标交易平台的网址和方法；⑦其他依法应当载明的内容。

依法必须招标项目的中标候选人公示应当载明以下内容：①中标候选人排序、名称、投标报价、质量、工期（交货期），以及评标情况；②中标候选人按照招标文件要求承诺的项目负责人姓名及其相关证书名称和编号；③中标候选人响应招标文件的资格能力条件；④提出异议的渠道和方式；⑤招标文件规定公示的其他内容。依法必须招标项目的中标结果公示应当载明中标人名称。

依法必须招标项目的招标公告和公示信息应当在"中国招标投标公共服务平台"或者项目所在地省级电子招标投标公共服务平台（以下统一简称"发布媒介"）上发布。发布媒介应当免费提供依法必须招标项目的招标公告和公示信息发布服务，并允许社会公众和市场主体免费、及时查阅前述招标公告和公示的完整信息。

任何单位和个人认为招标人或其招标代理机构在招标公告和公示信息发布活动中存在违法违规行为的，可以依法向有关行政监督部门投诉、举报；认为发布媒介在招标公告和公示信息发布活动中存在违法违规行为的，根据有关规定可以向相应的省级以上发展改革部门或其他有关部门投诉、举报。

三、建设工程招标分类

建设工程招标，按标的内容可分为建设工程监理招标、建设工程项目管理招标、建设项目总承包招标、工程勘察设计招标、工程建设施工招标以及工程建设项目货物招标。

1. 建设工程监理招标

建设工程监理招标是建设项目的业主为了加强对项目前期准备及项目实施阶段的监督管理，委托有经验、有能力的建设监理单位对建设项目进行监理而发布监理招标信息或发出投标邀请，由建设监理单位竞争承接此建设项目相应的监理任务的过程。

2. 建设工程项目管理招标

建设工程项目管理，是指从事工程项目管理的企业，受建设项目业主方委托，对工程建设全过程或分阶段进行专业化管理和服务活动。建设项目业主方可以通过招标等方式选择工程项目管理企业，并与选定的工程项目管理企业以书面形式签订委托工程项目管理合同。工程勘察设计、监理等企业可以同时承担同一工程项目的项目管理和其资质范围内的工程勘察设计、监理业务，但依法应当招标投标的应当通过招标投标方式确定。施工企业不得在同一工程中从事项目管理和工程承包业务。

3. 建设项目总承包招标

建设项目总承包招标是指从项目建议书开始，包括可行性研究、勘察设计、设备与材料采购、工程施工、生产准备、投料试车直至竣工投产、交付使用的建设项目全过程招标，也称为"交钥匙"工程招标。投标人提出的实施方案应是从项目建议书开始到工程项目交付使用的全过程的方案，提出的报价也应是包括咨询设计服务费和实施费在内的全部费用的报价。总承包招标对投标人来说利润高，但风险也大，因此要求投标人要有较强的技术力量和较高的管理水平，并有可靠的信誉。

4. 工程勘察设计招标

工程勘察设计招标是招标人就拟建的工程项目的勘察设计任务发出招标信息或投标邀请，由投标人根据招标文件的要求，在规定的期限内向招标人提交包括勘察设计方案及报价等内容的投标书，经开标、评标及决标，从中择优选定勘察设计单位（即中标单位）的活动。招标人可以依据工程建设项目的不同特点，实行勘察设计一次性总体招标；也可以在保证项目完整性、连续性的前提下，按照技术要求实行分段或分项招标。

5. 工程建设施工招标

工程建设施工招标是招标人就建设项目的施工任务发出招标信息或投标邀请，由投标人根据招标文件要求，在规定的期限内提交包括施工方案、报价、工期、质量等内容的投标书，经开标、评标、决标等程序，从中择优选定施工承包人的活动。根据承担施工任务的范围大小及内容的不同，施工招标又可分为施工总承包招标、专业工程施工招标等。

6. 工程建设项目货物招标

工程建设项目货物是指与工程建设项目有关的重要设备、材料等。工程建设项目货物招标，是招标人就设备、材料的采购发布信息或发出投标邀请，由投标人投标竞争采购合同的活动。但适用招标采购的设备、材料一般都是用量大、价值高且对工程的造价有较大影响的，并非所有的设备、材料都需通过招标采购而获得。

四、建设工程招标方式

（一）公开招标和邀请招标

《招标投标法》规定，招标分为公开招标和邀请招标。

1. 公开招标

公开招标是指招标人以招标公告的方式邀请不特定的法人或者其他组织投标。依法必须招标项目的招标公告，应当通过国家指定的报刊、信息网络或者其他媒介发布。《招标投标法实施条例》明确规定，国有资金占控股或者主导地位的依法必须进行招标的项目，应当公开招标。

2. 邀请招标

邀请招标是指招标人以投标邀请书的方式邀请特定的法人或者其他组织投标。《招标投标法》规定，招标人采取邀请招标方式的，应当向三个以上具备承担招标项目的能力、资信良好的特定法人或者其他组织发出投标邀请书。国务院发展计划部门确定的国家重点项目和省、自治区、直辖市人民政府确定的地方重点项目不适宜公开招标的，经国务院发展计划部门或者省、自治区、直辖市人民政府批准，可以邀请招标。

《招标投标法实施条例》进一步规定，国有资金占控股或者主导地位的依法必须进行招标的项目，应当公开招标；但有下列情形之一的，可以邀请招标：①技术复杂、有特殊要求或者受自然环境限制，只有少量潜在投标人可供选择；②采用公开招标方式的费用占项目合同金额的比例过大。

（二）总承包招标和两阶段招标

《招标投标法实施条例》规定，招标人可以依法对工程以及工程建设有关的货物、服务全部或者部分实行总承包招标。以暂估价形式，包括在总承包范围内的工程、货物、服务属于依法必须进行招标的项目范围且达到国家规定规模标准的，应当依法进行招标。以上所称的暂估价，是指总承包招标时不能确定价格，而由招标人在招标文件中暂时估定的工程、货物、服务的金额。

对技术复杂或者无法精确拟定技术规格的项目，招标人可以分两阶段进行招标。第一阶段，投标人按照招标公告或者投标邀请书的要求提交不带报价的技术建议，招标人根据投标人提交的技术建议确定技术标准和要求，编制招标文件。第二阶段，招标人向在第一阶段提交技术建议的投标人提供招标文件，投标人按照招标文件的要求提交包括最终技术方案和投标报价在内的投标文件。

五、建设工程招标投标的禁止性规定

（一）招标人不得以不合理的条件限制、排斥潜在投标人或者投标人

《招标投标法实施条例》第三十二条规定，招标人不得以不合理的条件限制、排斥潜在投标人或者投标人。

招标人有下列行为之一的，属于以不合理条件限制、排斥潜在投标人或者投标人：

1) 就同一招标项目向潜在投标人或者投标人提供有差别的项目信息。
2) 设定的资格、技术、商务条件与招标项目的具体特点和实际需要不相适应或者与合同

履行无关。

3) 依法必须进行招标的项目以特定行政区域或者特定行业的业绩、奖项作为加分条件或者中标条件。

4) 对潜在投标人或者投标人采取不同的资格审查或者评标标准。

5) 限定或者指定特定的专利、商标、品牌、原产地或者供应商。

6) 依法必须进行招标的项目非法限定潜在投标人或者投标人的所有制形式或者组织形式。

7) 以其他不合理条件限制、排斥潜在投标人或者投标人。

（二）禁止投标人相互串通投标

1. 属于投标人相互串通投标的情形

《招标投标法实施条例》第三十九条规定，禁止投标人相互串通投标。

有下列情形之一的，属于投标人相互串通投标：

1) 投标人之间协商投标报价等投标文件的实质性内容。

2) 投标人之间约定中标人。

3) 投标人之间约定部分投标人放弃投标或者中标。

4) 属于同一集团、协会、商会等组织成员的投标人，按照该组织要求协同投标。

5) 投标人之间为谋取中标或者排斥特定投标人而采取的其他联合行动。

2. 视为投标人相互串通投标的情形

《招标投标法实施条例》第四十条规定，有下列情形之一的，视为投标人相互串通投标：

1) 不同投标人的投标文件由同一单位或者个人编制。

2) 不同投标人委托同一单位或者个人办理投标事宜。

3) 不同投标人的投标文件载明的项目管理成员为同一人。

4) 不同投标人的投标文件异常一致或者投标报价呈规律性差异。

5) 不同投标人的投标文件相互混装。

6) 不同投标人的投标保证金从同一单位或者个人的账户转出。

（三）禁止招标人与投标人串通投标

《招标投标法实施条例》第四十一条规定，禁止招标人与投标人串通投标。

有下列情形之一的，属于招标人与投标人串通投标：

1) 招标人在开标前开启投标文件并将有关信息泄露给其他投标人。

2) 招标人直接或者间接向投标人泄露标底、评标委员会成员等信息。

3) 招标人明示或者暗示投标人压低或者抬高投标报价。

4) 招标人授意投标人撤换、修改投标文件。

5) 招标人明示或者暗示投标人为特定投标人中标提供方便。

6) 招标人与投标人为谋求特定投标人中标而采取的其他串通行为。

（四）不得以低于成本的报价竞标、以他人名义投标等

《招标投标法》第三十三条规定，投标人不得以低于成本的报价竞标，也不得以他人名义投标或者以其他方式弄虚作假，骗取中标。

1. 低于成本的报价竞标

低于成本报价竞争不仅属于不正当竞争行为，还容易导致中标后的偷工减料，影响建设工程质量。《招标投标法》第四十一条规定，中标人的投标应当能够满足招标文件的实质性要求，

并且经评审的投标价格最低;但是投标价格低于成本的除外。需要注意的是,此处所说成本是指投标人的个别成本,是根据企业定额测算的成本。

2. 以他人名义投标

《招标投标法实施条例》规定,使用通过受让或者租借等方式获取的资格、资质证书投标的,属于《招标投标法》规定的以他人名义投标。

3. 以其他方式弄虚作假

投标人有下列情形之一的,属于《招标投标法》规定的以其他方式弄虚作假的行为:
1)使用伪造、变造的许可证件。
2)提供虚假的财务状况或者业绩。
3)提供虚假的项目负责人或者主要技术人员简历、劳动关系证明。
4)提供虚假的信用状况。
5)其他弄虚作假的行为。

第二节 建设工程招标与投标程序

建设工程项目招标投标一般要经历招标准备,投标邀请,发售招标文件,组织现场勘察,标前答疑,投标,开标,评标,定标,签发中标通知书,提交履约担保,订立书面合同等过程。

一、招标准备

招标准备包括三个方面,即招标组织的准备、招标条件的准备和招标文件的准备。

1. 招标组织的准备

招标活动必须由一个机构来完成,这个机构就是招标组织机构。招标人自行办理招标事宜的,应当具有编制招标文件和组织评标的能力,并报建设行政监督部门备案。自行办理招标的条件包括:有专门的招标组织机构;有与工程规模、复杂程度相适应并具有同类工程项目招标经验,熟悉有关工程建设招标法律法规的专业人员。

不具备上述条件的,招标人应当选择具有相应资格的工程建设项目招标代理机构,与其签订招标委托合同,委托其代为办理招标事宜。所谓工程建设项目招标代理机构,是指具有从事招标代理业务的营业场所和相应的资金,具备法人资格,有健全的组织机构和内部管理的规章制度,拥有编制招标文件和组织评标的相应专业力量,具有可以作为评标委员会成员人选的技术经济等方面的专家库,经国务院或省、自治区、直辖市人民政府建设行政主管部门认定的甲级、乙级或暂定级招标代理资质的社会中介组织。在其资格许可的范围内接受招标人的委托,从事工程的勘察、设计、施工、监理以及与工程建设有关的重要设备(进口机电设备除外)、材料的采购招标的代理业务。

招标代理是有偿服务。招标代理机构接受招标人委托,从事编制招标文件(包括编制资格预审文件)和标底,审查投标人资格,组织投标人踏勘现场并答疑,组织开标、评标、定标以及提供招标前期咨询,协调合同的签订等业务,同时依法收取费用。

2. 招标条件的准备

招标项目如果按照国家有关规定需要履行项目审批手续的,应当先进行相关的项目审批手续工作。同时，招标项目的现场条件、基础资料及资金等也应当满足招标的要求。

3. 招标文件的准备

招标人应当根据招标项目的特点和需要准备和编制招标文件。以工程项目施工招标为例，招标文件应当包括以下内容：①招标公告或投标邀请书；②投标人须知；③合同主要条款；④投标文件格式；⑤采用工程量清单招标的，应当提供工程量清单；⑥技术条款；⑦设计图；⑧评标标准和方法；⑨投标辅助材料。

招标人应当在招标文件中规定实质性要求和条件，并用醒目的方式标明。

招标人应当在招标文件中载明投标有效期。投标有效期从提交投标文件的截止之日起计算。

二、投标邀请

招标方式不同，邀请投标的程序也不同。公开招标一般要经过招标公告、投标资格预审、发出投标邀请等环节；而邀请招标则可直接发出投标邀请书。

1. 招标公告

招标公告由招标人通过国家指定的报刊信息网络或者其他媒介发布。招标公告应当载明招标人的名称和地址，招标项目的性质、数量、实施地点和时间，投标截止日期以及获取招标文件的办法等事项。如果要进行资格预审的，公告中应载明资格预审的条件标准以及申请资格预审的方法。

2. 投标资格预审

招标人可以自行组织力量对投标申请人进行资格预审，也可以委托招标代理机构对投标申请人进行资格预审。资格预审文件一般应当包括资格申请书格式、申请人须知以及需要投标申请人提供的企业资质、业绩、技术装备、财务状况和拟派出的项目经理，主要技术人员的简历业绩等证明材料。

通过招标公告获得招标信息并有意参加投标竞争者，按照招标公告中的要求向招标人申请资格预审，领取资格预审文件，并按资格预审文件要求的时间地点及内容提交全套资格报审材料。招标人在对资格材料审查并进行必要的实地考察后，对潜在投标人的履约能力及资信做出综合评价，从中择优选出若干个潜在的投标人，正式邀请其参加投标。

（1）资格预审内容

资格预审的主要内容包括投标人的签约资格和履约能力。

1）签约资格。签约资格是指投标人按国家有关规定承接招标项目必须具备的相应条件，如投标人是否是合法的企业或其他组织；有无与招标内容相适应的资质；是否正处于被责令停业或财产被接管冻结或暂停参加投标的处罚期；最近三年内有无骗取中标和严重违约及重大工程质量问题等。

2）履约能力。履约能力是指投标人完成招标项目任务的能力，如投标人的财务状况、商业信誉、业绩表现、技术资格和能力、管理水平、人员与设备条件、完成类似工程项目的合同数量等。

（2）资格预审程序

1）编制资格预审文件。投标资格预审文件包括资格预审通知、资格预审须知、资格预审表等。按规定要向政府建设行政主管部门备案的，编制好的资格预审文件应办理备案手续。

① 资格预审通知。资格预审通知一般都包含在公开招标的公告中，也就是在招标公告里载明资格预审的内容、申请资格预审的条件、索购资格预审文件的时间和地点，以及提出资格预审申请的最后期限。

② 资格预审须知。申请投标人是根据资格预审须知来填报资格预审表和准备有关文件资料并最终决定是否申请资格预审的。所以资格预审须知应包括招标人名称、住所、电话、联系人姓名、招标项目详细介绍，资格预审表的填写说明，对投标人资信、能力的基本要求，以及递交资格预审申请的时间、地址，有关的资信、业绩、能力的证明文件及资料要求等。

③ 资格预审表。在公开招标中，招标人面临多个潜在投标人，因此无法对这些投标人逐一登门调查，只能通过资格预审表来了解投标人的情况并审查其投标资格。所以资格预审表的内容要全面，要确保有足够的信息量，条目的内容要明确、不会造成歧义。

④ 资格预审评分细则。资格预审评分细则是对投标人资信和能力的具体评价方法，必须连同资格预审文件一起发给资格预审申请人。

⑤ 资格预审合格通知书。资格预审合格通知书告知资格预审申请人资格预审已通过，正式邀请其参加投标，并通知其于何时到何地索购招标文件。所以，资格预审合格通知书也可称为投标邀请书。

⑥ 致谢信。致谢信的实质是向未获得投标资格的投标申请人通报资格预审结果。内容大致是告知本次投标资格的预审工作已经结束，投标人已经选定但其未能入选，顺致歉意并感谢支持和参与，希望下次有机会再合作。

2）发布投标资格预审通知。投标资格预审通知应在建设工程招标投标管理部门指定的媒介及一般的公共媒介上发布。一般情况下，投标资格预审通知是包含在公开招标公告中作为公告的内容发布的。

3）发售资格预审文件。资格预审文件的发放可以是有偿的，也可以是无偿的；还可以是先收取押金，待申请人提交全套的资格预审申请文件后再退还押金。无论是收费还是收押金，目的就是要求申请人事先认真考虑，以免出现索取资格预审文件的申请人很多，而提交正式资格预审申请文件者很少的情况。自发售资格预审文件之日到停止发售之日，不得少于五个工作日。

4）申请人填写、递交资格预审申请文件。申请人获得资格预审文件后应组织力量实事求是地填写，并认真准备好预审表附件。对预审文件有疑问的，可以向招标人质询。对于带有普遍性的问题，招标人应同时通知所有获得资格预审文件的申请人。无论是申请人质询，还是招标人的回答，或是对预审文件的修改补充，都应以书面形式进行。

申请人完成资格预审表的填写和相关文件资料的准备后，要写一个致招标人的函件。在致招标人的函件中应郑重声明对提交的资格预审表和相关文件资料的真实性负责，并要求招标人对其进行审查，希望给予参加投标竞争的机会，同时表示将尊重招标人的选择，且不要求招标人就其选择做任何解释。函件的落款应由申请人的法定代表人或其代理人签字并加盖公章。至此，投标资格预审申请文件就编制完成了。投标人应当按照投标资格预审须知上规定的时间、地址，将资格预审申请文件送达招标人或招标代理人。

5）审查与评议。投标资格评审工作由招标委员会负责，可以邀请专家及有关方面的代表组成投标资格评审委员会来完成。招标人首先要对资格预审申请文件的完整性和真实性进行审查，在有条件的情况下还应做一些调查，并在此基础上由投标资格评审委员会进行评审。可以采用简单多数法或评分法来确定投标人。简单多数法是按申请人得票的多少，得票多者优先入选；而评分法则是按申请人得分高低，得分高者优先入选。事先还必须确定采取合格制还是有限数量制来确定入选投标人数量。合格制是不限制投标人数量的；有限数量制则事先规定了入选潜在投标人的数量。考虑到入选的潜在投标人不一定都来投标这一因素，在采用有限数量制时一般不宜少于 5 家，但也不宜太多，否则评标工作量太大，影响评标质量。按规定要备案的，应写成评审报告并附上拟入选的投标人一览表报上级审批，并报工程建设项目招标投标管理部门备案。

6）通知资格预审结果。

① 对于获得投标资格者，发给资格预审合格通知书（投标邀请书）。

② 对于未能获得投标资格者，发出致谢信。

不进行资格预审的公开招标，投标人只需按招标公告中规定的时间，到指定的地点索购招标文件即可。不进行资格预审的公开招标，资格审查一般在开标后进行。

3. 发出投标邀请

无论是公开招标还是邀请招标，被邀请参加投标的法人或者其他组织都不能少于 3 家，且被邀请参加投标的前提都是一样的，即被邀请人的履约能力及资信都是得到认可的。

公开招标的投标邀请书是在投标资格预审合格后发出的，所以也可用投标预审合格通知书代替。投标邀请书要简单复述招标公告的内容，并突出关于获取招标文件的办法。

在邀请招标的情况下，因为被邀请人是通过投标邀请书了解招标项目的，所以投标邀请书对项目的描述要详细准确。

三、发售招标文件

招标文件是投标人编制投标文件、进行报价的主要依据，所以招标文件应当根据招标项目的特点和需要编制。

招标文件的发放有两种形式：一种是卖给有资格的潜在投标人，酌收工本费；另一种是无偿发给有资格的潜在投标人，但收取一定的招标文件押金，待招标活动结束收回招标文件或其中的设计文件时退还。

自发售招标文件之日到停止发售之日，不得少于 5 天。潜在投标人收到招标文件并核对无误后，要以书面形式确认。潜在投标人要认真研究招标文件，若有疑问或不清楚的地方，应在规定的时间内以书面形式要求招标人澄清解释。招标人对已发出的招标文件进行必要的澄清或者修改的，应当在招标文件要求提交投标文件截止时间至少 15 天前，以书面形式通知所有招标文件收受人。该澄清或者修改的内容为招标文件的组成部分。

四、组织现场勘察

现场勘察是潜在投标人到现场进行实地考察。潜在投标人通过对招标工程建设现场的勘察可以了解场地及其周围环境的情况，获取其认为有用的信息；核对招标文件中的有关资料和数据并加深对招标文件的理解，以便对招标项目做出正确的判断，选择正确的投标策略以及确定正确的投标报价。勘察人员一般应由投标决策人员拟派到项目的负责人以及投标报价人员组成。现场勘察的主要内容包括交通运输条件、自然环境与社会环境条件、当地的市场行情等。

招标人根据招标项目的具体情况，可以组织潜在投标人勘察项目现场，向其介绍工程场地和相关环境的有关情况。潜在投标人依据招标人介绍的情况做出的判断和决策，由投标人自行负责。招标人不得单独或者分别组织任何一个投标人进行现场勘察。

五、标前答疑

投标人研究招标文件和现场勘察后有问题需要解答的，应以书面形式提出质疑，招标人应及时给予书面解答，且同时发给每个获得招标文件的潜在投标人，以保证招标的公平和公正。对问题的答复不需说明问题的来源。招标文件的修改或补充以及答疑文件均构成招标文件的补充文件，是招标文件的组成部分，与招标文件具有同等的法律效力。当补充文件与招标文件的规定不一致时，以补充文件为准。为了使投标单位能充分研究和消化招标单位对招标文件的修改或补充，有足够的时间修改投标书，招标单位可根据情况适当延长投标截止时间。

六、投标

1. 投标响应

投标人在获得招标文件后，要组织力量认真研究招标文件的内容，并对招标项目的实施条件进行调查。在此基础上结合投标人的实际，按照招标文件的要求编制投标文件。投标文件应当对招标文件提出的实质性要求和条件做出响应。招标项目属于建设施工的，投标文件的内容除应包括报价、拟派出的项目负责人与主要技术人员的简历、业绩外，还应有施工组织设计。

2. 投标人的工程分包

我国《建筑法》规定，承包商可以将其所承包工程中的部分工程发包给具有相应资质条件的分包单位，但属于施工总承包的，建筑工程主体结构的施工必须由总包单位自己完成。因此，投标人可以根据招标文件载明的项目实际情况，将中标项目的部分非主体、非关键性工作进行分包，但应当在投标文件中载明。

3. 联合体投标

两个以上法人或者其他组织可以组成一个联合体，以一个投标人的身份共同投标。联合体各方均应具备承担招标项目的相应能力。国家或者招标文件对投标人资格条件有规定的，联合体各方均应当具备规定的相应资格条件。由同一专业的单位组成的联合体，按照资质等级较低的单位核定其资质等级。联合体各方应当签订共同投标协议，明确约定各方拟承担的工作和责任，并将共同投标协议连同投标文件一并提交给招标人。联合体各方的法定代表人应签署授权书，授权其共同指定的牵头人代表联合体投标及负责合同履行期间的主办与协调工作。联合体中标的，联合体各方应当共同与招标人签订合同，就中标项目向招标人承担连带责任。但招标人不得强制投标人组成联合体共同投标，也不得限制投标人之间的竞争。联合体成员也不得再以自己名义单独投标或参加其他联合体在同一个项目中投标。

4. 投标的禁止性规定

投标人不得相互串通投标报价；不得排挤其他投标人的公平竞争，损害招标人或其他投标人的合法权益；不得与招标人串通投标，损害国家利益、社会公共利益或者他人的合法权益；不得以他人名义投标或者以其他方式弄虚作假以骗取中标。

5. 投标文件的补充和修改

投标人应当在招标文件要求提交投标文件的截止时间前将投标文件送达招标文件规定的投标地点。招标人收到投标文件后，应当签收保存，不得开启。逾期送达或未送达指定地点的投标文件，招标人应当拒收。投标人在招标文件要求提交投标文截止日之前可以补充、修改或者撤回已提交的投标文件，并书面通知招标人。补充、修改的内容同为投标文件的组成部分。

6. 投标文件的编制时间

从招标文件发出之日起到提交投标文件截止日的时间应是投标人理解招标文件、进行必要的调研、完成投标文件编制所必需的合理时间，一般不得少于 20 天。

7. 投标保证金

招标人可以在招标文件中要求投标人提交投标担保。投标担保可以采用投标保函或者投标保证金的方式。投标保证全可以使用支票、银行汇票等，一般不得超过投标总价的2%。投标保证金有效期应超出投标有效期 30 天。

8. 投标有效期

为保证招标人有足够的时间完成评标和与中标人签订合同，招标文件应当规定一个适当的投标有效期。投标有效期从投标人提交投标文件截止之日起计算。若在原投标有效期结束前发生特殊情况，招标人可以以书面形式要求所有投标人延长投标有效期。投标人同意延长的，不得要求或被允许修改其投标文件的实质性内容，但应当相应延长其投标保证金的有效期；投标人拒绝延长的，其投标失效，但投标人有权收回其投标保证金。因延长投标有效期而造成投标人损失的，招标人应当给予补偿，但因不可抗力需要延长投标有效期的除外。

9. 投标人数量

提交有效投标文件的投标人少于 3 个的，招标人必须重新组织招标。重新招标后投标人仍少于 3 个的，属于必须审批的建设项目，报经原审批部门批准后可以不再进行招标；其他工程项目，招标人可以自行决定不再进行招标。

七、开标

开标是同时公开各投标人报送的投标文件的过程。开标使投标人知道其他竞争对手的要约情况，也限定了招标人员只能在这个开标结果的基础上进行评标、定标。这是招标投标公开性、公平性原则的重要体现。

开标应当在招标文件中确定的提交投标文件截止时间的同一时间公开进行。

开标地点应当为招标文件中预先确定的地点。所有投标人均应参加开标会议，并邀请公证机关、工程建设项目有关主管部门以及相关银行的代表出席。政府的招标投标管理机构可派人监督开标活动。开标时，由投标人或其推选的代表检验投标文件的密封情况，也可由招标人委托的公证机构检查并公证。确认无误后，由工作人员当众拆封并宣读投标人名称、投标价格和投标文件的其他主要内容。所有在投标文件中提出的附加条件、补充声明、优惠条件、替代方案等均应宣读。如果设有标底，也应同时公布。这一过程称为唱标。

开标过程应当记录并存档备查。开标后，任何人都不允许更改投标文件的内容和报价，也不允许再增加优惠条件。

八、评标

1. 评标组织

评标由招标人组建的评标委员会负责。评标委员会由招标人的代表和有关技术、经济等方面的专家组成，人数为 5 人以上单数。其中，从专家库中抽取的技术、经济等方面的专家不得少于成员总数的2/3。评标委员会负责人在评标委员会中选举产生,但大多是由评标委员会中招标人的代表担任。评委应具备以下条件:

1)从事相关专业领域工作满8年并具有高级职称或同等专业水平。
2)熟悉有关招标投标的法律法规。
3)能够认真、公正、诚实、廉洁地履行职责。

依法必须进行招标的项目,其技术、经济方面的专家由招标人从国务院或省、市、自治区、直辖市人民政府有关部门提供的评标专家库或招标代理机构的专家库中选择;一般招标项目可以采取随机抽取方式,特殊招标项目可以由招标人直接确定。与投标人有利害关系的人不得进入相关项目的评标委员会,已进入的应当更换,以保证评标的公平性和公正性。

评标委员会成员的名单在中标结果确定之前应当保密。评标委员会成员和有关工作人员不得私下接触投标人,不得接受投标人的任何馈赠,不得参加投标人以任何形式组织的宴请、娱乐、旅游等活动,不得透露对投标文件的评审和比较、中标候选人的推荐以及与评标有关的其他情况。

2. 评标程序

评标一般要经过评标准备、初步评审和详细评审三个阶段。

(1)评标准备

评标准备包括组织评标委员学习招标文件,了解招标项目,熟悉评标标准和方法,必要时还要对一些特别的问题进行讨论,以统一评标尺度,使评标工作更加公正和科学。

(2)初步评审

初步评审的重点在投标书的符合性审查。当投标文件有下列情形之一的,由评标委员会初审后按照废标处理:

1)无单位盖章并无法定代表人或法定代表人授权的代理人签字或盖章的。
2)未按规定的格式填写,内容不全或关键字迹模糊、无法辨认的。
3)投标人递交两份或多份内容不同的投标文件,或在一份投标文件中对同一招标项目报有两个或多个报价且未声明哪个有效的。按招标文件规定提交备选投标方案的除外。
4)投标人名称或组织结构与资格预审时不一致的。
5)未按招标文件要求提交投标保证金的。
6)联合体投标未附联合体各方共同投标协议的。

当投标文件实质上响应了招标文件的要求,但在个别地方存在漏项或提供了不完整的技术信息和数据,补正这些遗漏或者不完整不会对其他投标人产生不公平的结果,这种偏差属于细微偏差,不影响投标文件的有效性。如报价的计算错误就属于细微偏差,通常的修正原则是:阿拉伯数字表示的金额与文字大写金额不一致的,以文字表示的金额为准;单价金额与总价金额不一致的,以单价金额为准,但单价金额小数点明显错误的除外;标书的副本与正本不一致的,以正本为准。计算错误的修改一般由评标委员会负责,但改正后一定要由投标人的法人代表或其授权人签字确认。

评标委员会可以以书面形式要求投标人对投标文件中含义不明确、对同类问题表述不一致或者有明显文字和计算错误的内容做必要的澄清、说明或者补正。澄清、说明或者补正应以书面形式进行,且不得超出投标文件的范围或者改变投标文件的实质性内容。评标委员会不得向投标人提出带有暗示性或诱导性的问题,或向其明确投标文件中的遗漏和错误。没有通过初步评审的投标人不得进入下一阶段的评审。

(3) 详细评审

经初步评审合格的投标文件，评标委员会根据招标文件确定的评标标准和方法对其进行技术评审和商务评审。对于大型的尤其是技术复杂的招标项目，技术评审和商务评审往往是分开进行的。我国《招标投标法》规定，评标可采用经评审的最低投标价法和综合评估法，以及法律与行政法规允许的其他评标方法。

1) 经评审的最低投标价法。经评审的最低投标价法一般适用于具有通用技术性能标准或者招标人对技术、性能没有特殊要求的招标项目。评标委员会只需根据招标文件中规定的评标价格调整方法，对所有投标人的投标报价以及投标文件的商务部分做必要的价格调整，而无须对投标文件的技术部分进行折价。但投标文件的技术标应当符合招标文件规定的技术要求和标准。因此，如果采用经评审的最低投标价法进行评标，那么中标候选人的投标文件应该能够满足招标文件的实质性要求，并且经评审的投标价格最低，但是投标价格低于成本的除外。

由于我国建设领域的诚信体系尚不健全，同时由于成本价难以认定，一些不良承包商常利用经评审的最低投标价法评标的机会进行恶性低价竞争，中标后再恶意索赔。这是需要重点防范的。

2) 综合评估法。不宜采用经评审的最低投标价法的招标项目，一般应采用综合评估法进行评审。综合评估法不仅要评价商务标，而且要评价技术标。一些技术难度大的项目，对技术标的关注程度甚至要超过报价。对于技术标的评审，主要是对投标书的技术方案、技术措施、技术手段、技术装备、人员配置、组织方法和进度计划的先进性、合理性、可靠性、安全性和经济性进行分析评价。如果招标文件要求投标人派拟任项目负责人参加答辩，评标委员会应组织他们答辩。这对于了解项目负责人的工作能力、工作经验和管理水平是很有好处的。没有通过技术评审的标书，不能中标。

商务标包括投标报价和投标人资信等内容，但评标的重点是对投标报价的构成、计价方式、计算方法、支付条件、取费标准、价格调整、税费、保险及优惠条件等进行评审。在国际工程招标文件中，报关、汇率、支付方式等也是重要的评审内容。商务标评审的核心是评价报价的合理性以及投标人在履约过程中可能给招标人带来的风险。设有标底的招标，商务评标时要参考标底，但不得将其作为评标的唯一依据。

衡量投标文件能否最大限度地满足招标文件中规定的各项评价标准，可以采取折算货币法或其他方法，但需要量化的因素及其权重必须在招标文件中明确。

折算货币法是指评审过程中以报价为基础，将报价之外需要评定的要素按招标文件规定的折算办法换算成货币价值，根据对招标人有利或不利的影响及其大小，在投标报价的基础上扣减或增加一定的金额，最终构成评标价格，将评标价格低的投标人推荐为中标候选人。

(4) 提交评标报告

详细评审完成后，评标委员会应向招标人提交评标报告，作为招标人最后选择中标人的决策依据。评标报告的内容一般包括评标过程、评标标准、评标方法、评标结论、标价比较一览表或综合评估比较表、推荐的中标候选人、与中标候选人签约前应处理的事宜、投标人澄清（说明补正）事项的纪要及评委之间存在的主要分歧点等。

采用经评审的最低投标价法的，应提交标价比较一览表，表中载明各投标人的投标报价商务偏差调整以及经评审的最终投标价。采用综合评估法的，应提交综合评估比较表，表中载明投标人的投标报价、所做的每处修正、对商务标偏差的调整、对技术标偏差的调整、对各评审因素的评估以及对每个投标的最终评审结果。

评标报告中应按照招标文件中规定的评标方法，推荐不超过3名有排序的合格的中标候选人。如果评标委员会经过评审，认为所有投标都不符合招标文件的要求，可以否决所有投标。出现这种情况后，招标人应认真分析招标文件的有关要求以及招标过程，对招标工作范围或招标文件的有关内容做出实质性修改后再重新进行招标。

评标报告由评标委员会全体成员签字。对评标结论持有异议的评标委员会成员可以书面方式阐述自身的不同意见和理由。评标委员会成员拒绝在评标报告上签字且不陈述其不同意见和理由的，视为同意评标结论，评标委员会应当将此记录在案。

评标的过程要保密。与评标委员会成员和评标有关的工作人员不得私下接触投标人，不得透露评审标书的情况，也不得透露推荐中标候选人的情况以及其他与评标有关的情况。

评标委员会成员应当客观公正地履行职责，遵守职业道德，对所提出的评审意见承担个人责任。

九、定标

定标是招标人享有的选择中标人的最终决定权和决策权。《招标投标法》规定，招标人根据评标委员会提出的书面评标报告和推荐的中标候选人确定中标人。招标人也可以授权评标委员会直接确定中标人。

十、签发中标通知书

依法必须进行招标的项目，招标人应当给排名第一的中标候选人签发中标通知书。只有当排名第一的中标候选人放弃中标或未能按规定提交履约保证金时，方可确定排名第二的中标候选人为中标人，其余类推。中标通知书的主要内容有中标人名称、中标价，商签合同的时间与地点，提交履约保证的方式和时间等。投标人在收到中标通知书后要出具书面回执，证实已经收到中标通知书。

中标通知书对招标人和中标人均具有法律效力。中标通知书发出后，招标人改变中标结果的，或者中标人放弃中标项目的，应当依法承担法律责任。依法必须进行施工招标的工程招标人应当自发出中标通知书之日起的15天内，向工程所在地县级以上地方人民政府建设行政主管部门提交招标投标情况的书面报告。书面报告应该至少包括：招标范围；招标方式和发布招标公告的媒介；招标文件中投标人须知、技术条款、评标标准和方法、合同主要条款等内容；评标委员会的组成和评标报告；中标结果等。

十一、提交履约担保、订立书面合同

招标人和中标人应当自中标通知书发出之日起30天内，按照招标文件和中标人的投标文件订立书面合同。招标人不得向中标人提出压低报价、增加工作量、缩短工期或其他违背中标人意愿的要求并以此作为签订合同的条件，也不得再行订立背离合同实质性内容的其他协议。

招标文件要求中标人提交履约担保的，中标人应当在合同签字前或合同生效前提交。在中标人提交了履约担保并与招标人签订合同之后的五个工作日内，招标人应将投标保证金或投标保函退还给投标人。

履约担保是中标人通过经济形式保证按照合同约定履行义务、完成项目，同时保证不将项目主体或关键性的部分分包给他人，不将中标项目转让他人或肢解后以分包的名义分别转包给他人。中标人向招标人提交的履约担保可以是由银行出具的银行保函，也可以是由具有独立法人资格的企业出具的履约担保书。由银行出具的保函一般要求的担保额为合同价格的5%，由具有独立法人资格企业出具的履约担保书的担保额为合同价格的10%。投标人应使用招标文件中提供的履约担保格式。如果中标人不按规定执行，不提交履约担保或拒签合同，招标人将取消其中标资格，并没收其投标保证金。

第三节

建设工程施工招标投标管理

一、建设工程施工招标

建设工程施工招标是指招标人通过适当的途径发出施工任务发包的信息，吸引施工承包商投标竞争，从中选出技术能力强、管理水平高、信誉可靠且报价合理的承建商，并以签订合同的方式约束双方在施工过程中的行为的经济活动。建设工程施工招标最明显的特点是发包工作内容明确具体，各投标人编制的投标书在评标中易于横向对比。虽然投标人是按招标文件规定的工作内容和工程量清单编制报价，但报价高低一般并不是确定中标单位的唯一条件，投标实际上是各施工单位完成该项目任务的技术、经济、管理等综合能力的竞争。

1. 施工招标分类

（1）公开招标

国务院发展计划部门确定的国家重点建设项目和各省、自治区、直辖市人民政府确定的地方重点建设项目，以及全部使用国有资金投资或者国有资金投资占控股或者主导地位的工程建设项目，应当公开招标。

（2）邀请招标

有下列情形之的，经批准可以进行邀请招标：

1）项目技术复杂或有特殊要求，只有少量几家潜在投标人可供选择的。

2）受自然地域环境限制的。

3）涉及国家安全、国家秘密或者抢险救灾工程的。

4）拟公开招标的费用与项目的价值相比，不值得的。

5）法律法规规定不宜公开招标的。

国家重点建设项目的邀请招标，应当经国务院发展计划部门批准；地方重点建设项目的邀请招标，应当经各省、自治区、直辖市人民政府批准。全部使用国有资金投资或者国有资金投资占控股或者主导地位的，并需要审批的工程建设项目的邀请招标，应当经项目审批部门批准，但项目审批部门只审批立项的，由有关行政监督部门审批。

（3）可不进行施工招标的项目

需要审批的工程建设项目，有下列情形之一的，经审批部门批准，可以不进行施工招标：

1）涉及国家安全、国家秘密或者抢险救灾而不适宜招标的。

2）属于利用扶贫资金实行以工代赈需要使用农民工的。

3）施工主要技术采用特定的专利或者专有技术的。
4）施工企业自建自用的工程，且该施工企业资质等级符合工程要求的。
5）在建工程追加的附属小型工程或者主体加层工程，原中标人仍具备承包能力的。
6）法律行政法规规定的其他情形。

2. 施工标段的划分

如果建设工程项目的全部施工任务作为一个标的发包，则招标人仅与一个中标人签订合同，施工过程中的管理工作比较简单，但有能力参与竞争的投标人较少。如果招标人有足够的管理能力，也可以将全部施工内容分解成若干个标段分别发包，一是可以发挥不同投标人的专业特长，增强投标的竞争性；二是每个独立合同比总承包合同更容易落实，即使出现问题也是局部的，易于纠正或补救。但发包的数量多少要适当，标段太多会给招标工作和施工阶段的管理协调带来困难。标段划分要有利于吸引更多的投标者来参加投标，以发挥各个承包商的特长，降低工程造价，保证工程质量；加快工程进度的同时还要考虑到便于工程管理，减少施工干扰，使工程能够有条不紊地进行。划分标段应考虑的主要因素包括：

（1）工程特点

拟招标的工程项目如果场地比较集中、工程量不大、技术上不是特别复杂，一般不用分标。而当工作场面分散，工程量较大或有特殊的工程技术要求时，则可以考虑分标，如高速公路、灌溉工程等大多是分段发包的。

（2）对工程造价的影响

一般来说，一个工程由一家承包商施工，不但干扰少、便于管理，而且由于临时设施少，人力、机械设备可以统一调配使用，因此可以获得比较低的工程报价。但是，如果是一个大型的、复杂的工程项目（如核电站工程），就对承包商的施工经验、施工能力、施工设备等方面都要求很高。在这种情况下，如果不分标就可能使有能力参加此项目投标的承包商数大大减少。投标竞争对手的减少，很容易导致报价的上涨，不能获得合理的报价。

（3）专业化问题

尽可能地按专业划分标段，以利于发挥承包商的特长，增加对承包商的吸引力。

（4）工地的施工管理问题

工地现场的作业面划分十分重要，在分标时要考虑工地施工管理中的两个问题：一是工地现场作业面上工程进度的衔接；二是施工项目一定要选择施工水平高、能力强、信誉好的承包商，以保证能按合同约定完成进度计划中"关键线路"上的工作任务，防止影响其他承包商的工程进度从而引起不必要的索赔。若能按期或提前完成施工任务，则承包商越少越好。分标时要综合考虑施工现场的布置问题，如对各个承包商的施工作业面、堆场、加工场、生活区、交通运输，甚至弃渣场地的安排等，都应事先有所考虑。

（5）其他因素

影响工程分标的因素还有很多，如资金问题等。当资金筹措不足时，只有实行分标，部分工程先行招标。

总之，分标时应当对上述因素综合考虑，可以拟订几个分标方案，进行综合比较后确定。但对工程技术上紧密相连、不可分割的单位工程不得分割标段。

3. 施工招标应具备的条件

建设工程施工招标应当具备以下条件：

1）按照国家有关规定需要履行项目审批手续的，已经履行审批手续。
2）完成建设用地的征用和拆迁。
3）有能够满足施工需要的设计图和技术资料。
4）建设资金的来源已落实。
5）施工现场的前期准备工作如果不包括在承包范围内，应满足"三通一平"的开工条件。

二、建设工程施工投标

1. 施工投标的主要工作

（1）研究招标文件

投标单位报名参加或接受邀请参加某工程的投标，通过了资格审查，取得了招标文件之后，首要的工作就是认真仔细地研究招标文件，充分了解其内容和要求，以便有针对性地开展投标工作。研究招标文件，重点应放在投标者须知、工程范围、合同条款、设计图以及工程量清单上。当然，对技术规范要求等也要弄清有无特殊要求。

对于工程量清单，即使招标文件不要求投标人核对，只要时间许可，投标人也应该予以核对，以便采取合适的报价策略以及子项单价。如发现工程量清单有重大出入，特别是重大漏项，应告知招标人，由招标人书面更正，这对于固定总价合同尤为重要。

（2）调查投标环境

所谓投标环境，就是招标工程施工的自然、经济和社会条件。这些条件都是工程施工的约束因素，是投标单位报价时必须予以考虑的，所以在投标报价前要尽可能地了解清楚，包括：

1）工程的性质及其与其他工程之间的关系。
2）工地地形、地貌、地质、水文、气象、交通、电力、通信等。
3）工地附近有无可利用的其他条件等。
4）工地所在地的社会治安情况等。

（3）制定施工方案

施工方案是投标报价的一个前提条件，也是招标单位评标时要考虑的因素之一。施工方案应由投标单位的技术负责人主持制定，主要应考虑施工方法、施工机具的配置，各工种劳动力的安排及现场施工人员的平衡，施工进度的安排，质量安全措施等。施工方案的制订应在技术和工期两方面都对招标单位有吸引力，同时又有助于降低施工成本。

1）选择和确定施工方法。根据工程类型，研究可以采用的施工方法。对于一般的土方工程、混凝土工程、房建工程以及灌溉工程等比较简单的工程，可以结合已有施工机械及工人的技术水平来选定施工方法，努力做到节省开支加快进度。对于大型复杂工程则要考虑几种施工方案，综合比较。如水利工程中的施工导流方式，对工程造价及工期均有很大影响，承包商应结合施工进度计划及施工机械设备能力来研究确定；又如地下开挖工程、开挖隧洞或洞室等，则要进行地质资料分析，确定开挖方法以及支洞斜井数量、位置、出渣方法等。

2）选择施工设备和施工设施。选择施工设备和施工设施一般与研究施工方法同时进行。在工程估价过程中还要进行施工设备和施工设施的比较，比如是修理旧设备还是购置新设备，是国内采购还是国际采购，是租赁还是自备等。

3）编制施工进度计划。编制施工进度计划应紧密结合施工方法和施工设备的选定。施工进度计划中应提出各时段内应完成的工程量及限定日期。施工进度计划可用网络图表示，也可用横道图表示。

4）确定投标策略。正确的投标策略对提高中标率并获得较高的利润有重要作用。常用的投标策略有以信誉取胜，以低价取胜，以缩短工期取胜，以改进设计取胜等；有时也可采取以退为进的策略，以长远发展为目标的策略等。应综合考虑企业目标、竞争对手情况等来确定投标策略。

2. 投标报价计算

投标报价计算是投标单位对拟承建招标工程所要发生的各种费用的计算。作为投标报价计算的必要条件，应预先确定施工方案和施工进度。此外，投标报价计算还必须与所采用的合同形式相协调。投标报价是投标的关键性工作，投标报价是否合理直接关系到投标的成败。

（1）标价的组成

投标单位在针对某一工程项目的投标中，最关键的工作是计算标价。根据我国《标准施工招标文件》（2007版）规定，招标工程量清单中的每个子目需填入单价或价格，且只允许有一个报价；工程量清单中标价的单价或金额，应包括所需人工费、施工机具使用费、材料费及其他（运杂费、质检费、安装费、缺陷修复费、保险费、合同明示或暗示的风险、责任和义务等），以及管理费、利润等；若工程量清单中投标人没有填入单价或价格的子目，其费用视为已分摊在工程量清单中其他相关子目的单价或价格之中。

（2）标价的计算依据

1）招标文件中的工程量清单、技术要求以及书面答疑材料等。

2）工程设计图及有关的技术说明书等。

3）施工现场的实际情况。

4）投标人自行制定的施工方案。

5）招标人供应工程材料、设备的情况。

6）企业定额或工程所在地建设行政主管部门发布的消耗量定额。

7）工程所在地工程造价管理机构发布的市场价格信息。

8）施工过程中的各种应由承包人承担的风险因素。

（3）标价的计算过程

计算标价之前，应充分熟悉招标文件和施工图，了解设计意图和工程全貌，同时还要了解并掌握工程现场情况，对招标单位提供的工程量清单进行复核然后进行标价的计算，即计算完成每个规定计价分部分项工程所需的全部费用，包括人工费、材料费、机械费、管理费、利润、规费、税金等费用，综合单价应考虑风险因素。

1）确定分部分项工程单价和合价。工程量清单中的每子目需填入单价或价格，计算合价，并汇总得到分部分项工程费，即清单子目分部分项工程费等于清单工程量乘以其综合单价。汇总分部分项工程费即得单位工程费。确定清单单价时，一定要注意分析工程量清单所列的"项目特征"和"工程内容"。

2）计算措施项目费。措施项目费是指施工企业为完成工程项目施工，发生于该工程施工前和施工过程中的技术、生活、安全等非工程实体项目而必须付出的费用。

3）计算其他项目费。其他项目清单分为招标人部分和投标人部分，其中"招标人部分"的内容和金额应由招标人给定。"投标人部分"的内容和金额由投标人确定。其他项目费包括暂列金额、暂估价（包括材料暂估单价、工程设备暂估单价和专业工程暂估价）、总承包服务费和计日工等内容，其中计日工是指合同以外、清单以外及图纸以外可能发生的零星用工，计算计日工费应注意以下几点：

① 人工的名称应按不同的工种分列，材料和机械应按名称、规格、型号分列。

② 人工计量单位应按小时，材料按基本计量单位，机械应按台次计列。

③ 数量应由招标人估算，单价由投标人填报。

4）规费。规费是指政府有关部规定必须缴纳的费用，属于行政费用。根据《建设工程工程量清单计价规范》（GB 50500—2013），规费包括以下三类费用：

① 社会保险费：包括养老保险费、失业保险费、医疗保险费、工伤保险费、生育保险费。

② 住房公积金。

③ 工程排污费。

5）税金。税金是指国家税法规定的应计入工程造价的增值税、城市维护建设税及教育费附加等。增值税根据纳税人的身份和工程材料与设备的采购方式的不同，可以分为一般计税法和简易计税法两种，其中一般计税法下增值税包括应缴纳增值税额、增值税销项税额和增值税进项税额。

6）单位工程费汇总。单位工程费汇总的金额应由分部分项工程量清单计价表、措施项目清单计价表和其他项目清单计价表的合计金额和按有关规定计算的规费、税金组成。

$$单位工程费 = 分部分项工程费 + 措施项目费 + 其他项目费 + 规费 + 税金$$

7）工程总价。如果一个工程项目有多个单项工程，单项工程又有多个单位工程组成，则首先应将分部分项工程费按单位工程汇总，再将单位工程费按单项工程费汇总，最后由单项工程费汇总成招标项目的工程总价。

8）确定报价。投标报价是投标人在计算的工程总价基础上，结合自身的情况、投标竞争态势、履约环境、项目风险等综合权衡，进行调整后报出的价格。

3. 投标报价技巧

（1）不平衡报价

不平衡报价是指在总价基本确定的前提下如何调整项目的各个子项的报价，以期既不影响总报价，又在中标后可以获取较好的经济效益。采用不平衡报价通常有下列几种情况：

1）对能早期结账收回工程款的项目（如土石方工程、基础工程等）的单价可报以较高价，以利于资金周转；对后期项目（如装饰工程、电气安装工程等）的单价可适当降低。

2）估计施工过程中工程量可能增加的项目，其单价可提高；而工程量可能减少的项目，其单价应降低。

3）设计图内容不明确或有错误，估计修改后工程量要增加的，其单价可提高。

4）没有工程量而只需填报单价的项目（如疏浚工程中的开挖淤泥工作等），其单价宜提高，这样既不影响总的投标价，又可多获利。

5）对于暂估价项目，其实施的可能性大的可定高价，估计该工程不一定实施的则可定低价。

（2）零星用工（计日工）

零星用工一般可稍高于已标价工程量清单中的人工单价，因为零星用工不属于承包总价的范围，发生时实报实销，可多获利。

（3）多方案报价法

若招标人拟定的合同条件过于苛刻，为使招标人修改合同条件，投标人可准备"两个报价"，并阐明按原合同要求规定，投标报价为某数值；倘若合同条件做某些修改，则投标报价为另一数值，即比前一数值的报价低定若干百分点，以此吸引招标人修改合同条件。

另一种情况是投标人自己的技术和设备满足不了原设计的要求，但在修改设计以适应自己的施工能力的前提下仍有希望中标，于是可以报个按原设计施工的投标报价（高报价）；然后按修改后的设计施工方案，再报一个比原设计施工的标价低一些的投标报价，以诱导招标人修改设计并采用合理的报价。但是，这种修改设计必须符合设计的基本要求。

（4）区别对待报价法

可适当提高报价的情况：施工条件差的，如场地狭窄，地处闹市的工程；专业要求高而投标人有这方面有专长的；总价低的小工程以及自己不愿意做而被邀请投标的工程；特殊的工程，如港口码头工程、地下开挖工程等；业主对工期要求紧迫的；投标竞争对手少的；支付条件不理想的等。

应适当降低报价的情况：施工条件好的工程；工作简单、工程量大，一般施工企业都能做的工程，如一般的房建工程；本企业急于打入某一市场、某一地区的；企业任务不足，尤其是机械设备等无工地转移时；本企业在投标项目附近有正在施工的工程项目，可以共享一些资源时；投标对手多，竞争激烈时；支付条件好的，如现汇支付工程等。

4. 投标策略

投标策略是指承包商在投标竞争中的指导思想与系统工作部署，及其参与投标竞争的方式和手段。投标策略作为投标取胜的方式、手段和艺术，贯穿于投标竞争的始终，内容十分丰富。在投标与否、投标项目的选择、投标报价等方面，无不包含投标策略。常见的投标策略有以下几种：

（1）增加建议方案

有时招标文件中规定，投标人可以提建议方案，即可以修改原设计方案，提出投标人认为合理的方案。投标人应抓住这样的机会，组织一批有经验的设计和施工工程师，仔细研究原招标文件的设计和施工方案，提出更为合理的方案以吸引业主，促成自己的方案中标。这种新建议方案应当能够或降低总造价，或缩短工期，或改善工程的功能。建议方案不要写得太具体，要保留方案的关键技术，以防止业主将此方案透露给其他承包商。同时需要强调的是，建议方案一定要比较成熟且具有较高的可操作性。另外，在编制建议方案的同时，还应组织好对原招标方案的报价。

（2）突然袭击法

有时由于投标竞争激烈，为迷惑竞争对手，在规则允许的范围内可以有意制造一些假象或泄漏点一些假情报，如不打算参加投标，或准备投高价标，或因无利可图不想投标等。然而在投标截止日之前，却突然前往投标，并投低价标，从而使对手猝不及防而失去中标机会。

（3）无利润算标

缺乏竞争优势的承包商在不得已的情况下，只能在算标中不考虑利润地去夺标，这种方法一般是在处于以下情况时采用：

1) 有可能在中标后将大部分工程分包给分包价格较低的分包商。

2) 对于分期建设的项目，先以低价获得首期工程，目标是创造后期工程的竞争优势，提高中标的可能性。

3）承包商在较长时期内没有在建的工程项目，如果再不得标，就难以维持生存。因此在这种情况下，即使本工程无利可图，只要能维持企业的日常运转，保住队伍不散就可承接。

（4）低价夺标法

这是一种投标人迫不得已而为之的非常规的投标策略。当投标人为了开拓某一未曾开展过施工业务的建筑市场，或者为了巩固已经占领了而不想让其他竞争对手染指的建筑市场时可采用此方法。采用此方法应当予以注意的是防止被评标委员会判为低于成本价竞标。

5. 投标决策

在前面各项工作的基础上，一个最为关键的工作便是招标项目的投标决策问题。是否参与投标，以什么样的投标策略参与投标对于投标人而言是非常重要的。这不仅关系到施工项目的成败，也关系到企业长远的发展。因此，投标人不仅要对拟参加竞标的招标项目进行深入细致的调查和研究，同时还要对竞争对手和招标项目的市场环境进行详细的考察，真正做到知己知彼。

6. 投标文件的编制

（1）投标文件的内容

投标文件应严格按照招标文件的各项要求来编制，一般包括下列内容：

1）投标函及投标函附录。
2）法定定代表人身份证明或附有法定代表人身份证明的授权委托书。
3）联合体协议书（如果联合投标）。
4）投标保证金。
5）已标价工程量清单。
6）施工组织设计。
7）项目管理机构。
8）拟分包项目情况表。
9）资格审查资料。
10）投标人须知前附表规定的其他材料。

（2）投标文件编制的要点

1）要将招标文件研究透彻，重点是投标须知、合同条件、技术规范、工程量清单及设计图等。

2）为编制好投标文件和计算投标报价，应收集和掌握工程所在地建设行政主管部门发布的现行消耗量定额，以及工程造价管理机构发布的市场价格信息、相关取费标准及各类标准图集，政策性调价文件以及材料和设备价格情况等。

3）投标人首先应依据招标文件和工程技术规范要求，并结合施工现场情况编制施工方案或施工组织设计。

4）按照招标文件中规定的各种条件和依据计算报价，并仔细核对，确保准确，在此基础上正确运用报价技巧和策略，采用科学方法做出报价决策。

5）认真填写招标文件所附的各种投标表格，尤其是需要签章的，一定要按要求完成，否则有可能会因此而导致废标。

6）投标文件编写完成后要按招标文件要求的方式进行分装贴封、签章。

三、建设工程施工招标的评标

1. 施工招标评标指标的设置

（1）报价

报价是评价投标人投标书的基础，评标价是经过修正处理的报价。在评标中，报价的权重一般都占50%以上。在评标过程中，对于评标价的评定有很多种方法：有的以标底为基准，有的以标底和投标报价加权平均值为基准，有的以低于投标报价平均值的若干百分点为基准，有的以最低标的评标价为基准，还有的以次低标的评标价为基准。

（2）施工方案或施工组织设计

评标的内容包括施工方法是否先进、合理，进度计划及措施是否可行，质量与安全保证措施是否可靠，现场平面布置及文明施工措施是否合理，主要施工机具及劳动力配备能否满足施工需要，项目主要管理人员及工程技术人员的数量和资历是否满足施工项目的要求，施工组织设计是否完整等。

（3）质量

工程质量应达到国家施工验收规范合格标准，同时必须响应招标文件的要求。

（4）工期

工期必须满足招标文件的要求。

（5）项目经理

项目经理是招标项目施工的组织者，其经验和能力直接关系到施工合同的履行，所以在评价指标中要考虑项目经理的年龄、学历、专业技术职称等基本条件，但重要的是其施工经历、工程经验及其创优质工程的能力。

（6）信誉和业绩

重点应考虑近年施工承包的工程情况和履约情况，有无承担过与招标项目类似的工程施工任务，近期被评为市级以上优良工程的数量，施工项目或企业近年获得过的表彰和奖励，企业的经营作风、施工管理水平以及企业的信誉等。

2. 施工招标的评标方法

（1）综合评估法

采用综合评估法的，应当对投标文件提出的工程质量、施工工期、投标价格、施工组织设计或者施工方案、投标人及项目经理业绩等，能否最大限度地满足招标文件中规定的各项要求和评价标准进行评审和比较。

（2）最低投标价法

采用经评审的最低投标价法的，应当在投标文件能够满足招标文件实质性要求的投标人中，评审出投标价格最低的投标人，但投标价格低于其企业成本的除外。

3. 法定招标项目以外的施工招标

不在法定招标范围内的项目，招标人除了可以采用综合评估法、经评审的最低投标价法外，还可以采用其他方法，如评议法、评分法、评标价法等。

（1）评议法

评议法不用量化评价指标，只要通过对投标单位的能力、业绩、财务状况信誉、投标价格工期质量施工方案（或施工组织设计）等内容进行定性分析和比较。进行评议后，选择投标单位中各项指标都较优者为中标单位,也可以用表决的方式确定中标单位。这种方法是定性的评价方法,由于没有对各投标书的量化比较,因此科学性较差。其优点是简单易行,在较短的时间内即可完成,一般适用于小型工程或规模较小的改建扩建项目的招标。

(2) 综合评分法

这种方法是将评审各指标和评标标准在招标文件内加以规定,由评委根据评分标准对各投标单位的标书进行评分,最后以总得分最高的投标单位为中标单位。

(3) 评标价法

评标委员会首先通过对各投标书的审查,淘汰技术方案不满足基本要求的投标书,然后对基本合格的标书按招标文件规定的方法,将一些评审要素折算为价格加到该标书的报价上形成评标价,以评标价最低(不是投标报价最低)的标书为最优。评标价仅作为评标时衡量投标人能力高低的量化指标,在与中标人签订合同时仍以投标价格为准。可以折算成价格的评审要素一般包括:

1) 工期。若工期提前将给项目带来超前收益的情况下,将提前的工期按招标文件确定的计算规则折算成相应的货币值,从该投标人的报价内扣减。

2) 一定条件下的优惠(如世界银行贷款项目对借款国国内投标人有7.5%的评标优惠)。

3) 投标书内提出的优惠条件将使招标人受益的,应按一定的方法折算后,在投标价中扣减。

4) 招标投标文件中的漏项,实施过程中必须发生且招标人必须承担的费用,应在投标价中增加。

5) 对其他可以折算为价格的要素,按规定折算后,根据对招标人有利或不利的影响,在投标报价中扣减或增加。但评标委员会无须对投标文件的技术部分进行价格折算。

第四节 案例分析

一、案例1

1. 背景

某工程项目,建设单位通过招标选择了一家具有相应资质的监理单位中标,并在中标通知书发出后与该监理单位签订了监理合同,后双方又签订了一份监理酬金比中标价降低8%的协议。在施工公开招标中,有A、B、C、D、E、F、G、H等施工企业报名投标,经资格预审均符合资格预审公告的要求,但建设单位以A施工企业是外地企业为由,坚持不同意其参加投标。

2. 问题

1) 建设单位与监理单位签订的监理合同有何违法行为,应当如何处罚?

2) 外地施工企业是否有资格参加本工程项目的投标?建设单位的违法行为应如何处罚?

3. 分析

1) 《招标投标法》第四十六条规定:"招标人和中标人应当按照招标文件和中标人的投标文件订立书面合同。招标人和中标人不得再行订立背离合同实质性内容的其他协议。"《招标投标法实施条例》第五十七条第一款又做了进一步规定："招标人和中标人应当依照招标投标法和本条例的规定订立书面合同，合同的标的、价款、质量、履行期限等主要条款应当与招标文件和中标人的投标文件的内容一致。招标人和中标人不得再行订立背离合同实质性内容的其他协议。"本案中的建设单位与监理单位签订监理合同之后，又签订了一份监理酬金比中标价降低8%的协议，属再行订立背离合同实质性内容的其他协议的违法行为。对此，应当依据《招标投标法》第五十九条关于"招标人与中标人不按照招标文件和中标人的投标文件订立合同的，或者招标人、中标人订立背离合同实质性内容的协议的，责令改正；可以处中标项目金额千分之五以上千分之十以下的罚款"的规定，予以相应的处罚。

2）《招标投标法》第六条规定："依法必须进行招标的项目，其招标投标活动不受地区或者部门的限制，任何单位和个人不得违法限制或者排斥本地区、本系统以外的法人或者其他组织参加投标，不得以任何方式非法干涉招标投标活动。"本案中的建设单位以A施工企业是外地企业为由，不同意其参加投标，是一种限制或者排斥本地区以外法人参加投标的违法行为。A施工企业经资格预审符合资格预审公告的要求，是有资格参加本工程项目投标的。对此，《招标投标法》第五十一条规定："招标人不得以不合理的条件限制或者排斥潜在投标人，对潜在投标人实行歧视待遇的，强制要求投标人组成联合体共同投标的，或者限制投标人之间竞争的，责令改正，可以处1万元以上5万元以下的罚款。"

二、案例2

1. 背景

某省重点工程由于工程复杂、技术难度高，一般施工队伍难以胜任，建设单位便自行决定采取邀请招标方式，于2018年9月28日向通过资格预审的A、B、C、D、E这5家施工企业发出了投标邀请书。这5家施工企业均接受了邀请，并于规定时间购买了招标文件。按照招标文件的规定，2018年10月18日下午4时为提交投标文件的截止时间，2018年10月21日下午2时在建设单位办公大楼第二会议室开标。A、B、D、E施工企业均在此截止时间之前提交了投标文件，但C施工企业因中途堵车，于2018年10月18日下午5时才将投标文件送达。2018年10月21日下午2时，当地招标投标监督管理机构在该建设单位办公大楼第二会议室主持了开标。

2. 问题

1）该建设单位自行决定采取邀请招标的做法是否合法？
2）建设单位是否可以接收C施工企业的投标文件？
3）开标应当由谁主持，开标时间是否合适？

3. 分析

1）《招标投标法》第十一条规定："国务院发展计划部门确定的国家重点项目和省、自治区、直辖市人民政府确定的地方重点项目不适宜公开招标的，经国务院发展计划部门或者省、自治区、直辖市人民政府批准，可以进行邀请招标。"因此，本案中的建设单位擅自决定对省重点工程项目采取邀请招标的做法，违反了《招标投标法》的有关规定，是不合法的。

2）《招标投标法》第二十八条第二款规定："在招标文件要求提交投标文件的截止时间后送达的投标文件，招标人应当拒收。"《招标投标法实施条例》第三十六条第一款规定："未通过资格预审的申请人提交的投标文件，以及逾期送达或者不按照招标文件要求密封的投标文件，招标人应当拒收。"据此，建设单位应当对 C 施工企业逾期送达的投标文件予以拒收。

3)《招标投标法》第三十五条规定："开标由招标人主持，邀请所有投标人参加。"据此，本案中由当地招标投标监管机构主持开标是不合法的。开标时间不合适，《招标投标法》第三十四条规定："开标应当在招标文件确定的提交投标文件截止时间的同一时间公开进行。"

三、案例3

1. 背景

甲与乙是老乡，二人共事多年，一直想承揽一项大的建筑装饰业务。某市一商业大厦的装饰工程公开招标，当时，甲、乙均没有符合承揽该项工程的资质等级证书。为了得到该装饰工程，甲、乙以缴纳高额管理费和其他优厚条件，分别借用了 A 装饰公司、B 装饰公司的资质证书并以其名义报名投标。这两家装饰公司均通过了资格预审。之后，甲与乙商议，由甲负责与招标方协调，乙负责联系另一家入围装饰公司的法定代表人丙，与丙串通投标价格，约定事成之后利益共享，并签订利益共享协议。为了增加中标的可能性，他们故意让入围的一家资质等级较低的装饰公司在投标时报高价，而甲借用的资质等级高的 A 装饰公司则报较低价格。这样一来，甲终于以借用的 A 装饰公司名义成功中标，承揽了该项装饰工程。

2. 问题

1) 甲与乙有哪些违法行为？
2) 该违法行为应当受到何种处罚？

3. 分析

1) 甲与乙有两项违法行为：一是弄虚作假，以他人名义投标。《招标投标法》第三十三条规定："投标人不得以低于成本的报价竞标，也不得以他人名义投标或者以其他方式弄虚作假，骗取中标。"《招标投标法实施条例》第四十二条进一步规定："使用通过受让或者租借等方式获取的资格、资质证书投标的，属于《招标投标法》第三十三条规定的以他人名义投标。"二是串通投标。《招标投标法》第三十二条规定："投标人不得相互串通投标报价，不得排挤其他投标人的公平竞争，损害招标人或者其他投标人的合法权益。投标人不得与招标人串通投标，损害国家利益、社会公共利益或者他人合法权益。"《招标投标法实施条例》第三十九条进一步规定："有下列情形之一的，属于投标人相互串通投标：①投标人之间协商投标报价等投标文件的实质性内容；②投标人之间约定中标人；③投标人之间约定部分投标人放弃投标或者中标……⑤投标人之间为谋取中标或者排斥特定投标人而采取的其他联合行动。"

2) 对于以他人名义投标的违法行为，《招标投标法》第五十四条规定："投标人以他人名义投标或者以其他方式弄虚作假，骗取中标的，中标无效，给招标人造成损失的，依法承担赔偿责任；构成犯罪的，依法追究刑事责任。依法必须进行招标的项目的投标人有前款所列行为尚未构成犯罪的，处中标项目金额千分之五以上千分之十以下的罚款，对单位直接负责的主管人员和其他直接责任人员处单位罚款数额百分之五以上百分之十以下的罚款；有违法所得的，并处没收违法所得；情节严重的，取消其一年至三年内参加依法必须进行招标的项目的投标资格并予以公告，直至由工商行政管理机关吊销营业执照。"《招标投标法实施条例》第六十八条进一步规定："投标人有下列行为之一的，属于《招标投标法》第五十四条规定的情节严重行为，由有关行政监督部门取消其一年至三年内参加依法必须进行招标的项目的投标资格……②三年两次以上使用他人名义投标；③弄虚作假骗取中标给招标单位造成直接经济损失三十万元以上；④其他弄虚作假骗取中标情节严重的行为。投标人自本条款第二款的处罚执行期限届满之日起三年内又有该款所列违法行为之一的，或者弄虚作假骗取中标情节特别严重的，由工商行政管理机关吊销营业执照。"此外，对于出让或者出借资质证书供他人投标的，《招标投标法实施条例》第六十九条规定："出让或者出借资格、资质证书供他人投标的，依照法律、行政法规的规定给予行政处罚；构成犯罪的，依法追究刑事责任。"

对于串通投标的违法行为，《招标投标法》第五十三条规定："投标人相互串通投标或者与招标人串通投标的……中标无效，处中标项目金额千分之五以上千分之十以下的罚款，对于单位直接负责的主管人员和其他直接责任人员处单位罚款数额百分之五以上百分之十以下的罚款；有违法所得的，并处没收违法所得；情节严重的，取消其一年至二年内参加依法必须进行招标的项目的投标资格并予以公告，直至由工商行政管理机关吊销营业执照；构成犯罪的，依法追究刑事责任。给他人造成损失的，依法承担赔偿责任。"《招标投标法实施条例》第六十七条进一步规定："投标人有下列行为之一的，属于《招标投标法》第五十三条规定的情节特别严重行为，由有关行政监督部门取消其一年至二年内参加依法必须招标的项目的投标资格：①以行贿谋取中标；②三年内二次以上串通投标；③串通投标行为损害招标人、其他投标人或者国家、集体、公民的合法权益，造成直接经济损失三十万元以上；④其他串通投标情节严重的行为。投标人自本条第二款规定的处罚执行期限届满之日起三年内又有该款所列违法行为之一的，或者串通投标、以行贿谋取中标情节特别严重的，由工商行政管理机关吊销营业执照。"

对于构成犯罪的，2015年8月经修改后公布的《中华人民共和国刑法》第二百二十三条规定："投标人相互串通投标报价，损害招标人或者其他投标人利益，情节严重的，处三年以下有期徒刑，并处或者单处罚金。投标人与招标人串通投标，损害国家、集体、公民的合法权益，依照前款的规定处罚。"

复习思考题

1. 简述招标投标的原则及我国招标投标的方式。
2. 简述工程建设招标的分类。
3. 简述招标投标的程序。
4. 投标资格预审的内容有哪些？
5. 招标文件有哪些主要内容？
6. 投标文件有哪些主要内容？
7. 简述修改招标文件及投标文件的基本要求。
8. 工程量清单计价对工程施工招标有何积极意义？
9. 我国《招标投标法》规定的评标办法主要有哪几种？
10. 简述评标委员会的构成。
11. 试述标底编制的原则与考虑的因素。
12. 试述施工组织设计与投标报价的关系。
13. 《标准施工招标文件》适用于哪些工程的施工招标？
14. 我国继《招标投标法》后颁布的与工程招标投标有关的法律和行政法规有哪些？

第四章 建设工程勘察设计合同

第一节 建设工程勘察设计合同概述

一、建设工程勘察设计主要内容

我国目前的基本建设程序主要包括项目建议、可行性研究、立项审批、规划审批、勘察设计、工程施工、竣工验收和交付等阶段。当项目决策完成之后，建设工程勘察设计是工程建设实施阶段首要的和主导的环节。

1. 建设工程勘察的主要内容

建设工程勘察是根据建设工程本身的特点，在查明建设工程场地范围内地质、地理环境特征的基础上，对地形、地质和水文等要素做出分析、评价和建议，并编制建设工程勘察文件的活动。建设工程勘察可分为通用工程勘察和专业工程勘察。通用工程勘察包括工程测量、岩土工程勘察、岩土工程设计与检测监测、水文地质勘察、工程水文气象勘察、工程物探、室内试验等；专业工程勘察包括煤炭、水利水电、电力、运输管道、铁路、公路、通信、海洋等工程的勘察。建设工程勘察为地基处理、地基基础设计和施工提供详细的地基土质构成与分布、各土层的物理力学性质、持力层及承线力、变形模量等岩土设计参数，以及不良地质现象的分布与防治措施，以达到保证工程建设的顺利进行以及建成后能够安全和正常使用的目的。

2. 建设工程设计的主要内容

建设工程设计是在进行可行性研究并经过初步技术经济论证后，根据建设项目总体需求及地质勘查报告，对工程的外形和内在实体进行规划、研究、构思、设计和描绘，形成设计说明书和设计图等相关文件。目前，建设工程设计分为民用建设工程设计和专业建设工程设计。民用建设工程设计是指非生产性的居住建筑和公共建筑（如住宅、办公楼、幼儿园、学校、食堂、影剧院、商店、体育馆、旅馆、医院、展览馆等）的设计，一般分为方案设计、初步设计和施工图设计三个阶段。专业建设工程设计是指除了民用建设工程之外的工业建筑、铁路、交通和水利等生产性工程的设计，一般分为初步设计和施工图设计两个阶段。工程设计为征用土地、设备材料的安排、非标准设备制作、编制施工组织设计、进行施工准备、编制施工图预算及施工招标和施工等工程建设工作提供可靠的依据。

二、建设工程勘察设计合同的定义

建设工程勘察设计合同是建设工程合同体系中一种重要的合同种类，在《合同法》中适用建设工程合同分则的规定。由于勘察设计工作是工程建设程序中首要的和主导性的环节，所以签订一份规范、完善的勘察设计合同，对于规范发承包双方合同行为，促进双方履行合同义务，保证工程建设实现预期的投资计划、建设进度和品质目标等建设目标都是至关重要的。

按照《合同法》第二百六十九条的规定，建设工程勘察设计合同属于建设工程合同的范畴，分为建设工程勘察合同和建设工程设计合同两种。建设工程勘察设计合同是指发包人与承包人为完成特定的勘察设计任务，明确相互权利义务关系而订立的合同。勘察设计合同的发包人一般是项目业主（建设单位）或工程总承包单位；承包人是持有国家认可的勘察设计证书的勘察和设计单位，在《合同法》中称之为勘察人和设计人。《建设工程勘察设计合同管理办法》第五条规定，签订勘察设计合同应当采用书面形式，参照示范文本的条款，明确约定双方的权利义务。对文本条款以外的其他事项，当事人认为需要约定的，也应采用书面形式。对可能发生的问题，要约定解决办法和处理原则。双方协商同意的合同修改文件、补充协议均为合同的组成部分。

三、建设工程勘察设计合同的特点

工程勘察设计的内容、性质和特点，决定了勘察设计合同除了具备建设工程合同的一般特征外，还有自身的特点。

1. 特定的质量标准

勘察设计人应按国家技术规范、标准、规程和发包人的任务委托书及其设计要求进行工程勘察与设计工作，发包人不得提出或指使勘察设计单位不按法律法规、工程建设强制性标准和设计程序进行勘察设计。此外工程设计工作具有专业性，工程设计修改必须由原设计单位负责完成，他人（发包人或施工单位）不得擅自修改工程设计。

2. 多样化的交付成果

与建设工程施工合同不同，勘察设计人在自己的勘察设计行为后需要提交多样化的交付成果，一般包括结构计算书、施工图、实物模型、概预算文件、计算机软件和专利技术等智力性成果。

3. 阶段性的报酬支付

勘察设计费计算方式可以采用按国家规定的指导价取费、预算包干、中标价加签证和实际完成工作量结算等。在实际工作中，由于勘察设计工作往往分阶段进行，并且分阶段交付勘察设计成果，因此勘察设计费也是按阶段支付。但因为勘察设计合同在本质上仍属于承揽合同，承揽合同都有最终的结算环节，所以勘察设计合同的中间支付也属于临时支付的性质。

4. 知识产权保护

我国《著作权法》第三条明确将建筑作品与美术作品一起列入保护范围，建筑设计图、建筑模型均受到我国《著作权法》的保护，但受《著作权法》保护的建筑设计必须具备独创性、可复制性，并且必须具有审美意义。在工程勘察设计合同中，发包人按照合同支付勘察设计人酬金，作为交换，勘察设计人将勘察设计成果交给发包人。因此，发包人一般拥有设计成果的财产权，除了明示条款规定外，设计人一般拥有发包人项目设计成果的著作权，双方当事人可以在合同中约定设计成果的著作权的归属。发包人应保护勘察设计人的投标书、勘察设计方案、文件、资料设计图、数据、计算机软件和专利技术等成果。发包人对勘察设计人交付的勘察设计资料不得擅自修改、复制，或向第三人转让，或用于本项目之外。勘察设计人也应保护发包人提供的资料和文件，未经发包人同意，不得擅自修改、复制或向第三人披露。若发生上述情况，各方应付相应的法律责任。

5. 必需的协助义务

勘察设计人完成相关工作时，往往需要发包人提供工作条件，包括相关资料、文件和必要的生产、生活及交通条件等，并需要发包人对所提供资料或文件的正确性和完整性负责。当发包人未履行或不完全履行相关协助义务，从而造成设计返工、停工或者修改的，应承担相应的费用。

四、建设工程勘察设计合同文本

1. 国内勘察设计合同文本

为了加强工程勘察设计市场管理，规范市场行为，明确签订建设工程勘察设计合同双方的技术经济责任，保护合同当事人的合法权益，以适应社会主义市场经济发展的需要，根据《中华人民共和国合同法》和《建设工程勘察设计合同条例》，建设部和国家工商总局制定了《建设工程勘察合同》和《建设工程设计合同》文本，要求从1996年10月1日起在工程建设中组织试行。2015年，住建部和国家工商总局联合颁布了《建设工程设计合同（示范文本）》，2016年住建部和国家工商总局联合颁布了《建设工程勘察合同（示范文本）》（GF—2016—0203）。其中，设计合同示范文本分为两种：一种是适用于非生产性的居住建筑和公共建筑（如住宅、办公楼幼儿园、学校、食堂、影剧院、商店、体育馆、旅馆、医院、展览馆等），即房屋建筑工程的设计合同（GF—2015—0209）；另一种是适用于除了房屋建筑工程之外的专业建设工程（如工业建筑、铁路、交通、水利等）的设计合同（GF—2015—0210）。上述合同示范文本均由合同协议书、通用合同条款、专用合同条款三部分构成。

2. 国际主要勘察设计合同文本

（1）FIDIC 标准合同

国际咨询工程师联合会（FIDC）1990年编制出版了《业主/咨询工程师标准服务协议书》的标准文本，推荐用于国际工程和国内工程的投资前研究、设计、施工监理和项目管理的咨询服务合同。该标准文本由三个部分组成：协议书、协议书标准条件（通用条款）和特殊应用条件（特殊条款）。特殊应用条件是针对具体的服务拟定的专门性的内容，它包括两个部分：第一部分是与标准条件中的一些条款相对应的具体规定，由条款的相应顺序编号相联系；第二部分是附加条款。

（2）AIA 标准合同

美国建筑师学会（AIA）从1911年起就不断编制各种合同条件，到目前为止已经制定出了从A系列到G系列完备的合同文件体系。其中，A系列是用于业主与承包商之间的施工承包合同，B系列是用于业主与建筑师之间的设计委托合同。AIA系列合同文件的核心是"通用条件A201"，采用不同的工程采购模式和合同价格类型时，只需要引用不同的协议书格式与通用条件。AIA 合同文件涵盖了所有主要的工程采购模式，如应用于"传统模式"（即施工总承包）的 A101、B141（A101 是业主与承包商之间的协议书，B141 是业主与建筑师之间的协议书）。AIA 标准合同主要在北美地区使用。

五、建设工程勘察设计合同形式

1. 按委托的内容（即合同标的）**分类**

1）勘察设计总承包合同。这是由具有相应资质的承包人与发包人签订的包含勘察和设计两部分内容的承包合同。其中，承包人可以是：①具有勘察设计双重资质的勘察设计单位；②拥有勘察资质的勘察单位和拥有设计资质的设计单位组成的联合体。设计单位做总承包并承担其中的设计任务，而勘察单位做勘察分包商。勘察设计总承包合同可以有效减少发包人的协调工作，尤其是能够减少勘察方与设计方之间的责任推诿和扯皮。

2）勘察合同。发包人与具有相应勘察资质的勘察人签订的委托勘察合同。

3）设计合同。发包人与具有相应设计资质的设计人签订的委托设计合同。

2. 按计价方式分类

1）按工程造价的一定比例收费的合同。

2）总价合同。总价合同可以采用预算包干的方式，一次包定，不再调整；也可以用中标价加签证的方式，当工作量发生较大的变化时，合同价也做相应的调整。其中，后一种计价方式在勘察合同中用得较多。

3）单价合同。单价合同是按实际完成工作量进行结算的合同，这在工程设计合同、工程勘察合同中都有大量使用。

六、建设工程勘察设计合同的订立

1. 订立条件

（1）当事人条件

1）双方都应是法人或者其他非法人组织。

2）承包商必须具有相应的完成签约项目等级的勘察、设计资质能力。

3）承包商具有承揽建设工程勘察、设计任务所必需的相应的民事权利能力和民事行为能力。

（2）委托勘察设计的项目必须具备的条件

1）建设工程项目可行性研究报告或项目建议书已获批准。

2）已办理了建设用地规划许可证等手续。

3）法律、法规规定的其他条件。

（3）勘察设计任务委托方式的限定条件

建设工程勘察设计任务有招标委托和直接委托两种方式。但依法必须进行招标的项目，必须按照《工程建设项目勘察设计招标投标办法》（国家发展和改革委员会等八部委令第 2 号，2003 年颁布，2013 年修订），通过招标投标的方式来委托，否则所签订的勘察设计合同无效。

2. 勘察设计合同当事人的资信与能力审查

合同当事人的资信及履约能力是合同能否得到履行的保证。在签约前，双方都有必要审查对方的资信和能力。

1) 资格审查。审查当事人是否属于经国家规定的审批程序成立的法人组织，有无法人章程和营业执照，其经营活动是否超过章程或营业执照规定的范围。同时还要审查参加签订合同的人员是否是法定代表人或其委托的代理人，以及代理人的活动是否在授权代理范围内。

2) 资信审查。审查当事人的资信情况，可以了解当事人的财务状况和履约状况，以确保所签订的合同是基于诚实信用的。

3) 履约能力审查。主要审查勘察设计单位的专业业务能力。可以通过审查勘察、设计单位有关的资质证书以及勘察、设计单位的资质级别等，了解其业务的能力和范围。同时还应了解该勘察、设计单位以往的工作业绩及正在履行的合同工程量。发包人的履约能力主要是指其财务状况和建设资金到位情况。

3. 合同签订的程序

依法必须进行招标的工程勘察设计任务通过招标或设计方案的竞投确定勘察设计单位后，应签订勘察、设计合同。

1) 确定合同标的。合同标的是合同的中心。这里所谓的确定合同标的主要是决定勘察与设计是分开发包还是合在一起发包。

2) 选定勘察与设计承包人。依法必须招标的工程建设项目，按招标投标程序选出的中标人即为勘察、设计的承包人。小型项目及依法可以不招标的项目发包人可以直接选定勘察设计的承包人。

3) 签订勘察、设计合同。如果是通过招标方式确定承包商的，由于合同主要条件都在招标、投标文件中得到了确认，因此进入签约阶段还需要协商的内容不会很多。而通过直接委托方式委托的勘察、设计，其合同的谈判就要涉及所有合同条款，必须认真对待。经勘察设计合同的当事人双方友好协商，就合同的各项条款取得一致意见，即可由双方法定代表人或其代理人正式签署。合同文本经合同双方法定代表人签字并加盖法人章后生效。

第二节　建设工程勘察合同的主要内容

建设工程勘察合同示范文本采用的是单式合同，即不分标准条款、专用条款，既是协议书，又是具体条款。合同的形式和内容都比较简单。

一、合同当事人及合同订立目的

勘察合同的当事人就是工程勘察任务的发包人和承包人。合同订立的目的是完成特定的工程建设项目的勘察任务。

二、工程概况

工程概况包括工程名称，工程建设地点，工程规模、特征，工程勘察任务委托文号、日期，工程勘察任务（内容）与技术要求，承接方式，预计勘察工作量等。

三、发包人的权利和义务

1. 发包人的义务

（1）发包人应提供资料并对其可靠性负责

1）提供本工程批准文件以及用地（附红线范围）勘察许可等。
2）提供工程勘察任务委托书、技术要求和工作范围的地形图、建筑总平面布置。
3）勘察工作范围已有的技术资料及工程所需的坐标与标高资料。
4）提供勘察工作范围地下已有埋藏物的资料（如电力、通信、各种管道、人防设施、洞室等）及具体位置分布图。
5）若委托勘察人收集上述资料的，则应向勘察人支付相应费用。

（2）向勘察人支付费用

1）按合同约定的时间和标准支付勘察费。
2）为勘察人的工作人员提供必要的生产、生活条件，并承担费用；如不能提供，应一次性付给勘察人临时设施费。
3）勘察过程中的任何变更，经办理正式变更手续后，发包人应按实际发生的工作量支付勘察费。

若约定由发包人负责提供材料的，应按照勘察人提出的工程用料计划，按时运到现场，并派人与勘察人的工作人员一起验收，同时提供产品的合格证明，并承担相应的所有费用。

2. 发包人的权利

从勘察人处获得约定任务的准确、可靠的成果。

3. 发包人的责任

1）在勘察工作范围内，没有资料、设计图的地区（段）发包人应负责查清地下埋藏物，若因未提供上述资料、设计图或提供的资料、设计图不可靠、地下埋藏物标记不清，致使勘察人在勘察工作过程中发生人身伤害或造成经济损失的，由发包人承担相应的民事责任。
2）发包人应及时为勘察人提供勘察现场的工作条件并解决出现的问题（如土地征用、青苗树木赔偿、拆除地上地下障碍物、处理施工扰民及影响施工正常进行的有关问题、平整施工现场、修好通行道路、接通电源水源、挖好排水沟以及水上作业用船等）并承担相应的费用。
3）发包人应对工作现场周围建筑物、构筑物、古树名木和地下管道、线路的保护负责，向承包人提出书面的具体保护要求（措施），并承担相应的费用。
4）若勘察现场需要看守，特别是在有毒、有害等危险现场作业时，发包人应派人负责安全保卫工作。按国家有关规定，发包人应对从事危险作业的现场人员进行保健防护，并承担相应的费用。
5）由于发包人原因造成勘察人停工、窝工，除工期顺延外，发包人应支付停窝工费；发包人若要求在合同规定时间内提前完工（或提交勘察成果资料）时，发包人应按约定的标准向勘察人支付赶工加班费。
6）应保护勘察人的投标书、勘察方案、报告书、文件、资料设计图、数据、特殊工方法、专利技术和合理化建议，未经勘察人同意，发包人不得复制、泄露、擅自修改、传送或向第三人转让或用于该工程勘察合同外的项目。
7）由于发包人未给勘察人提供必要的工作生活条件而造成停工、窝工或来回进出场地的，发包人除应付给勘察人停工、窝工费，工期按实际工日顺延外，还应付勘察人来回进出场费和调遣费。
8）合同履行期间，由于工程停建而终止合同或发包人要求解除合同时，勘察人未进行勘察工作的，不退还发包人已付定金。已进行勘察工作的，完成的工作量在50%以内时，发包人应向勘察人支付预算额50%的勘察费；完成的工作量超过50%时，则应向勘察人支付预算额100%的勘察费。

四、勘察人的权利和义务

1. 勘察人的义务

1）按国家技术规范、标准、规程和发包人的任务委托书及技术要求进行勘察，按合同规定的时间提交质量合格的勘察成果资料，并对其负责。

2）在现场工作的勘察人的人员，应遵守发包人的安全保卫制度及其他有关的规章制度，承担其有关资料的保密义务。

2. 勘察人的权利

按合同的约定完成勘察任务，提交勘察成果，有权按合同约定的时间获得合同约定的勘察费。当发包人不按照合同履行或不恰当地履行合同约定的义务时，给勘察人造成损失的，勘察人有权向发包人索赔。

3. 勘察人的责任

1）若提供的勘察成果资料质量不合格，勘察人应负责无偿给予补充完善，使之达到质量合格；若勘察人无力补充完善，需另委托其他单位时，勘察人应承担由此产生的全部勘察费用；或因勘察质量造成重大经济损失或工程事故时，勘察人除负法律责任和免收直接受损失部分的勘察费外，还要根据损失程度向发包人支付赔偿金，赔偿金数额由发包人、勘察人在合同中约定。

2）在工程勘察前，提出勘察纲要或勘察组织设计，派人与发包人的工作人员一起验收发包人提供的材料。

3）勘察过程中，根据工程的岩土工程条件（或工作现场地形地貌、地质和水文地质条件）及技术规范要求，向发包人提出增减工作量或修改勘察工作的意见并办理变更手续。

4）合同条款和补充协议中规定的勘察人应负的其他责任。

五、开工及提交勘察成果资料的时间

1）要明确约定勘察开工以及开工到提交勘察成果资料的时间，一般约定的是具体的日期。

2）勘察工作有效期限以发包人下达的开工通知书或合同规定的时间为准，如遇特殊情况（如设计变更、工作量变化、不可抗力影响，以及非勘察人原因造成的窝工等）时，工期顺延。

六、收费标准及付费方式

收费标准及付费方式是合同的重点，关系到勘察工作的开展，也关系到双方的经济利益。在勘察招标的条件下，往往是作为招标条件写进招标文件的。

1. 收费标准

工程勘察费由发包人、勘察人在签订工程勘察合同时约定。

2. 付费方式

付费方式一般分定金、进度款、外业结束付款及尾款支付。

1）定金一般在勘察合同签订后3天内支付，比例大致为预算勘察费的20%。

2）规模大、工期长的大型勘察工程在勘察过程中还要支付进度款，一般按合同约定，完成一定的勘察工作量支付一定比例的勘察费。

3）当外业完成，应再支付一部分勘察费。

4）提交勘察成果资料后10天内，发包人应一次付清剩余应付的全部勘察费。

七、违约责任

1）发包人未按合同规定时间（日期）拨付勘察费，每超过1天，应偿付未支付勘察费的0.1%作为逾期违约金。

2）由于勘察人原因未按合同规定时间（日期）提交勘察成果资料，每超过1天，应减收0.1%的勘察费。

3）工程勘察合同签订后，发包人不履行合同时，无权要求退还定金；勘察人不履行合同时，双倍返还定金。

八、合同争议的解决

发包人、勘察人应本着友好合作的精神及时协商解决合同争议。但一般在合同中还是应该约定当双方达不成协议时，由谁调解；当协商或调解不成时，由哪个仲裁委员会仲裁或向哪个法院起诉。

九、合同的生效

合同经发包人、勘察人签字盖章后成立，发包人向勘察人支付定金后生效；要求备案的应按规定到省级建设行政主管部门指定的勘察合同审查部门备案；双方认为必要时，还可到项目所在地工商行政管理部门申请鉴证或到公证部门办理公证。

第三节 建设工程设计合同的主要内容

我国建设工程设计合同有两种示范文本：一种是房屋建筑工程设计合同示范文本，另一种是专业建设工程设计合同示范文本。两种文本的主要内容基本上是相同的。现以房屋建筑工程设计合同示范文本为例来介绍设计合同的主要内容。

一、合同订立的目的和依据

建设工程设计合同的当事人就是工程设计任务的发包人和承包人。合同订立的目的是完成特定的工程建设项目的设计。合同订立的依据是有关工程建设法规、合同管理法规、工程设计的规范与标准、设计项目的建设批准文件等。合同必须对设计的内容（如名称、规模、阶段及计划投资等）有具体而详细的描述，使设计人可据此来安排投资、组织设计。

二、发包人的权利与义务

1. 发包人的义务

1）向设计人提交设计工程项目的有关资料及文件，并对其完整性、正确性及时限负责。

2）发包人应为派赴现场处理有关设计问题的设计工作人员提供必要的工作、生活等条件和交通保障。

3）发包人应保护设计人的投标书、设计方案、文件、资料、设计图、数据、计算软件和专利技术等的知识产权。

4）按合同约定的数额和时间支付设计费用。

2. 发包人的权利

1）获得工程建设所需的设计文件。

2）对设计人的违约行为提出索赔。

3）如设计人将发包人提交的设计工程项目的有关资料及文件违约利用而给发包人造成经济损失的，发包人有权向其索赔。

3. 发包人的责任

1）发包人不得要求设计人违反国家有关标准进行设计。

2）发包人变更委托设计项目、规模、条件或因提交的资料错误，或所提交资料做较大的修改，以致造成设计人的设计需返工时，双方除需另行协商签订补充协议（或另订合同）重新明确有关条款外，发包人还应按设计人所耗工作量向设计人增付设计费。

3）在未签订合同前，发包人已同意设计人为发包人所做的各项设计工作，应按收费标准支付相应的设计费。

4）发包人要求设计人比合同规定时间提前交付设计资料及文件时，发包人应向设计人支付赶工费。

5）未经设计人同意，发包人对设计人交付的设计资料及文件不得擅自修改、复制，或向第三人转让，或用于该工程设计合同外的项目，如发生以上情况，发包人应负法律责任，并给设计人以补偿。

三、设计人的权利与义务

1. 设计人的义务

1）设计人应按国家技术规范、标准、规程及发包人提出的设计要求进行工程设计，按合同规定的进度要求提交质量合格的设计资料，并对其负责。

2）设计人应保护发包人的知识产权，不得向第三人泄露、转让发包人提交的产品设计图等技术经济资料。

2. 设计人的权利

1）获得合同约定的设计报酬。

2）当发包人违约利用设计成果时，有权向其提出索赔或提起诉讼。

3. 设计人的责任

1）按合同约定的技术标准进行设计，并保证设计的工程具有合理的使用寿命。

2）设计人交付设计资料及文件后，按规定参加有关的设计审查，并根据审查结论负责对不超出原定范围的内容做必要的调整补充。

3）设计人按合同规定时限交付设计资料及文件。若设计的工程项目在设计工作完成的当年内开始施工，设计人负责向发包人及施工单位进行设计交底，处理有关设计问题和参加竣工验收；若设计的工程项目在一年内未开始施工的，设计人仍应负责上述工作，但可按所需工作量向发包人适当收取咨询服务费，收费额由双方商定。

四、设计收费估算值及设计费支付

设计费的计算较多地采用按估算总投资乘以设计取费费率的方法，也有以单位面积或单位生产能力为基础计算设计费的，还有采取设计总费用包干的，具体采用哪种方法，都由发包人和设计人在签订工程设计合同时约定。但无论采用何种方法，除了小型工程项目外，设计费一般都采取分期支付的办法。

1) 设计定金，也称设计费的首期支付，一般在合同里约定在签约后的3天内支付，支付额常为总设计费的20%。

2) 提交各阶段设计文件的同时支付各阶段设计费，支付比例由双方在合同中确定。

3) 在提交最后一部分施工图的同时结清全部设计费，不留尾款。

4) 本合同履行后，定金抵作设计费。

五、违约责任

1. 发包人违约责任

1) 合同生效后，发包人因非设计人原因要求终止或解除合同，设计人未开始设计工作的，不退还发包人已付的定金或发包人按照专用合同条款的约定向设计人支付违约金；已开始设计工作的，发包人应按照设计人已完成的实际工作量计算计费，完成工作量不足一半时，按该阶段设计费的一半支付设计费；超过一半的，按该阶段设计费的全部支付设计费。

2) 发包人未按专用合同条款约定的金额和期限向设计人支付设计费的，应按专用合同条款约定向设计人支付违约金。逾期超过15天时，设计人有权书面通知发包人中止设计工作。自中止设计工作之日起15天内发包人支付相应费用的，设计人应及时根据发包人要求恢复设计工作；自中止设计工作之日起超过15天后发包人支付相应费用的，设计人有权确定重新恢复设计工作的时间，且设计期限应予以延长。

3) 发包人的上级或设计审批部门对设计文件不进行审批或本合同工程停建的，发包人应在事件发生之日起15天内按该合同通用条款的约定解除合同，并按合同约定向设计人结算并支付设计费。

4) 发包人擅自将设计人的设计文件用于本工程以外的工程或交第三方使用的，应承担相应的法律责任，并应赔偿设计人因此遭受的损失。

2. 设计人违约责任

1) 合同生效后，设计人因自身原因要求终止或解除合同，设计人应按发包人已支付的定金金额双倍返还给发包人，或设计人按照专用合同条款的约定向发包人支付违约金。

2) 由于设计人原因，未按专用合同条款约定的时间交付工程设计文件的，应按专用合同条款的约定向发包人支付违约金，前述违约金经双方确认后可在发包人应付设计费中扣减。

3) 设计人对工程设计文件出现的遗漏或错误负责修改或补充。由于设计人原因产生的设计问题造成工程质量事故或其他事故时，设计人除负责采取补救措施外，还应当通过所投保的建设工程设计责任保险，向发包人承担赔偿责任或者根据直接经济损失程度按专用合同条款约定向发包人支付赔偿金。

4) 设计人未经发包人同意擅自对工程设计进行分包的，发包人有权要求设计人解除未经发包人同意的设计分包合同，设计人应当按照专用合同条款的约定承担违约责任。

六、合同争议的解决

发包人、设计人应本着友好合作的精神及时协商解决一切合同争议。但在合同中一般都应约定经协商乃至调解仍达不成协议时，是选择仲裁还是起诉，并约定具体由哪个仲裁委员会仲裁或向哪个法院起诉。

七、合同的生效与鉴证

合同自发包人、设计人签字盖章后成立，发包人支付设计定金后生效；设计合同还应按规定到省级建设行政主管部门指定的建设工程设计合同审查部门备案。双方认为必要时，还可到项目所在地工商行政管理部门申请鉴证或到公证部门办理公证。

复习思考题

1. 勘察、设计合同订立的条件是什么？
2. 如何对勘察设计合同当事人的资信与能力进行审查？
3. 试分析工程勘察合同中发包人和审查人的权利、义务和责任。
4. 试分析工程设计合同中发包人和设计人的权利、义务和责任。
5. 在工程勘察和设计合同中，双方当事人应承担哪些违约责任？
6. 勘察、设计合同索赔的主要原因有哪些？
7. 勘察人、设计人给发包人造成损失的赔偿应如何合理界定？
8. 结合实际工程项目，谈谈建筑师和设计师的主要工作内容和作用。
9. 结合我国建设法律法规的具体规定，谈谈设计师应承担哪些法律责任。

第五章 建设工程施工合同

第一节 建设工程施工合同概述

一、建设工程施工合同的概念

建设工程施工合同是发包人（建设单位、业主或总包单位）与承包人（施工单位）之间为完成商定的建设工程项目，确定双方权利和义务的协议。建设工程施工合同也称为建筑安装承包合同，建筑是指对工程进行营造的行为，安装主要是指与工程有关的线路、管道、设备等设施的装配。依照施工合同，承包人应完成一定的建筑安装工程任务，发包人应提供必要的施工条件并支付工程价款。

建设工程施工合同是建设工程的主要合同，是工程建设质量控制、进度控制、投资控制的主要依据。在市场经济条件下，建设市场主体之间相互的权利义务关系主要是通过合同确立的，因此，在建设领域加强对施工合同的管理具有十分重要的意义。全国人大、国务院、国家建设行政管理部门都十分重视施工合同的规范工作，1999年3月15日九届全国人大第二次会议通过、1999年10月1日生效实施的《中华人民共和国合同法》（以下简称《合同法》）对建设工程合同做了专章规定，《中华人民共和国建筑法》（以下简称《建筑法》）《中华人民共和国招标投标法》（以下简称《招标投标法》）《建设工程施工合同管理办法》等也有许多涉及建设工程施工合同的规定，这些法律法规是我国建设工程施工合同订立和管理的法律依据。

施工合同的当事人是发包人和承包人，双方是平等的民事主体，双方签订施工合同，必须具备相应资质条件和履行施工合同的能力。

发包人是指在协议书中约定、具有工程发包主体资格和支付工程价款能力的当事人以及取得该当事人资格的合法继承人。发包人可以是具备法人资格的国家机关、事业单位、国有企业、集体企业、私营企业、经济联合体和社会团体，也可以是依法登记的合伙人、个体经营户或个人，即一切以协议、法院判决或其他合法完备手续取得发包人的资格，承认全部合同条件，能够而且愿意履行合同规定义务的合同当事人均可成为发包人，履行合同规定的义务，享有合同规定的权利。发包人必须具备组织协调能力或委托给具备相应资质的监理单位承担。

承包人是指在协议书中约定、被发包人接受的具有工程施工承包主体资格的当事人，以及取得该当事人资格的合法继承人。承包人必须具备有关部门核定的资质等级并持有营业执照等证明文件。《建筑法》第十三条规定：建筑施工企业按照其拥有的注册资本、专业技术人员、技术装备和已完成的建筑工程业绩等资质条件，划分为不同的资质等级，经资质审查合格、取得相应等级的资质证书后，方可在其资质等级许可的范围内从事建筑活动。在施工合同的实施过程中，监理人受发包人委托对工程进行管理。施工合同中的监理人是指本工程监理单位委派的总监理工程师或发包人指定的履行该合同的代表，其具体身份和职权由发包人、承包人在专用条款中约定。

二、建设工程施工合同的特点

1. 合同标的物的特殊性

施工合同的标的物是特定建筑产品，不同于其他一般商品。①建筑产品的固定性和施工生产的流动性是区别于其他商品的根本特点。建筑产品是不动产，其基础部分与大地相连，不能移动，这就决定了每个施工合同相互之间具有不可替代性，而且施工队伍、施工机械必须围绕建筑产品不断移动。②由于建筑产品各有其特定的功能要求，其实物形态千差万别，种类庞杂，其外观、结构、使用目的、使用人都各不相同，这就要求每一个建筑产品都需单独设计和施工，即使是可重复利用的标准设计或重复使用设计施工图，也应采取必要的修改设计才能施工，这就形成了建筑产品的单体性和生产的单件性。③建筑产品体积庞大，消耗的人力、物力、财力多，一次性投资额大等，所有这些特点，必然在施工合同中表现出来，使得施工合同在明确标的物时，需要将建筑产品的幢数、面积、层数或高度、结构特征、内外装饰标准和设备安装要求等一一规定清楚。

2. 合同内容的多样性和复杂性

施工合同实施过程中涉及的主体有多种，且其履行期限长、标的额大；涉及的法律关系繁杂，除承包人与发包人的合同关系外，还涉及与劳务人员的劳动关系、与保险公司的保险关系、与材料设备供应商的买卖关系、与运输企业的运输关系，还涉及监理单位、分包人、担保单位等。施工合同除了应当具备合同的一般内容外，还应对安全施工、专利技术使用、地下障碍和文物发现、工程分包、不可抗力、工程设计变更、材料设备供应运输和验收等内容做出规定。所有这些都决定了施工合同的内容具有多样性和复杂性的特点，要求合同条款必须具体明确和完整。

3. 合同履行期限的长期性

由于建设工程结构复杂、体积大、材料类型多、工作量大，使得工程生产周期都较长。因为工程建设的施工应当在合同签订后才开始，且需加上合同签订后到正式开工前的施工准备时间和工程全部工验收后、办理竣工结算及保修期间，在工程的施工过程中，还可能因为不可抗力、工程变更、材料供应不及时、一方违约等原因而导致工期延误，因此施工合同的履行期限具有长期性，变更较频繁，合同争议和纠纷也比较多。

4. 合同监督的严格性

由于施工合同的履行对国家经济发展、公民的工作与生活都有重大的影响，因此我国对施工合同的监督是十分严格的。具体表现在以下几个方面：

1）合同主体监督的严格性。建设工程施工合同主体一般都是法人。发包人是经过批准进行工程项目建设的法人，必须有政府相关部门批准的建设项目，并且应当具备相应的协调能力；承包人则必须具备法人资格，而且具备相应的从事施工活动的资质。无营业执照或无承包资质的单位不能作为建设工程施工合同的主体，资质等级低的单位不能越级承包建设工程。

2）合同订立监督的严格性。订立建设工程施工合同必须以国家批准的计划为前提，即使是国家投资以外的、以其他方式筹集资金的建设项目也要受到当年的建设规模和批准限额的限制，并经过严格的审批程序。建设工程施工合同的订立，还必须符合国家关于建设程序的规定。考虑到建设工程的重要性和复杂性，在施工过程中经常会发生影响合同履行的各种纠纷，因此《合同法》要求：建设工程施工合同应当采用书面形式。

3）合同履行监督的严格性。在施工合同的履行过程中，除了合同当事人应当对合同进行严格的管理外，合同的主管机关（工商行政管理部门）、建设主管部门、合同双方的上级主管部门、金融机构、解决合同争议的仲裁机构或人民法院，还有税务部门、审计部门及合同公证机关或鉴证机关等机构和部门，都要对施工合同的履行进行严格的监督。

三、建设工程施工合同订立

1. 订立施工合同应具备的条件

1）初步设计已经批准。
2）工程项目已经列入年度建设计划。
3）有能够满足施工需要的设计文件和有关技术资料。
4）建设资金和主要建筑材料设备来源已经落实。
5）对于招标投标工程，中标通知书已经下达。

2. 订立施工合同应当遵守的原则

1）遵守国家法律、法规和国家计划原则。订立施工合同，必须遵守国家法律、法规，也应遵守国家的建设计划和其他计划（如贷款计划）。建设工程施工对经济发展、社会生活有多方面的影响，国家有许多强制性的管理规定，施工合同当事人都必须遵守。

2）平等、自愿、公平的原则。签订施工合同当事人双方都具有平等的法律地位，任何一方都不得强迫对方接受不平等的合同条件。当事人有权决定是否订立合同和合同内容。合同内容应当是双方当事人真实意思的体现，合同内容还应当是公平的，不能单纯损害一方的利益。对于显失公平的施工合同，当事人一方有权申请人民法院或仲裁机构予以变更或撤销。

3）诚实信用的原则。当事人订立施工合同应该诚实信用，不得有欺诈行为，双方应当如实将自身和工程的情况介绍给对方。在施工合同履行过程中，当事人也应守信用，严格履行合同。

3. 订立施工合同的程序

施工合同的订立同样包括一般合同的订立都要经历的要约和承诺两个阶段。其订立方式有直接发包和招标发包两种。对于必须进行招标的建设项目，工程建设的施工都应通过招标投标确定承包人。中标通知书发出后，中标人应当与招标人及时签订合同。《招标投标法》规定：招标人和中标人应当自中标通知书发出之日起 30 天内，按照招标文件和中标人的投标文件订立书面合同。招标人和中标人不得再行订立背离合同实质性内容的其他协议。

四、建设工程施工合同示范文本简介

国家有关部门自1991年起先后发布了四个版本的建设工程施工合同示范文本，目前仍在广泛使用的是1999年版施工合同示范文本、2013年版施工合同示范文本和2017年版施工合同示范文本。

（一）1999版施工合同示范文本

为了规范和指导合同当事人双方的行为，完善合同管理制度，解决施工合同中存在的合同文本不规范、条款不完备、合同纠纷多等问题，在1991年3月31日发布的《建设工程施工合同示范文本》（GF—1991—0201）的基础上，建设部和国家工商行政管理局根据最新颁布和实施的工程建设有关法律、法规，总结了施工合同示范文本推行的经验，结合我国建设工程施工的实际情况，并借鉴国际上通用的土木建设工程施工合同的成熟经验和有效做法，于1999年12月24日又颁发了修改后的《建设工程施工合同示范文本》（GF—1999—0201）（以下简称《1999版施工合同》）。该文本适用于土木工程，包括各类公用建筑、民用住宅、工业厂房、交通设施及线路、管道的施工和设备安装。《1999版施工合同》由"协议书""通用条款""专用条款"三部分组成，并附有三个附件。

1. 协议书

"协议书"是《建设工程施工合同示范文本》中总纲性文件，是发包人与承包人依据《合同法》《建筑法》及其他有关法律、法规，遵循平等、自愿、公平和诚实信用的原则，就建设工程施工中最基本、最重要的事项协商一致而订立的合同。它规定了合同当事人双方最主要的权利义务、组成合同的文件及合同当事人对履行合同义务的承诺，并且合同当事人在这份文件上签字盖章，因此具有很高的法律效力，在所有施工合同文件组成中具有最优的解释效力。"协议书"主要包括以下十方面内容：

1）工程概况：工程名称、工程地点、工程内容、群体工程应附承包人承揽工程项目一览表、工程立项批准文号、资金来源等。

2）工程承包范围。

3）合同工期：开工日期、竣工日期、合同工期总日历天数。

4）质量标准。

5）合同价款（分别用大小写表示）。

6）组成合同的文件。

7）本协议书中有关词语含义与通用条款中分别赋予它们的定义相同。

8）承包人向发包人承诺按照合同约定进行施工、竣工，并在质量保修期内承担工程质量保修责任。

9）发包人向承包人承诺按照合同约定的期限和方式支付合同价款及其他应当支付的款项。

10）合同生效：合同订立时间（年月日）、合同订立地点、双方约定生效的时间。

2. 通用条款

"通用条款"是根据《合同法》《建筑法》《建设工程施工合同管理办法》等法律法规对发承包双方的权利义务做出的具体规定，除双方协商一致对其中的某些条款进行修改、补充或取消外，双方都必须履行。"通用条款"共有11个部分47条，基本适用于各类建设工程。11个部分为：词语定义及合同文件、双方一般权利和义务、施工组织设计和工期、质量与检验、安全施工、合同价款与支付、材料设备供应、工程变更、竣工验收与结算、违约索赔和争议、其他。

3. 专用条款

考虑到建设工程的内容各不相同，工期、造价等也随之变动，承包人和发包人各自的能力、施工现场的环境和条件也各不相同，需要"专用条款"对"通用条款"进行必要的修改和补充，使两者成为双方当事人统一意愿的体现。"专用条款"也有47条，与"通用条款"的条款序号一致，为发承包双方的补充协议提供了一个可供参考的提纲或格式。

4. 附件

附件是对施工合同当事人权利义务的进一步明确，并且使当事人的有关工作一目了然，便于执行和管理。《1999年版施工合同》有三个附件：承包人承揽工程项目一览表、发包人供材料设备一览表、工程质量保修书。

（二）2013版施工合同示范文本

自1999年12月24日颁发了《建设工程施工合同示范文本》（GF—1999—0201）后，根据最新颁布和实施的工程建设有关法律、法规，总结十多年施工合同示范文本推行的经验，借鉴国际通用土木建设工程施工合同的成熟经验和有效做法，结合我国建设工程施工的实际情况，住建部和国家工商总局于2013年4月3日发布了新的《建设工程施工合同（示范文本）》（GF—2013—0201），以下简称《2013版施工合同》。

1.《2013版施工合同》的适用范围

《2013版施工合同》适用于房屋建筑工程、土木工程、线路管道和设备安装工程、装修工程等建设工程的施工发承包活动，合同当事人可结合建设工程具体情况，根据《2013版施工合同》订立合同，并按照法律法规定和合同约定承担相应的法律责任及合同权利义务。

2.《2013版施工合同》的组成

《2013版施工合同》由合同协议书、通用合同条款和专用合同条款三部分组成，并有11个协议书附件。

（1）合同协议书

合同协议书共计13条，集中约定了合同当事人基本的合同权利义务。包括：

1）工程概况。包括工程名称、工程地点、工程立项批准文号、资金来源、工程内容（群体工程应附《承包人承揽工程项目一览表》）以及工程承包范围。

2）合同工期。包括计划开工日期、计划竣工日期、工期总日历天数。工期总日历天数与根据计划开工日期计算的工期天数不一致的，以工期总日历天数为准。

3）质量标准。应明确达到的工程质量等级和标准。

4）签约合同价和合同价格形式，包括签约合同价（其中包含安全文明施工费、材料和工程设备暂估价金额、专业工程暂估价金额、暂列金额）以及合同价格形式。

5）项目经理。应明确承包人派出的项目经理。

6）合同文件构成。本协议书与下列文件一起构成合同文件：

① 中标通知书（如果有）。

② 投标函及其附录（如果有）。

③ 专用合同条款及其附件。

④ 通用合同条款。

⑤ 技术标准和要求。
⑥ 设计图。
⑦ 已标价工程量清单或预算书。
⑧ 其他合同文件。

在合同订立及履行过程中形成的与合同有关的文件均构成合同文件组成部分。上述各项合同文件包括合同当事人就该项合同文件所做出的补充和修改，属于同一类内容的文件，应以最新签署的为准。专用合同条款及其附件需经合同当事人签字或盖章。

7）承诺。双方合同当事人的承诺。包括：

① 发包人承诺按照法律规定履行项目审批手续、筹集工程建设资金并按照合同约定的期限和方式支付合同价款。

② 承包人承诺按照法律规定及合同约定组织完成工程施工，确保工程质量和安全，不进行转包及违法分包，并在缺陷责任期及保修期内承担相应的工程维修责任。

③ 发包人和承包人通过招标投标形式签订合同的，双方理解并承诺不再就同一工程另行签订与合同实质性内容相背离的协议。

8）词语含义。本协议书中词语含义与通用合同条款中赋予的含义相同。

9）签订时间。

10）签订地点。

11）补充协议。合同未尽事宜，合同当事人另行签订补充协议，补充协议是合同的组成部分。

12）合同生效。应明确合同生效的条件或方式。

13）合同份数。

（2）通用合同条款

通用合同条款共20条，包括一般约定、发包人、承包人、监理人、工程质量、安全文明施工与环境保护、工期和进度、材料与设备、试验与检验、变更、价格调整、合同价格、计量与支付、验收和工程试车竣工结算、缺陷责任与保修、违约、不可抗力、保险、索赔和争议解决。上述条款安排既考虑了现行法律法规对工程建设的有关要求，也考虑了建设工程施工管理的特殊需要。

（3）专用合同条款

专用合同条款是对通用合同条款原则性约定的细化、完善、补充、修改或另行约定的条款。合同当事人可以根据不同建设工程的特点及具体情况，通过双方的谈判、协商对相应的专用合同条款进行修改补充。在使用专用合同条款时，应注意以下事项：

1）专用合同条款的编号应与相应的通用合同条款的编号一致。

2）合同当事人可以通过对专用合同条款的修改，满足具体建设工程的特殊要求，避免直接修改通用合同条款。

3）在专用合同条款中有横道线的地方，合同当事人可针对相应的通用合同条款进行细化、完善、补充、修改或另行约定；如无细化、完善、补充、修改或另行约定，则填写"无"或划"/"。

（4）协议书附件

1）附件1：承包人承揽工程项目一览表，包括单位工程名称、建设规模、建筑面积、结构形式、层数、生产能力、设备安装内容、合同价格、开工日期、竣工日期等。

2）附件2：发包人供应材料设备一览表，包括材料设备品种、规格型号、单位数量、单价、质量等级、供应时间、送达地点等。

3）附件3：工程质量保修书，包括工程质量保修范围和内容、质量保修期（分别规定地基基础工程和主体结构工程、屋面防水工程、有防水要求的卫生间、房间和外墙面的防、装修工程、电气管线、给排水管道、设备安装工程、供热与供冷系统、住宅小区内的给排水设施、道路等配套工程以及其他项目等的保修期）、缺陷责任期、质量保修责任、保修费用、双方约定的其他工程质量保修事项等。

4）附件4：主要建设工程文件目录，包括文件名称、套数、费用、质量、移交时间、责任人等。

5）附件5：承包人用于本工程施工的机械设备表，包括机械或设备名称、规格型号、数量、产地、制造年份、额定功率（kW）、生产能力等。

6）附件6：承包人主要施工管理人员表，包括承包人的总部人员、现场人员（含项目经理、项目副经理、技术负责人、造价管理员、质量管理员、材料管理员、计划管理员、安全管理员等）及其他人员的姓名、职务、职称、主要资历、经验及承担过的项目等。

7）附件7：分包人主要施工管理人员表，包括分包人的总部人员、现场人员（含项目经理、项目副经理、技术负责人、造价管理员、质量管理员、材料管理员、计划管理员、安全管理员等）及其他人员的姓名、职务、职称、主要资历、经验及承担过的项目等。

8）附件8：履约担保格式，包括担保人、担保责任形式、担保金额、担保有效期、赔偿支付条件和时间、争议处理等内容。

9）附件9：预付款担保格式，包括担保人、担保责任形式、担保金额、担保有效期、赔偿支付条件和时间、争议处理等内容。

10）附10：支付担保格式，包括担保人、保证的范围及保证金额、保证的方式及保证期间、承担保证责任的形式、代偿的安排、保证责任的解除、免责条款、争议解决、保函的生效等内容。

11）附件11：暂估价一览表，包括材料暂估价表、工程设备暂估价表、专业工程暂估价表三种，具体内容包括名称、单位、数量、单价、合价等。

3. 《2013版施工合同》的特点

与《1999版施工合同》相比较，《2013版施工合同》具有以下不同和特点：

（1）《2013版施工合同》完善并确立了8项新的合同管理制度

1）双向担保制度。为减轻承包人被拖欠工程款风险，有效解决拖欠工程款、拖欠农民工工资的问题，《2013版施工合同》第2.5款规定了发包人的"资金来源证明及支付担保"，规定发包人应向承包人提供能够按照合同约定支付合同价款的相应资金来源证明以及支付担保，同时为避免发包人利用优势地位不向承包人提供支付担保，该款还明确规定："除专用合同条款另有约定外，发包人要求承包人提供履约担保的，发包人应当向承包人提供支付担保……"因此，如发包人拒不向承包人提供支付担保的，承包人可以行使同时履行抗辩权不向发包人提供履约担保。与支付担保相对应，为保证发包人能够获得质量合格的建设工程，促使承包人依据合同全正确履行己方义务，借鉴《FIDIC施工合同条件》第4.2款履约保证的规定，《2013版施工合同》第3.7款规定了承包人的履约担保。双向担保制度有利于引导发承包双方合理设置担保，以减轻工程款支付风险及履约风险。

2）合理调价制度。《2013版施工合同》确立了发承包双方各自承担合理风险的原则。基于此项原则，对于市场价格波动所引发的风险，该合同通用条款第11条规定，如果市场价格波动超过当事人约定的范围的，承包人可以要求对合同价格进行调整，合理调价制度是民法公平、等价、有偿原则的体现。虽然市场价格波动超出约定风险范围的，当事人可以依据《最高人民法院关于适用＜中华人民共和国合同法＞若干问题的解释（二）》中所规定的"情事变更"制度请求法院变更或者解除合同，但是，适用该规则不但必须通过诉讼方式，而且存在着极大的限制，而合理调价制度不仅充分反映了"情事变更"制度设置的法理基础，还使法定调价权变成了更容易实现的约定调价权，有利于及时、有效地解决市场剧烈波动所引起的价格调整纠纷。

3）缺陷责任期制度。工程实践中，施工合同常常约定"保修金在保修期满之后返还"，而保修期根据工程部位的不同而有2年、5年，甚至是设计文件规定的工程合理使用年限的期限，而发包人常常以保修期未满为由拒绝返还保修金。为解决发包人不合理地扣留保修金的问题，《2013版施工合同》通用条款第15条引入了缺陷责任与保修制度，明确缺陷责任期是指"承包人按照合同约定承担缺陷修复义务且发包人预留质量保证金的期限，自工程实际竣工日期起计算"。根据该条的规定，缺陷责任期最长不超过24个月，缺陷责任期满后，发包人就应向承包人返还保修金。因此，缺陷责任期制度的引入对于解决保修金返还的争议，避免发包人拖欠保修金有较大作用。

4）工程系列保险制度。《2013版施工合同》较大地充实和丰富了"保险"的内容，在该合同通用条款第18条中分别规定了工程保险、工伤保险、其他保险、持续保险、保险凭证、未按约定投保的补救、通知义务共7项内容。保险条款的设置对于分担工程建设领域常见多发事故造成的损失具有较大的作用，而且该条规定完善了我国的工程保险制度，对今后可能会推行的工程保修保险等制度预留了执行的空间，与国际通用的FIDIC合同已基本接轨。

5）商定或确定制度。建设工程施工合同由于履行期限一般较长，而且涉及的主体较多、内容相对繁杂，因此在履约过程中发承包双方难免发生争议或分歧。如果在争议分歧发生之后没有很好的机制来促使双方及时地化解争议或分歧，那么施工合同的履行就难免会受到较大的影响；如果争议长期不能化解，还可能导致合同最终无法履行。为此，《2013版施工合同》在借鉴FIDIC合同与《标准施工招标文件》做法的基础上，在通用合同条教款第4款中引入了"商定或确定"制度，明确由总监理工程师承担商定与确定的组织和实施责任，并明确了该项制度启动的前提条件。"商定或确定"制度有利于及时化解合同履行过程中的争议和矛盾，从而有利于推进工程施工的顺利开展。

6）索赔期限制度。《1999版施工合同》第36条规定了索赔期限，但该条没有确立索赔提出方超过索赔期限提出索赔请求，索赔请求即作废的制度，而仅规定了被提出索赔方逾期不对索赔报告做出答复视为索赔已经被认可的默示认可制度。由于索赔通常都是由承包人提出的，因此，该条规定对发包人较为不利；而且由于工程合同履行时间较长，工程资料繁多，如果没有索赔时效制度，索赔提出方证明事实的发生就会很困难，法院审理此种争议的难度也会很大，尤其在工程完工后，争议的工程部位可能已被隐蔽，在此时再对隐蔽部位提出索赔，查明事实的难度，可想而知。鉴于此，国内外许多施工合同文本都规定了索赔期限，如果合同当事人在索赔期限内未提出索赔的，索赔权利丧失，此项规定有利于督促合同当事人及时行使索赔权利，也有利于降低施工合同争议的处理难度。《2013版施工合同》通用条款第19条将发承包双方的索赔期限规定为28天，并明确规定，如当事人未在28天内对索赔事项提出书面的索赔通知，视为该项索赔的权利已经丧失。

7) 双倍赔偿制度。为有效解决发包人拖欠工程款的问题，督促发包人及时足额地向承包人支付工程款，《2013版施工合同》通用条款第12条规定了发包人逾期支付工程款超过56天的，按照中国人民银行发布的同期同类贷款基准利率的两倍支付违约金。违约金支付标准的提高有利于引导发包人及时支付工程款，避免工程款支付纠纷的发生。

8) 争议评审解决制度。争议评审解决制度对于提高工程合同争议处理的效率，确保合同争议受到专业性的解决具有较大的作用，但《1999版施工合同》并未规定此种争议解决方式。借鉴FIDIC合同中的争端裁决委员会裁决制度以及《标准施工招标文件》的相关规定，《2013版施工合同》规定了争议评审解决制度。该合同通用条款第20.3款中对于争议评审机制的启动程序、时限、评审决定的做出及效力等问题做出了明确且细致的规定。争议评审制度可以有效化解工程合同履行过程中的分歧与争议，降低合同履行的难度，防止合同履行障碍，对于提高工程项目经济效益具有不可低估的作用。

(2)《2013版施工合同》完善了合同价格类型

《1999版施工合同》规定的价格形式为固定价格合同、可调价合同和成本加酬金合同。在实践中，固定价格合同常被误解为价格不可调整的、"包死价"合同，而成本加酬金合同在实践中应用较少，不具代表性，没有将其单独作为一类合同的必要。为此，《2013版施工合同》将合同价格形式确定为单价合同、总价合同及其他价格形式三类，此种分类更具科学性，而且不易被误解。"其他价格形式"条款的设置也为合同当事人选择不同于单价合同、总价合同的价格形式提供了空间，合同当事人可以根据实际情况选择成本加酬金或者定额计价等方式来计取工程价款。

(3)《2013版施工合同》建立了以监理人为施工管理和文件传递核心的合同管理制度

《1999版施工合同》未加区分的将发包人代表和监理人的总监理工程师均列入工程师名下，此种规定造成了权利的不清晰和不明确。当发包人代表和监理人同时存在的时候，难以分清各自的权限，容易导致施工管理的混乱，还使得监理人的独立地位难以保证。鉴于此，《2013版施工合同》明确区分了监理人和发包人，并通过多款规定确立了监理人作为合同履行文件传递中心的地位，发包人和承包人之间的文件往来均应通过监理人来中转，以确保监理人能够全面了解合同的履行和变更情况，以妥当完成其法定义务和约定义务。

(4)《2013版施工合同》新增承诺条款、完善合同备案条款以遏制违法违规行为

非法转包、违法分包以及阴阳合同是建筑市场长期存在的顽疾，也是工程事故、工程纠纷发生的重要诱因。为解决这些问题，《2013版施工合同》的合同协议书中引入了宣誓性条款。根据该部分第七条【承诺】的规定，承包人应承诺不进行转包、违法分包，发承包双方承诺不签订背离中标合同实质性内容的合同；在通用合同条款中，通过增加限定承包人项目经理及主要施工管理人员条款、限定专业分包人及劳务分包人主要施工管理人员条款、承包人擅自更换项目经理及主要施工人员违约责任、工程款支付账户约定等条款，保证承包人实际施工管理人员与投标文件中载明的人员名单保持一致，有利于解决承包人违法分包、转包和挂靠等违法违规行为。

(三) 2017版施工合同示范文本

《2013版施工合同》自发布以来，在规范发承包双方的建设行为，维护发承包双方的合法

权益，促进我国建筑市场的有序发展等方面起到了积极的推动作用。住建部和国家工商行政管理总局在《2013版施工合同》成功经验的基础之上，结合我国最新建设法规的立法动态并借鉴国际工程发承包的先进理念，于2017年10月1日联合发布了最新的《建设工程施工合同（示范文本）》（GF—2017—0201）（以下简称《2017版施工合同》）。《2017版施工合同》秉承了《2013版施工合同》的编写框架和内容体系，也是由协议书、通用条款、专用条款和附录等组成，只是在通用条款的某些具体内容上进行了一些修改和调整。与《2013版施工合同》相比，《2017版施工合同》主要针对"缺陷责任"与"质量保证金"两项内容进行了修改。

1. 关于"缺陷责任"的修改

（1）关于"缺陷责任期的起算时间"的修改

关于缺陷责任期的起算时间，《2017版施工合同》做了如下方面修改：

1）缺陷责任期的起算时间由"实际竣工日期起"修改为"从工程通过竣工验收之日起"。

2）增加规定"因承包人原因导致工程无法按合同约定期限进行竣工验收的，缺陷责任期从实际通过竣工验收之日起计算"。

3）将"因发包人原因导致工程无法按合同约定期限进行竣工验收的，缺陷责任期自承包人提交竣工验收申请报告之日起开始计算"，修改为"因发包人原因导致工程无法按合同约定期限进行竣工验收的，在承包人提交竣工验收报告90天后，工程自动进入缺陷责任期"。实际上，将此种情况下缺陷责任期的起算时间向后推了90天。

（2）关于缺陷责任具体内容的修改

关于缺陷责任的具体内容，《2017版施工合同》做了如下修改：

1）《2017版施工合同》增加了关于"缺陷责任的具体内容"的描述，即第15.2.2项规定的："缺陷责任期内，由承包人原因造成的缺陷，承包人应负责维修，并承担鉴定及维修费用。如承包人不维修也不承担费用，发包人可按合同约定从保证金或银行保函中扣除，费用超出保证金额的，发包人可按合同约定向承包人进行索赔。承包人维修并承担相应费用后，不免除对工程的损失赔偿责任。"

2）《2017版施工合同》明确缺陷责任期包含延长部分最长不能超过24个月。

3）《2017版施工合同》增加如下内容："由他人原因造成的缺陷，发包人负责组织维修，承包人不承担费用，且发包人不得从保证金中扣除费用"。

2. 关于质量保证金的修改

关于质量保证金，《2017版施工合同》在第15.3款【质量保证金】的第15.3.2目和第15.3.3目进行了以下修改：

1）《2017版施工合同》增加规定，"在工程项目竣工前，承包人已经提供履约担保的，发包人不得同时预留工程质量保证金"，即履约担保和质量保证金不能同时使用。

2）《2017版施工合同》将质量保证金的额度从"不得超过结算合同价格的5%"，修改为"不得超过工程价款结算总额的3%"，减轻了承包人的负担。

3）《2017版施工合同》明确了如果发包人扣留的是质量保证金，则"发包人在退还质量保证金的同时，按照中国人民银行发布的同期同类贷款基准利率支付利息"。

4）《2017版施工合同》增加了退还承包人质量保证金的程序，即"缺陷责任期内，承包人认真履行合同约定的责任，到期后，承包人可向发包人申请返还保证金。

发包人在接到承包人返还保证金申请后，应于14天内会同承包人按照合同约定的内容进行核实。如无异议,发包人应当按照约定将保证金返还给承包人。对返还期限没有约定或者约定不明确的,发包人应当在核实后14天内将保证金返还承包人,逾期未返还的,依法承担违约责任。发包人在接到承包人返还保证金申请后14天内不予答复,经催告后14天内仍不予答复的,视同认可承包人的返还保证金申请。

发包人和承包人对保证金预留、返还以及工程维修质量、费用有争议的,按本合同第20条约定的争议和纠纷解决程序处理。"

3. 《2017版施工合同》修改内容对承包人和发包人的影响

1)关于"缺陷责任期的起算时间"的修改总体上加重了承包人的责任,实际上延长了承包人承担缺陷责任期限,对此承包人应当特别注意。

2)关于质量保证金的规定,则整体上减轻了承包人的义务和责任,因而该部分的修改对于承包人较为有利,业主对此应当特别注意。

3)关于缺陷责任的具体内容的修改,只是细化和明确了原来不明确的内容,可以避免因理解不一致而产生的分歧,并没有明显加重哪一方当事人的义务,对于当事人双方都有好处。

第二节 建设工程施工合同的主要内容

本节介绍《建设工程施工合同(示范文本)》(GF—2017—0201)中通用条款的主要内容。

一、一般约定

1. 词语定义与解释

该通用条款赋予合同协议书、通用合同条款、专用合同条款中的下列词语具有下文中所明示的含义,包括6大类,共45个词语。

(1)合同

1)合同:指根据法律规定和合同当事人约定具有约束力的文件,构成合同的文件包括合同协议书、中标通知书(如果有)、投标函及其附录(如果有)、专用合同条款及其附件、通用合同条款、技术标准和要求、设计图、已标价工程量清单或预算书,以及其他合同文件。

2)合同协议书:指构成合同的由发包人和承包人共同签署的成为"合同协议书"的书面文件。

3)中标通知书:指构成合同的由发包人通知承包人中标的书面文件。

4)投标函:指构成合同的由承包人填写并签署的用于投标的称为"投标函"的文件。

5)投标函附录:指构成合同的附在投标函后的称为"投标函附录"的文件。

6)技术标准和要求:指构成合同的施工应当遵守的或指导施工的国家的、行业的或地方的技术标准和要求,以及合同约定的技术标准和要求。

7)设计图:指构成合同的设计图,包括由发包人按照合同约定提供或经发包人批准的设计文件、施工图、鸟瞰图及模型等,以及在合同履行过程中形成的设计图文件。设计图应当按照法律规定审查合格。

8)已标价工程量清单:指构成合同的由承包人按照规定的格式和要求填写并标明价格的工程量清单,包括说明和表格。

9）预算书：指构成合同的由承包人按照发包人规定的格式和要求编制的工程预算文件。

10）其他合同文件：指经合同当事人约定的与工程施工有关的具有合同约束力的文件或书面协议。合同当事人可以在专用合同条款中进行约定。

(2) 合同当事人及其他相关方

1）合同当事人：指发包人和（或）承包人。

2）发包人：指与承包人签订合同协议书的当事人，以及取得该当事人资格的合法继承人。

3）承包人：指与发包人签订合同协议书的，具有相应工程施工承包资质的当事人，以及取得该当事人资格的合法继承人。

4）监理人：指在专用合同条款中指明的，受发包人委托，按照法律规定进行工程监督管理的法人或其他组织。

5）设计人：指在专用合同条款中指明的，受发包人委托，负责工程设计并具备相应工程设计资质的法人或其他组织。

6）分包人：指按照法律规定和合同约定，分包部分工程或工作，并与承包人签订分包合同的具有相应资质的法人。

7）发包人代表：指由发包人任命并派驻施工现场，在发包人授权范围内行使发包人权利的人。

8）项目经理：指由承包人任命并派驻施工现场，在承包人授权范围内负责合同履行，且按照法律规定具有相应资格的项目负责人。

9）总监理工程师：指由监理人任命并派驻施工现场进行工程监理的总负责人。

(3) 工程和设备

1）工程：指与合同协议书中工程承包范围对应的永久工程和（或）临时工程。

2）永久工程：指按合同约定建造并移交给发包人的工程，包括工程设备。

3）临时工程：指为完成合同约定的永久工程所修建的各类临时性工程，不包括施工设备。

4）单位工程：指在合同协议书中指明的，具备独立施工条件并能形成独立使用功能的永久工程。

5）工程设备：指构成永久工程的机电设备、金属结构设备、仪器及其他类似的设备和装置。

6）施工设备：指为完成合同约定的各项工作所需的设备、器具和其他物品，但不包括工程设备、临时工程和材料。

7）施工现场：指用于工程施工的场所，以及在专用合同条款中指明作为施工场所组成部分的其他场所，包括永久占地和临时占地。

8）临时设施：指为完成合同约定的各项工作所服务的临时性生产和生活设施。

9）永久占地：指专用合同条款中指明为实施工程需要永久占用的土地。

10）临时占地：指专用合同条款中指明为实施工程需要临时占用的土地。

(4) 日期和期限

1）开工日期：包括计划开工日期和实际开工日期。计划开工日期是指合同协议书约定的开工日期；实际开工日期是指监理人按照该通用条款［开工通知］约定发出的符合法律规定的开工通知中载明的开工日期。

2）竣工日期：包括计划竣工日期和实际竣工日期。计划竣工日期是指合同协议书约定的竣工日期，实际竣工日期按照该通用条款［竣工日期］的约定确定。

3）工期：指在合同协议书约定的承包人完成工程所需的期限，包括按照合同约定所做的期限变更。

4）缺陷责任期：指承包人按照合同约定承担缺陷修复义务，且发包人预留质量保证金（已缴纳履约保证金的除外）的期限，自工程实际竣工日期起计算。

5）保修期：指承包人按照合同约定对工程承担保修责任的期限，从工程竣工验收合格之日起计算。

6）基准日期：招标发包的工程以投标截止日前28天的日期为基准日期，直接发包的工程以合同签订日前28天的日期为基准日期。

7）天：除特别指明外，均指日历天。合同中按天计算时间的，开始当天不计入，从次日开始计算，期限最后一天的截止时间为当天的24时。

(5) 合同价格和费用

1）签约合同价：指发包人和承包人在合同协议书中确定的总金额，包括安全文明施工费、暂估价、暂列金额等。

2）合同价格：指发包人用于支付承包人按照合同约定完成承包范围内全部工作的金额，包括合同履行过程中按合同约定发生的价格变化。

3）费用：指为履行合同所发生的或将要发生的所有必需的开支，包括管理费和应分摊的其他费用，但不包括利润。

4）暂估价：指发包人在工程量清单或预算书中提供的用于支付必然发生但暂时不能确定价格的材料、工程设备的单价、专业工程和服务工作的金额。

5）暂列金额：指发包人在工程量清单或预算书中暂定并包括在合同价格中的一笔款项，用于工程合同签订时尚未确定或者不可预见的所需材料、工程设备、服务的采购，施工中可能发生的工程变更、合同约定调整因素出现时的合同价格调整，以及发生的索赔、现场签证确认等的费用。

6）计日工：指合同履行过程中，承包人完成发包人提出的零星工作或需要采用计日工计价的变更工作时，按合同中约定的单价计价的方式。

7）质量保证金：指按照该通用条款［质量保证金］约定，承包人用于保证其在缺陷责任期内履行缺陷修补义务的担保。

8）总价项目：指在现行国家的、行业的以及地方的计量规则中无工程量计算规则，在已标价工程量清单或预算书中以总价或以费率形式计算的项目。

(6) 其他

书面形式：指合同文件、信函、电报、传真等可以有形地表现所载内容的形式。

2. 语言文字

合同以汉语简体文字编写、解释和说明。合同当事人在专用条款中约定使用两种以上语言时，汉语为优先解释和说明合同的语言。

3. 法律

合同所称法律是指中华人民共和国法律、行政法规、部门规章，以及工程所在地的地方性法规、自治条例、单行条例和地方政府规章等。

合同当事人可以在专用合同条款中约定使用的其他规范性文件。

4. 标准和规范

1）适用于工程的国家标准、行业标准、工程所在地的地方性标准,以及相应的规范规程等,合同当事人有特别要求的,应在专用合同条款中进行约定。

2）发包人要求使用国外标准、规范的,发包人负责提供原文版本和中文译本,并在专用合同条款中约定提供标准规范的名称、份数和时间。

3）发包人对工程的技术标准和功能要求高于或严于现行国家、行业或地方标准的,应当在专用合同条款中予以明确。除专用合同条款另有约定外,应视为承包人在签订合同前已充分预见前述技术标准和功能所要求的复杂程度,签约合同价中已包含由此产生的费用。

5. 合同文件的优先顺序

组成合同的各项文件应互相解释、互为说明。除专用合同条款另有约定外,解释合同文件的优先顺序如下:

1）合同协议书。
2）中标通知书（如果有）。
3）投标函及其附录（如果有）。
4）专用合同条款及其附件。
5）通用合同条款。
6）技术标准和要求。
7）设计图。
8）已标价的工程量清单或预算书。
9）其他合同文件。

上述各项合同文件包括合同当事人就该项合同文件所做出的补充和修改,属于同一类内容的文件,应以最新签署的为准。

在合同订立及履行过程中形成的与合同有关的文件均构成合同文件组成部分,并根据其性质确定优先解释顺序。

6. 设计图和承包人文件

（1）设计图的提供和交底

发包人应按照专用合同条款约定的期限、数量和内容向承包人免费提供设计图,并组织承包人、监理人和设计人进行图纸会审和设计交底。发包人至迟不得晚于该通用条款［开工通知］载明的开工日期前14天,向承包人提供设计图。

因发包人未按合同约定提供设计图导致承包人费用增加和（或）工期延误的,按照该通用条款［因发包人原因导致工期延误］的约定办理。

（2）设计图的错误

承包人在收到发包人提供的设计图后,发现设计图存在差错、遗漏或缺陷的,应及时通知监理人。监理人接到该通知后,应附具相关意见并立即报送发包人,发包人应在收到监理人报送的通知后的合理时间内做出决定。合理时间是指发包人在收到监理人的报送通知后,尽其努力且不懈怠地完成设计图修改和补充所需的时间。

（3）设计图的修改和补充

设计图需要修改和补充的,应经设计图原设计人及审批部门同意,并由监理人在工程或工程相应部位施工前将修改后的设计图或补充设计图提交给承包人,承包人应按修改或补充后的设计图施工。

(4) 承包人文件

承包人应按照专用合同条款的约定提供应当由其编制的与工程施工有关的文件,并按照专用合同条款约定的期限、数量和形式提交给监理人,并由监理人报送发包人。

除专用合同条款另有约定外,监理人应在收到承包人文件后7天内审查完毕,监理人对承包人文件有异议的,承包人应予以修改,并重新报送监理人。监理人的审查并不减轻或免除承包人根据合同约定应当承担的责任。

(5) 设计图和承包人文件的保管

除专用合同条款另有约定外,承包人应在施工现场另外保存一套完整的设计图和承包人文件,供发包人监理人及有关人员进行工程检查时使用。

7. 联络

(1) 联络形式

与合同有关的通知、批准、证明、指示、指令、要求、请求、同意、意见、确定和决定等,均应采用书面形式,并应在合同约定的期限内送达接收人和送达地点。

(2) 联络人和地点

发包人和承包人应在专用合同条款中约定各自的送达接收人和送达地点,任何一方合同当事人指定的接收人或送达地点发生变动的,应提前3天以书面形式通知对方。

(3) 有关责任

发包人和承包人应当及时签收另一方送至送达地点和指定接收人的来往信函。拒不签收的,由此增加的费用和(或)延误的工期由拒绝接收方承担。

8. 严禁贿赂

合同当事人不得以贿赂或变相贿赂的方式谋取非法利益或损害对方权益。因一方合同当事人的贿赂造成对方损失的,应赔偿损失并承担相应的法律责任。

承包人不得与监理人或发包人聘请的第三方串通损害发包人利益。未经发包人书面同意,承包人不得为监理人提供合同约定以外的通信设备、交通工具及其他任何形式的利益,也不得向监理人支付报酬。

9. 化石、文物

在施工现场发掘的所有文物、古迹以及具有地质研究或考古价值的其他遗迹、化石、钱币或物品均属于国家所有。一旦发现上述文物,承包人应采取合理有效的保护措施,防止任何人员移动或损坏上述物品,并立即报告有关政府行政管理部门,同时通知监理人。

发包人、监理人和承包人应按有关政府行政管理部门要求采取妥善的保护措施,由此增加的费用和(或)延误的工期由发包人承担。

承包人发现文物不及时报告或隐瞒不报,致使文物丢失或损坏的,应赔偿损失,并承担相应的法律责任。

10. 交通运输

(1) 出入现场的权利

除专用合同条款另有约定外,发包人应根据施工需要,负责取得出入施工现场所需的批准手续和全部权利,以及取得因施工所需修建道路、桥梁以及其他基础设施的权利,并承担相关手续费用和建设费用。承包人应协助发包人办理修建场内外道路、桥梁以及其他基础设施的手续。

承包人应在订立合同前查勘施工现场，并根据工程规模及技术参数合理预见工程施工所需的进出施工现场的方式、手段、路径等。因承包人未合理预见所增加的费用和（或）延误的工期，由承包人承担。

（2）场外交通

发包人应提供场外交通设施的技术参数和具体条件，承包人应遵守有关交通法规，严格按照道路和桥梁的限制荷载行驶，执行有关道路限速、限行、禁止超载的规定，并配合交通管理部门的监督和检查。场外交通设施无法满足工程施工需要的，由发包人负责完善并承担相关费用。

（3）场内交通

发包人应提供场内交通设施的技术参数和具体条件，并应按照专用合同条款的约定向承包人免费提供满足工程施工所需的场内道路和交通设施。因承包人原因造成上述道路或交通设施损坏的，承包人负责修复并承担由此增加的费用。

除发包人按照合同约定提供的场内道路和交通设施外，承包人负责修建、维修、养护和管理施工所需的其他场内临时道路和交通设施。发包人和监理人可以为实现合同目的使用承包人修建的场内临时道路和交通设施。

场外交通和场内交通的边界由合同当事人在专用合同条款中约定。

（4）超大件和超重件的运输

由承包人负责运输的超大件或超重件，应由承包人负责向交通管理部门办理申请手续，发包人给予协助。运输超大件或超重件所需的道路和桥梁临时加固改造费用和其他相关费用，由承包人承担，但专用合同条款另有约定的除外。

（5）道路和桥梁的损坏责任

因承包人运输造成施工场地内外公共道路和桥梁损坏的，由承包人承担修复损坏的全部费用和可能引起的赔偿。

（6）水路和航空运输

本款前述各项的内容适用于水路运输和航空运输，其中"道路"一词的含义包括河道、航线、船闸、机场、码头、堤防，以及水路或航空运输中其他相似结构物；"车辆"一词的含义包括船舶和飞机等。

11. 知识产权

（1）知识产权认定和使用要求

除专用合同条款另有约定外，发包人提供给承包人的设计图、发包人为实施工程自行编制或委托编制的技术规范，以及反映发包人要求的或其他类似性质的文件的著作权属于发包人。承包人可以为实现合同目的而复制和使用此类文件，但不能用于与合同无关的其他事项。未经发包人书面同意，承包人不得为了合同以外的目的而复制使用上述文件或将之提供给任何第三方。

除专用合同条款另有约定外，承包人为实施工程所编制的文件，除署名权以外的著作权属于发包人。承包人可因实施工程的运行、调试、维修、改造等目的而复制和使用此类文件，但不能用于与合同无关的其他事项。未经发包人书面同意，承包人不得为了合同以外的目的而复制、使用上述文件或将之提供给任何第三方。

(2) 有关责任

合同当事人保证在履行合同过程中不侵犯对方及第三方的知识产权。承包人在使用材料、施工设备、工程设备或采用施工工艺时，因侵犯他人的专利权或其他知识产权所引起的责任，由承包人承担；因发包人提供的材料施工设备、工程设备或施工工艺导致侵权的，由发包人承担责任。

(3) 相关费用

除专用合同条款另有约定外，承包人在合同签订前和签订时已确定采用的专利、专有技术、技术秘密的使用费已包含在签约合同价中。

12. 保密

除法律规定或合同另有约定外，未经发包人同意，承包人不得将发包人提供的设计图、文件及声明等需要保密的资料信息等商业秘密泄露给第三方。

除法律规定或合同另有约定外，未经承包人同意，发包人不得将承包人提供的设计图、文件及声明需要保密的资料信息等商业秘密泄露给第三方。

13. 工程量清单错误的修正

除专用合同条款另有约定外，发包人提供的工程量清单应被认为是准确的和完整的。出现下列情形之时，发包人应予以修正，并相应调整合同价格：

1) 工程量清单存在缺项、漏项的。
2) 工程量清单偏差超出专用合同条款约定的程量偏差范围的。
3) 未按照国家现行计量规范强制性规定计量的。

二、发包人主要工作

1. 获得许可或批准

发包人应遵守法律，并办理法律规定由其办理的许可、批准或备案，包括但不限于建设用地规划许可证、建设工程规划许可证、建设工程施工许可证、施工所需临时用水、临时用电、中断道路交通、临时占用土地等许可和批准。发包人应协助承包人办理法律规定的有关施工证件和批件。

因发包人原因未能及时办理完毕前述许可、批准或备案的，由发包人承担由此增加的费用和（或）延误的工期，并支付承包人合理的利润。

2. 任命发包人代表和人员

发包人应在专用合同条款中明确其派驻施工现场的发包人代表的姓名、职务、联系方式及授权范围等事项。发包人代表在发包人的授权范围内，负责处理合同履行过程中与发包人有关的具体事宜。发包人代表在授权范围内的行为由发包人承担法律责任。发包人更换发包人代表的，应提前7天书面通知承包人。

发包人代表不能按照合同约定履行其职责及义务，并导致合同无法继续正常履行的，承包人可以要求发包人撤换发包人代表。不属于法定必须监理的工程，监理人的职权可以由发包人代表或发包人指定的其他人员行使。

发包人应要求在施工现场的发包人人员遵守法律及有关安全、质量、环境保护、文明施工等规定，并保障承包人免于承受因发包人人员造成的损失和责任。发包人人员包括发包人代表及其他由发包人派驻施工现场的人员。

3. 提供施工现场、施工条件和基础资料

（1）提供施工现场

除专用合同条款另有约定外，发包人应最迟于开工日期7天前向承包人移交施工现场。

（2）提供施工条件

除专用合同条款另有约定外，发包人应负责提供施工所需要的条件，包括：

1）将施工用水、电力、通信线路等施工所必需的条件接至施工现场内。

2）保证向承包人提供正常施工所需要的进入施工现场的交通条件。

3）协调处理施工现场周围地下管线和邻近建筑物、构筑物、古树名木的保护工作，并承担相关费用。

4）按照专用合同条款约定应提供的其他设施和条件。

（3）提供基础资料

发包人应当在移交施工现场前向承包人提供施工现场及工程施工所必需的毗邻区域内供水、排水、供电、供气、供热、通信、广播电视等地下管线资料，气象和水文观测资料，地质勘查资料，相邻建筑物、构筑物和地下工程等有关基础资料，并对所提供资料的真实性、准确性和完整性负责。

按照法律规定确需在开工后方能提供的基础资料，发包人应尽力及时地在相应工程施工前的合理期限内提供。合理期限应以不影响承包人的正常施工为限。

（4）逾期提供的责任

因发包人原因未能按合同约定及时向承包人提供施工现场、施工条件、基础资料的，由发包人承担由此增加的费用和（或）延误的工期。

4. 提供资金来源证明及支付担保

除专用合同条款另有约定外，发包人应在收到承包人要求提供资金来源证明的书面通知后28天内，向承包人提供能够按照合同约定支付合同价款的相应资金来源证明。

除专用条款另有约定外，发包人要求承包人提供履约担保的，发包人应当向承包人提供支付担保。支付担保可以采用银行保函或担保公司担保等形式，具体由合同当事人在专用合同条款中约定。

5. 支付合同价款

发包人应按合同约定向承包人及时支付合同价款。

6. 组织竣工验收

发包人应按合同约定及时组织竣工验收。

7. 签署现场统一管理协议

发包人应与承包人、由发包人直接发包的专业工程的承包人签订施工现场统一管理协议，明确各方的权利义务。施工现场统一管理协议作为专用合同条款的附件。

三、承包人义务和主要工作

1. 承包人的一般义务

承包人在履行合同过程中应遵守法律和工程建设标准规范，并履行以下义务：

1）办理法律规定应由承包人办理的许可和批准，并将办理结果书面报送发包人留存。

2）按法律规定和合同约定完成工程，并在保修期内承担保修义务。

3）按法律规定和合同约定采取施工安全和环境保护措施，办理工伤保险，确保工程及人员、材料、设备和设施的安全。

4）按合同约定的工作内容和施工进度要求，编制施工组织设计和施工措施计划，并对所有施工作业和施工方法的完备性和安全可靠性负责。

5）在进行合同约定的各项工作时，不得侵害发包人与他人使用公用道路、水源、市政管网等公共设施的权利，避免对邻近的公共设施产生干扰。承包人占用或使用他人的施工场地影响他人作业或生活的，应承担相应责任。

6）按照该通用条款［环境保护］约定负责施工场地及其周边环境与生态的保护工作。

7）按照该通用条款［安全文明施工］约定采取施工安全措施，确保工程及其人员、材料、设备和设施的安全，防止因工程施工造成的人身伤害和财产损失。

8）将发包人按合同约定支付的各项价款专用于合同工程，且应及时支付其雇佣人员的工资，并及时向分包人支付合同价款。

9）按照法律规定和合同约定编制竣工资料，完成竣工资料立卷及归档，并按专用合同条款约定的竣工资料的套数、内容、时间等要求移交发包人。

10）应履行的其他义务。

2. 项目经理

（1）承包人任命项目经理

项目经理应为合同当事人所确认的人选，并在专用合同条款中明确项目经理的姓名、职称、注册执业证书编号、联系方式及授权范围等事项。项目经理经承包人授权后代表承包人负责履行合同。项目经理应是承包人正式聘用的员工，承包人应向发包人提交项目经理与承包人之间的劳动合同，以及承包人为项目经理缴纳社会保险的有效证明。承包人不提交上述文件的，项目经理无权履行职责。发包人有权要求更换项目经理，由此增加的费用和（或）延误的工期由承包人承担。

（2）项目经理应常驻施工现场

项目经理应常驻施工现场，且每月在施工现场的时间不得少于专用合同条款约定的天数。一个项目的项目经理不得同时担任其他项目的项目经理。项目经理确需离开施工现场时，应事先通知监理人，并取得发包人的书面同意。项目经理的通知中应当载明临时代行其职责的人员的注册执业资格、管理经验等资料，该人员应具备履行相应职责的能力。承包人违反上述约定的，应按照专用合同条款的约定承担违约责任。

（3）紧急情况下项目经理的职责

项目经理按合同约定组织工程实施。在紧急情况下为确保施工安全和人员的安全，在无法与发包人代表和总监理工程师及时取得联系时，项目经理有权采取必要的措施来保证与工程有关的人身、财产和工程的安全，但应在48小时内向发包人代表和总监理工程师提交书面报告。

（4）项目经理更换

1）承包人更换项目经理。承包人需要更换项目经理的，应提前14天书面通知发包人和监理人，并征得发包人书面同意。通知中应当载明继任项目经理的注册执业资格、管理经验等资料，继任项目经理继续履行前任项目经理约定的职责。未经发包人书面同意，承包人不得擅自更换项目经理。承包人擅自更换项目经理的，应按照专用合同条款的约定承担违约责任。

2）发包人更换项目经理。发包人有权书面通知承包人更换其认为不称职的项目经理，通知中应当载明要求更换的理由。承包人应在接到更换通知后14天内,向发包人提出书面的改进报告。发包人收到改进报告后仍要求更换的,承包人应在接到第二次更换通知的28天内进行更换,并将新任命的项目经理的注册执业资格、管理经验等资料书面通知发包人。继任项目经理继续履行前任项目经理约定的职责。若承包人无正当理由拒绝更换项目经理,应按照专用合同条款的约定承担违约责任。

3. 承包人人员

(1) 承包人提交人员名单和信息

除专用合同条款另有约定外,承包人应在接到开工通知后7天内,向监理人提交承包人项目管理机构及施工现场人员安排的报告,其内容应包括合同管理、施工、技术、材料、质量、安全、财务等主要施工管理人员名单及其岗位、注册执业资格等,以及各工种技术工人的安排情况,并同时提交主要施工管理人员与承包人之间的劳动关系证明和缴纳社会保险的有效证明。

(2) 承包人更换主要施工管理人员

承包人派驻到施工现场的主要施工管理人员应相对稳定。施工过程中如有变动,承包人应及时向监理人提交施工现场人员变动情况的报告。承包人更换主要施工管理人员时,应提前7天书面通知监理人,并征得发包人书面同意。通知中应当载明继任人员的注册执业资格、管理经验等资料。特殊工种作业人员均应持有相应的资格证明,监理人可以随时检查。

(3) 发包人要求撤换主要施工管理人员

发包人对于承包人主要施工管理人员的资格或能力有异议的,承包人应提供资料证明被质疑人员有能力完成其岗位工作或不存在发包人所质疑的情形。发包人要求撤换不能按照合同约定履行职责及义务的主要施工管理人员的,承包人应当撤换。承包人无正当理由拒绝撤换的,应按照专用合同条款的约定承担违约责任。

(4) 主要施工管理人员应常驻现场

除专用合同条款另有约定外,承包人的主要施工管理人员离开施工现场每月累计不超过5天的,应报监理人同意;离开施工现场每月累计超过5天的,应通知监理人,并征得发包人书面同意。主要施工管理人员离开施工现场前应指定一名有经验的人员临时代行其职责,该人员应具备履行相应职责的资格和能力,且应征得监理人或发包人的同意。承包人擅自更换主要施工管理人员或前述人员未经监理人或发包人同意擅自离开施工现场的,应按照专用合同条款的约定承担违约责任。

4. 承包人现场查勘

承包人应对基于发包人按照该通用条款[提供基础资料]提交的基础资料所做出的解释推断负责,但因基础资料存在错误遗漏导致承包人解释或推断失实的,由发包人承担责任。承包人应对施工现场和施工条件进行查勘,并充分了解工程所在地的气象条件、交通条件、风俗习惯,以及其他与完成合同工作有关的资料。因承包人未能充分查勘、了解前述情况或未能充分估计前述情况而可能产生后果的,承包人承担由此增加的费用和(或)延误的工期。

5. 分包确定和管理

(1) 分包的一般约定

承包人不得将其承包的全部工程转包给第三人,或将其承包的全部工程肢解后以分包的名义转包给第三人。承包人不得将工程主体结构、关键性工作及专用合同条款中禁止分包的专业工程分包给第三人，主体结构、关键性工作的范围由合同当事人按照法律规定，在专用合同条款中予以明确。

承包人不得以劳务分包的名义转包或违法分包工程。

（2）分包的确定

承包人应按专用合同条款的约定进行分包，确定分包人。已标价工程量清单或预算书中给定暂估价的专业工程，按照该通用条款［暂估价］确定分包人。按照合同约定进行分包的，承包人应确保分包人具有相应的资质和能力。工程分包不减轻或免除承包人的责任和义务，承包人和分包人就分包工程向发包人承担连带责任。除合同另有约定外，承包人应在分包合同签订后7天内向发包人和监理人提交分包合同副本。

（3）分包管理

承包人应向监理人提交分包人的主要施工管理人员表，并对分包人的施工人员进行实名制管理，包括但不限于进出场管理、登记造册和各种证照的办理。

（4）分包合同价款

除专用合同条款另有约定外，分包合同价款由承包人与分包人结算，未经承包人同意，发包人不得向分包人支付分包工程价款；生效法律文书要求发包人向分包人支付分包合同价款的，发包人有权从应付承包人工程款中扣除该部分款项。

（5）分包合同权益的转让

分包人在分包合同项下的义务持续到缺陷责任期届满以后的，发包人有权在缺陷责任期届满前，要求承包人将其在分包合同项下的权益转让给发包人；承包人应当转让。除转让合同另有约定外，转让合同生效后，由分包人向发包人履行义务。

6. 工程照管与成品、半成品保护

除专用合同条款另有约定外，自发包人向承包人移交施工现场之日起，承包人应负责照管工程及工程相关的材料和工程设备，直到颁发工程接收证书之日止。

在承包人负责照管期间，因承包人原因造成工程、材料、工程设备损坏的，由承包人负责修复或更换，并承担由此增加的费用和（或）延误的工期。

对合同内分期完成的成品和半成品，在工程接收证书颁发前，由承包人承担保护责任。因承包人原因造成成品或半成品损坏的，由承包人负责修复或更换，并承担由此增加的费用和（或）延误的工期。

7. 履约担保

发包人需要承包人提供履约担保的，由合同当事人在专用合同条款中约定履约担保的方式、金额及期限等。履约担保可以采用银行保函或担保公司担保等形式，具体由合同当事人在专用合同条款中约定。

因承包人原因导致工期延长的，继续提供履约担保所增加的费用由承包人承担；非因承包人原因导致工期延长的，继续提供履约担保所增加的费用由发包人承担。

8. 联合体

联合体各方应共同与发包人签订合同协议书，并且应为履行合同向发包人承担连带责任。

联合体协议经发包人确认后作为合同附件。在履行合同过程中，未经发包人同意，不得修改联合体协议。

联合体牵头人负责与发包人和监理人联系，并接受指示，负责组织联合体各成员全面履行合同。

四、监理人一般规定和主要工作

1. 监理人的一般规定

工程实行监理的,发包人和承包人应在专用合同条款中明确监理人的监理内容及监理权限等事项。监理人应当根据发包人授权及法律规定,代表发包人对工程施工相关事项进行检查、查验、审核、验收,并签发相关指示。但监理人无权修改合同,且无权减轻或免除合同约定的承包人的任何责任与义务。

除专用合同条款另有约定外,监理人在施工现场的办公场所、生活场所由承包人提供,所发生的费用由发包人承担。

2. 监理人员

发包人授予监理人对工程实施监理的权利由监理人派驻施工现场的监理人员行使,监理人员包括总监理工程师及监理工程师。监理人应将授权的总监理工程师和监理工程师的姓名及授权范围以书面形式提前通知承包人。若更换总监理工程师,监理人应提前7天书面通知承包人;更换其他监理人员,监理人应提前48小时书面通知承包人。

3. 监理人的指示

监理人应按照发包人的授权发出监理指示。监理人的指示应采用书面形式并经其授权的监理人员签字。紧急情况下,为了保证施工人员的安全或避免工程受损,监理人员可以口头形式发出指示,该指示与书面形式的指示具有同等的法律效力。但必须在发出口头指示后24小时内补发书面监理指示,补发的书面监理指示应与口头指示一致。

监理人发出的指示应送达承包人项目经理或经项目经理授权接收的人员。因监理人未能按合同约定发出指示、指示延误或发出了错误指示而导致承包人费用增加和(或)工期延误的,由发包人承担相应责任。除专用合同条款另有约定外,总监理工程师不应将该通用条款[商定或确定]约定的应由总监理工程师做出确定的权力授权或委托给其他监理人员。

承包人对监理人发出的指示有疑问的,应向监理人提出书面异议,监理人应在48小时内对该指示予以确认、更改或撤销,监理人逾期未回复的,承包人有权拒绝执行上述指示。

监理人对承包人的任何工作、工程或其采用的材料和工程设备未在约定的或合理的期限内提出意见的,视为批准,但不免除或减轻承包人对该工作、工程、材料、工程设备等应承担的责任和义务。

4. 商定或确定

合同当事人进行商定或确定时,总监理工程师应当会同合同当事人尽量通过协商达成一致;不能达成一致的,由总监理工程师按照合同约定审慎做出公正的确定。

总监理工程师应将确定以书面形式通知发包人和承包人,并附详细依据。合同当事人对总监理工程师的确定没有异议的,按照总监理工程师的确定执行。任何一方合同当事人有异议,按照该通用条款[争议解决]的约定处理。争议解决前,合同当事人暂按总监理工程师的确定执行;争议解决后,争议解决的结果与总监理工程师的确定不一致的,按照争议解决的结果执行,由此造成的损失由责任人承担。

五、施工合同的进度控制条款

进度控制是施工合同管理的重要组成部分。施工合同的进度控制可以分为施工准备阶段、施工阶段和竣工验收阶段的进度控制。

1. 施工准备阶段的进度控制

（1）合同工期的约定

合同工期是指在合同协议书约定的，承包人完成工程所需的期限，包括按照合同约定所做的期限变更，按总日历天数（包括法定节假日）计算的承包天数。合同工期是施工的工程从开工起到完成专用条款约定的全部内容，工程达到竣工验收标准所经历的时间。发承包双方必须在协议书中明确约定工期，包括开工日期（包括计划开工日期和实际开工日期）和竣工日期（包括计划竣工日期和实际竣工日期）。计划开工日期是指合同协议书约定的开工日期；实际开工日期是指监理人按照该通用条款［开工通知］约定发出的，符合法律规定的开工通知中载明的开工日期。计划竣工日期是指合同协议书约定的竣工日期；实际竣工日期按照该通用条款［竣工日期］约定确定。工程竣工验收通过，实际竣工日期为承包人递交竣工验收报告的日期。合同当事人应当在开工日期前做好一切开工准备工作，承包人则应当按约定的开工日期开工。

对于群体工程，双方应在合同附件中具体约定不同单位工程的开工日期和竣工日期。对于大型、复杂工程项目，除了约定整个工程的开工日期、竣工日期和工期的总日历天数外，还应约定重要里程碑事件的开工与竣工日期，以确保工期目标的顺利实现。

（2）提交施工组织设计

1）施工组织设计应包含以下内容：

① 施工方案。

② 施工现场平面布置图。

③ 施工进度计划和保证措施。

④ 劳动力及材料供应计划。

⑤ 施工机械设备的选用。

⑥ 质量保证体系及措施。

⑦ 安全生产、文明施工措施。

⑧ 环境保护成本控制措施。

⑨ 合同当事人约定的其他内容。

2）施工组织设计的提交和修改。除专用合同条款另有约定外，承包人应在合同签订后14天内，但最迟不得晚于该通用条款［开工通知］载明的开日期前7天，向监理人提交详细的施工组织设计，并由监理人报送发包人。除专用合同条款另有约定外，发包人和监理人应在监理人收到施工组织设计后7天内确认或提出修改意见。对于发包人和监理人提出的合理意见和要求，承包人应自费修改完善。根据工程实际情况需要修改施工组织设计的，承包人应向发包人和监理人提交修改后的施工组织设计。

（3）编制和修订施工进度计划

1）施工进度计划的编制。承包人应按照施工组织设计的约定提交详细的施工进度计划。施工进度计划的编制应当符合国家法律规定和一般工程实践惯例。施工进度计划经发包人批准后实施。施工进度计划是控制工程进度的依据，发包人和监理人有权按照施工进度计划检查工程进度。

2）施工进度计划的修订。施工进度计划不符合合同要求或与工程的实际进度不一致的，承包人应向监理人提交修订的施工进度计划，并附具有关措施和相关资料，由监理人报送发包人。除专用合同条款另有约定外，发包人和监理人应在收到修订的施工进度计划后7天内完成审核和批准或提出修改意见。

发包人和监理人对承包人提交的施工进度计划的确认，不能减轻或免除承包人根据法律规定和合同约定应承担的任何责任或义务。

(4) 开工

1) 开工准备。除专用合同条款另有约定外，承包人应按照施工组织设计约定的期限，向监理人提交工程开工报审表，经监理人报发包人批准后执行。开工报审表应详细说明按施工进度计划正常施工所需的施工道路、临时设施、材料、工程设备、施工设备、施工人员等落实情况以及工程的进度安排。除专用合同条款另有约定外，合同当事人应按约定完成开工准备工作。

2) 开工通知。发包人应按照法律规定获得工程施工所需的许可。经发包人同意后，监理人发出的开工通知应符合法律规定。监理人应在计划开工日期7天前向承包人发出开工通知，工期自开工通知中载明的开工日期起算。

除专用合同条款另有约定外，因发包人原因造成监理人未能在计划开工日期之日起90天内发出开工通知的，承包人有权提出价格调整要求，或者解除合同。发包人应当承担由此增加的费用和（或）延误的工期，并向承包人支付合理利润。

(5) 测量放线

1) 发包人应及时提供测量基准点等书面资料。除专用合同条款另有约定外，发包人应在至迟不得晚于该通用条款［开工通知］载明的开工日期前7天，通过监理人向承包人提供测量基准点、基准线和水准点及其书面资料。发包人应对其提供的测量基准点、基准线和水准点及其书面资料的真实性、准确性和完整性负责。

承包人发现发包人提供的测量基准点、基准线和水准点及其书面资料存在错误或疏漏的，应及时通知监理人。监理人应及时报告发包人，并会同发包人和承包人予以核实。发包人应就如何处理和是否继续施工做出决定，并通知监理人和承包人。

2) 承包人负责施工测量放线工作。承包人负责施工过程中的全部施工测量放线工作，并配置具有相应资质的人员、合格的仪器设备和其他物品。承包人应矫正工程的位置、标高、尺寸或基准线中出现的任何差错，并对工程各部分的定位负责。施工过程中对施工现场内水准点等测量标志物的保护工作由承包人负责。

2. 施工阶段的进度控制

(1) 发包人代表或总监理工程师对进度计划的检查与监督

开工后，承包人必须按照发包人代表或总监理工程师确认的进度计划组织施工，接受发包人代表或总监理工程师对进度的检查和监督，检查和监督的依据一般是双方已经确认的月度进度计划。一般情况下，发包人代表或总监理工程师每月检查一次承包人的进度计划执行情况，由承包人提交一份上月进度计划实际执行情况和本月的施工计划。同时，发包人代表或总监理工程师还应进行必要的现场实地检查。当工程实际进度与经确认的进度计划不符时，承包人应按发包人代表或总监理工程师的要求提出改进措施，经发包人代表或总监理工程师确认后执行。

对于因承包人自身的原因导致实际进度与进度计划不符时，所有的后果都应由承包人自行承担，承包人无权就改进措施追加合同价款，发包人代表或总监理工程师也不对改进措施的效果负责。

发包人代表或总监理工程师应当随时了解施工进度计划执行过程中所存在的问题，并帮助承包人解决，特别是承包人无力解决的内外关系协调问题。

(2) 工期延误

1) 因发包人原因导致工期延误。在合同履行过程中，因下列情况导致工期延误和（或）费用增加的，由发包人承担由此延误的工期和（或）增加的费用，且发包人应支付承包人合理的利润：

① 发包人未能按合同约定提供设计图或所提供设计图不符合合同约定的。

② 发包人未能按合同约定提供施工现场、施工条件、基础资料、许可证、批准件等开工条件的。

③ 发包人提供的测量基准点、基准线和水准点及其书面资料存在错误或疏漏的。

④ 发包人未能在计划开工日期之日起7天内同意下达开工通知的。

⑤ 发包人未能按合同约定日期支付工程预付款、进度款或竣工结算款的。

⑥ 监理人未按合同约定发出指示、批准等文件的。

⑦ 专用合同条款中约定的其他情形。

因发包人原因未按计划开工日期开工的，发包人应按实际开工日期顺延竣工日期，确保实际工期不低于合同约定的工期总日历天数。因发包人原因导致工期延误需要修订施工进度计划的，按照该通用条款［施工进度计划的修订］的规定执行。

2) 因承包人原因导致工期延误。因承包人原因造成工期延误的，可以在专用合同条款中约定逾期竣工违约金的计算方法和逾期竣工违约金的上限。承包人支付逾期竣工违约金后，不免除承包人继续完成工程及修补缺陷的义务。

(3) 不利物质条件

不利物质条件是指有经验的承包人在施工现场遇到的不可预见的自然物质条件、非自然的物质障碍和污染物，包括地表以下物质条件和水文条件，以及专用合同条款约定的其他情形，但不包括气候条件。

承包人遇到不利物质条件时，应采取克服不利物质条件的合理措施继续施工，并及时通知发包人和监理人。通知应载明不利物质条件的内容以及承包人认为不可预见的理由。监理人经发包人同意后，应当及时发出指示，指示构成变更的，按该通用条款［变更］的约定执行。承包人因采取合理措施而增加的费用和（或）延误的工期由发包人承担。

(4) 异常恶劣的气候条件

异常恶劣的气候条件是指在施工过程中遇到的，有经验的承包人在签订合同时不可预见的，对合同履行造成实质性影响的，但尚未构成不可抗力事件的恶劣气候条件。合同当事人可以在专用合同条款中约定异常恶劣的气候条件的具体情形。

承包人应采取克服异常恶劣的气候条件的合理措施继续施工，并及时通知发包人和监理人。监理人经发包人同意后应当及时发出指示，指示构成变更的，按该通用条款［变更］约定办理。承包人因采取合理措施而增加的费用和（或）延误的工期由发包人承担。

(5) 暂停施工

1) 发包人原因引起的暂停施工。因发包人原因引起暂停施工的，监理人经发包人同意后，应及时下达暂停施工指示。情况紧急且监理人未及时下达暂停施工指示的，按照该通用条款

[紧急情况下的暂停施工] 执行。因发包人原因引起的暂停施工，发包人应承担由此增加的费用和（或）延误的工期，并支付承包人合理的利润。

2）承包人原因引起的暂停施工。因承包人原因引起的暂停施工，承包人应承担由此增加的费用和（或）延误的工期，且承包人在收到监理人复工指示后84天内仍未复工的，视为该通用条款［承包人违约的情形］中约定的承包人无法继续履行合同的情形。

3）指示暂停施工。监理人认为有必要时，并经发包人批准后，可向承包人做出暂停施工的指示，承包人应按监理人指示暂停施工。

4）紧急情况下的暂停施工。因紧急情况需暂停施工，且监理人未及时下达暂停施工指示的，承包人可先暂停施工，并及时通知监理人。监理人应在接到通知后24小时内发出指示；逾期未发出指示的，视为同意承包人暂停施工。监理人不同意承包人暂停施的，应说明理由。若承包人对监理人的答复有异议，按照该通用条款［争议解决］的约定处理。

5）暂停施工后的复工。暂停施工后，发包人和承包人应采取有效措施积极消除暂停施工的影响。在工程复工前，监理人会同发包人和承包人确定因暂停施工造成的损失，并确定工程复工条件。当工程具备复工条件时，监理人应经发包人批准后向承包人发出复工通知，承包人应按照复工通知要求复工。承包人无故拖延和拒绝复工的，承包人承担由此增加的费用和（或）延误的工期；因发包人原因无法按时复工的，按照该通用条款［因发包人原因导致工期延误］的约定处理。

6）暂停施工持续56天以上。监理人发出暂停施工指示后56天内未向承包人发出复工通知，除该项停工属于该通用条款［承包人原因引起的暂停施工］及［不可抗力］约定的情形外，承包人可向发包人提交书面通知，要求发包人在收到书面通知后28天内准许已暂停施工的部分或全部工程继续施工。发包人逾期不予批准的，则承包人可以通知发包人，将工程受影响的部分视为按该通用条款［变更的范围］的可取消工作。

暂停施工持续84天以上不复工的，且不属于该通用条款［承包人原因引起的暂停施工］及［不可抗力］约定的情形，并影响到整个工程以及合同目的实现的，承包人有权提出价格调整要求，或要求解除合同。解除合同的，按照该通用条款［因发包人违约解除合同］的规定执行。

7）暂停施工期间的工程照管。暂停施工期间，承包人应负责妥善照管工程并提供安全保障，由此增加的费用由责任方承担。

8）暂停施工的措施。暂停施工期间，发包人和承包人均应采取必要的措施确保工程质量及安全，防止暂停施工导致损失扩大。

(6) 变更

1）变更的范围。除专用合同条款另有约定外，合同履行过程中发生以下情形的，应按照以下约定进行变更：

① 增加或减少合同中任何工作，或追加额外的工作。
② 取消合同中任何工作，但转由他人实施的工作除外。
③ 改变合同中任何工作的质量标准或其他特性。
④ 改变工程的基线、标高、位置和尺寸。
⑤ 改变工程的时间安排或实施顺序。

2）变更权。发包人和监理人均可以提出变更。变更指示均通过监理人发出，监理人发出变更指示前应征得发包人同意。承包人收到经发包人签认的变更指示后，方可实施变更。未经许可，承包人不得擅自对工程的任何部分进行变更。涉及设计变更的，应由设计人提供变更后的设计图和说明。如变更超过原设计标准或所批准的建设规模时，发包人应及时办理规划、设计变更等审批手续。

3）变更程序。

① 发包人提出变更。发包人提出变更的，应通过监理人向承包人发出变更指示，变更指示应说明计划变更的工程范围和变更的内容。

② 监理人提出变更建议。监理人提出变更建议的，需要向发包人以书面形式提出变更计划，说明计划变更的工程范围和变更的内容、理由，以及实施该变更对合同价格和工期的影响。发包人同意变更的，由监理人向承包人发出变更指示；发包人不同意变更的，监理人无权擅自发出变更指示。

③ 变更执行。承包人收到监理人下达的变更指示后，认为不能执行，应立即提出不能执行该变更指示的理由。承包人认为可以执行变更的，应当书面说明实施该变更指示对合同价格和工期的影响，且合同当事人应当按照该通用条款［变更估价］的约定确定变更估价。

4）变更或承包人合理化建议引起的工期调整。因变更引起工期变化的，合同当事人均可要求调整合同工期，由合同当事人按照该通用条款［商定或确定］的规定，并参考工程所在地的工期定额标准确定增减的工期天数。

承包人提出合理化建议的，应向监理人提交合理化建议说明，说明建议的内容和理由，以及实施该建议对工期和合同价格的影响，合理化建议由监理人审查并报送发包人。合理化建议经发包人批准的，监理人应及时发出变更指示，由此引起的工期变化和合同价格调整按照合同相关规定执行。

3. 竣工验收阶段的进度控制

工程竣工验收的条件程序等内容参见本章施工合同的质量控制条款。

（1）实际竣工日期的确定

工程经竣工验收合格的，以承包人提交竣工验收申请报告之日为实际竣工日期，并在工程接收证书中载明；因发包人原因，未在监理人收到承包人提交的竣工验收申请报告42天内完成竣工验收或完成竣工验收不予签发工程接收证书的，以提交竣工验收申请报告的日期为实际竣工日期；工程未经竣工验收，发包人擅自使用的，以转移占有工程之日为实际竣工日期。

（2）提前竣工

发包人要求承包人提前竣工的，发包人应通过监理人向承包人下达提前竣工指示，承包人应向发包人和监理人提交提前竣工建议书，提前竣工建议书应包括实施的方案、缩短的时间、增加的合同价格等内容。若发包人接受该提前竣工建议书，监理人应与发包人和承包人协商采取加快工程进度的措施，并修订施工进度计划，由此增加的费用由发包人承担。承包人认为提前竣工指示无法执行的，应向监理人和发包人提出书面异议，发包人和监理人应在收到异议后7天内予以答复。任何情况下，发包人都不得压缩合理工期。

发包人要求承包人提前竣工，或承包人提出提前竣工的建议能够给发包人带来效益的，合同当事人可以在专用合同条款中约定提前竣工的奖励。

六、施工合同的质量控制条款

工程施工中的质量控制是合同履行中的重要环节。施工合同的质量控制涉及许多方面的因素，任何一个方面的缺陷和疏漏都会使工程质量无法达到预期的标准。承包人应按照合同约定的标准、规范、设计图、质量等级，以及总监理工程师发布的指令认真施工，并达到合同约定的质量标准。在施工过程中，承包人要随时接受总监理工程师对材料设备、中间部位，隐蔽工程以及竣工工程等质量的检查、验收与监督。

1. 质量标准和要求

（1）质量标准约定

工程质量标准必须符合现行国家有关工程施工质量验收规范和标准的要求。有关工程质量的特殊标准或要求由合同当事人在专用合同条款中约定。

（2）达不到质量标准的处理

因发包人原因造成工程质量未达到合同约定标准的，由发包人承担由此增加的费用和（或）延误的工期，并支付承包人合理的利润。

因承包人原因造成工程质量未达到合同约定标准的，发包人有权要求承包人返工直至工程质量达到合同约定的标准为止，并由承包人承担由此增加的费用和（或）延误的工期。

（3）质量争议的处理

合同当事人对工程质量有争议的，由双方协商确定的工程质量检测机构鉴定，由此产生的费用及因此造成的损失由责任方承担。合同当事人均有责任的，由双方根据其责任分别承担。合同当事人无法达成致的，按照该通用条款［商定或确定］执行。

2. 质量保证措施

（1）发包人的质量管理

发包人应按照法律规定及合同约定完成与工程质量有关的各项工作。

（2）承包人的质量管理

承包人按照该通用条款［施工组织设计］的约定向发包人和监理人提交工程质量保证体系及措施文件，建立完善的质量检查制度并提交相应的工程质量文件。对于发包人和监理人违反法律规定和合同约定的错误指示，承包人有权拒绝实施。

承包人应对施工人员进行质量教育和技术培训，定期考核施工人员的劳动技能，严格执行施工规范和操作规程。

承包人应按照法律规定和发包人的要求，对材料、工程设备以及工程的所有部位及其施工工艺进行全过程的质量检查和检验并做详细记录，编制工程质量报表，报送监理人审查。此外，承包人还应按照法律规定和发包人的要求，进行施工现场取样试验、工程复核测量和设备性能检测，提供试验样品、提交试验报告和测量成果以及其他工作。

（3）监理人的质量检查和检验

监理人按照法律规定和发包人授权对工程的所有部位及其施工工艺、材料和工程设备进行检查和检验。承包人应为监理人的检查和检验提供方便，包括监理人到施工现场，或制造、加工地点，或合同约定的其他地方进行察看和查阅施工原始记录。监理人为此进行的检查和检验，不免除或减轻承包人按照合同约定应当承担的责任。

监理人的检查和检验不应影响施工的正常进行。监理人的检查和检验影响施工正常进行的，且经检查、检验不合格的，影响正常施工的费用由承包人承担，工期不予顺延；经检查、检验合格的，由此增加的费用和（或）延误的工期由发包人承担。

3. 材料和工程设备的质量控制

（1）发包人供应材料与工程设备

发包人自行供应材料、工程设备的，应在签订合同时在专用合同条款的附件《发包人供应材料设备览表》中明确材料、工程设备的品种规格、型号数量、单价质量等级和送达地点。

承包人应提前30天通过监理人，以书面形式通知发包人供应材料与工程设备进场。承包人按照该通用条款［施工进度计划的修订］的约定修订施工进度计划时，需同时提交经修订后的发包人供应材料与工程设备的进场计划。

（2）承包人采购材料与工程设备

承包人负责采购材料、工程设备的，应按照设计和有关标准要求采购，并提供产品合格证明及出厂证明，对材料、工程设备质量负责。合同约定由承包人采购的材料和工程设备，发包人不得指定生产厂家或供应商，发包人违反约定指定生产厂家或供应商的承包人有权拒绝，并由发包人承担相应责任。

（3）材料与工程设备的接收与拒收

1）发包人提供材料、设备的责任。发包人应按"发包人供应材料设备一览表"约定的内容提供材料和工程设备，并向承包人提供产品合格证明及出厂证明，对其质量负责。发包人应提前24小时以书面形式通知承包人、监理人材料和工程设备到货时间，承包人负责材料和工程设备的清点、检验和接收。

发包人提供的材料和工程设备的规格、数量或质量不符合合同规定的，或因发包人原因导致交货日期延误或交货地点变更等情况的，按照该通用条款［发包人违约］的约定办理。

2）承包人提供材料、设备的责任。承包人采购的材料和工程设备，应保证产品质量合格。承包人应在材料和工程设备到货前24小时通知监理人准备检验。承包人进行永久设备材料的制造和生产的，应符合相关质量标准，并向监理人提交材料的样本以及有关资料，并应在使用该材料或工程设备之前获得监理人同意。

当承包人采购的材料和工程设备不符合设计或有关标准要求时，承包人应在监理人要求的合理期限内，将不符合设计或有关标准要求的材料、工程设备运出施工现场，并重新采购符合要求的材料、工程设备，由此增加的费用和（或）延误的工期，由承包人承担。

（4）材料与工程设备的保管与使用

1）发包人供应材料、设备的保管与使用。发包人供应的材料和工程设备，承包人清点后由承包人妥善保管，保管费用由发包人承担，但已标价工程量清单或预算书已经列支或专用合同条款另有约定的除外。因承包人原因发生丢失毁损的，由承包人负责赔偿；监理人未通知承包人清点的，承包人不负责材料和工程设备的保管，由此导致丢失毁损的，由发包人负责。发包人供应的材料和工程设备，在使用前由承包人负责检验，检验费用由发包人承担，不合格的不得使用。

2）承包人采购材料、设备的保管与使用。承包人采购的材料和工程设备由承包人妥善保管，保管费用由承包人承担。法律规定材料和工程设备使用前必须进行检验或试验的，承包人应按监理人的要求进行检验或试验，检验或试验的费用由承包人承担，不合格的不得使用。发包人或监理人发现承包人使用不符合设计或有关标准要求的材料和工程设备时，有权要求承包人进行修复、拆除或重新采购，由此增加的费用和（或）延误的工期，由承包人承担。

（5）禁止使用不合格的材料、设备

监理人有权拒绝承包人提供的不合格的材料或工程设备，并要求承包人立即进行更换。监理人应在更换后再次进行检查和检验，由此增加的费用和（或）延误的工期由承包人承担。监理人发现承包人使用了不合格的材料和工程设备,承包人应按照监理人的指示立即改正,并禁止在工程中继续使用不合格的材料和工程设备。发包人提供的材料或工程设备不符合合同要求的,承包人有权拒绝,并可要求发包人更换,由此增加的费用和(或)延误的工期由发包人承担,并支付承包人合理的利润。

(6) 样品

1) 样品的报送与封存。需要承包人报送样品的材料或工程设备,样品的种类、名称、规格、数量等要求均应在专用合同条款中进行约定。

2) 样品的保管。经批准的样品应由监理人负责封存于现场,承包人应在现场为保存样品提供适当和固定的场所,并保持适当和良好的存储环境。

(7) 施工设备和临时设施

1) 承包人提供的施工设备和临时设施。承包人应按合同进度计划的要求,及时配置施工设备和修建临时设施。进入施工场地的承包人设备需经监理人核查后才能投入使用。若承包人更换合同约定的承包人设备,应报监理人批准。

除专用合同条款另有约定外,承包人应自行承担修建临时设施的费用,需要临时占地的,应由发包人办理申请手续并承担相应费用。

2) 发包人提供的施工设备和临时设施。发包人提供的施工设备或临时设施应在专用合同条款中进行约定。

3) 要求承包人增加或更换施工设备。承包人使用的施工设备不能满足合同进度计划和(或)质量要求时,监理人有权要求承包人增加或更换施工设备,承包人应及时增加或更换,由此增加的费用和(或)延误的工期由承包人承担。

(8) 材料与设备专用要求

承包人运入施工现场的材料、工程设备、施工设备,以及在施工场地建设的临时设施,包括备品备件、安装工具与资料,必须专用于工程。未经发包人批准,承包人不得运出施工现场或挪作他用;经发包人批准,承包人可以根据施工进度计划撤走闲置的施工设备和其他物品。

4. 隐蔽工程检查

(1) 承包人自检

承包人应当对工程隐蔽部位进行自检,并亲自检查确认是否具备覆盖条件。

(2) 检查程序

除专用合同条款另有约定外,工程隐蔽部位经承包人自检确认具备覆盖条件的,承包人应在共同检查前 48 小时书面通知监理人准备检查,通知中应载明隐蔽检查的内容、时间和地点,并应附有自检记录和必要的检查资料。

监理人应按时到场,并对隐蔽工程及其施工工艺、材料和工程设备进行检查。经监理人检查确认质量符合隐蔽要求,并在验收记录上签字后,承包人才能进行覆盖。经监理人检查质量不合格的,承包人应在监理人指示的时间内完成修复,并由监理人重新检查,由此增加的费用和(或)延误的工期由承包人承担。

除专用合同条款另有约定外,监理人不能按时进行检查的,应在检查前 24 小时向承包人提交书面延期要求,但延期不能超过 48 小时,由此导致工期延误的,工期应予以顺延。监理人未按时进行检查,也未提出延期要求的,视为隐蔽工程检查合格,承包人可自行完成覆盖工作,并做相应记录报送监理人。监理人应签字确认。监理人事后对检查记录有疑问的,可按该通用条款［重新检查］的约定重新检查。

（3）重新检查

承包人覆盖工程隐蔽部位后，发包人或监理人对质量有疑问的，可要求承包人对已覆盖的部位进行钻孔探测或揭开重新检查，承包人应遵照执行，并在检查后重新覆盖恢复原状。经检查证明工程质量符合合同要求的，由发包人承担由此增加的费用和（或）延误的工期，并支付承包人合理的利润；经检查证明工程质量不符合合同要求的，由此增加的费用和（或）延误的工期由承包人承担。

（4）承包人私自覆盖

承包人未通知监理人到场检查，私自将工程隐蔽部位覆盖的，监理人有权指示承包人钻孔探测或揭开检查，无论工程隐蔽部位质量是否合格。由此增加的费用和（或）延误的工期均由承包人承担。

5. 不合格工程的处理

因承包人原因造成工程不合格的，发包人有权随时要求承包人采取补救措施，直至达到合同要求的质量标准，由此增加的费用和（或）延误的工期由承包人承担。无法补救的按照该通用条款［拒绝接收全部或部分工程］的约定执行。

因发包人原因造成工程不合格的，由此增加的费用和（或）延误的工期由发包人承担，并支付承包人合理的利润。

6. 试验与检验

（1）试验设备与试验人员

承包人根据合同约定或监理人指示进行的现场材料试验，应由承包人提供试验场所、试验人员、试验设备以及其他必要的试验条件。监理人在必要时可以使用承包人提供的试验场所、试验设备以及其他试验条件，进行以工程质量检查为目的的材料复核试验，承包人应予以协助。

承包人应按专用合同条款的约定提供试验设备取样装置、试验场所和试验条件，并向监理人提交相应的进场计划表。承包人配置的试验设备要符合相应试验规程的要求并经过具有资质的检测单位检测，且在正式使用该试验设备前需要经过监理人与承包人的共同校定。

承包人应向监理人提交试验人员的名单及其岗位资格等证明资料，试验人员必须能够熟练进行相应的检测试验，承包人对试验人员的试验程序和试验结果的正确性负责。

（2）取样

试验属于自检性质的，承包人可以单独取样。试验属于监理人抽检性质的，可由监理人取样，也可由承包人的试验人员在监理人的监督下取样。

（3）材料、工程设备和工程的试验和检验

承包人应按合同约定进行材料、工程设备和工程的试验和检验，并为监理人对上述材料、工程设备和工程的质量检查提供必要的试验资料和原始记录。按合同约定应由监理人与承包人共同进行试验和检验的，由承包人负责提供必要的试验资料和原始记录。

试验属于自检性质的，承包人可以单独进行试验。试验属于监理人抽检性质的，监理人可以单独进行试验，也可由承包人与监理人共同进行。承包人对由监理人单独进行的试验结果有异议的，可以申请重新共同进行试验。约定共同进行试验的，监理人未按照约定参加试验的，承包人可自行试验，并将试验结果报送监理人，监理人应承认该试验结果。

监理人对承包人的试验和检验结果有异议的,或为查清承包人试验和检验成果的可靠性要求承包人重新试验和检验的,可由监理人与承包人共同进行。重新试验和检验的结果证明该项材料、工程设备或工程的质量不符合合同要求的,由此增加的费用和（或）延误的工期由承包人承担;重新试验和检验结果证明该项材料、工程设备和工程符合合同要求的,由此增加的费用和（或）延误的工期由发包人承担。

(4) 现场工艺试验

承包人应按合同约定或监理人指示进行现场工艺试验。对大型的现场工艺试验,监理人认为必要时,承包人应根据监理人提出的工艺试验要求,编制工艺试验措施计划,并报送监理人审查。

7. 分部分项工程验收

分部分项工程质量应符合国家有关工程施工验收规范、标准及合同约定,承包人应按照施工组织设计的要求完成分部分项工程施工。

除专用合同条款另有约定外,分部分项工程经承包人自检合格并具备验收条件的,承包人应提前48小时通知监理人准备验收。监理人不能按时进行验收的,应在验收前24小时向承包人提交书面延期要求,但延期不能超过48小时。监理人未按时进行验收,也未提出延期要求的,承包人有权自行验收,监理人应认可验收结果。分部分项工程未经验收的,不得进入下一道工序施工。分部分项工程的验收资料应当作为竣工资料的组成部分。

8. 工程试车

(1) 试车程序

工程需要试车的,除专用合同条款另有约定外,试车内容应与承包人承包范围相一致,试车费用由承包人承担。工程试车应按如下程序进行:

1) 单机无负荷试车。具备单机无负荷试车条件的,承包人组织试车,并在试车前48小时书面通知监理人,通知中应载明试车内容、时间、地点。承包人准备试车记录,发包人根据承包人要求为试车提供必要条件。试车合格的,监理人在试车记录上签字。监理人在试车合格后不在试车记录上签字,自试车结束满24小时后视为监理人已经认可试车记录,承包人可继续施工或办理竣工验收手续。

监理人不能按时参加试车的,应在试车前24小时以书面形式向承包人提出延期要求,但延期不能超过48小时,由此导致工期延误的,工期应予以顺延。监理人未能在前述期限内提出延期要求,又不参加试车的,视为认可试车记录。

2) 无负荷联动试车。具备无负荷联动试车条件的,发包人组织试车,并在试车前48小时以书面形式通知承包人。通知中应载明试车的内容、时间、地点和对承包人的要求,承包人按要求做好准备工作。试车合格后,合同当事人在试车记录上签字。承包人无正当理由不参加试车的,视为认可试车记录。

3) 投料试车。如需进行投料试车的,发包人应在工程竣工验收后组织投料试车。发包人要求在工程竣工验收前进行或需要承包人配合时,应征得承包人同意,并在专用合同条款中约定有关事项。

投料试车合格的,费用由发包人承担;因承包人原因造成投料试车不合格的,承包人应按照发包人要求进行整改,由此产生的整改费用由承包人承担;不是因承包人原因导致投料试车不合格的,如发包人要求承包人进行整改的,由此产生的费用由发包人承担。

（2）试车责任

1）设计原因。因设计原因导致试车达不到验收要求，发包人应要求设计人修改设计，承包人按修改后的设计重新安装。发包人承担修改设计、拆除及重新安装的全部费用，工期相应顺延。

2）承包人原因。因承包人原因导致试车达不到验收要求，承包人按监理人要求重新安装和试车，并承担重新安装和试车的费用，工期不予顺延。

3）设备制造原因。因工程设备制造原因导致试车达不到验收要求的，由采购该工程设备的合同当事人负责重新购置或修理，承包人负责拆除和重新安装，由此增加的修理、重新购置、拆除及重新安装的费用及延误的工期，由采购该工程设备的合同当事人承担。

9. 竣工验收

竣工验收是全面考核建设工作，检查是否符合设计要求和工程质量标准的重要环节。工程未经竣工验收或竣工验收未通过的，发包人不得使用。发包人强行使用时，由此发生的质量问题及其他问题，由发包人承担责任。但在此情况下，发包人主要是对强行使用直接产生的质量问题和其他问题承担责任，不能免除承包人对工程的保修等责任。

（1）竣工验收条件

工程具备以下条件的，承包人可以申请竣工验收：

1）除发包人同意的甩项工作和缺陷修补工作外，合同范围内的全部工程以及有关工作，包括合同规定的试验试运行以及检验均已完成，并符合同求。

2）已按合同约定编制甩项工作和缺陷修补工作清单以及相应的施工计划。

3）已按合同约定的内容和份数备齐竣工资料。

（2）竣工验收程序

除专用合同条款另有约定外，承包人申请竣工验收的应当按照以下程序进行：

1）承包人向监理人报送竣工验收申请报告，监理人应在收到竣工验收申请报告后14天内完成审查并报送发包人。监理人审查后认为尚不具备验收条件的，应通知承包人在竣工验收前承包人还需完成的工作内容，承包人应在完成监理人通知的全部工作内容后，再次提交竣工验收申请报告。

2）监理人审查后认为已具备竣工验收条件的，应将竣工验收申请报告提交发包人，发包人应在收到经监理人审核的竣工验收申请报告后28天内审批完毕，并组织监理人、承包人、设计人等相关单位完成竣工验收。

3）竣工验收合格的，发包人应在验收合格后14天内向承包人签发工程接收证书。发包人无正当理由逾期不颁发工程接收证书的，自验收合格后第15天起视为已颁发工程接收证书。

4）竣工验收不合格的，监理人员应按照验收意见发出指示，要求承包人对不合格工程返工、修复或采取其他补救措施，由此增加的费用和（或）延误的工期由承包人承担。承包人在完成不合格工程的返工、修复或采取其他补救措施后，应重新提交竣工验收申请报告，并按本项约定的程序重新进行验收。

5）工程未经验收或验收不合格，发包人擅自使用的，应在转移占有工程后7天内向承包人颁发工程接收证书；发包人无正当理由逾期不颁发工程接收证书的，自转移占有后第15天起视为已颁发工程接收证书。

除专用合同条款另有约定外，发包人不按照本项约定组织竣工验收、颁发工程接收证书的，每逾期一天，应以签约合同价为基数，按照中国人民银行发布的同期同类贷款基准利率支付违约金。

（3）拒绝接收全部或部分工程

对于竣工验收不合格的工程，承包人完成整改后，应当重新进行竣工验收，经重新组织验收仍不合格且无法采取措施补救的，发包人可以拒绝接收。因不合格工程导致其他工程不能正常使用的，承包人应采取措施确保相关工程的正常使用，由此增加的费用和（或）延误的工期由承包人承担。

（4）移交、接收全部与部分工程

除专用合同条款另有约定外，合同当事人应当在颁发工程接收证书后7天内完成工程的移交。

发包人无正当理由不接收工程的，自应当接收工程之日起，发包人应承担工程照管、成品保护、保管等与工程有关的各项费用，合同当事人可以在专用合同条款中另行约定发包人逾期接收工程的违约责任。

承包人无正当理由不移交工程的，承包人应承担工程照管以及成品保护、保管等与工程有关的各项费用。合同当事人可以在专用合同条款中另行约定承包人无正当理由不移交工程的违约责任。

10. 提前交付单位工程的验收

发包人需要在工程竣工前使用单位工程的，或承包人提出提前交付已经竣工的单位工程且经发包人同意的，可进行单位工程验收。验收的程序按照该通用条款［竣工验收］的约定进行。

验收合格后，由监理人向承包人出具经发包人签认的单位工程接收证书。已签发单位工程接收证书的单位工程，由发包人负责照管。单位工程的验收成果和结论作为整体工程竣工验收申请报告的附件。

发包人要求在工程竣工前交付单位工程，由此导致承包人费用增加和（或）工期延误的，由发包人承担由此增加的费用和（或）延误的工期，并支付承包人合理的利润。

11. 施工期运行

施工期运行是指合同工程尚未全部竣工，其中某项或某几项单位工程或工程设备安装已竣工，根据专用合同条款约定需要投入施工期运行的，经发包人按该通用条款［提前交付单位工程的验收］的约定验收合格，确保安全后，才能在施工期投入运行。在施工期运行中，发现工程或工程设备损坏或存在缺陷时，由承包人按通用条款［缺陷责任期］的约定进行修复。

12. 竣工退场

（1）现场清理

颁发工程接收证书后，承包人应按以下要求对施工现场进行清理：

1）施工现场内残留的垃圾已全部清除出场。

2）临时工程已拆除，场地已进行清理、平整或复原。

3）按合同约定应撤离的人员、承包人施工设备和剩余的材料，包括废弃的施工设备和材料，已按计划撤离施工现场。

4）施工现场周边及其附近道路、河道的施工堆积物已清理完毕。

5）施工现场其他场地的清理工作已全部完成。

施工现场的竣工退场费用由承包人承担。承包人应在专用合同条款约定的期限内完成竣工退场；逾期未完成的，发包人有权出售或另行处理承包人遗留的物品，由此支出的费用由承包人承担，发包人出售承包人遗留物品所得款项在扣除必要费用后应返还给承包人。

（2）地表还原

承包人应按发包人要求恢复临时占地及清理场地，承包人未按发包人的要求恢复临时占地，或者场地清理未达到合同约定要求的，发包人有权委托其他人恢复或清理，所发生的费用由承包人承担。

13. 缺陷责任与工程保修

根据法律、行政法规或国家关于工程质量保修的规定，在工程移交发包人后，因承包人原因产生的质量缺陷，承包人应承担质量缺陷责任和保修义务。所谓质量缺陷，是指工程不符合国家或行业现行的有关技术标准、设计文件以及合同中对质量的要求。缺陷责任期届满，承包人仍应按合同约定的工程各部位保修年限承担保修义务。

承包人应在工程竣工验收之前，与发包人签订质量保修书，作为施工合同附件，其有效期限至保修期满。

（1）缺陷责任期

1）缺陷责任期期限。缺陷责任期从工程通过竣工验收之日起计算，合同当事人应在专用合同条款中约定缺陷责任期的具体期限，但该期限最长不超过24个月。

单位工程先于全部工程进行验收，经验收合格并交付使用的，该单位工程缺陷责任期自单位工程验收合格之日起算。因承包人原因导致工程无法按合同约定期限进行竣工验收的，缺陷责任期从实际通过竣工验收之日起计算。因发包人原因导致工程无法按合同约定期限进行竣工验收的，在承包人提交竣工验收报告90天后，工程自动进入缺陷责任期；发包人未经竣工验收擅自使用工程的，缺陷责任期自工程转移占有之日起开始计算。

2）缺陷责任期期限的延长。缺陷责任期内，因承包人原因造成的缺陷，承包人应负责维修，并承担鉴定及维修费用。如承包人不维修也不承担费用，发包人可按合同约定，从保证金或银行保函中扣除；费用超出保证金额的，发包人可按合同约定向承包人进行索赔。承包人维修并承担相应费用后，不免除对工程的损失赔偿责任。发包人有权要求承包人延长缺陷责任期，并应在原缺陷责任期届满前发出延长通知。但缺陷责任期（含延长部分）最长不能超过24个月。

因他人原因造成的缺陷，发包人负责组织维修，承包人不承担费用，且发包人不得从保证金中扣除费用。

3）缺陷责任期期限内的试验。任何一项缺陷或损坏修复后，若经检查证明其影响了工程或工程设备的使用性能，承包人应重新进行合同约定的试验和试运行，试验和试运行的全部费用应由责任方承担。

4）颁发缺陷责任期终止证书。除专用合同条款另有约定外，承包人应于缺陷责任期届满后7天内向发包人发出缺陷责任期届满通知，发包人应在收到缺陷责任期满通知后14天内核实承包人是否履行了缺陷修复义务，承包人未能履行缺陷修复义务的，发包人有权扣除相应金额的维修费用。发包人应在收到缺陷责任期届满通知后14天内，向承包人颁发缺陷责任期终止证书。

（2）保修责任

1）工程保修期。工程保修期从工程竣工验收合格之日起算，具体分部分项工程的保修期由合同当事人在专用合同条款中约定,但不得低于法律、法规规定的法定最低保修年限。在工程保修期内,承包人应当根据有关法律规定以及合同约定承担保修责任。

发包人未经竣工验收擅自使用工程的,保修期自转移占有之日起计算。

2)保修费用处理。保修期内,修复的费用按照以下约定处理:

① 保修期内,因承包人原因造成工程的缺陷、损坏,承包人应负责修复,并承担修复的费用以及因工程的缺陷、损坏造成的人身伤害责任和财产损失。

② 保修期内,因发包人使用不当造成工程的缺陷损坏,可以委托承包人修复,但发包人应承担修复的费用,并支付承包人合理的利润。

③ 因其他原因造成工程的缺陷和损坏,可以委托承包人修复,发包人应承担修复的费用,并支付承包人合理的利润,因工程的缺陷、损坏造成的人身伤害责任和财产损失由责任方承担。

3)修复通知。在保修期内,发包人在使用过程中发现已接收的工程存在缺陷或损坏的,应书面通知承包人予以修复。在情况紧急,必须立即修复缺陷或损坏时,发包人可以口头通知承包人并在口头通知后48小时内补发书面确认;承包人应在专用合同条款约定的合理期限内到达工程现场,并修复缺陷或损坏。

4)未能修复。因承包人原因造成工程的缺陷或损坏,承包人拒绝修复或未能在合理期限内修复缺陷或损坏,且经发包人书面催告后仍未修复的,发包人有权自行修复或委托第三方修复,所需费用由承包人承担。但若修复范围超出缺陷或损坏范围,超出部分的修复费用则由发包人承担。

5)承包人出入权。在保修期内,为了修复缺陷或损坏,承包人有权出入工程现场,除情况紧急必须立即修复缺陷或损坏外,承包人应提前24小时通知发包人进场修复的时间。承包人进入工地前应获得发包人同意,且不应影响发包人正常的生产、经营活动,并应遵守发包人有关保安和保密等方面的规定。

七、施工合同的投资控制条款

1. 合同价格形式

发包人和承包人应在合同协议书中选择下列一种合同价格形式:

(1)单价合同

单价合同是指合同当事人约定以工程量清单及其综合单价进行合同价格计算、调整和确认的建设工程施工合同,在约定的范围内合同单价不做调整。合同当事人应在专用合同条款中约定综合单价包含的风险范围和风险费用的计算方法,并约定风险范围以外的合同价格的调整方法。其中,由市场价格波动引起的调整按该通用条款[市场价格波动引起的调整]的约定执行。

(2)总价合同

总价合同是指合同当事人约定以施工图、已标价工程量清单或预算书及有关条件进行合同价格计算、调整和确认的建设工程施工合同,在约定的范围内合同总价不做调整。合同当事人应在专用合同条款中约定总价包含的风险范围和风险费用的计算方法,并约定风险范围以外的合同价格的调整方法。其中,由市场价格波动引起的调整按该通用条款[市场价格波动引起的调整]的约定执行,由法律变化引起的调整按该通用条款[法律变化引起的调整]的约定执行。

(3) 其他价格形式

合同当事人可在专用合同条款中约定其他合同价格形式。合同当事人可以根据实际情况选择成本加酬金或者定额计价等方式计取工程价款。

2. 预付款

(1) 预付款的支付

预付款的支付按照专用合同条款约定执行,但至迟应在开工通知载明的开工日期的 7 天前支付。预付款应当用于材料、工程设备、施工设备的采购及修建临时工程、组织施工队伍进场等。

除专用合同条款另有约定外,预付款在进度付款中同比例扣回。在颁发工程接收证书前,提前解除合同的,尚未扣完的预付款应与合同价款一并结算。

发包人逾期支付预付款超过 7 天的,承包人有权向发包人发出要求预付的催款通知。发包人收到通知后 7 天内仍未支付的,承包人有权暂停施工,并按该通用条款 [发包人违约的情形] 的约定执行。

(2) 预付款担保

发包人要求承包人提供预付款担保的,承包人应在发包人支付预付款 7 天前提供预付款担保,专用合同条款另有约定的除外。预付款担保可采用银行保函、担保公司担保等形式,具体由合同当事人在专用合同条款中约定。在预付款完全扣回之前,承包人应保证预付款担保持续有效。

发包人在工程款中逐期扣回预付款后,预付款担保额度应相应减少,但剩余的预付款担保金额不得低于未被扣回的预付款金额。

3. 计量

(1) 计量原则

工程量计量按照合同约定的工程量计算规则、设计图及变更指示等进行计量。工程量计算规则应以相关的国家标准、行业标准等为依据,由合同当事人在专用合同条款中加以约定。

(2) 计量周期

除专用合同条款另有约定外,工程量的计量按月进行。

(3) 单价合同的计量

除专用合同条款另有约定外,单价合同的计量按照下列约定执行:

1) 承包人应于每月 25 日向监理人报送上月 20 日至当月 19 日已完成的工程量报告,并附进度付款申请单、已完成工程量报表和有关资料。

2) 监理人应在收到承包人提交的工程量报告后 7 天内完成对承包人提交的工程量报表的审核并报送发包人,以确定当月实际完成的工程量。监理人对工程量有异议的,有权要求承包人进行共同复核或抽样复测。承包人应协助监理人进行复核或抽样复测,并按监理人要求提供补充计量资料。承包人未按监理人要求参加复核或抽样复测的,监理人复核或修正的工程量视为承包人实际完成的工程量。

3) 监理人未在收到承包人提交的工程量报表后的 7 天内完成审核的,承包人提交的工程量报告中的工程量视为承包人实际完成的工程量,据此计算工程价款。

(4) 总价合同的计量

除专用合同条款另有约定外,按月计量支付的总价合同,按照下列约定执行:

1）承包人应于每月 25 日向监理人报送上月 20 日至当月 19 日已完成的工程量报告，并附进度付款申请单、已完成工程量报表和有关资料。

2）监理人应在收到承包人提交的工程量报告后 7 天内完成对承包人提交的工程量报表的审核并报送发包人，以确定当月实际完成的工程量。监理人对工程量有异议的，有权要求承包人进行共同复核或抽样复测。承包人应协助监理人进行复核或抽样复测，并按监理人要求提供补充计量资料。承包人未按监理人要求参加复核或抽样复测的，监理人审核或修正的工程量视为承包人实际完成的工程量。

3）监理人未在收到承包人提交的工程量报表后的 7 天内完成复核的，承包人提交的工程量报告中的工程量视为承包人实际完成的工程量。

总价合同采用支付分解表计量支付的，可以按照该通用条款［总价合同的计量］的约定进行计量，但合同价款按照支付分解表进行支付。

4. 工程进度款支付

（1）付款周期

除专用合同条款另有约定外，付款周期应按照该通用条款［计量周期］的约定，与计量周期保持一致。

（2）进度付款申请单的编制

除专用合同条款另有约定外，进度付款申请单应包括下列内容：

1）截至本次付款周期，已完成工作对应的金额。

2）根据该通用条款［变更］约定应增加和扣减的变更金额。

3）根据该通用条款［预付款］约定应支付的预付款和扣减的返还预付款。

4）根据该通用条款［质量保证金］约定应扣减的质量保证金。

5）根据该通用条款［索赔］约定应增加和扣减的索赔金额。

6）对已签发的进度款支付证书中出现错误的修正应在本次进度付款中支付或扣除的金额。

7）根据合同约定应增加或扣减的其他金额。

（3）进度付款申请单的提交

1）单价合同进度付款申请单的提交。单价合同的进度付款申请单，按照该通用条款［单价合同的计量］约定的时间按月向监理人提交，并附上已完成工程量报表和有关资料。单价合同中的总价项目按月进行支付分解，并汇总列入当期进度付款申请单。

2）总价合同进度付款申请单的提交。总价合同按月计量支付的，承包人按照该通用条款［总价合同的计量］约定的时间按月向监理人提交进度付款申请单，并附上已完成工程量报表和有关资料。

总价合同按支付分解表支付的，承包人应按照该通用条款［支付分解表］及［进度付款申请单的编制］的约定向监理人提交进度付款申请单。

3）其他价格形式合同的进度付款申请单的提交。合同当事人可在专用合同条款中约定其他价格形式合同的进度付款申请单的编制和提交程序。

（4）进度款审核和支付

1）进度款审核。除专用合同条款另有约定外，监理人应在收到承包人进度付款申请单以及相关资料后 7 天内完成审查并报送发包人，发包人应在收到后 7 天内完成审批并签发进度款支付证书。发包人逾期未完成审批且未提出异议的，视为已签发进度款支付证书。

2）对进度付款申请单异议的处理。发包人和监理人对承包人的进度付款申请单有异议的，有权要求承包人修正和提供补充资料，承包人应提交修正后的进度付款申请单。监理人应在收到承包人修正后的进度付款申请单及相关资料后7天内完成审查并报送发包人。发包人应在收到监理人报送的进度付款申请单及相关资料后7天内，向承包人签发无异议部分的临时进度款支付证书。存在争议的部分，按照该通用条款［争议解决］的约定处理。

3）进度款支付。除专用合同条款另有约定外，发包人应在进度款支付证书或临时进度款支付证书签发后14天内完成支付，发包人逾期支付进度款的，应按照中国人民银行发布的同期同类贷款基准利率支付违约金。

发包人签发进度款支付证书或临时进度款支付证书，不表明发包人已同意批准或接受了承包人完成的相应部分的工作。

（5）进度付款的修正

在对已签发的进度款支付证书进行阶段汇总和复核中发现错误、遗漏或重复的，发包人和承包人均有权提出修正申请。经发包人和承包人同意的修正，应在下期进度付款时支付或扣除。

（6）支付分解表

1）支付分解表的编制要求：

① 支付分解表中所列的每期付款金额，应为该通用条款［进度付款申请单的编制］项下的估算金额。

② 实际进度与施工进度计划不一致的，合同当事人可按照该通用条款［商定或确定］修改支付分解表。

③ 不采用支付分解表的，承包人应向发包人和监理人提交按季度编制的支付估算分解表，用于支付参考。

2）总价合同支付分解表的编制与审批。

① 除专用合同条款另有约定外，承包人应根据该通用条款［施工进度计划］约定的施工进度计划、签约合同价和工程量等因素对总价合同按月进行分解，编制支付分解表。承包人应当在收到监理人和发包人批准的施工进度计划后7天内，将支付分解表及编制支付分解表的支持性资料报送监理人。

② 监理人应在收到支付分解表后7天内完成审核并报送发包人。发包人应在收到经监理人审核的支付分解表后7天内完成审批，经发包人批准的支付分解表为有约束力的支付分解表。

③ 发包人逾期未完成支付分解表审批的，也未及时要求承包人进行修正和提供补充资料的，则承包人提交的支付分解表视为已经获得发包人的批准。

3）单价合同的总价项目支付分解表的编制与审批。除专用合同条款另有约定外，单价合同的总价项目，由承包人根据施工进度计划和总价项目的总价构成、费用性质、计划发生时间和相应工程量等因素按月进行分解，形成支付分解表，其编制与审批参照总价合同支付分解表的编制与审批执行。

（7）支付账户

发包人应将合同价款支付至合同协议书中约定的承包人账户中。

5. 变更估价

（1）变更估价原则

除专用合同条款另有约定外，变更估价按照下列约定处理：

1）已标价工程量清单或预算书有相同项目的，按照相同项目的单价认定。

2）已标价工程量清单或预算书中无相同项目，但有类似项目的，参照类似项目的单价认定。

3）变更导致实际完成的变更工程量与已标价工程量清单或预算书中列明的该项目工程量的变化幅度超过15%的，或已标价工程量清单、预算书中无相同项目及类似项目单价的，按照合理的成本与利润构成的原则，由合同当事人按照该通用条款［商定或确定］来确定变更工作的单价。

（2）变更估价程序

承包人应在收到变更指示后14天内，向监理人提交变更估价申请。监理人应在收到承包人提交的变更估价申请后7天内审查完毕并报送发包人。监理人若对变更估价申请有异议，则应通知承包人修改后重新提交。发包人应在承包人提交变更估价申请14天内审批完毕。发包人逾期未完成审批或未提出异议的，视为认可承包人提交的变更估价申请。

因变更引起的价格调整应计入最近一期的进度款中支付。

（3）承包人的合理化建议对合同价格的影响

承包人提出合理化建议的，应向监理人提交合理化建议说明，说明建议的内容和理由，以及实施该建议对合同价格和工期的影响。

合理化建议监理人审查后应报送发包人，合理化建议经发包人批准的，监理人应及时发出变更指示，由此引起的合同价格调整按照该通用条款［变更估价］的约定执行。合理化建议降低了合同价格或者提高了工程经济效益的，发包人可对承包人给予奖励，奖励的方法和金额在专用合同条款中约定。

6. 暂估价

暂估价专业分包工程、服务、材料和工程设备等的具体内容，由合同当事人在专用合同条款中约定。

（1）依法必须招标的暂估价项目

对于依法必须招标的暂估价项目，采取下列其中一种方式确定。合同当事人也可以在专用合同条款中选择其他招标方式。

1）第1种方式：对于依法必须招标的暂估价项目，由承包人招标，对该暂估价项目的确认和批准按照以下约定执行：

① 承包人应当根据施工进度计划，在招标工作启动前14天将招标方案通过监理人报送发包人审查。发包人应当在收到承包人报送的招标方案后7天内批准或提出修改意见。承包人应当按照经过发包人批准的招标方案开展招标工作。

② 承包人应当根据施工进度计划，提前14天将招标文件通过监理人报送发包人审批。发包人应当在收到承包人报送的相关文件后7天内完成审批或提出修改意见。发包人有权确定招标控制价，并按照法律规定参加评标。

③ 承包人与供应商、分包人在签订暂估价合同前，应当提前7天将确定的中标候选供应商或中标候选分包人的资料报送给发包人，发包人应在收到资料后3天内与承包人共同确定中标人；承包人应当在签订合同后7天内，将暂估价合同副本报送发包人留存。

2）第2种方式：对于依法必须招标的暂估价项目，由发包人和承包人共同招标确定暂估价供应商或分包人的，承包人应按照施工进度计划，在招标工作启动前14天通知发包人，并提交暂估价招标方案和工作分工。发包人应在收到后7天内确认。确定中标人后，由发包人、承包人与中标人共同签订暂估价合同。

（2）不属于依法必须招标的暂估价项目

除专用合同条款另有约定外，对于不属于依法必须招标的暂估价项目，采取下列一种方式确定：

1）第1种方式：对于不属于依法必须招标的暂估价项目，按本项约定确认和批准。

① 承包人应根据施工进度计划，在签订暂估价项目的采购合同、分包合同前28天向监理人提出书面申请。监理人应当在收到申请后3天内报送发包人，发包人应当在收到申请后14天内给予批准或提出修改意见，发包人逾期未予批准或提出修改意见的，视为该书面申请已获得同意。

② 发包人认为承包人确定的供应商、分包人无法满足工程质量或合同要求的，发包人可以要求承包人重新确定暂估价项目的供应商分包人。

③ 承包人应当在签订暂估价合同后7天内，将暂估价合同副本报送发包人留存。

2）第2种方式：承包人按照该通用条款［依法必须招标的暂估价项目］约定的第1种方式确定暂估价项目。

3）第3种方式：承包人直接实施的暂估价项目。

① 承包人具备实施暂估价项目的资格和条件的，经发包人和承包人协商一致后，可由承包人自行实施暂估价项目，合同当事人可以在专用合同条款约定具体事项。

② 因发包人原因导致暂估价合同订立和履行延迟的，由此增加的费用和（或）延误的工期由发包人承担，并支付承包人合理的利润。因承包人原因导致暂估价合同订立和履行迟延的，由此增加的费用和（或）延误的工期由承包人承担。

7. 暂列金额

暂列金额应按照发包人的要求使用，发包人的要求应通过监理人发出。合同当事人可以在专用合同条款中协商确定有关事项。

8. 计日工

需要采用计日工方式的经发包人同意后，由监理人通知承包人以计日工计价方式实施相应的工作，其价款按列入已标价工程量清单或预算书中的计日工计价项目及其单价进行计算；已标价工程量清单或预算书中无相应的计日工单价的，按照合理的成本与利润构成的原则，由合同当事人按照该通用条款［商定或确定］确定计日工的单价。

采用计日工计价的任何一项工作，承包人应在该项工作实施过程中，每天提交以下报表和有关凭证报送监理人审查：

1）工作名称、内容和数量。
2）投入该工作的所有人员的姓名、专业、工种级别和耗用工时。
3）投入该工作的材料类别和数量。
4）投入该工作的施工设备型号、台数和耗用台时。
5）其他有关资料和凭证。计日工由承包人汇总后，列入最近期进度付款申请单，由监理人审查并经发包人批准后列入进度付款。

9. 价格调整

（1）市场价格波动引起的调整

除用合同条款另有约定外,市场价格波动超过合同当事人的定的范围,合同合同价格价格应当调整。合同当事人可以在专用合同条款中约定选择下列一种方式对合同价格进行调整。

1)第1种方式:采用价格指数进行价格调整。

① 价格调整公式。因人工、材料和设备等价格波动影响合同价格时,根据专用合同条款中约定的数据,按以下公式计算差额并调整合同价格:

$$\Delta P = P_0 \left[A + \left(B_1 \times \frac{F_{t1}}{F_{01}} + B_2 \times \frac{F_{t2}}{F_{02}} + A + B_n \times \frac{F_m}{F_{0n}} \right) - 1 \right]$$

式中 ΔP——需调整的价格差额;

P_0——约定的付款证书中承包人应得到的已完成工程量的金额。此项金额应不包括价格调整、不计质量保证金的扣留和支付、预付款的支付和扣回。约定的变更及其他金额已按现行价格计价的,也不计入;

A——定值权重(即不调部分的权重);

$B_1;B_2;\cdots B_n$——各可调因子的变值权重(即可调部分的权重),为各可调因子在签约合同价中所占的比例;

$F_{t1};F_{t2};\cdots F_{tn}$——各可调因子的现行价格指数,指约定的付款证书相关周期最后一天的前42天的各可调因子的价格指数;

$F_{01};F_{02};\cdots F_{0n}$——各可调因子的基本价格指数,指基准日期的各可调因子的价格指数。

以上价格调整公式中的各可调因子、定值和变值权重,以及基本价格指数及其来源在投标函附录价格指数和权重表中约定,非招标订立的合同,由合同当事人在专用合同条款中约定。价格指数应首先采用工程造价管理机构发布的价格指数,无前述价格指数时,可采用工程造价管理机构发布的价格代替。

② 暂时确定调整差额。在计算调整差额时无现行价格指数的,合同当事人暂用前次价格指数计算。实际价格指数有调整的,合同当事人应进行相应调整。

③ 权重的调整。因变更导致合同约定的权重不合理时,按照该通用条款[商定或确定]执行。

④ 因承包人原因工期延误后的价格调整。因承包人原因未按期竣工的,对合同约定的竣工日期后继续施工的工程,在使用价格调整公式时,应采用计划竣工日期与实际竣工日期的两个价格指数中较低的一个作为现行价格指数。

2)第2种方式:采用造价信息进行价格调整。

合同履行期间,因人工、材料、工程设备和机械台班价格波动影响合同价格时,人工、机械使用费按照国家或省、自治区、直辖市建设行政管理部门、行业建设管理部门或其授权的工程造价管理机构发布的人工、机械使用费系数进行调整;需要进行价格调整的材料,其单价和采购数量应由发包人审批,发包人确认需要调整的材料单价及数量,作为调整合同价格的依据。

① 人工单价发生变化且符合省级或行业建设主管部门发布的人工费调整规定,合同当事人应按省级或行业建设主管部或其授权的工程造价管理机构发布的人工费等文件调整合同价格,但承包人对人工费或人工单价的报价高于发布价格的除外。

② 材料、工程设备价格变化的价款调整按照发包人提供的基准价格,按以下风险范围规定执行:

a. 承包人在已标价工程量清单或预算书中载明材料单价低于基准价格的,除专用合同条款另有约定外，合同履行期间材料单价涨幅以基准价格为基础超过5%时，或材料单价跌幅以在已标价工程量清单或预算书中载明材料单价为基础超过5%时，其超过部分据实调整。

b. 承包人在已标价工程量清单或预算书中载明材料单价高于基准价格的，除专用合同条款另有约定外，合同履行期间材料单价跌幅以基准价格为基础超过5%时，或材料单价涨幅以在已标价工程量清单或预算书中载明材料单价为基础超过5%时，其超过部分据实调整。

c. 承包人在已标价工程量清单或预算书中载明材料单价等于基准价格的，除专用合同条款另有约定外，合同履行期间材料单价涨跌幅度以基准价格为基础超过5%时，其超过部分据实调整。

d. 承包人应在采购材料前将采购数量和新的材料单价报发包人核对，发包人确认用于工程时，应确认采购材料的数量和单价。发包人在收到承包人报送的确认资料后5天内不予答复的视为认可，作为调整合同价格的依据。未经发包人事先核对，承包人自行采购材料的，发包人有权不予调整合同价格。发包人同意的，可以调整合同价格。

前述基准价格是指由发包人在招标文件或专用合同条款中给定的材料、工程设备的价格，该价格原则上应当按照省级或行业建设主管部门或其授权的工程造价管理机构发布的信息价编制。

③ 施工机械台班单价或施工机械使用费发生变化超过省级或行业建设主管部门或其授权的工程造价管理机构规定的范围时，按规定调整合同价格。

3）第3种方式：专用合同条款约定的其他方式。

（2）法律变化引起的调整

基准日期后，法律变化导致承包人在合同履行过程中所需要的费用发生除该通用条款［市场价将波动引起的调整］约定以外的增加时，由发包人承担由此增加的费用；减少时，应从合同价格中予以扣减。基准日期后，因法律变化造成工期延误时，工期应予以顺延。

因法律变化引起的合同价格和工期调整，合同当事人无法达成一致的，由总监理工程师按该通用条款［商定或确定］的约定处理。

因承包人原因造成工期延误，在工期延误期间出现法律变化的，由此增加的费用和（或）延误的工期由承包人承担。

10. 施工中涉及的其他费用

（1）发掘到化石、文物涉及的费用

在施工现场发掘的所有文物、古迹以及具有地质研究或考古价值的其他遗迹、化石、钱币或物品均属于国家所有。一旦发现上述文物，承包人应采取合理有效的保护措施，防止任何人员移动或损坏上述物品，并立即报告有关政府行政管理部门，同时通知监理人。

发包人、监理人和承包人应按有关政府行政管理部门要求，采取妥善的保护措施，由此增加的费用和（或）延误的工期由发包人承担。承包人发现文物后不及时报告或隐瞒不报，致使文物丢失或损坏的，应赔偿损失，并承担相应的法律责任。

（2）安全文明施工费

1）安全文明施工要求。承包人应当按照有关规定编制安全技术措施或者专项施工方案，建立安全生产责任制度治安保卫制度及安全生产教育培训制度，并按安全生产法律规定及合同约定履行安全职责，如实编制工程安全生产的有关记录，接受发包人、监理人及政府安全监督部门的检查与监督。

承包人在工程施工期间，应当采取措施保持施工现场平整，物料堆放整齐。工程所在地有关政府行政管理部门有特殊要求的，应按照其要求执行。合同当事人对文明施工有其他要求的，可以在专用合同条款中加以明确。

2）安全文明施工费的承担。安全文明施工费由发包人承担，发包人不得以任何形式扣减该部分费用。若基准日期后合同所适用的法律或政府有关规定发生变化，增加的安全文明施工费由发包人承担。

承包人经发包人同意采取合同约定以外的安全措施所产生的费用，由发包人承担。未经发包人同意的，如果该措施避免了发包人的损失，则发包人在避免损失的额度内承担该措施费。如果该措施避免了承包人的损失，由承包人承担该措施费。

3）安全文明施工费的支付。除专用合同条款另有约定外，发包人应在开工后28天内预付安全文明施工费总额的50%，其余部分与进度款同期支付。发包人逾期支付安全文明施工费超过7天的，承包人有权向发包人发出要求预付的催告通知，发包人收到通知后7天内仍未支付的，承包人有权暂停施工，并按该通用条款［发包人违约的情形］执行。

4）安全文明施工费应专款专用。承包人对安全文明施工费应专款专用，承包人应在财务账目中单独列项备查，不得挪作他用，否则发包人有权责令其限期改正；逾期未改正的，可以责令其暂停施工，由此增加的费用和（或）延误的工期由承包人承担。

5）紧急情况处理及费用承担。在工程实施期间或缺陷责任期内发生危及工程安全的事件，监理人通知承包人进行抢修，承包人声明无能力执行或不愿立即执行的，发包人有权雇佣其他人员进行抢修。此类抢修按合同约定属于承包人义务的，由此增加的费用和（或）延误的工期由承包人承担。

11. 竣工结算

（1）竣工结算申请

除专用合同条款另有约定外，承包人应在工程竣工验收合格后28天内向发包人和监理人提交竣工结算申请单，并提交完整的结算资料。有关竣工结算申请单的资料清单和份数等要求，由合同当事人在专用合同条款中约定。除专用合同条款另有约定外，竣工结算申请单应包括以下内容：

1）竣工结算合同价格。

2）发包人已支付承包人的款项。

3）应扣留的质量保证金。已缴纳履约保证金的或提供其他工程质量担保方式的除外。

4）发包人应支付承包人的合同价款。

（2）竣工结算审核

1）除专用合同条款另有约定外，监理人应在收到竣工结算申请单后14天内完成核查并报送发包人。发包人应在收到监理人提交的经审核的竣工结算申请单后14天内完成审批，并由监理人向承包人签发经发包人签认的竣工付款证书。监理人或发包人对竣工结算申请单有异议的，有权要求承包人进行修正或提供补充资料，承包人应提交修正后的竣工结算申请单。

发包人在收到承包人提交竣工结算申请书后28天内未完成审批且未提出异议的，视为发包人认可承包人提交的竣工结算申请单，并自发包人收到承包人提交的竣工结算申请单后第29天起，视为已签发竣工付款证书。

2）除专用合同条款另有约定外，发包人应在签发竣工付款证书后的14天内，完成对承包人的竣工付款。发包人逾期支付的,按照中国人民银行发布的同期同类贷款基准利率支付违约金;逾期支付超过56天的,按照中国人民银行发布的同期同类贷款基准利率的两倍支付违约金。

3)承包人对发包人签认的竣工付款证书有异议的,对于有异议部分,应在收到发包人签认的竣工付款证书后7天内提出异议,并由合同当事人按照专用合同条款约定的方式和程序进行复核,或按该通用条款[争议解决]的约定处理。对于无异议部分,发包人应签发临时竣工付款证书,并按上述第2)条完成付款,承包人逾期未提出异议的,视为认可发包人的审批结果。

(3)甩项竣工协议

发包人要求甩项竣工的,合同当事人应签订甩项竣工协议。在甩项竣工协议中应明确,合同当事人按照该通用条款[竣工结算申请]及[竣工结算审核]的约定,对已合格完成的工程进行结算,并支付相应的合同价款。

12. 质量保证金

经合同当事人协商一致扣留质量保证金的,应在专用合同条款中予以明确。在工程项目竣工前,承包人已经提供履约担保的,发包人不得同时预留工程质量保证金。

(1)承包人提供质量保证金的方式

承包人提供质量保证金有以下三种方式:

1)质量保证金保函。

2)相应比例的工程款。

3)双方约定的其他方式。

除专用合同条款另有约定外,质量保证金原则上采用上述第1)种方式。

(2)质量保证金的扣留

质量保证金的扣留有以下三种方式:

1)在支付工程进度款时逐次扣留。在此情形下,质量保证金的计算基数不包括预付款的支付、扣回以及价格调整的金额。

2)工程竣工结算时一次性扣留质量保证金。

3)双方约定的其他扣留方式。

除专用合同条款另有约定外,质量保证金的扣留原则上采用上述第1)种方式。

发包人累计扣留的质量保证金不得超过工程价款结算总额的3%。如承包人在发包人签发竣工付款证书后28天内提交质量保证金保函,发包人应同时退还扣留的作为质量保证金的工程价款。保函金额不得超过工程价款结算总额的3%。

发包人在退还质量保证金的同时,按照中国人民银行发布的同期同类贷款基准利率支付利息。

(3)质量保证金的退还

缺陷责任期内,承包人认真履行合同约定的责任,到期后,承包人可向发包人申请返还保证金。

发包人在接到承包人返还保证金申请后,应于14天内会同承包人,按照合同约定的内容进行核实。如无异议,发包人应当按照约定将保证金返还给承包人。对返还期限没有约定或者约定不明确的,发包人应当在核实后14天内将保证金返还承包人,逾期未返还的,依法承担违约责任。发包人在接到承包人返还保证金申请后 14 天内不予答复的，经催告后 14 天内仍不予答复的，视同认可承包人的返还保证金申请。

发包人和承包人对保证金预留、返还以及工程维修质量、费用有争议的，按本合同第 20 条约定的争议和纠纷解决程序处理。

13. 最终结清

（1）最终结清申请单

1）除专用合同条款另有约定外，承包人应在缺陷责任期终止证书颁发后 7 天内，按专用合同条款约定的份数向发包人提交最终结清申请单，并提供相关证明材料。最终结清申请单应列明质量保证金、应扣除的质量保证金缺陷责任期内发生的增减费用。

2）发包人对最终结清申请单内容有异议的，有权要求承包人进行修正和提供补充资料，承包人应向发包人提交修正后的最终结清申请单。

（2）最终结清证书和支付

1）除专用合同条款另有约定外，发包人应在收到承包人提交的最终结清申请单后 14 天内完成审批，并向承包人颁发最终结清证书。发包人逾期未完成审批，又未提出修改意见的，视为发包人同意承包人提交的最终结清申请单，且自发包人收到承包人提交的最终结清申请单后 15 天起，视为已颁发最终结清证书。

2）除专用合同条款另有约定外，发包人应在颁发最终结清证书后 7 天内完成支付。发包人逾期支付的，按照中国人民银行发布的同期同类贷款基准利率支付违约金；逾期支付超过 56 天的，按照中国人民银行发布的同期同类贷款基准利率的两倍支付违约金。

3）承包人对发包人颁发的最终结清证书有异议的，按该通用条款［争议解决］的约定办理。

八、施工合同的安全生产、职业健康和环境保护条款

1. 安全生产

（1）安全生产要求

合同履行期间，合同当事人均应当遵守国家和工程所在地有关安全生产的要求，合同当事人有特别要求的，应在专用合同条款中明确施工项目安全生产标准化达标目标及相应事项。承包人有权拒绝发包人及监理人强令承包人违章作业、冒险施工的任何指示。

在施工过程中，如遇到突发的地质变动、事先未知的地下施工障碍等影响施工安全的紧急情况，承包人应及时报告监理人和发包人，发包人应当及时下令停工并报政府有关行政管理部门采取应急措施。

因安全生产需要暂停施工的，按照该通用条款［暂停施工］的约定执行。

（2）安全生产保证措施

承包人应当按照有关规定编制安全技术措施或者专项施工方案，建立安全生产责任制度、治安保卫制度及安全生产教育培训制度，并按安全生产法律规定及合同约定履行安全职责，如实编制工程安全生产的有关记录，接受发包人、监理人及政府安全监督部门的检查与监督。

（3）特别安全生产事项

承包人应按照法律规定进行施工，开工前做好安全技术交底工作，施工过程中做好各项安全防护措施。承包人为实施合同而雇佣的特殊工种的人员应受过专门的培训并已取得政府有关

管理机构颁发的上岗证书。

承包人在动力设备、输电线路、地下管道、密封防震车间、易燃易爆地段以及临街交通要道附近施工时，施工开始前应向发包人和监理人提出安全防护措施，经发包人认可后实施。

实施爆破作业，在放射、毒害性环境中施工（含储存、运输、使用）及使用毒害性、腐蚀性物品施工时，承包人应在施工前7天以书面形式通知发包人和监理人，并报送相应的安全防护措施，经发包人认可后实施。

需单独编制危险性较大的分部分项专项工程施工方案的，以及要求进行专家论证的超过一定规模的危险性较大的分部分项工程施工方案的，承包人应及时编制和组织论证。

（4）治安保卫

除专用合同条款另有约定外，发包人应与当地公安部门协商，在现场建立治安管理机构或联防组织，统一管理施工场地的治安保卫事项，履行合同工程的治安保卫职责。

发包人和承包人除应协助现场治安管理机构或联防组织维护施工场地的社会治安外，还应做好包括生活区在内的各自管辖区内的治安保卫工作。

除专用合同条款另有约定外，发包人和承包人应在工程开工后7天内共同编制施工场地治安管理计划，并制订应对突发治安事件的紧急预案。在工程施工过程中，发生暴乱、爆炸等恐怖事件，以及群殴、械斗等群体性突发治安事件的，发包人和承包人应立即向当地政府报告。发包人和承包人应积极协助当地有关部门采取措施平息事态，防止事态扩大，尽量避免人员伤亡和财产损失。

（5）文明施工

承包人在工程施工期间，应当采取措施保持施工现场有序，物料堆放整齐。工程所在地有关政府行政管理部门有特殊要求的，应按照其要求执行。合同当事人对文明施工有其他要求的，可以在专用合同条款中加以明确。

在工程移交之前，承包人应当从施工现场清除承包人的全部工程设备、多余材料、垃圾和各种临时工程，并保持施工现场整齐有序。经发包人书面同意，承包人可在发包人指定的地点保留承包人履行保修期内的各项义务所需要的材料、施工设备和临时工程。

（6）紧急情况处理

在工程实施期间或缺陷责任期内发生危及工程安全的事件，监理人通知承包人进行抢救，承包人声明无能力或不愿立即执行的，发包人有权雇佣其他人员进行抢救。此类抢救按合同约定属于承包人义务的，由此增加的费用和（或）延误的工期由承包人承担。

（7）事故处理

工程施工过程中发生事故的，承包人应立即通知监理人，监理人应立即通知发包人。发包人和承包人应立即组织人员和设备进行紧急抢救和抢修，减少人员伤亡和财产损失，防止事故扩大，并保护事故现场。需要移动现场物品时，应做出标记和书面记录，妥善保管有关证据。发包人和承包人应按国家有关规定，及时、如实地向有关部门报告事故发生的情况，以及正在采取的紧急措施等。

（8）安全生产责任

1）发包人的安全责任。发包人应负责赔偿以下各种情况造成的损失：

① 工程或工程的任何部分对土地的占用所造成的第三者财产损失。

② 由于发包人原因，在施工场地及其毗邻地带造成的第三者人身伤亡和财产损失。

③ 由于发包人原因对承包人、监理人造成的人员人身伤亡和财产损失。
④ 由于发包人原因造成的发包人自身人员的人身伤害以及财产损失。

2) 承包人的安全责任。由于承包人原因在施工场地内及其毗邻地带造成的发包人、监理人以及第三者人员伤亡和财产损失，由承包人负责赔偿。

2. 职业健康

（1）劳动保护

承包人应按照法律规定，安排现场施工人员的劳动和休息时间，保障劳动者的休息时间，并支付合理的报酬和费用。承包人应依法为其履行合同所雇佣的人员办理必要的证件、许可、保险和注册等，承包人应督促其分包人为分包人所雇佣的人员办理必要的证件、许可、保险和注册等。

承包人应按照法律规定保障现场施工人员的劳动安全，并提供劳动保护，并应按国家有关劳动保护的规定，采取有效的防止粉尘、降低噪声、控制有害气体和保障高温、高寒、高空作业安全等劳动保护措施。承包人雇佣人员在施工中受到伤害的，承包人应立即采取有效措施进行抢救和治疗。

承包人应按法律规定安排工作时间，保证其雇佣人员享有休息和休假的权利。因工程施工的特殊需要占用休假日或延长工作时间的，应不超过法律规定的限度，并按法律规定给予补休或付酬。

（2）生活条件

承包人应为其履行合同所雇佣的人员提供必要的膳宿条件和生活环境；承包人应采取有效措施预防传染病，保证施工人员的健康，并定期对施工现场、施工人员生活基地等处进行防疫和卫生的专业检查和处理，在远离城镇的施工场地，还应配备必要的负责伤病防治和急救的医务人员与医疗设施。

3. 环境保护

承包人应在施工组织设计中列明环境保护的具体措施。在合同履行期间，承包人应采取合理措施保护施工现场的环境。对施工作业过程中可能引起的大气、水、噪声以及固体废物污染采取具体可行的防范措施。

承包人应当承担因其原因引起的环境污染侵权损害赔偿责任，因上述环境污染引起纠纷而导致暂停施工的，由此增加的费用和（或）延误的工期由承包人承担。

九、施工合同的其他约定

1. 不可抗力

（1）不可抗力的确认

不可抗力是指合同当事人在签订合同时不可预见的，在合同履行过程中不可避免且不能克服的自然灾害和社会性突发事件，如地震、海啸、瘟疫、骚乱、戒严、暴动、战争，以及专用合同条款中约定的其他情形。

不可抗力发生后，发包人和承包人应收集证明不可抗力发生及不可抗力造成损失的证据，并及时认真统计所造成的损失。合同当事人对是否属于不可抗力或其损失的意见不一致的，由监理人按该通用条款［商定或确定］的约定处理。发生争议时，按该通用条款［争议解决］的约定处理。

（2）不可抗力的通知

合同一方当事人遇到不可抗力事件，使其履行合同义务受到阻碍时，应立即通知合同另一方当事人和监理人，书面说明不可抗力和受阻碍的详细情况，并提供必要的证明。

不可抗力持续发生的，合同方当事人应及时向合同另方当事人和监理人提交中间报告，说明不可抗力和履行合同受阻的情况，并于不可抗力事件结束后28天内提交最终报告及有关资料。

（3）不可抗力后果的承担

不可抗力引起的后果及造成的损失由合同当事人按照法律规定及合同约定各自承担。不可抗力发生前已完成的工程，应当按照合同约定进行计量支付。不可抗力导致的人员伤亡、财产损失、费用增加和（或）工期延误等后果，由合同当事人按以下原则承担：

1）永久工程、已运至施工现场的材料和工程设备的损坏，以及因工程损坏造成的第三方人员伤亡和财产损失由发包人承担。

2）承包人施工设备的损坏由承包人承担。

3）发包人和承包人承担各自人员的伤亡责任和财产的损失。

4）因不可抗力影响承包人履行合同约定的义务，已经引起或即将引起工期延误的，应当顺延工期，由此导致承包人停工的费用损失由发包人和承包人合理分担，停工期间必须支付的工人工资由发包人承担。

5）因不可抗力引起或即将引起工期延误，发包人要求赶工的，由此增加的赶工费用由发包人承担。

6）承包人在停工期间按照发包人要求照管、清理和修复工程的费用，由发包人承担。

不可抗力发生后，合同当事人均应采取措施尽量避免和减少损失的扩大，任何一方当事人没有采取有效措施导致损失扩大的，应对扩大的损失承担责任。因合同一方延迟履行合同义务，在延迟履行期间遭遇不可抗力的，不免除其违约责任。

（4）因不可抗力解除合同

因不可抗力导致合同无法履行连续超过84天或累计超过140天的，发包人和承包人均有权解除合同。合同解除后，由双方当事人按照该通用条款［商定或确定］的规定商定或确定发包人应支付的款项，该款项包括：

1）合同解除前承包人已完成工作的价款。

2）承包人为工程订购的并已交付给承包人，或承包人有责任接受交付的材料、工程设备和其他物品的价款。

3）发包人要求承包人退货或解除订货合同而产生的费用，或因不能退货或解除合同而造成的损失。

4）承包人撤离施工现场以及遣散承包人人员的费用。

5）按照合同约定在合同解除前应支付给承包人的其他款项。

6）扣减承包人按照合同约定应向发包人支付的款项。

7）双方商定或确定的其他款项。

除专用合同条款另有约定外，合同解除后，发包人应在商定或确定上述款项后28天内完成上述款项的支付。

2. 保险

（1）工程保险

除专用合同条款另有约定外，发包人应投保建筑工程一切险或安装工程一切险。发包人委托承包人投保的，因投保产生的保险费和其他相关费用由发包人承担。

（2）工伤保险

发包人应依照法律规定参加工伤保险，并为在施工现场的全部员工办理工伤保险，并要求监理人及由发包人为履行合同聘请的第三方依法参加工伤保险。

承包人应依照法律规定参加工伤保险，并为其履行合同的全部员工办理工伤保险，缴纳工伤保险费，并要求分包人及由承包人为履行合同聘请的第三方依法参加工伤保险。

（3）其他保险

发包人和承包人可以为其施工现场的全部人员办理意外伤害保险并支付保险费，包括其员工及为履行合同聘请的第三方的人员，具体事项由合同当事人在专用合同条款中约定。除专用合同条款另有约定外，承包人应为其施工设备等办理财产保险。

（4）持续保险

合同当事人应与保险人保持联系，使保险人能够随时了解工程实施中的变动，并确保按保险合同条款要求持续购买保险。

（5）保险凭证

合同当事人应及时向另一方当事人提交其已投保的各项保险的凭证和保险单复印件。

（6）未按约定投保的补救

发包人未按合同约定办理保险或未能使保险持续有效的，承包人可代为办理，所需费用由发包人承担。发包人未按合同约定办理保险，导致未能得到足额赔偿的，由发包人负责补足。

承包人未按合同约定办理保险，或未能使保险持续有效的，则发包人可代为办理，所需费用由承包人承担。承包人未按合同约定办理保险，导致未能得到足额赔偿的，由承包人负责补足。

（7）通知义务

除专用合同条款另有约定外，发包人变更除工伤保险之外的保险合同时，应事先征得承包人同意，并通知监理人。承包人变更除工伤保险之外的保险合同时，应事先征得发包人同意，并通知监理人。保险事故发生时，投保人应按照保险合同规定的条件和期限及时向保险人报告。发包人或承包人应当在知道保险事故发生后及时通知对方。

3. 担保

除专用合同条款另有约定外，发包人要求承包人提供履约担保的，发包人应当向承包人提供支付担保。

（1）承包人提供履约担保

发包人需要承包人提供履约担保的，由合同当事人在专用合同条款中约定履约担保的方式、金额及期限等。履约担保可以采用银行保函或担保公司担保等形式。因承包人原因导致工期延长的，继续提供履约担保所增加的费用由承包人承担；非因承包人原因导致工期延长的，继续提供履约担保所增加的费用由发包人承担。

（2）发包人提供资金来源证明和支付担保

除专用合同条款另有约定外，发包人应在收到承包人要求提供资金来源证明的书面通知后28天内，向承包人提供能够按照合同约定支付合同价款的相应资金来源证明。发包人要求承包人提供履约担保的，发包人应当向承包人提供支付担保。支付担保可以采用银行保函或担保公司担保等形式，具体由合同当事人在专用合同条款中约定。

4. 索赔

索赔包括承包人的索赔和发包人的索赔。

（1）承包人的索赔

1）索赔程序。根据合同约定，承包人认为有权得到追加付款和（或）延长工期的，应按以下程序向发包人提出索赔：

① 承包人应在知道或应当知道索赔事件发生后 28 天内，向监理人递交索赔意向通知书，并说明发生索赔事件的事由；承包人未在前述 28 天内发出索赔意向通知书，并说明发生索赔事件的事由的，丧失要求追加付款和（或）延长工期的权利。

② 承包人应在发出索赔意向通知书后 28 天内，向监理人正式递交索赔报告。索赔报告应详细说明索赔理由以及要求追加的付款金额和（或）延长的工期，并附有必要的记录和证明材料。

③ 索赔事件具有持续影响的，承包人应按合理的时间间隔继续递交延续索赔通知，说明持续影响的实际情况和记录，列出累计的追加付款金额和（或）工期延长天数。

④ 在索赔事件影响结束后 28 天内，承包人应向监理人递交最终索赔报告，说明最终要求索赔的追加付款金额和（或）延长的工期，并附有必要的记录和证明材料。

2）对承包人索赔的处理。

① 监理人应在收到索赔报告后 14 天内完成审查并报送发包人。监理人对索赔报告存在异议的，有权要求承包人提交全部原始记录副本。

② 发包人应在监理人收到索赔报告或有关索赔的进一步证明材料后的 28 天内，由监理人向承包人出具经发包人签认的索赔处理结果。发包人逾期答复的，视为认可承包人的索赔要求。

③ 承包人接受索赔处理结果的，索赔款项在当期进度款中进行支付；承包人不接受索赔处理结果的，按照该通用条款［争议解决］的约定处理。

（2）发包人的索赔

1）索赔程序。根据合同约定，发包人认为有权得到赔付金额和（或）延长缺陷责任期的，监理人应向承包人发出通知并附有详细的证明。

发包人应在知道或应当知道索赔事件发生后 28 天内通过监理人向承包人提出索赔意向通知书；发包人未在前述 28 天内发出索赔意向通知书的，丧失要求赔付金额和（或）延长缺陷责任期的权利。发包人应在发出索赔意向通知书后 28 天内，通过监理人向承包人正式递交索赔报告。

2）对发包人索赔的处理。

① 承包人收到发包人提交的索赔报告后，应及时审查索赔报告的内容并查验发包人的证明材料。

② 承包人应在收到索赔报告或有关索赔的进一步证明材料后 28 天内，将索赔处理结果返给发包人。若承包人未在上述期限内做出答复，则视为对发包人索赔要求的认可。

③ 承包人接受索赔处理结果的，发包人可从应支付给承包人的合同价款中扣除赔付的金额或延长缺陷责任期；发包人不接受索赔处理结果的，按该通用条款［争议解决］的约定处理。

（3）承包人提出索赔的期限

1）承包人按该通用条款［竣工结算审核］的约定接收竣工交付证书后，应被视为已无权再提出在工程接收证书颁发前所发生的任何索赔。

2）承包人按该通用条款［最终结清］提交的最终结清申请单中，只限于提出工程接收证书颁发后发生的索赔。提出索赔的期限自接受最终结清证书时终止。

5. 违约责任

（1）发包人的违约责任

1）发包人违约的情形：

① 因发包人原因，未能在计划开工日期前7天内下达开工通知的。

② 因发包人原因，未能按合同约定支付合同价款的。

③ 发包人违反该通用条款［变更的范围］的约定，自行实施被取消的工作或转由他人实施的。

④ 发包人提供的材料、工程设备的规格、数量或质量不符合合同约定，或因发包人原因导致交货日期延误或交货地点变更等情况的。

⑤ 因发包人违反合同约定造成暂停施工的。

⑥ 发包人无正当理由没有在约定期限内发出复工指示，导致承包人无法复工的。

⑦ 发包人明确表示或者以其行为表明不履行合同主要义务的。

⑧ 发包人未能按照合同约定履行其他义务的。

发包人发生除上述第⑦项以外的违约情况时，承包人可向发包人发出通知，要求发包人采取有效措施纠正违约行为。发包人收到承包人通知后28天内仍不纠正违约行为的，承包人有权暂停相应部位工程的施工，并通知监理人。

2）发包人违约的责任。发包人应承担因其违约给承包人增加的费用和（或）延误的工期，并支付承包人合理的利润。此外，合同当事人可在专用合同条款中另行约定发包人违约责任的承担方式和计算方法。发包人承担违约责任的方式有以下四种：

① 赔偿损失：赔偿损失是发包人承担违约责任的主要方式，其目的是补偿因违约给承包人造成的经济损失。发、承包人双方应当在专用条款内约定发包人赔偿承包人损失的计算方法。损失赔偿额应当相当于因违约所造成的损失，包括合同履行后可以获得的利益，但不得超过发包人在订立合同时预见或者应当预见到的因违约可能造成的损失。

② 支付违约金：支付违约金的目的是补偿承包人的损失，双方在专用条款中约定发包人应当支付违约金的数额或计算方法。

③ 顺延工期：因为发包人违约而延误的工期应当相应顺延。

④ 继续履行：发包人违约后，承包人要求发包人继续履行合同的，发包人应当在承担上述违约责任后继续履行施工合同。

（2）承包人的违约责任

1）承包人违约的情形：

① 承包人违反合同约定进行转包或违法分包的。

② 承包人违反合同约定采购和使用不合格的材料和工程设备的。

③ 因承包人原因导致工程质量不符合同要求的。

④ 承包人违反该通用条款［材料与设备专用要求］的约定，未经批准，私自将已按照合

同约定进入施工现场的材料或设备撤离施工现场的。

⑤ 承包人未能按施工进度计划及时完成合同约定的工作，造成工期延误的。

⑥ 承包人在缺陷责任期及保修期内，未能在合理期限内对工程缺陷进行修复，或拒绝按发包人要求进行修复的。

⑦ 承包人明确表示或者以其行为表明不履行合同主要义务的。

⑧ 承包人未能按照合同约定履行其他义务的。

承包人发生除上述第⑦项约定以外的其他违约情况时，监理人可向承包人发出整改通知，要求其在指定的期限内改正。

2）承包人违约的责任。承包人应承担因其违约行为而增加的费用和（或）延误的工期。此外，合同当事人可在专用合同条款中另行约定承包人违约责任的承担方式和计算方法。承包人承担违约责任的方式有以下四种：

① 赔偿损失：发、承包人双方应当在专用条款内约定承包人赔偿发包人损失的计算方法，损失赔偿额应当相当于因违约所造成的损失，包括合同履行后可以获得的利益，但不得超过承包人在订立合同时预见或者应当预见到的因违约可能造成的损失。

② 支付违约金：双方可以在专用条款中约定承包人应当支付违约金的数额或计算方法。发包人在确定违约金的数额时，一般要考虑以下因素：发包人的盈利损失，由于工期延长而引起的贷款利息的增加，工程拖期带来的附加监理费，由于本工程拖期竣工不能使用而租用其他建筑物产生的租赁费等。

③ 采取补救措施：对于施工质量不符合要求的违约，发包人有权要求承包人采取返工、修理、更换等补救措施。

④ 继续履行：承包人违约后，如果发包人要求承包人继续履行合同时，承包人承担上述违约责任后仍应继续履行施工合同。

（3）担保人承担责任

如果施工合同双方当事人设定了担保方式，那么在一方违约后，另一方可按双方约定的担保条款，要求提供担保的第三人承担相应的责任。

（4）第三人造成的违约责任

在履行合同过程中，一方当事人因第三人的原因造成违约的，应当向对方当事人承担违约责任。对方当事人和第三人之间的纠纷，依照法律规定或合同约定解决。

6. 施工合同的解除

（1）可以解除合同的情形

1）发包人承包人协商一致可以解除合同。

2）因发包人违约解除合同。除专用合同条款另有约定外，承包人按该通用条款［发包人违约的情形］的约定暂停施工满28天后，发包人仍不纠正其违约行为并致使合同目的不能实现的，或出现［发包人违约的情形］第⑦项约定的违约情况，承包人有权解除合同，发包人应承担由此增加的费用，并支付承包人合理的利润。

3）因承包人违约解除合同。除专用合同条款另有约定外，出现该通用条款［承包人违约的情形］第⑦项约定的违约情况时，或监理人发出整改通知后，承包人在指定的合理期限内仍不纠正违约行为并致使合同目的不能实现的，发包人有权解除合同。合同解除后，因继续完成工程的需要，发包人有权使用承包人在施工现场的材料、设备、临时工程、承包人文件，以及由承包人或以其名义编制的其他文件，合同当事人应在专用合同条款约定相应费用的承担方式。发包人继续使用的行为不免除或减轻承包人应承担的违约责任。

4）因不可抗力致使合同无法履行的，发包人承包人双方可以解除合同。

（2）解除合同的程序

合同当事人方依据上述约定要求解除合同的，应以书面形式向对方发出解除合同的通知，并在发出通知前提前告知对方，通知到达对方时合同即解除。对解除合同有争议的，双方可按通用条款［争议解决］的约定处理。合同解除后，不影响双方在合同中约定的结算和清理条款的效力。

（3）合同解除后的善后处理

1）因发包人违约解除合同后的付款。承包人按照该通用条款约定解除合同的，发包人应在解除合同后28天内支付下列款项，并解除履约担保：

① 合同解除前所完成工作的价款。
② 承包人为工程施工订购并已付款的材料、工程设备和其他物品的价款。
③ 承包人撤离施工现场以及遣散承包人人员的款项。
④ 按照合同约定在合同解除前应支付的违约金。
⑤ 按照合同约定应当支付给承包人的其他款项。
⑥ 按照合同约定应退还的质量保证金。
⑦ 因解除合同给承包人造成的损失。

合同当事人未能就解除合同后的结清达成一致的，按照该通用条款［争议解决］的约定处理。承包人应妥善做好已完工程和与工程有关的已购材料、工程设备的保护和移交工作，并将施工设备和人员撤出施工现场。发包人应为承包人撤出提供必要条件。

2）因承包人违约解除合同后的处理。因承包人原因导致合同解除的，则合同当事人应在合同解除后28天内完成估价、付款和清算，并按以下约定执行：

① 合同解除后，按该通用条款［商定或确定］的约定来商定或确定承包人实际完成工作对应的合同价款，以及承包人已提供的材料、工程设备、施工设备和临时工程等的价值。
② 合同解除后，承包人应支付的违约金。
③ 合同解除后，因解除合同给发包人造成的损失。
④ 合同解除后，承包人应按照发包人的要求和监理人的指示完成现场的清理和撤离工作。
⑤ 发包人和承包人应在合同解除后进行清算，并出具最终结清付款证书，结清全部款项。

因承包人违约而解除合同的，发包人有权暂停对承包人的付款，先行查清各项付款和已扣款项。发包人和承包人未能就合同解除后的清算和款项支付达成一致的，按照该通用条款［争议解决］的约定处理。

3）采购合同权益转让。因承包人违约解除合同的，发包人有权要求承包人将其为实施合同而签订的材料和设备的采购合同的权益转让给发包人，承包人应在收到解除合同通知后14天内，协助发包人与采购合同的供应商达成相关的转让协议。

7. 争议解决

（1）和解

合同当事人可以就争议自行和解。自行和解达成的协议经双方签字并盖章后作为合同补充文件，双方均应遵照执行。

(2) 调解

合同当事人可以就争议请求建设行政主管部门、行业协会或其他第三方进行调解。调解达成协议的，经双方签字并盖章后作为合同补充文件，双方均应遵照执行。

(3) 争议评审

合同当事人在专用合同条款中约定采取争议评审方式解决争议以及评审规则的，按下列约定执行：

1) 争议评审小组的确定。合同当事人可以共同选择一名或三名争议评审员，组成争议评审小组。除专用合同条款另有约定外，合同当事人应当自合同签订后28天内，或者争议发生后14天内，选定争议评审员。

选择一名争议评审员的，由合同当事人共同确定；选择三名争议评审员的，各自选定一名，第三名成员为首席争议评审员，由合同当事人共同确定或由合同当事人委托已选定的争议评审员共同确定，或由专用合同条款约定的评审机构指定第三名评审员（首席争议评审员）。

除专用合同条款另有约定外，评审员报酬由发包人和承包人各承担一半。

2) 争议评审小组的决定。合同当事人可在任何时间将与合同有关的任何争议共同提请争议评审小组进行评审。争议评审小组应秉持客观、公正原则，充分听取合同当事人的意见，依据相关法律、规范、标准、案例经验及商业惯例等，自收到争议评审申请报告后14天内做出书面决定并说明理由。合同当事人可以在专用合同条款中对该项事项另行约定。

3) 争议评审小组决定的效力。争议评审小组做出的书面决定经合同当事人签字确认后，对双方具有约束力，双方应遵照执行。

任何一方当事人不接受争议评审小组决定或不履行争议评审小组决定的，双方可选择采用其他争议解决方式。

(4) 仲裁或诉讼

因合同及合同有关事项产生的争议，合同当事人可以在专用合同条款中约定以下一种方式解决争议：

1) 向约定的仲裁委员会申请仲裁。

2) 向具有管辖权的人民法院提起诉讼。

(5) 争议解决条款效力

合同有关争议解决的条款独立存在，合同的变更、解除、终止、无效或者被撤销均不影响其效力。

8. 合同生效与终止

(1) 合同生效

双方在合同协议书中约定本合同的生效方式，如双方当事人可选择以下几种方式之一：

1) 本合同于××××年××月××日签订，自即日起生效。

2) 本合同双方约定应进行公（鉴）证，自公（鉴）证之日起生效。

3) 本合同签订后，自发包人提供支付担保、承包人提供履约担保后生效。

4) 其他方式等。

(2) 合同终止

承包人按照合同规定完成了所有的施工竣工和保修义务，发包人支付了所有工程进度款竣工结算款，向承包人颁发最终结清证书，并在颁发最终结清证书后7天内完成最终支付，施工合同至此正常终止。

第三节 标准施工招标文件的合同条款内容

2007年11月1日，国家发改委等九部委联合发布了《标准施工招标文件》及附件，要求从2008年5月1日开始在政府投资项目中施行。该标准施工招标文件中的合同条款及格式包括：通用条款、专用条款和合同附件格式（包括合同协议书、履约担保格式、预付款担保格式）。以下主要介绍通用条款的主要内容。

一、一般约定

1. 词语定义

该通用条款赋予通用合同条款、专用合同条款中的下列词语应具有下文中所明示的含义。

（1）合同

1）合同文件（或称合同）：指合同协议书、中标通知书、投标函及投标函附录、专用合同条款通用合同条款、技术标准和要求、施工图、已标价工程量清单，以及其他合同文件。

2）合同协议书：指承包人按中标通知书规定的时间与发包人签订的合同协议书。

3）中标通知书：指发包人通知承包人中标的文件。

4）投标函：指由承包人填写并签署的投标函。

5）投标函附录：指附在投标函后构成合同文件的投标函附录。

6）技术标准和要求：指构成合同文件组成部分的名为技术标准和要求的文件，包括合同双方当事人约定对其所做的修改或补充。

7）施工图：指包含在合同中的工程图，以及由发包人按合同约定提供的任何用于补充和修改的图，包括配套的说明。

8）已标价工程量清单：指构成合同文件组成部分的由承包人按照规定的格式和要求填写并标明价格的工程量清单。

9）其他合同文件：指经合同双方当事人确认构成合同文件的其他文件。

（2）合同当事人和人员

1）合同当事人：指发包人和（或）承包人。

2）发包人：指专用合同条款中指明并与承包人一起在合同协议书中签字的当事人。

3）承包人：指与发包人签订合同协议书的当事人。

4）承包人项目经理：指承包人派驻施工场地的全权负责人。

5）分包人：指从承包人处分包合同中的某一部分工程，并与其签订分包合同的分包人。

6）监理人：指在专用合同条款中指明的，受发包人委托，对合同履行实施管理的法人或其他组织。

7）总监理工程师（总监）：指由监理人委派常驻施工场地对合同履行实施管理的全权负责人。

（3）工程和设备

1）工程：指永久工程和（或）临时工程。

2）永久工程：指按合同约定建造并移交给发包人的工程，包括工程设备。

3）临时工程：指为完成合同约定的永久工程所修建的各类临时性工程，不包括施工设备。

4）单位工程：指专用合同条款中指明特定范围的永久工程。

5）工程设备：指构成或计划构成永久工程部分的机电设备、金属结构设备、仪器装置及其他类似的设备和装置。

6）施工设备：指为完成合同约定的各项工作所需的设备器具和其他物品，不包括临时工程和材料。

7）临时设施：指为完成合同约定的各项工作所服务的临时性生产和生活设施。

8）承包人设备：指承包人自带的施工设备。

9）施工场地（或称工地、现场）：指用于合同工程施工的场所，以及在合同中指定作为施工场地组成部分的其他场所，包括永久占地和临时占地。

10）永久占地：指专用合同条款中指明为实施合同工程需永久占用的土地。

11）临时占地：指专用合同条款中指明为实施合同工程需临时占用的土地。

(4) 日期

1）开工通知：指监理人按照本合同约定通知承包人开工的函件。

2）开工日期：指监理人按照本合同约定发出的开工通知中写明的开工日期。

3）工期：指承包人在投标函中承诺的完成合同工程所需的期限，包括因发包人的工期延误、异常恶劣的气候条件影响和发包人要求工期缩短而做的工期延长、变更。

4）竣工日期：指约定工期届满时的日期。实际竣工日期以工程接收证书中写明的日期为准。

5）缺陷责任期：指履行约定的缺陷责任的期限，具体期限由专用合同条款约定，包括根据本合同约定所做的延长。

6）基准日期：指投标截止时间前28天的日期。

7）天：除特别指明外，指日历天。合同中按天计算时间的，开始当天不计入，从次日开始计算。期限最后一天的截止时间为当天24点。

(5) 合同价格和费用

1）签约合同价：指签订合同时合同协议书中写明的，包括了暂列金额、暂估价的合同总金额。

2）合同价格：指承包人按合同约定完成了包括缺陷责任期内的全部承包工作后，发包人应付给承包人的金额，包括在履行合同过程中按合同约定进行的变更和调整。

3）费用：指为履行合同所发生的或将要发生的所有合理开支，包括管理费和应分摊的其他费用，但不包括利润。

4）暂列金额：指已标价工程量清单中所列的暂列金额，用于在签订协议书时尚未确定或不可预见变更的施工及其所需材料、工程设备、服务等的金额，包括以计日工方式支付的金额。

5）暂估价：指发包人在工程量清单中给定的用于支付必然发生但暂时不能确定价格的材料设备以及专业工程的金额。

6）计日工：指对零星工作采取的一种计价方式，按合同中的计日工子目及其单价计价付款。

7）质量保证金（或称保留金）：指按合同约定用于保证在缺陷责任期内履行缺陷修复义务的金额。

（6）其他

其他是指工程实施过程中发生的工程变更、现场签证和工程索赔等价款调整内容。

2. 语言文字和法律

除专用术语外，合同使用的语言文字为中文。必要时，外文专业术语应附有中文注释。

适用于合同的法律包括中华人民共和国全国人民代表大会颁布实施的法律、国务院颁布实施的条例，以及国务院各部委颁布实施的部门规章。

3. 合同文件的优先顺序

组成合同的各项文件应互相解释、互为说明。除专用合同条款另有约定外，解释合同文件的优先顺序如下：①合同协议书；②中标通知书；③投标函及投标函附录；④专用合同条款；⑤通用合同条款；⑥技术标准和要求；⑦施工图；⑧已标价工程量清单；⑨其他合同文件。

4. 施工图和承包人文件

（1）施工图的提供

除专用合同条款另有约定外，施工图应在合理的期限内按照合同约定的数量提供给承包人。由于发包人未按时提供施工图造成工期延误的，承包人有权要求发包人延长工期、增加费用和（或）支付合理利润。

（2）承包人提供的文件

按专用合同条款约定由承包人提供的文件，包括部分工程的大样图、加工图等，承包人应按约定的数量和期限报送监理人。监理人应在专用合同条款约定的期限内批复。

（3）施工图的修改

施工图需要修改和补充的，应由监理人取得发包人同意后，在该工程或工程相应部位施工前的合理期限内签发施工图修改图给承包人，具体签发期限在专用合同条款中约定。承包人应按修改后的施工图施工。

（4）施工图的错误

若承包人发现发包人提供的施工图存在明显错误或疏忽，应及时通知监理人。

（5）施工图和承包人文件的保管

监理人和承包人均应在施工场地保存一套完整的包含本合同约定内容的施工图和承包人文件。

5. 联络

1）与合同有关的通知、批准、证明、证书、指示、要求、请求、同意、意见确定和决定等，均应采用书面形式。

2）上述的通知、批准、证明、证书、指示、要求、请求、同意、意见、确定和决定等来往函件，均应在合同约定的期限内送达指定地点和接收人，并办理签收手续。

6. 转让和严禁贿赂

1）除合同另有约定外，未经对方当事人同意，一方当事人不得将合同权利全部或部分转让给第三人，也不得全部或部分转移合同义务。

2）合同双方当事人不得以贿赂或变相贿赂的方式，谋取不当利益或损害对方权益。因贿赂造成对方损失的，行为人应赔偿损失，并承担相应的法律责任。

7. 化石、文物

1）在施工场地发掘的所有文物古迹以及具有地质研究或考古价值的其他遗迹、化石、钱币或物品属于国家所有。一旦发现上述文物，承包人应采取有效合理的保护措施，防止任何人员移动或损坏上述物品，并立即报告当地文物部门，同时通知监理人。发包人、监理人和承包人应按文物行政部门要求采取妥善保护措施，由此导致的费用增加和（或）工期延误由发包人承担。

2）承包人发现文物后不及时报告或隐瞒不报，致使文物丢失或损坏的，应赔偿损失并承担相应的法律责任。

8. 专利技术

1）承包人在使用任何材料、承包人设备、工程设备或采用施工工艺时，因侵犯专利权或其他知识产权所引起的责任，由承包人承担，但由于遵照发包人提供的设计或技术标准和要求引起的除外。

2）承包人在投标文件中采用专利技术的，专利技术的使用费包含在投标报价内。

3）承包人的技术秘密和声明需要保密的资料和信息，发包人和监理人不得为合同以外的目的泄露给他人。

9. 施工图和文件的保密

1）发包人提供的施工图和文件，未经发包人同意，承包人不得为合同以外的目的泄露给他人或公开发表与引用。

2）承包人提供的文件，未经承包人同意，发包人和监理人不得为合同以外的目的泄露给他人或公开发表与引用。

二、发包人义务

发包人义务包括以下方面：

（1）遵守法律

发包人在履行合同过程中应遵守法律，并保证承包人免于承担因发包人违反法律而引起的任何责任。

（2）发出开工通知

发包人应委托监理人按本合同的约定向承包人发出开工通知。

（3）提供施工场地

发包人应按专用合同条款约定向承包人提供施工场地，以及施工场地内的地下管线和地下设施等有关资料，并保证资料的真实、准确和完整。

（4）协助承包人办理证件和批件

发包人应协助承包人办理法律规定的有关施工证件和批件。

（5）组织设计交底

发包人应根据合同进度计划，组织设计单位向承包人进行设计交底。

（6）支付合同价款

发包人应按合同约定向承包人及时支付合同价款。

（7）组织竣工验收

发包人应按合同约定及时组织竣工验收。

(8) 其他义务

发包人应履行合同约定的其他义务。

三、监理人

1. 监理人的职责和权力

监理人受发包人委托,享有合同约定的权力,监理人在行使某项权力前需要经过发包人事先批准;而通用合同条款没有指明的,应在专用合同条款中指明。监理人发出的任何指示应视为已得到发包人的批准,但监理人无权免除或变更合同约定的发包人和承包人的权利、义务和责任。

合同约定应由承包人承担的义务和责任,不因监理人对承包人提交文件的审查成批,对工程材料和设备的检查和检验,以及为实施监理做出的指示等职务行为而减轻或解除。

2. 总监理工程师

发包人应在发出开工通知前将总监理工程师的任命通知承包人。更换总监理工程师时,应在调离 14 天前通知承包人。总监理工程师短期离开施工场地的,应委派代表代行其职责并通知承包人。

3. 监理人员

总监理工程师可以授权其他监理人员负责执行其指派的一项或多项监理工作。总监理工程师应将被授权监理人员的姓名及其授权范围通知承包人。被授权的监理人员在授权范围内发出的指示视为已得到总监理工程师的同意,与总监理工程师发出的指示具有同等效力。总监理工程师撤销某项授权时,应将撤销授权的决定及时通知承包人。除专用合同条款另有约定外,总监理工程师不应将约定的应由总监理工程师做出确定的权力授权或委托给其他监理人员。

监理人员对承包人的任何工作、工程或其采用的材料和工程设备未在约定的或合理的期限内提出否定意见的,视为已获批准,但不影响监理人在以后拒绝该项工作、工程、材料或工程设备的权利。

承包人对总监理工程师授权的监理人员发出的指示有疑问的,可向总监理工程师提出书面异议,总监理工程师应在 48 小时内对该指示予以确认、更改或撤销。

4. 监理人的指示

监理人应在约定范围内向承包人发出指示,监理人的指示应盖有监理人授权的施工场地机构章,并由总监理工程师或总监理工程师授权的监理人员签字。在紧急情况下,总监理工程师或被授权的监理人员可以当场签发临时书面指示,承包人应遵照执行。承包人应在收到上述临时书面指示后 24 小时内,向监理人发出书面确认函。监理人在收到书面确认函后 24 小时内未予答复的,该书面确认函应被视为监理人的正式指示。

由于监理人未能按合同约定发出指示、指示延误或指示错误而导致承包人费用增加和(或)工期延误的,由发包人承担赔偿责任。

5. 商定或确定

合同约定总监理工程师应按照合同对任何事项进行商定或确定时,总监理工程师应与合同当事人协商,尽量达成一致。不能达成一致的,总监理工程师应认真研究后审慎确定。

总监理工程师应将商定或确定的事项通知合同当事人,并附详细依据。对总监理工程师的确定有异议的、构成争议的,按照约定的争议条款处理。在争议解决前,双方应暂按总监理工程师的确定执行,按照本合同约定对总监理工程师的确定做出修改的,按修改后的结果执行。

四、承包人

1. 承包人的一般义务

承包人的一般义务包括以下方面:

1)遵守法律。承包人在履行合同过程中应遵守法律,并保证发包人免于承担因承包人违反法律而引起的任何责任。

2)依法纳税。承包人应按有关法律规定纳税,应缴纳的税金包括在合同价格内。

3)完成各项承包工作。承包人应按合同约定以及监理人做出的指示,实施和完成全部工程,并修补工程中的任何缺陷。除专用合同条款另有约定外,承包人应提供为完成合同工作所需的劳务、材料、施工设备、工程设备和其他物品,并按合同约定负责临时设施的设计、建造、运行、维护、管理和拆除。

4)对施工作业和施工方法的完备性负责。承包人应按合同约定的工作内容和施工进度要求,编制施工组织设计和施工措施计划,并对所有施工作业和施工方法的完备性和安全可靠性负责。

5)保证工程施工和人员的安全。承包人应按约定采取施工安全措施,确保工程及其人员、材料、设备和设施的安全,防止因工程施工造成的人身伤害和财产损失。

6)负责施工场地及其周边环境与生态的保护工作。承包人应按照约定负责施工场地及其周边环境与生态的保护工作。

7)避免施工对公众与他人的利益造成损害。承包人在进行合同约定的各项工作时,不得侵害发包人与他人使用公用道路、水源、市政管网等公共设施的权利,并避免对邻近的公共设施产生干扰。承包人占用或使用他人的施工场地,影响他人作业或生活的,应承担相应责任。

8)为他人提供方便。承包人应按监理人的指示为他人在施工场地或附近实施的与工程有关的其他各项工作提供可能的条件。除合同另有约定外提供有关条件的内容和可能发生的费用,由监理人按照合同约定与合同当事人商定或确定。

9)工程的维护和照管。工程接收证书颁发前,承包人应负责照管和维护工程。工程接收证书颁发时尚有部分未竣工工程的,承包人还应负责该未竣工工程的照管和维护工作,直至竣工后移交给发包人为止。

10)其他义务。承包人应履行合同约定的其他义务。

2. 履约担保

承包人应保证其履约担保在发包人颁发工程接收证书前一直有效。发包人应在工程接收书颁发后28天内把履约担保退还给承包人。

3. 分包

承包人不得将其承包的全部工程转包给第三人,或将其承包的全部工程肢解后以分包的名义转包给第三人。承包人不得将工程主体、关键性工作分包给第三人。除专用合同条款另有约定外,未经发包人同意,承包人不得将工程的其他部分或工作分包给第三人。

分包人的资格能力应与其分包工程的标准和规模相适应。按投标函附录约定分包工程,承包人应向发包人和监理人提交分包合同副本。承包人应与分包人就分包工程向发包人承担连带责任。

4. 联合体

联合体各方应共同与发包人签订合同协议书。联合体各方应为履行合同承担连带责任。联合体协议经发包人确认后作为合同附件。在履行合同过程中，未经发包人同意，不得修改联合体协议。联合体牵头人负责与发包人和监理人联系，并接受指示，负责组织联合体各成员全面履行合同。

5. 承包人项目经理

承包人应按合同约定指派项目经理，并在约定的期限内到职。承包人更换项目经理应事先征得发包人同意，并应在更换14天前通知发包人和监理人。承包人项目经理短期离开施工场地，应事先征得监理人同意，并委派代表代行其职责。

承包人项目经理应按合同约定以及监理人做出的指示，负责组织合同工程的实施。在情况紧急且无法与监理人取得联系时，可采取保证工程和人员生命财产安全的紧急措施，并在采取措施后24小时内向监理人提交书面报告。

承包人为履行合同发出的一切函件均应盖有承包人授权的施工场地管理机构章，并由承包人项目经理或其授权代表签字。承包人项目经理可以授权其下属人员履行其某项职责，但事先应将这些人员的姓名和授权范围通知监理人。

6. 承包人人员的管理

承包人应在接到开工通知后28天内，向监理人提交承包人在施工场地的管理机构以及人员安排的报告，其内容应包括管理机构的设置、各主要岗位的技术人员和管理人员的名单及其资格以及各工种技术工人的安排情况。承包人应向监理人提交有关施工场地人员变动情况的报告。

为完成合同约定的各项工作，承包人应向施工场地派遣或雇佣足够数量的下列人员：

1）具有相应资格的专业技工和合格的普通工人。
2）具有相应施工经验的技术人员。
3）具有相应岗位资格的各级管理人员。

承包人安排在施工场地的主要管理人员和技术骨干应相对稳定。承包人更换主要管理人员和技术骨干时，应取得监理人的同意。特殊岗位的工作人员均应持有相应的资格证明，监理人有权随时检查。监理人认为有必要时，可进行现场考核。

7. 撤换承包人项目经理和其他人员

承包人应对其项目经理和其他人员进行有效管理。监理人要求撤换不能胜任本职工作、行为不端或玩忽职守的承包人项目经理和其他人员的，承包人应予以撤换。

8. 保障承包人人员的合法权益

承包人应与其雇佣的人员签订劳动合同，应按有关法律规定和合同约定，为其雇佣人员办理相关保险，并按时发放工资。

承包人应按《劳动法》的规定安排工作时间，保证其雇佣人员享有休息和休假的权利。因工程施工的特殊需要占用休假日或延长工作时间的，应不超过法律规定的限度，并按法律规定给予补休或付酬。

承包人应为其雇佣人员提供必要的食宿条件，以及符合环境保护和卫生要求的生活环境；在远离城镇的施工场地，还应配备必要的负责伤病防治和急救的医务人员与医疗设施。承包人应按国家有关劳动保护的规定，采取有效的防止粉尘、降低噪声、控制有害气体和保障高温、高寒、高空作业安全等劳动保护措施。其雇佣人员在施工中受到伤害的，承包人应立即采取有效措施进行抢救和治疗。承包人应负责处理其雇佣人员因工伤亡事故的善后事宜。

9. 工程价款应专款专用

发包人按合同约定支付给承包人的各项价款应专用于合同工程。

10. 承包人现场查勘

发包人应将其持有的现场地质勘探资料和水文气象资料提供给承包人，并对资料的准确性负责。但承包人应对自己阅读上述有关资料后所做出的解释和推断负责。

承包人应对施工场地和周围环境进行查勘，并收集有关地质条件、水文条件、气象条件、交通条件、风俗习惯，以及其他与完成合同工作有关的当地资料。在全部合同工作中，应视为承包人已充分估计了自己应承担的责任和风险。

11. 不利物质条件

不利物质条件，除专用合同条款另有约定外，是指承包人在施工场地遇到的不可预见的自然物质条件、非自然的物质障碍和污染物，包括地下条件和水文条件，但不包括气候条件。

承包人遇到不利物质条件时，应采取适应不利物质条件的合理措施继续施工，并及时通知监理人。监理人应当及时发出指示，指示构成变更的，按该通用条款第15条［变更］的约定办理。监理人没有发出指示的，承包人因采取合理措施而增加的费用和（或）工期延误，由发包人承担。

五、材料和工程设备

1. 承包人提供的材料和工程设备

除专用合同条款另有约定外，承包人提供的材料和工程设备均由承包人负责采购，运输和保管。承包人应对其采购的材料和工程设备负责。

承包人应按专用合同条款的约定，将各项材料和工程设备的供货人及品种规格数量和供货时间等报送监理人审批。承包人应向监理人提交其负责提供的材料和工程设备的质量证明文件，并满足合同约定的质量标准。

对承包人提供的材料和工程设备，承包人应会同监理人进行检验和交货验收，查验材料合格证明和产品合格证，并按合同约定和监理人指示，进行材料的抽样检验和工程设备的检验、测试，检验和测试结果应提交监理人，所需费用由承包人承担。

2. 发包人提供的材料和工程设备

发包人提供的材料和工程设备，应在专用合同条款中写明材料和工程设备的名称、规格、数量、价格、交货方式、交货地点和计划交货日期等。

承包人应根据合同进度计划的安排，向监理人报送要求发包人交货的日期计划。发包人应按照监理人与合同双方当事人商定的交货日期，向承包人提交材料和工程设备。发包人应在材料和工程设备到货7天前通知承包人，承包人应会同监理人在约定的时间内，赴交货地点共同进行验收。除专用合同条款另有约定外，发包人提供的材料和工程设备验收后，由承包人负责接收、运输和保管。

发包人要求向承包人提前交货的，承包人不得拒绝，但发包人应承担承包人由此增加的费用。承包人要求更改交货日期或地点的，应事先报请监理人批准。由于承包人要求更改交货时间或地点所增加的费用和（或）工期延误由承包人承担。

发包人提供的材料和工程设备的规格、数量或质量不符合合同要求,或由于发包人原因发生交货日期延误及交货地点变更等情况的,发包人应承担由此增加的费用和(或)工期延误,并向承包人支付合理利润。

3. 材料和工程设备专用于合同工程

运入施工场地的材料、工程设备,包括备品备件,安装专用工器具与随机资料,必须专用于合同工程,未经监理人同意,承包人不得将其运出施工场地或挪作他用。随同工程设备运入施工场地的备品备件、专用工器具与随机资料,应由承包人会同监理人按供货人的装箱单清点后共同封存,未经监理人同意不得启用。承包人因合同工作需要使用上述物品时,应向监理人提出申请。

4. 禁止使用不合格的材料和工程设备

监理人有权拒绝承包人提供的不合格材料或工程设备,并要求承包人立即进行更换。监理人应在更换后再次进行检查和检验,由此增加的费用和(或)工期延误由承包人承担。

监理人发现承包人使用了不合格的材料和工程设备,应即时发出指示要求承包人立即改正,并禁止在工程中继续使用不合格的材料和工程设备。

发包人提供的材料或工程设备不符合同要求的,承包人有权拒绝,并可要求发包人更换,由此增加的费用和(或)工期延误由发包人承担。

六、施工设备和临时设施

1. 承包人提供的施工设备和临时设施

承包人应按合同进度计划的要求,及时配置施工设备和修建临时设施。进入施工场地的承包人设备需经监理人核查后才能投入使用。承包人更换合同约定的承包人设备的,应报监理人批准。除专用合同条款另有约定外,承包人应自行承担修建临时设施的费用,需要临时占地的,应由发包人办理申请手续并承担相应费用。

2. 发包人提供的施工设备和临时设施

发包人提供的施工设备或临时设施在专用合同条款中进行约定。

3. 要求承包人增加或更换施工设备

承包人使用的施工设备不能满足合同进度计划和(或)质量要求时,监理人有权要求承包人增加或更换施工设备,承包人应及时增加或更换,由此增加的费用和(或)工期延误由承包人承担。

4. 施工设备和临时设施专用于合同工程

除合同另有约定外,运入施工场地的所有施工设备以及在施工场地建设的临时设施应专用于合同工程。未经监理人同意,不得将上述施工设备和临时设施中的任何部分运出施工场地或挪作他用。

经监理人同意,承包人可根据合同进度计划撤走闲置的施工设备。

七、交通运输

1. 道路通行权和场外设施

除专用合同条款另有约定外,发包人应根据合同工程的施工需要,负责办理取得出入施工场地的专用道路和临时道路的通行权,以及取得为工程建设所需修建场外设施的权利,并承担有关费用。承包人应协助发包人办理上述手续。

2. 场内施工道路

除专用合同条款另有约定外，承包人应负责修建、维修、养护和管理施工所需的临时道路和交通设施，包括维修、养护和管理发包人提供的道路和交通设施，并承担相应费用。

除专用合同条款另有约定外，承包人修建的临时道路和交通设施应免费提供给发包人和监理人使用。

3. 场外交通

承包人车辆外出行驶所需的场外公共道路的通行费、养路费和税款等由承包人承担。承包人应遵守有关交通法规，严格按照道路和桥梁的限制荷重安全行驶，并服从交通管理部门的检查和监督。

4. 超大件和超重件的运输

由承包人负责运输的超大件或超重件，应由承包人负责向交通管理部门办理申请手续，发包人给予协助。运输超大件或超重件所需的道路和桥梁的临时加固改造费用和其他有关费用，由承包人承担，但专用合同条款另有约定的除外。

5. 道路和桥梁的损坏责任

因承包人运输造成施工场地内外公共道路和桥梁损坏的，由承包人承担修复损坏的全部费用和可能引起的赔偿。

6. 水路和航空运输

上述各项内容适用于水路运输和航空运输，其中"道路"一词的含义包括河道、航线、船闸、机场、码头、堤防以及水路或航空运输中的其他相似结构物；"车辆"一词的含义包括船舶和飞机等。

八、测量放线

1. 施工控制网

发包人应在专用合同条款约定的期限内，通过监理人向承包人提供测量基准点、基准线和水准点及其书面资料。除专用合同条款另有约定外，承包人应根据国家测绘基准、测绘系统和工程测量技术规范，按上述基准点（线）以及合同工程的精度要求，测试施工控制网，并在专用合同条款约定的期限内，将施工控制网资料报送监理人审批。

承包人应负责管理施工控制网点。施工控制网点丢失或损坏的，承包人应及时修复。承包人应承担施工控制网点的管理与修复费用，并在工程竣工后将施工控制网点移交给发包人。

2. 施工测量

承包人应负责施工过程中的全部施工测量放线工作，并配置合格的人员、仪器、设备和其他物品。监理人可以指示承包人进行抽样复测，当复测中发现错误或出现超过合同约定的误差时，承包人应按监理人指示进行修正或补测，并承担相应的复测费用。

3. 基准资料错误的责任

发包人应对其提供的测量基准点、基准线和水准点及其书面资料的真实性、准确性和完整性负责。发包人提供上述基准资料错误导致承包人测量放线工作的返工或造成工程损失的，发包人应当承担由此增加的费用和（或）工期延误，并向承包人支付合理的利润。承包人发现发包人提供的上述基准资料存在明显错误或疏忽的，应及时通知监理人。

4. 监理人使用施工控制网

监理人需要使用施工控制网的,承包人应提供必要的协助,发包人不再为此支付费用。

九、施工安全、治安保卫和环境保护

1. 发包人的施工安全责任

1)发包人应按合同约定履行安全职责,授权监理人按合同约定的安全工作内容监督,检查承包人安全工作的实施,组织承包人和有关单位进行安全检查。

2)发包人应对其现场机构雇佣的全部人员的工伤事故承担责任,但由于承包人原因造成发包人人员工伤的,应由承包人承担责任。

3)发包人应负责赔偿以下各种情况造成的第三者人身伤亡和财产损失:①工程或工程的任何部分对土地的占用所造成的第三者财产损失;②由于发包人原因在施工现场及其毗邻地带造成的第三者人身伤亡和财产损失。

2. 承包人的施工安全责任

1)承包人应按合同约定履行安全职责,执行监理人有关安全工作的指示,并在专用合同条款约定的期限内,按合同约定的安全工作内容编制施工安全措施计划,并报送监理人审批。

2)承包人应加强施工作业安全管理,特别应加强易燃易爆材料、火工器材、有毒与腐蚀性材料和其他危险品的管理,以及对爆破作业和地下工程施工等危险作业的管理。

3)承包人应严格按照国家安全标准制定施工安全操作规程,配备必要的安全生产和劳动保护设施,加强对承包人人员的安全教育,并发放安全工作手册和劳动保护用具。

4)承包人应按监理人的指示制订应对灾害的紧急预案,并报送监理人审批。承包人还应按预案做好安全检查,配置必要的救助物资和器材,切实保护好有关人员的人身和财产安全。

5)合同约定的安全作业环境及安全施工措施所需费用应遵守有关规定,并包含在相关工作的合同价格中。因采取合同未约定的安全作业环境及安全施工措施增加的费用,由监理人与合同当事人商定或确定。承包人应对其履行合同所雇佣的全部人员,包括分包人人员的工伤事故承担责任。由于发包人原因造成承包人人员工伤事故的,应由发包人承担责任。

6)由于承包人原因在施工场地内及其毗邻地带造成的第三者人员伤亡和财产损失,由承包人负责赔偿。

3. 治安保卫

除合同另有约定外,发包人应与当地公安部门协商,在现场建立治安管理机构或联防组织,统一管理施工场地的治安保卫事项,履行合同工程的治安保卫职责。发包人和承包人除应协助现场治安管理机构或联防组织维护施工场地的社会治安外,还应做好包括生活区在内的各自管辖区的治安保卫工作。

除合同另有约定外,发包人和承包人应在工程开工后,共同编制施工场地治安管理计划,并制订应对突发治安事件的紧急预案。在工程施工过程中,发生暴乱、爆炸等恐怖事件,以及群殴、械斗等群体性突发治安事件的,发包人和承包人应立即向当地政府报告。发包人和承包人应积极协助当地有关部门采取措施平息事态,防止事态扩大,尽量减少财产损失和避免人员伤亡。

4. 环境保护

承包人在施工过程中,应遵守有关环境保护的法律,履行合同约定的环境保护义务,并对违反法律和合同约定义务所造成的环境破坏、人身伤害和财产损失负责。承包人应按合同约定的环保工作内容，编制施工环保措施计划，并报送监理人审批。承包人应按照批准的施工环保措施计划有序地堆放和处理施工废弃物，避免对环境造成破坏。因承包人任意堆放或弃置施工废弃物造成妨碍公共交通、影响城镇居民生活、降低河流行洪能力而危及居民安全、破坏周边环境，或者影响其他承包人施工等后果的，承包人应承担责任。

承包人应按合同约定采取有效措施，对施工开挖的边坡及时进行支护，维护排水设施，并进行水土保护，避免因施工造成地质灾害。承包人应按国家饮用水管理标准定期对饮用水源进行监测，防止施工活动污染饮用水源。承包人应按合同约定，加强对噪声、粉尘、废气、废水和废油的控制，努力降低噪声，控制粉尘和废气浓度，做好废水和废油的治理和排放。

5. 事故处理

工程施工过程中发生事故的，承包人应立即通知监理人，监理人应立即通知发包人。发包人和承包人应立即组织人员和设备进行紧急抢救和抢修，减少人员伤亡和财产损失，防止事故扩大并保护事故现场。需要移动现场物品时应做出标记和书面记录，妥善保管有关证据。发包人和承包人应按国家有关规定，及时如实地向有关部门报告事故发生的情况以及正在采取的紧急措施等。

十、进度计划与开工和竣工

1. 合同进度计划

承包人应按专用合同条款约定的内容和期限，编制详细的施工进度计划和施工方案说明报送监理人。监理人应在专用合同条款约定的期限内批复或提出修改意见，否则该进度计划视为得到批准。经监理人批准的施工进度计划为合同进度计划，是控制合同工程进度的依据。承包人还应根据合同进度计划，编制更为详细的分阶段或分项进度计划，并报监理人审批。

2. 合同进度计划的修订

不论何种原因造成工程的实际进度与合同进度计划不符时，承包人都可以在专用合同条款约定的期限内向监理人提交修订合同进度计划的申请报告，并附有关措施和相关资料，报监理人审批；监理人也可以直接向承包人做出修订合同进度计划的指示，承包人应按该指示修订合同进度计划，报监理人审批。监理人应在专用合同条款约定的期限内批复，在批复前应获得发包人同意。

3. 开工和竣工

监理人应在开工日期7天前向承包人发出开工通知。监理人在发出开工通知前应获得发包人同意。工期自监理人发出的开工通知中载明的开工日期起计算。承包人应在开工日期后尽快施工。

承包人应按约定的合同进度计划，向监理人提交工程开工报审表，经监理人审批后执行。开工报审表应详细说明按合同进度计划正常施工所需的施工道路、临时设施、材料、设备、施工人员等施工组织措施的落实情况以及工程的进度安排。

承包人应在约定的期限内完成合同工程。实际竣工日期应在接收证书中写明。

4. 发包人的工期延误

在履行合同过程中，由于发包人的下列原因造成工期延误的，承包人有权要求发包人延长工期和（或）增加费用，并支付合理利润。

1）增加合同工作内容。
2）改变合同中任何一项工作的质量要求或其他特性。
3）发包人迟延提供材料、工程设备或变更交货地点的。
4）因发包人原因导致的暂停施工。
5）提供施工图延误。
6）未按合同约定及时支付预付款、进度款。
7）发包人造成工期延误的其他原因。

5. 异常恶劣的气候条件

由于出现专用合同条款规定的异常恶劣气候的条件导致工期延误的，承包人有权要求发包人延长工期。

6. 承包人的工期延误

由于承包人原因，未能按合同进度计划完成工作，或监理人认为承包人施工进度不能满足合同工期要求的，承包人应采取措施加快进度，并承担加快进度所增加的费用。由于承包人原因造成工期延误，承包人应支付逾期竣工违约金。逾期竣工违约金的计算方法在专用合同条款中约定。承包人支付逾期竣工违约金，不免除承包人完成工程及修补缺陷的义务。

7. 工期提前

发包人要求承包人提前竣工，或承包人提出提前竣工的建议能够给发包人带来效益的，应由监理人与承包人共同协商，并采取加快工程进度的措施和修订合同进度计划。发包人应承担承包人由此增加的费用，并向承包人支付专用合同条款约定的相应奖金。

十一、暂停施工

1. 承包人暂停施工的责任

因下列暂停施工增加的费用和（或）工期延误由承包人承担：
1）承包人违约引起的暂停施工。
2）由于承包人原因，为工程合理施工和安全保障所必需的暂停施工。
3）承包人擅自暂停施工。
4）承包人出于其他原因引起的暂停施工。
5）专用合同条款约定由承包人承担的其他暂停施工。

2. 发包人暂停施工的责任

由于发包人原因引起的暂停施工造成工期延误的，承包人有权要求发包人延长工期和（或）增加费用，并支付合理利润。

3. 监理人暂停施工指示

监理人认为有必要时，可向承包人做出暂停施工的指示，承包人应按监理人指示暂停施工。不论由于何种原因引起的暂停施工，在暂停施工期间，承包人应负责妥善保护工程并提供安全保障。

由于发包人的原因发生暂停施工的紧急情况，且监理人未及时下达暂停施工指示的，承包人可先暂停施工，并及时向监理人提出暂停施工的书面请求。监理人应在接到书面请求后的24小时内予以答复；逾期未答复的，视为同意承包人的暂停施工请求。

4. 暂停施工后的复工

暂停施工后，监理人应与发包人和承包人协商，采取有效措施积极消除暂停施工的影响。

当工程具备复工条件时，监理人应立即向承包人发出复工通知。承包人收到复工通知后，应在监理人指定的期限内复工。

承包人无故拖延和拒绝复工的，由此增加的费用和工期延误由承包人承担；因发包人原因无法按时复工的，承包人有权要求发包人延长工期和（或）增加费用，并支付合理利润。

5. 暂停施工持续56天以上

监理人发出暂停施工指示后56天内未向承包人发出复工通知的，除了该项停工属于承包人原因外，承包人可向监理人提交书面通知，要求监理人在收到书面通知后28天内准许已暂停施工的工程或其中部分工程继续施工。如监理人逾期不予批准，则承包人可以通知监理人，将工程受影响的部分视为按约定可取消的工作。如暂停施工影响到整个工程，可视为发包人违约，由发包人承担违约责任。

由于承包人责任引起的暂停施工，如承包人在收到监理人暂停施工指示后56天内不认真采取有效的复工措施，造成工期延误的，可视为承包人违约，由承包人承担违约责任。

十二、工程质量

1. 工程质量要求

工程质量验收按合同约定验收标准执行。因承包人原因造成工程质重达不到合同约定验收标准的，监理人有权要求承包人返工，直至符合合同要求为止，由此造成的费用增加和（或）工期延误由承包人承担。

因发包人原因造成工程质量达不到合同约定验收标准的，发包人应承担由于承包人返工造成的费用增加和（或）工期延误，并支付承包人合理利润。

3. 承包人的质量管理和检查

承包人应在施工场地设置专门的质量检查机构，配备专职的质量检查人员，建立完善的质量检查制度。承包人应在合同约定的期限内提交工程质量保证措施文件，包括质量检查机构的组织和岗位责任、质检人员的组成、质量检查程序和实施细则等，报送监理人审批。承包人应加强对施工人员的质量教育和技术培训，定期考核施工人员的劳动技能，严格执行规范和操作规程。

承包人应按合同约定对材料、工程设备以及工程的所有部位及其施工工艺进行全过程的质量检查和检验，并做详细记录，编制工程质量报表，报送监理人审查。

3. 监理人的质量检查

监理人有权对工程的所有部位及其施工工艺、材料和工程设备进行检查和检验。承包人应为监理人的检查和检验提供方便，包括监理人到施工场地，或制造加工地点，或合同约定的其他地方进行察看和查阅施工原始记录。承包人还应按监理人指示进行施工场地取样试验、工程复核测量和设备性能检测并提供试验样品、提交试验报告和测量成果以及监理人要求进行的其他工作。监理人的检查和检验，不免除承包人按合同约定应负的责任。

4. 工程隐蔽部位覆盖前的检查

（1）通知监理人检查

经承包人自检确认的工程隐蔽部位具备覆监条件后，承包人应通知监理人在约定的期限内检查。承包人的通知应附有自检记录和必要的检查资料。监理人应按时到场检查。经监理人检查确认质量符合隐蔽要求，并在检查记录上签字后，承包人才能进行覆盖。监理人检查确认质量不合格的,承包人应在监理人指示的时间内修整返工后,由监理人重新检查。

(2) 监理人未到场检查

监理人未按约定的时间进行检查的,除监理人另有指示外,承包人可自行完成覆盖工作,并做相应记录报送监理人,监理人应签字确认。监理人事后对检查记录有疑问的,可按约定重新检查。

(3) 监理人重新检查

承包人按约定覆盖工程隐蔽部位后,监理人对质量有疑问的,可要求承包人对已覆盖的部位进行钻孔探测或揭开重新检验,承包人应遵照执行,并在检验后重新覆盖、恢复原状。经检验证明工程质量符合合同要求的,由发包人承担由此增加的费用和(或)工期延误,并支付承包人合理利润;经检验证明工程质量不符合合同要求的,由此增加的费用和(或)工期延误由承包人承担。

(4) 承包人私自覆盖

承包人未通知监理人到场检查,私自将工程隐蔽部位覆盖的,监理人有权指示承包人钻孔探测或揭开检查,由此增加的费用和(或)工期延误由承包人承担。

5. 清除不合格工程

承包人使用不合格材料、工程设备,或采用不适当的施工工艺,或施工不当,造成工程不合格的,监理人可以随时发出指示,要求承包人立即采取措施进行补救,直至达到合同要求的质量标准,由此增加的费用和(或)工期延误由承包人承担。

由于发包人提供的材料或工程设备不合格造成的工程不合格,需要承包人采取措施补救的,发包人应承担由此增加的费用和(或)工期延误,并支付承包人合理利润。

十三、试验和检验

1. 材料、工程设备和工程的试验和检验

承包人应按合同约定进行材料、工程设备和工程的试验和检验,并为监理人对上述材料、工程设备和工程的质量检查提供必要的试验资料和原始记录。按合同约定应由监理人和承包人共同进行试验和检验的,由承包人负责提供必要的实验资料和原始记录。监理人未按合同约定派员参加试验和检验的,除监理人另有指示外,承包人可自行试验和检验,并应立即将试验和检验结果报送监理人,监理人应签字确认。

监理人对承包人的试验和检验验结果有疑问的,或为查清承包人试验和检验的可靠性而要求承包人重新实验和检验的,可按合同约定由监理人与承包人共同进行。重新试验和检验的结果证明该项材料、工程设备或工程的质量不符合合同要求的,由此增加的费用和(或)工期延误由承包人承担;重新试验和检验结果证明该项材料、工程设备和工程符合合同要求的,由发包人承担由此增加的费用和(或)工期延误,并支付承包人合理利润。

2. 现场材料试验

承包人根据合同约定或监理人指示进行的现场材料试验,应由承包人提供试验场所、试验人员、试验设备器材和其他必要的试验条件。

监理人在必要时可以使用承包人的试验场所、试验设备器材和其他试验条件,进行以工程质量检查为目的的复核性材料试验,承包人应予以协助。

3. 现场工艺试验

承包人应按合同约定或监理人指示进行现场工艺试验。对大型的现场工艺试验,监理人认为必要时,应由承包人根据监理人提出的工艺试验要求编制工艺试验措施计划,并报送监理人审批。

十四、变更

1. 变更的范围和内容

除专用合同条款另有约定外,在履行合同中发生以下情形之一的,应按照该通用条款第15条［变更］的约定进行变更。

1）取消合同中任何项工作,但被取消的工作不能转由发包人或其他人实施。

2）改变合同中任何项工作的质量或其他特性。

3）改变合同工程的基线、标高位置或尺寸。

4）改变合同中任何一项工作的施工时间或改变已批准的施工工艺或顺序。

5）为完成工程而追加的额外工作。

2. 变更权

在履行合同过程中,经发包人同意,监理人可按约定的变更程序向承包人做出变更指示,承包人应遵照执行。没有监理人的变更指示,承包人不得擅自变更。

3. 变更程序

（1）变更的提出

1）在合同履行过程中,可能发生约定变更情形的,监理人可向承包人发出变更意向书。变更意向书应说明变更的具体内容和发包人对变更的时间要求,并附必要的施工图和相关资料。变更意向书应要求承包人提交包括拟实施变更工作的计划措施和竣工时间等内容的实施方案。发包人同意承包人根据变更意向书要求提交的变更实施方案的,由监理人按约定发出变更指示。

2）在合同履行过程中,发生约定变更情形的,监理人应按约定向承包人发出变更指示。

3）承包人收到监理人按合同约定发出的施工图和文件,经检查认为其中存在约定变更情形的,可向监理人提出书面变更建议。变更建议应阐明要求变更的依据,并附必要的施工图和说明。监理人收到承包人书面建议后,应与发包人共同研究,确认存在变更的,应在收到承包人书面建议后的14天内做出变更指示;经研究后不同意作为变更的,应由监理人书面答复承包人。

4）若承包人收到监理人的变更意向书后认为难以实施此项变更,应立即通知监理人,说明原因并附详细依据。监理人与承包人和发包人协商后确定撤销、改变或不改变原变更意向书。

（2）变更估价

1）除专用合同条款对期限另有约定外,承包人应在收到变更指示或变更意向书后的14天内,向监理人提交变更报价书,报价内容应根据约定的估价原则,详细列出变更工作的价格组成及其依据,并附必要的施工方法说明和有关施工图。

2）变更工作影响工期的,承包人应提出调整工期的具体细节。监理人认为有必要时,可要求承包人提交要求提前或延长工期的施工进度计划及相应的施工措施等。

3）除专用合同条款对期限另有约定外,监理人收到承包人变更报价后的14天内,根据约定的估价原则,与合同当事人商定或确定变更价格。

（3）变更指示
1）变更指示只能由监理人发出。
2）变更指示应说明变更的目的、范围、变更内容，以及变更的工程量及其进度和技术要求，并附有关施工图和文件。承包人收到变更指示后，应按变更指示进行变更工作。

4. 变更的估价原则

除专用合同条款另有约定外，因变更引起的价格调整按照下列约定处理：
1）已标价工程量清单中有适用于变更工作的子目的，采用该子目的单价。
2）已标价工程量清单中无适用于变更工作的子目，但有类似子目的，可在合理范围内参照类似子目的单价，由监理人与合同当事人商定或确定变更工作的单价。
3）已标价工程量清单中无适用或类似子目的单价可按照成本加利润的原则，由监理人按第3.5款［商定或确定］变更工作的单价。

5. 承包人的合理化建议

在履行合同过程中，承包人对发包人提供的施工图、技术要求以及其他方面提出的合理化建议，均应以书面形式提交监理人。合理化建议书的内容应包括建议工作的详细说明、进度计划和效益以及与其他工作的协调等，并附必要的设计文件。监理人应与发包人协商是否采纳建议。建议被采纳并构成变更的，应按约定向承包人发出变更指示。

承包人提出的合理化建议降低了合同价格，缩短了工期或者提高了工程经济效益的，发包人可按国家有关规定在专用合同条款中约定给予奖励。

6. 暂列金额

暂列金额只能按照监理人的指示使用，并对合同价格进行相应调整。

7. 计日工

发包人认为有必要时，由监理人通知承包人以计日工方式实施变更的零星工作。其价款按列入已标价工程量清单中的计日工计价子目及其单价进行计算。应用计日工计价的任何项变更工作，应从暂列金额中支付，承包人应在该项变更的实施过程中，每天需将以下报表和有关凭证报送监理人审批：
1）工作名称、内容和数量。
2）投入该工作所有人员的姓名、工种、级别和耗用工时。
3）投入该工作的材料类别和数量。
4）投入该工作的施工设备型号、台数和耗用台时。
5）监理人要求提交的其他资料和凭证。

8. 暂估价

发包人在工程量清单中给定暂估价的材料、工程设备和专业工程属于依法必招标的范围并达到规定的规模标准的，由发包人和承包人以招标的方式选择供应商或分包人。发包人和承包人的权利义务关系在专用合同条款中进行约定。

发包人在工程量清单中给定暂估价的材料和工程设备不属于依法必须招标的范围或未达到规定的规模标准的，应由承包人按约定提供。经监理人确认的材料、工程设备的价格与工程量清单中所列的暂估价的金额差以及相应的税金等其他费用，列入合同价格。

发包人在工程量清单中给定暂估价的专业工程不属于依法必招标的范围的或未达到规定的规模标准的，由监理人按照约定进行估价，但专用合同条款另有约定的除外。经估价的专业工程与工程量清单中所列的暂估价的金额差以及相应的税金等其他费用列入合同价格。

十五、价格调整

1. 物价波动引起的价格调整

（1）采用价格指数调整价格差额

因人工材料和设备等价格波动影响合同价格时，根据投标书和权重表约定的数据，按公式法计算差额并调整合同价格。具体方法参见《2017版施工合同条件》通用条件第11.1款［市场价格波动引起的调整］中的"第1种方式：采用价格指数进行价格调整"。

（2）采用造价信息调整价格差额

施工期内，因人工、材料、设备和机械台班价格波动影响合同价格时，人工、机械使用费按照国家或省、自治区、直辖市建设行政管理部门行业建设管理部门或其授权的工程造价管理机构发布的人工成本信息机械台班单价或机械使用费系数进行调整；需要进行价格调整的材料，其单价和采购数应由监理人复核，监理人确认需调整的材料单价及数量，作为调整工程合同价格差额的依据。

2. 法律变化引起的价格调整

在基准日后，因法律变化导致承包人在合同履行中所需要的工程费用发生除该通用条款第16.1款［物价波动引起的价格调整］约定以外的增减时，监理人应根据法律和国家或省、自治区、直辖市有关部门的规定，按该通用条款第3.5款［商定或确定］的约定来调整合同价款。

十六、计量与支付

1. 计量

（1）计量单位

计量采用国家法定的计量单位。

（2）计量方法

工程量清单中的工程量计算规则应按有关国家标准和行业标准的规定，并在合同中约定执行。

（3）计量周期

除专用合同条款另有约定外，单价子目已完成工程量按月计量，总价子目的计量周期按批准的支付分解报告确定。

（4）单价子目的计量

1）已标价工程量清单中的单价子目工程量为估算工程量。结算工程量是承包人实际完成的，并按合同约定的计量方法进行计量的工程量。

2）承包人对已完成的工程进行计量，向监理人提交进度付款申请单、已完成工程量报表和有关计量资料。

3）监理人对承包人提交的工程量报表进行复核，以确定实际完成的工程量。对数量有异议的，可要求承包人按本合同约定进行共同复核和抽样复测。承包人应协助监理人进行复核，并按监理人要求提供补充计量资料。承包人未按监理人要求参加复核，监理人复核或修正的工程量视为承包人实际完成的工程量。

4）监理人认为有必要时，可通知承包人共同进行联合测量、计量，承包人应遵照执行。

5）承包人完成工程量清单中每个子目的工程量后，监理人应要求承包人派员共同对每个子目的历次计量报表进行汇总，以核实最终结算的工程量。监理人可要求承包人提供补充计量资料，以确定最后一次进度付款的准确工程量。承包人未按监理人要求派员参加的，监理人最终核实的工程量视为承包人完成该子目的准确工程量。

6）监理人应在收到承包人提交的工程量报表后的7天内进行复核，监理人未在约定时间内复核的，承包人提交的工程量报表中的工程量视为承包人实际完成的工程量，据此计算工程价款。

（5）总价子目的计量

除专用合同条款另有约定外，总价子目的分解和计量按照下述约定进行：

1）总价子目的计量和支付应以总价为基础，不因物价波动因素而进行调整。承包人实际完成的工程量，是进行工程目标管理和控制进度支付的依据。

2）承包人在合同约定的每个计量周期内，对已完成的工程进行计量，并向监理人提交进度付款申请单、专用合同条款约定的合同总价支付分解表所表示的阶段性或分项计量的支持性资料，以及所达到工程形象目标或分阶段需完成的工程量和有关计量资料。

3）监理人对承包人提交的上述资料进行复核，以确定分阶段实际完成的工程量和工程形象目标。对其有异议的，可要求承包人按本合同约定进行共同复核和抽样复测。

4）除按照该通用条款第15条［变更］约定的变更外，总价子目的工程量是承包人用于结算的最终工程量。

2. 预付款

（1）预付款

预付款用于承包人为合同工程施工购置材料、工程设备、施工设备、修建临时设施以及组织施工队伍进场等。预付款的额度和预付办法在专用合同条款中进行约定。预付款必须专用于合同工程。

（2）预付款保函

除专用合同条款另有约定外，承包人应在收到预付款的同时向发包人提交预付款保函，预付款保函的担保金额应与预付款金额相同。保函的担保金额可根据预付款扣回的金额相应递减。

（3）预付款的扣回与还清

预付款在进度付款中扣回，扣回办法在专用合同条款中进行约定。在颁发工程接收证书前，由于不可抗力或其他原因解除合同时，预付款尚未扣清的，尚未扣清的预付款余额应作为承包人的到期应付款。

3. 工程进度付款

（1）付款周期

付款周期同计量周期。

（2）进度付款申请单

承包人应在每个付款周期末，按监理人批准的格式和专用合同条款约定的份数，向监理人提交进度付款申请单，并附相应的支持性证明文件。除专用合同条款另有约定外，进度付款申请单应包括下列内容：

1）截至本次付款周期末已实施工程的价款。
2）根据该通用条款第 7 条应增加和扣减的变更金额。
3）根据索赔条款应增加和扣减的索赔金额。
4）根据预付款条款应支付的预付款和扣减的返还预付款。
5）根据质量保证金条款应扣减的质量保证金。
6）根据合同应增加和扣减的其他金额。
（3）进度付款证书和支付时间

1）监理人在收到承包人进度付款申请单以及相应的支持性证明文件后的 14 天内完成核查，提出发包人到期应支付给承包人的金额以及相应的支持性材料，发包人审查同意后，由监理人向承包人出具经发包人签认的进度付款证书。监理人有权扣发承包人未能按照合同要求履行任何工作或义务的相应金额。

2）发包人应在监理人收到进度付款申请单后的 28 天内，应将进度应付款支付给承包人。发包人不按期支付的，按专用合同条款的约定支付逾期付款违约金。

3）监理人出具进度付款证书，不应视为监理人已同意、批准或接受了承包人完成的该部分工作。

4）进度付款涉及政府投资资金的，按照国库集中支付等国家相关规定和专用合同条款的约定办理。

（4）工程进度付款的修正

在对以往历次已签发的进度付款证书进行汇总和复核中发现错、漏或重复的，监理人有权予以修正，承包人也有权提出修正申请。经双方复核同意的修正，应在本次进度付款中支付或扣除。

4. 质量保证金

监理人应从第一个付款周期开始，在发包人的进度付款中，按专用合同条款的约定扣留质量保证金，直至扣留的质量保证金的总额达到专用合同条款约定的金额或比例为止。质量保证金的计算额度不包括预付款的支付、扣回以及价格调整的金额。

在约定的缺陷责任期满时，承包人向发包人申请到期应返还承包人剩余的质量保证金金额，发包人应在 14 天内会同承包人，按照合同约定的内容核实承包人是否完成了缺陷责任。如无异议，发包人应当在核实后将剩余保证金返还承包人。

在约定的缺陷责任期满时，承包人没有完成缺陷责任的，发包人有权扣留与未履行责任及剩余工作所需金额相应的质量保证金余额，并有权根据本合同的约定要求延长缺陷责任期，直至完成剩余工作。

5. 竣工结算

（1）竣工付款申请单

1）工程接收证书颁发后，承包人应按专用合同条款约定的份数和期限向监理人提交竣工付款申请单，并提供相关证明材料。除专用合同条款另有约定外，竣工付款申请单应包括下列内容：竣工结算合同总价、发包人已支付承包人的工程价款、应扣留的质量保证金、应支付的竣工付款金额。

2）监理人对竣付款申请单有异议的，有权要求承包人进行修正和提供补充资料。经监理人和承包人协商后，由承包人向监理人提交修正后的竣工付款申请单。

（2）竣工付款证书及支付时间

1）监理人在收到承包人提交的竣工付款申请单后的 14 天内完成核查，提出发包人到期应支付给承包人的价款送发包人审核并抄送承包人。发包人应在收到后 14 天内审核完毕，由监理人向承包人出具经发包人签认的竣工付款证书。监理人未在约定时间内核查，又未提出具体意见的，视为承包人提交的竣工付款申请单已经监理人核查同意；发包人未在约定时间内审核，又未提出具体意见的，监理人提出发包人到期应支付给承包人的价款视为已经发包人同意。

2）发包人应在监理人出具竣工付款证书后的 14 天内，将应支付款项支付给承包人。发包人不按期支付的，应按本合同约定，将逾期付款违约金支付给承包人。

3）承包人对发包人签认的竣工付款证书有异议的，发包人可出具竣工付款申请单中承包人已同意部分的临时付款证书。存在争议的部分，按本合同约定的争议处理办法处理。

4）竣工付款涉及政府投资资金的，按照国库集中支付等国家相关规定和专用合同条款的约定办理。

6. 最终结清

（1）最终结清申请单

1）缺陷责任期终止证书签发后，承包人可按专用合同条款约定的份数和期限向监理人提交最终结清申请单，并提供相关的证明材料。

2）发包人对最终结清申请单内容有异议的，有权要求承包人进行修正和提供补充资料，并由承包人向监理人提交修正后的最终结清申请单。

（2）最终结清证书和支付时间

1）监理人收到承包人提交的最终结清申请单后的 14 天内，提出发包人应支付给承包人的价款送发包人审核并抄送承包人。发包人应在收到后 14 天内审核完毕，由监理人向承包人出具经发包人签认的最终结清证书。监理人未在约定时间内核查，又未提出具体意见的，视为承包人提交的最终结清申请已经监理人核查同意；发包人未在约定时间内审核又未提出具体意见的，监理人提出应支付给承包人的价款，视为已经发包人同意。

2）发包人应在监理人出具最终结清证书后的 14 天内将应支付款支付给承包人。发包人不按期支付的，应按本合同约定，将逾期付款违约金支付给承包人。

3）承包人对发包人签认的最终结清证书有异议的，按争议处理办法处理。

4）最终结清付款涉及政府投资资金的，按照国库集中支付等国家相关规定和专用合同条款的约定办理。

十七、竣工验收

1. 竣工验收的含义

竣工验收是指承包人完成了全部合同工作后，发包人按合同要求进行的验收。国家验收是指政府有关部门根据法律、规范、规程和政策要求，针对发包人全面组织实施的整个工程正式交付投运前的验收。竣工验收是国家验收的一部分，所采用的各项验收和评定标准应符合国家验收标准。发包人和承包人为竣工验收提供的各项竣工验收资料均应符合国家验收的要求。

2. 竣工验收申请报告

当工程具备以下条件时，承包人即可向监理人报送竣工验收申请报告：

1）除监理人同意列入缺陷责任期内完成的甩项工程和缺陷修补工作外，合同范围内的全部单位工程以及有关工作，包括合同要求的试验、试运行以及检验和验收均已完成，并符合合同要求。

2）已按合同约定的内容和份数备齐了符合要求的竣工资料。

3）已按监理人的要求编制了在缺陷责任期内完成的甩项工程和缺陷修补工作清单以及相应的施工计划。

4）监理人要求在竣工验收前应完成的其他工作。

5）监理人要求提交的竣工验收资料清单。

3. 验收

监理人收到承包人按本合同约定提交的竣工验收申请报告后，应审查申请报告的各项内容，并按以下几种不同情况分别进行处理。

1）监理人审查后认为尚不具备竣工验收条件的，应在收到竣工验收申请报告后的28天内通知承包人，指出在颁发接收证书前承包人还需进行的工作内容。承包人完成监理人通知的全部工作内容后，应再次提交竣工验收申请报告，直至监理人同意为止。

2）监理人审查后认为已具备竣工验收条件的，应在收到竣工验收申请报告后的28天内提请发包人进行工程验收。

3）发包人经过验收后同意接受工程的，应在监理人收到竣工验收申请报告后的56天内，由监理人向承包人出具经发包人签认的工程接收证书。发包人验收后同意接收工程但提出整修和完善要求的，应限期修好，并缓发工程接收证书。整修和完善工作完成后，监理人复查达到要求的，经发包人同意后，再向承包人出具工程接收证书。

4）发包人验收后不同意接收工程的，监理人应按照发包人的验收意见发出指示，要求承包人对不合格工程认真返工或进行补救处理，并承担由此产生的费用。承包人在完成不合格工程的返工或补救工作后，应重新提交竣工验收申请报告，并按合同竣工验收（验收）的约定进行。

5）除专用合同条款另有约定外，经验收合格工程的实际竣工日期，以提交竣工验收申请报告的日期为准，并在工程接收证书中写明。

6）发包人在收到承包人竣工验收申请报告56天后未进行验收的，视为验收合格。实际竣工日期以提交竣工验收申请报告的日期为准，但发包人由于不可抗力不能进行验收的除外。

4. 单位工程验收

发包人根据合同进度计划安排，在全部工程竣工前需要使用已经竣工的单位工程时，或承包人提出经发包人同意时，可进行单位工程验收。验收的程序可参照本合同竣工验收的约定进行。验收合格后，由监理人向承包人出具经发包人签认的单位工程验收证书。已签发单位工程接收证书的单位工程由发包人负责照管。单位工程的验收成果和结论作为全部工程竣工验收申请报告的附件。

发包人在全部工程竣工前，使用已接收的单位工程而导致承包人费用增加的，发包人应承担由此增加的费用和（或）工期延误，并支付承包人合理利润。

5. 施工期运行

施工期运行是指合同工程尚未全部竣工，其中某项或某几项单位工程或工程设备安装已竣工，根据专用合同条款约定，需要投入施工期运行的，经发包人按该合同单位工程验收的约定验收合格，证明能确保安全后，才能在施工期投入运行。

在施工期运行中发现工程或工程设备损坏或存在缺陷的，由承包人按本合同缺陷责任的约定进行修复。

6. 试运行

除专用合同条款另有约定外，承包人应按专用合同条款约定进行工程及工程设备试运行，负责提供试运行所需的人员、器材和必要的条件，并承担全部试运行费用。

由于承包人的原因导致试运行失败的，承包人应采取措施保证最终试运行合格，并承担相应的费用。由于发包人的原因导致试运行失败的，承包人应当采取措施保证最终试运行合格，发包人应承担由此产生的费用，并支付承包人合理利润。

7. 竣工清场

除合同另有约定外，工程接收证书颁发后，承包人应按以下要求对施工场地进行清理，直至监理人检验合格为止。竣工清场费用由承包人承担。

1）施工场地内残留的垃圾已全部清除出场。

2）临时工程已拆除，场地已按合同要求进行清理、平整或复原。

3）按合同约定应撤离的承包人设备和剩余的材料，包括废弃的施工设备和材料，已按计划撤离施工场地。

4）工程建筑物周边及其附近道路、河道的施工堆积物，已按监理人指示全部清理。

5）监理人指示的其他场地清理工作已全部完成。承包人未按监理人的要求恢复临时占地，或者场地清理未达到合同约定的，发包人有权委托其他人恢复或清理，所发生的金额从拟支付给承包人的款项中扣除。

8. 施工队伍的撤离

在工程接收证书颁发后的56天内，除了经监理人同意的需在缺陷责任期内继续工作的人员和继续使用的施工设备和临时工程外，其余的人员、施工设备和临时工程均应撤离施工场地或进行拆除。除合同另有约定外，缺陷责任期满时，承包人的人员和施工设备应全部撤离施工场地。

十八、缺陷责任与保修责任

1. 缺陷责任期的起算时间

缺陷责任期自实际竣工日期起计算。在全部工程竣工验收前，已经发包人提前验收的单位工程，其缺陷责任期的起算日期应相应提前。

2. 缺陷责任

1）承包人应在缺陷责任期内对已交付使用的工程承担缺陷责任。

2）缺陷责任期内，发包人对已接收使用的工程负责日常维护工作。发包人在使用过程中，发现已接收的工程存在新的缺陷或已修复的缺陷部位或部件又遭损坏的，承包人应负责修复，直至检验合格为止。

3）监理人和承包人应共同查清缺陷和（或）损坏的原因。经查明属承包人原因造成的，应由承包人承担修复和查验的费用。经查验属发包人原因造成的，发包人应承担修复和查验的费用，并支付承包人合理利润。

4）承包人不能在合理时间内修复缺陷的，发包人可自行修复或委托其他人修复，所需费用和利润根据造成缺陷的原因分别由发包人或承包人承担。

3. 缺陷责任期的延长

由于承包人原因造成某项缺陷或损坏使某项工程或工程设备不能按原定目标使用而需要再次检查、检验和修复的，发包人有权要求承包人相应延长缺陷责任期，但缺陷责任期最长不超过2年。

4. 进一步试验和试运行

任何一项缺陷或损坏修复后，经检查证明其影响了工程或工程设备的使用性能的，承包人应重新进行合同约定的试验和试运行。试验和试运行的全部费用应由责任方承担。

5. 承包人的进入权

缺陷责任期内，承包人为缺陷修复工作需要，有权进入工程现场，但应遵守发包人的保安和保密规定。

6. 缺陷责任期终止证书

在约定的缺陷责任期，包括根据本合同约定延长的期限终止后14天内，由监理人向承包人出具经发包人签认的缺陷责任期终止证书，并退还剩余的质量保证金。

7. 保修责任

合同当事人根据有关法律规定，在专用合同条款中约定工程质量保修范围、期限和责任。保修期自实际竣工日期起计算。在全部工程竣工验收前，已经发包人提前验收的单位工程的，保修期的起算日期相应提前。

十九、保险

1. 工程保险

除专用合同条款另有约定外，承包人应以发包人和承包人的共同名义向双方同意的保险人投保建筑工程一切险、安装工程一切险。其具体的投保内容、保险金额、保险费率、保险期限等有关内容，在专用合同条款中约定。

2. 人员工伤事故的保险

（1）承包人员工伤事故的保险

承包人应依照有关法律规定参加工伤保险，为其履行合同所雇佣的全部人员缴纳工伤保险费，并要求其分包人也进行此项保险。

（2）发包人员工伤事故的保险

发包人应依照有关法律规定参加工伤保险，为其现场机构雇佣的全部人员缴纳工伤保险费，并要求其监理人也进行此项保险。

3. 人身意外伤害险

发包人应在整个施工期间为其现场机构雇佣的全部人员投保人身意外伤害险，并要求其监理人也进行此项保险。

承包人应在整个施工期间为其现场机构雇佣的全部人员投保人身意外伤害险，并要求其分包人也进行此项保险。

4. 第三者责任险

第三者责任是指在保险期内，对因工程意外事故造成的、依法应由被保险人负责的工地上及毗邻地区的第三者人身伤亡、疾病或财产损失（本工程除外），以及被保险人因此而支付的诉讼费用和事先经保险人书面同意支付的其他费用等赔偿责任。

在缺陷责任期终止证书颁发前，承包人应以承包人和发包人的共同名义，投保约定的第三者责任险，其保险费率、保险金额等有关内容在专用合同条款中约定。

5. 其他保险

除专用合同条款另有约定外，承包人应为其施工设备进场的材料和工程设备等办理保险。

6. 对各项保险的一般要求

（1）保险凭证

承包人应在专用合同条款约定的期限内向发包人提交各项保险生效的证据和保险单副本，保险单必须与专用合同条款约定的条件保持一致。

（2）保险合同条款的变动

承包人需要变动保险合同条款时，应事先征得发包人同意，并通知监理人。保险人做出变动的，承包人应在收到保险人通知后立即通知发包人和监理人。

（3）持续保险

承包人应与保险人保持联系，使保险人能够随时了解工程实施中的变动，并确保按保险合同条款要求持续保险。

（4）保险金不足的补偿

保险金不足以补偿损失的，应由承包人和（或）发包人按合同约定负责补偿。

（5）未按约定投保的补救

1）由于负有投保义务的一方当事人未按合同约定办理保险，或未能使保险持续有效的，另一方当事人可代为办理，所需费用由对方当事人承担。

2）由于负有投保义务的一方当事人未按合同约定办理某项保险，导致受益人未能得到保险人的赔偿，原应从该项保险得到的保险金应由负有投保义务的一方当事人支付。

（6）报告义务

当保险事故发生时，投保人应按照保险单规定的条件和期限及时向保险人报告。

二十、不可抗力

1. 不可抗力的确认

不可抗力是指承包人和发包人在订立合同时不可预见，在工程施工过程中不可避免发生且不能克服的自然灾害和社会性突发事件，如地震、海啸、瘟疫、水灾、骚乱、暴动、战争和专用合同条款约定的其他情形。

不可抗力发生后，发包人和承包人应及时认真统计所造成的损失，收集不可抗力造成损失的证据。合同双方对是否属于不可抗力或其损失的意见不一致的，由监理人与双方当事人商定或确定。发生争议时，按争议处理的约定办理。

2. 不可抗力的通知

合同一方当事人遇到不可抗力事件，使其履行合同义务受到阻碍时，应立即通知合同另一方当事人和监理人，书面说明不可抗力和受阻碍的详细情况，并提供必要的证明。

如不可抗力持续发生，合同一方当事人应及时向合同另一方当事人和监理人提交中间报告，说明不可抗力和履行合同受阻的情况，并于不可抗力事件结束后 28 天内提交最终报告及有关资料。

3. 不可抗力后果及其处理

（1）不可抗力造成损害的责任

除专用合同条款另有约定外，不可抗力导致的人员伤亡、财产损失、费用增加和（或）工期延误等后果，由合同双方按以下原则承担：

1）永久工程，包括已运至施工场地的材料和工程设备的损害，以及因工程损害造成的第三者人员伤亡和财产损失，由发包人承担。

2）承包人设备的损坏由承包人承担。

3）发包人和承包人各自承担其人员伤亡和其他财产损失及其相关费用。

4）承包人的停工损失由承包人承担，但停工期间应监理人要求照管工程和清理、修复工程的金额由发包人承担。

5）不能按期竣工的，应合理延长工期，承包人不需支付逾期竣工违约金。发包人要求赶工的，承包人应采取赶工措施，赶工费用由发包人承担。

（2）延迟履行期间发生的不可抗力

合同一方当事人延迟履行，在延迟履行期间发生不可抗力的，不免除其责任。

（3）避免和减少不可抗力损失

不可抗力发生后，发包人和承包人均应采取措施尽量避免和减少损失，任何一方没有采取有效措施而导致损失扩大的，应对扩大的损失承担责任。

（4）因不可抗力解除合同

合同一方当事人因不可抗力不能履行合同的，应当及时通知对方解除合同。合同解除后，承包人应按约定撤离施工场地。已经订货的材料、设备由订货方负责退货或解除订货合同，不能退还的货款和因退货解除订货合同发生的费用，由发包人承担；因未及时退货造成的损失，由责任方承担。合同解除后的付款，参照合同中［解除合同后的付款］要求，由监理人与双方当事人商定或确定。

二十一、违约

1. 承包人违约

（1）承包人违约的情形

在履行合同过程中发生的下列情况属承包人违约：

1）承包人违反合同中"转让"或"分包"的约定，私自将合同的全部或部分权利转让给其他人，或私自将合同的全部或部分义务转移给其他人。

2）承包人违反合同中"工程专用材料和设备"或"工程专用施工设备和临时设施"的约定，未经监理人批准，私自将已按合同约定进入施工场地的施工设备、临时设施或材料撤离施工场地。

3）承包人违反合同中"禁止使用不合格材料和工程设备"的约定使用了不合格材料或工程设备，工程质量达不到标准要求，又拒绝清除不合格工程。

4）承包人未能按合同进度计划及时完成合同约定的工作，已造成或预期造成工期延误。

5）承包人在缺陷责任期内，未能对工程接收证书所列的缺陷清单的内容或缺陷责任期内发生的缺陷进行修复，而又拒绝按监理人指示再进行修补。

6）承包人无法继续履行或明确表示不履行或实质上已停止履行合同。

7）承包人不按合同约定履行义务的其他情况。

（2）对承包人违约的处理

1）承包人无法继续履行或明确表示不履行或实质上已停止履行合同时，发包人可通知承包人立即解除合同，并按有关法律处理。

2）承包人发生其他违约情况时，监理人可向承包人发出整改通知，要求其在指定的期限内改正。承包人应承担其违约所引起的费用增加和（或）工期延误。

3）经检查证明承包人已采取了有效措施纠正违约行为，具备复工条件的，可由监理人签发复工通知复工。

（3）承包人违约解除合同

监理人发出整改通知28天后，承包人仍不纠正违约行为的，发包人可向承包人发出解除合同通知。合同解除后，发包人可派员进驻施工场地，另行组织人员或委托其他承包人施工。发包人因继续完成该工程的需要，有权扣留使用承包人在现场的材料、设备和临时设施。但发包人的这一行动不免除承包人应承担的违约责任，也不影响发包人根据合同约定享有的索赔权利。

（4）合同解除后的估价、付款和结清

1）合同解除后，监理人与双方当事人商定或确定承包人实际完成工作的价值，以及承包人已提供的材料、施工设备、工程设备和临时工程等的价值。

2）合同解除后，发包人应暂停对承包人的一切付款，查清各项付款和已扣款金额，包括承包人应支付的违约金。

3）合同解除后，发包人应按"发包人索赔"的约定向承包人索赔由于解除合同而给发包人造成的损失。

4）合同双方确认上述往来款项后，出具最终结清付款证书，结清全部合同款项。

5）发包人和承包人未能就解除合同后的结清达成一致而形成争议的，按争议处理约定办理。

（5）协议利益的转让

因承包人违约解除合同的，发包人有权要求承包人将其为实施合同而签订的材料和设备的订货协议或任何服务协议利益转让给发包人，并在解除合同后的14天内依法办理转让手续。

（6）紧急情况下无能力或不愿进行抢救

在工程实施期间或缺陷责任期内发生危及工程安全的事件，监理人通知承包人进行抢救；承包人声明无能力或不愿立即执行的，发包人有权雇佣其他人员进行抢救。此类抢救按合同约定属于承包人义务的，由此发生的金额和（或）工期延误由承包人承担。

2. 发包人违约

（1）发包人违约的情形

在履行合同过程中发生的下列情形，属发包人违约：

1）发包人未能按合同约定支付预付款或合同价款，或拖延、拒绝批准付款申请和支付凭证，导致付款延误的。

2）因发包人原因造成停工的。

3）监理人无正当理由地没有在约定期限内发出复工指示，导致承包人无法复工的。

4）发包人无法继续履行或明确表示不履行或实质上已停止履行合同的。

5）发包人不履行合同约定的其他义务的。

（2）承包人有权暂停施工

发包人发生除"发包人无法继续履行或明确表示不履行或实质上已停止履行合同的"以外的违约情况时，承包人可向发包人发出通知，要求发包人采取有效措施纠正违约行为。若发包人收到承包人通知后的28天内仍不履行合同义务，承包人有权暂停施工并通知监理人，发包人应承担由此增加的费用和（或）工期延误，并支付承包人合理利润。

（3）发包人违约解除合同

1）发包人无法继续履行或明确表示不履行或实质上已停止履行合同的，承包人可书面通知发包人解除合同。

2）承包人有权暂停施工28天后，发包人仍不纠正违约行为的，承包人可向发包人发出解除合同通知。但承包人的这一行动不免除发包人承担的违约责任，也不影响承包人根据合同约定享有的索赔权利。

（4）解除合同后的付款

因发包人违约解除合同的，发包人应在解除合同后28天内向承包人支付下列金额，承包人应在此期限内及时向发包人提交要求支付下列金额的有关资料和凭证：

1）合同解除日以前所完成工作的价款。

2）承包人为该工程施工订购并已付款的材料、工程设备和其他物品的金额，发包人付款后，该材料、工程设备和其他物品归发包人所有。

3）承包人为完成工程所发生的，而发包人未支付的金额。

4）承包人撤离施工场地以及遣散承包人人员的金额。

5）由于解除合同应赔偿的承包人损失。

6）按合同约定在合同解除日前应支付给承包人的其他金额。

发包人应按合同约定支付上述金额并退还质量保证金和履约担保，但有权要求承包人支付应偿还给发包人的各项金额。

（5）解除合同后的承包人撤离

因发包人违约而解除合同后，承包人应妥善做好已竣工工程和已购材料、设备的保护和移交工作，按发包人要求将承包人设备和人员撤出施工场地。承包人撤出施工场地应遵守本合同"竣工清场"的约定，发包人应为承包人撤出提供必要的条件。

3. 第三人造成的违约

在履行合同过程中，一方当事人因第三人的原因造成违约的，应当向对方当事人承担违约责任。一方当事人和第三人之间的纠纷，依照法律规定或者按照约定解决。

二十二、索赔

1. 承包人索赔的提出

根据合同约定，承包人认为有权得到追加付款和（或）延长工期的，应按以下程序向发包人提出索赔：

1）承包人应在知道或应当知道索赔事件发生后28天内，向监理人递交索赔意向通知书，并说明发生索赔事件的事由。承包人未在前述28天内发出索赔意向通知书的，丧失要求追加付款和（或）延长工期的权利。

2）承包人应在发出索赔意向通知书后 28 天内，向监理人正式递交索赔通知书。索赔通知书应详细说明索赔理由以及要求追加的付款金额和（或）延长的工期，并附必要的记录和证明材料。

3）索赔事件具有连续影响的承包人应按合理时间间隔继续递交延续索赔通知，说明连续影响的实际情况和记录，列出累计的追加付款金额和（或）工期延长天数。

4）在索赔事件影响结束后的 28 天内，承包人应向监理人递交最终索赔通知书，说明最终要求索赔的追加付款金额和延长的工期，并附必要的记录和证明材料。

2. 承包人索赔处理程序

1）监理人收到承包人提交的索赔通知书后，应及时审查索赔通知书的内容、查验承包人的记录和证明材料。必要时，监理人可要求承包人提交全部原始记录副本。

2）监理人应与双方当事人商定或确定追加的付款和（或）延长的工期，并在收到上述索赔通知书或有关索赔的进一步证明材料后的 42 天内，将索赔处理结果答复承包人。

3）承包人接受索赔处理结果的，发包人应在做出索赔处理结果答复后 28 天内完成赔付。承包人不接受索赔处理结果的，按争议处理约定办理。

3. 承包人提出索赔的期限

承包人按合同"竣工结算"的约定接受了竣工付款证书后，应被认为已无权再提出在合同工程接收证书颁发前所发生的任何索赔。

承包人按合同"最终结清"的约定提交的最终结清申请单中，只限于提出工程接收证书颁发后发生的索赔。提出索赔的期限自接受最终结清证书时终止。

4. 发包人的索赔

发生索赔事件后，监理人应及时书面通知承包人，详细说明发包人有权得到的索赔金额和（或）延长缺陷责任期的细节和依据。发包人提出索赔的期限和要求与承包人提出索赔期限的约定相同，延长缺陷责任期的通知应在缺陷责任期届满前发出。

监理人与双方当事人商定或确定发包人从承包人处得到赔付的金额和（或）缺陷责任期的延长期。承包人应付给发包人的金额可从拟支付给承包人的合同价款中扣除，或由承包人以其他方式支付给发包人。

二十三、争议的解决

1. 争议的解决方式

发包人和承包人在履行合同中发生争议的，可以友好协商解决或者提请争议评审组评审。合同当事人友好协商解决不成、不愿提请争议评审或者不接受争议评审小组意见的，可在专用合同条款中约定以下一种方式解决：

1）向约定的仲裁委员会申请仲裁。

2）向有管辖权的人民法院提起诉讼。

2. 友好解决

在提请争议评审、仲裁或者诉讼前，以及在争议评审、仲裁或诉讼过程中，发包人和承包人均可共同努力以友好协商的方式解决争议。

3. 争议评审

1）采用争议评审的，发包人和承包人应在开工日后的 28 天内或在争议发生后协商成立争议评审组。争议评审组由具有合同管理和工程实践经验的专家组成。

2）合同双方的争议，应首先由申请人向争议评审组提交一份详细的评审申请报告，并附必要的文件、施工图和证明材料，申请人还应将上述报告的副本同时提交给被申请人和监理人。

3）被申请人在收到申请人评审申请报告副本后的 28 天内，向争议评审组提交一份答辩报告，并附证明材料。被申请人应将答辩报告的副本同时提交给申请人和监理人。

4）除专用合同条款另有约定外，争议评审组在收到合同双方报告后的 14 天内，邀请双方代表和有关人员举行调查会，向双方调查争议细节。必要时，争议评审组可要求双方进一步提供补充材料。

5）除专用合同条款另有约定外，在调查会结束后的 14 天内，争议评审组应在不受任何干扰的情况下进行独立、公正的评审，做出书面评审意见并说明理由。在争议评审期间，争议双方暂按总监理工程师的确定执行。

6）发包人和承包人接受评审意见的，由监理人根据评审意见拟定执行协议，经争议双方签字后作为合同的补充文件，并遵照执行。

7）发包人或承包人不接受评审意见，并要求提交仲裁或提起诉讼的，应在收到评审意见后的 14 天内将仲裁或起诉意向书面通知另一方，并抄送监理人，但在仲裁或诉讼结束前应暂按总监理工程师的确定执行。

复习思考题

1. 试述施工合同的概念和特点。
2. 什么是施工合同工期和施工工期？
3. 简述《2013 版施工合同文本》的组成及施工合同文件的构成。
4. 在施工期内，发包人和承包人的义务分别是什么？
5. 简述工期顺延的理由及确认程序。
6. 工程验收有哪些内容，如何进行隐蔽工程验收？
7. 承包人在何种情况下可以要求调整合同价款？
8. 简述变更工程价款的确定程序和确定方法。
9. 因不可抗力导致的费用增加及延误的工期如何分担？
10. 施工合同对工程分包有何规定？
11. 施工合同双方在工程保险上有何义务？
12. 简述施工合同争议的解决方式。
13. 在哪些情况下，施工合同可以解除？
14. 结合工程实际，如何控制施工合同中规定的工期、质量、投资以及环境和安全目标？
15. 结合我国建设法律法规的具体规定，谈谈项目经理应承担哪些法律责任。

第六章 建设工程总承包合同

第一节

建设工程总承包合同概述

工程总承包是指从事工程总承包的企业受业主委托,按照合同约定,对工程项目的勘察、设计、采购和施工试运行(竣工验收)等实行全过程或若干阶段的承包。工程总承包的具体方式、工作内容和责任等,由业主与工程总承包企业在合同中约定。工程总承包模式主要包括设计-施工(Design-Build,DB)、设计-采购-施工(Engineering, Procurement and Construction,EPC)、交钥匙工程(Turnkey)等模式。根据工程项目的不同规模、类型和业主要求,工程总承包还可采用设计-采购总承包、采购-施工总承包等模式。

设计-施工总承包(DB模式)是指工程总承包企业按照合同约定,承担工程项目设计和施工,并对承包工程的质量、安全、工期、造价全面负责。DB模式是一个实体或者联合体以协议或者合同形式,对一个建设项目的设计和施工负责的工程运作方法。

设计-采购-施工(EPC模式)是指工程总承包企业按照合同约定,承担工程项目的设计、采购、施工试运行等工作,并对承包工程的质量、安全、工期、造价全面负责,是目前推行总承包模式中最主要的一种。

交钥匙工程(Turnkey)是设计-采购-施工总承包业务和责任的延伸.最终是向业主提交一个满足使用需要、具备使用条件的工程项目。

一、建设工程总承包合同的定义

建设工程总承包是指承包人受发包人委托,按照合同约定对工程建设项目的设计、采购、施工(含竣工试验)、试运行等实行全过程或若干阶段的工程承包。《中华人民共和国建筑法》(以下简称《建筑法》)第二十六条规定:"提倡对建筑工程实行总承包;建筑工程的发包单位可以将建筑工程的勘察、设计、施工、设备采购一并发包给一个工程总承包单位,也可以将建筑工程勘察、设计施工、设备采购的一项或者多项发包给一个工程总承包单位。但是,不得将应当由一个承包单位完成的建筑工程肢解成若干部分发包给几个承包单位。"《合同法》第二百七十二条规定："发包人可以与总承包人订立建设工程合同，也可以分别与勘察人、设计人、施工人订立勘察、设计、施工承包合同"。

建设工程总承包合同是指发包人与承包人之间为完成特定的工程总承包任务，明确相互权利义务关系而订立的合同。建设工程总承包合同的发包人一般是项目业主（建设单位），承包人是持有国家认可的相应资质证书的工程总承包企业。按照原建设部《关于培育发展工程总承包和工程项目管理企业的指导意见》（建〔2003〕30号）的规定，对从事工程总承包业务的企业不专门设立工程总承包资质。具有工程勘察、设计或施工总承包资质的企业可以在其资质等级许可的工程项目范围内开展工程总承包业务。工程勘察、设计、施工企业也可以组成联合体，对工程项目进行联合总承包。工程总承包企业可依法将所承包工程中的部分工作发包给具有相应资质的分包企业，工程总承包单位按照总承包合同的约定对建设单位负责，分包单位按照分包合同的约定对总承包单位负责；总承包单位和分包单位就分包工程对建设单位承担连带责任。

二、建设工程总承包合同签订和管理的法律基础

建设工程总承包合同及其管理的法律基础主要是国家或地方颁发的法律、法规。国家及国务院相关部委颁布的主要法律、法规和部门规章有《合同法》《建筑法》《招标投标法》《招标投标法实施条例》、国家发改委等部门编制的《标准设计施工总承包招标文件》（2012年版）、《建设工程勘察设计资质管理规定》（原建设部第160号令）、原建设部发布的《关于培育发展工程总承包和工程项目管理企业的指导意见》（建市〔2003〕30号）、《建设工程项目管理试行办法》（建市〔2004〕200号）以及《建设项目工程总承包管理规范》（GB/T 50358—2017）等。另外，各地建设行政主管部门根据国家的法律法规也制订了当地相关的条例、规定和办法等。1984年9月，国务院印发了《关于改革建筑业和基本建设管理体制若干问题的暂行规定》，规定"工程承包公司对项目建设的可行性研究、勘察设计、设备选购、材料订货、工程施工、生产准备直到竣工投产实行全过程的总承包或部分承包"。这是我国第一次以行政规章的形式规范工程总承包。2003年3月，原建设部发布了《关于培育发展工程总承包和工程项目管理企业的指导意见》，对培育发展专业化的工程总承包和工程项目管理企业提出了指导意见。2005年5月，原建设部又发布了《建设项目工程总承包管理规范》，以进一步促进建设项目工程总承包管理的科学化、规范化和法制化。

三、建设工程总承包合同的特点

建设工程总承包的内容、性质和特点，决定了建设工程总承包合同除了具备建设工程合同的一般特征外，还具有以下一些自身的特点：

1. 设计施工一体化

工程项目总承包商不仅要负责工程设计与施工（design and building），还需负责材料与设备的供应工作（procurement）。因此，如果工程出现质量缺陷，总承包商将承担全部责任，而不会发生设计、施工等多方之间相互推卸责任的情况；同时由于设计与施工的深度交叉，有利于缩短建设周期和降低工程造价。

2. 投标报价复杂

建设工程总承包合同价格不仅包括工程设计与施工费用，根据双方合同约定情况，还可能

包括设备购置费、总承包管理费、专利转让费、研究试验费、不可预见风险费用和财务费用等。签订总承包合同时，由于尚缺乏详细计算投标报价的依据，不能分项详细计算各个费用项目，通常只能依据项目环境调查情况，参照类似已完工程资料和其他历史成本数据来完成项目成本估算和投标报价。

3. 合同关系单一

在建设工程总承包合同中，业主将规定范围内的工程项目实施任务委托给总承包商负责，总承包商一般具有很强的技术和管理的综合能力，业主的组织和协调任务量少，只需面对单一的承包商，合同关系简单，工程责任目标明确。

4. 合同风险转移

由于业主将工程完全委托给承包商，并常常采用固定总价合同，因此将项目风险的绝大部分转移给了承包商。承包商除了承担施工过程中的风险外，还需承担设计及采购等环节的更多的风险。特别是由于在只有发包人要求或只完成概念设计的情况下就要签订总价合同，因此和传统模式下的合同相比，承包商的风险要大得多，需要承包商具有较高的管理水平和丰富的工程经验。

5. 价值工程应用

在建设工程总承包合同中，承包商负责设计和施工，打通了设计与施工的界面障碍，在设计阶段便可以考虑设计的可施工性问题（constructability），对降低成本、提高利润有重要影响。承包商常常还可根据自身丰富的工程经验，对发包人要求和设计文件提出合理化建议，从而降低工程投资，改善项目质量或缩短项目工期。因此，在建设工程总承包合同中常常包括"价值工程"或"承包商合理化建议"与"奖励"条款。

6. 知识产权保护

由于工程总承包模式常常被运用于石油、化工、建材、冶金、水利、电力、节能建筑等项目，因此设计成果文件中会包含多项专利或著作权，总承包合同中一般会有关于知识产权及其相关权益的约定。总承包商的专利使用费也一般包含在投标报价中。

第二节 建设工程总承包合同文本

一、国内建设工程总承包合同文本

1. 标准设计施工总承包招标文件

国家多部门联合编制的《标准设计施工总承包招标文件》（2012 年版），自 2012 年 5 月 1 日起实施，在政府投资项目中试行，其他项目也可参照使用。《标准设计施工总承包招标文件》第四章"合同条款及格式"，包括通用合同条款、专用合同条款以及 3 个合同附件格式（合同协议书、履约担保格式、预付款担保格式）。通用合同条款共 24 条，包括：一般约定，发包人义务，监理人，承包人，设计，材料和工程设备，施工设备和临时设施，交通运输，测量放线，安全、治安保卫和环境保护，开始工作和竣工，暂停工作，工程质量，试验和检验，变更，价格调整，合同价格与支付，竣工试验和竣工验收，缺陷责任与保修责任，保险，不可抗力，违约，索赔，争议的解决。

2. 建设项目建设工程总承包合同示范文本

为促进建设项目工程总承包的健康发展，指导和规范建设工程总承包合同当事人的市场行为，维护合同当事人的合法权益，依据《合同法》《建筑法》《招标投标法》以及相关法律法规，住建部和国家工商行政管理总局联合制定了《建设项目建设工程总承包合同示范文本（试行）》（以下简称《示范文本》）（GF—2011—0216），自2011年11月1日起试行。

（1）《示范文本》的适用范围

《示范文本》适用于建设项目工程总承包发包方式。工程总承包是指承包人受发包人委托，按照合同约定对工程建设项目的设计、采购、施工（含竣工试验）、试运行等实施阶段，实行全过程或若干阶段的工程承包。为此，在《示范文本》的条款设置中，将"技术与设计、工程物资、施工、竣工试验、工程接收竣工后试验"等工程建设实施阶段的相关工作内容均分别作为一条独立条款，发包人可根据发包建设项目实施阶段的具体内容和要求，确定对相关建设实施阶段和工作内容的取舍。

（2）《示范文本》的组成

《示范文本》由合同协议书、通用条款和专用条款三部分组成。

根据《合同法》的规定，合同协议书是双方当事人对合同基本权利、义务的集中表述，主要包括：建设项目的功能、规模、标准、工期要求、合同价格及支付方式等内容。合同协议书的其他内容，一般包括合同当事人要求提供的主要技术条件的附件及合同协议书生效的条件等。

通用条款是合同双方当事人根据《建筑法》《合同法》以及有关行政法规的规定，就工程建设的实施阶段及其相关事项，双方的权利义务做出的原则性约定。通用条款共20条，其中包括：

1）核心条款。这部分条款是确保建设项目功能、规模、标准和工期等要求得以实现的条款，共8条，包括一般规定、进度计划、延误和暂停、技术和设计、工程物资、施工、竣工试验、工程接收和竣工后试验。

2）保障条款。这部分条款是保障核心条款顺利实施的条款，共4条，包括质量保修责任、变更和合同价格调整、合同总价和付款、保险。

3）合同执行阶段的干系人条款。这部分条款是根据建设项目实施阶段的具体情况，依法约定了发包人、承包人的权利和义务，共3条，包括发包人、承包人和工程竣工验收。

4）违约、索赔和争议条款。这部分条款是约定若合同当事人发生违约行为，或合同履行过程中出现工程物资、施工、竣工、试验等质量问题，以及出现工期延误、索赔等争议，如何通过友好协商、调解、仲裁或诉讼程序解决争议的条款。

5）不可抗力条款。约定了不可抗力发生时，合同双方当事人的义务和不可抗力的后果。

6）合同解除条款。分别对由发包人解除合同与由承包人解除合同的情形做出了约定。

7）合同生效与合同终止条款。对合同生效的日期、合同的份数以及合同义务完成后合同终止等内容做出了约定。

8）补充条款。合同双方当事人需要对通用条款进行细化、完善、补充、修改或另行约定的，可将具体约定写在专用条款内。

专用条款是合同双方当事人根据不同建设项目合同执行过程中可能出现的具体情况，通过谈判、协商的方式对相应通用条款的原则性约定的细化、完善、补充、修改或另行约定的条款。同一合同内专用条款的法律解释效力优于通用条款。

二、国际建设工程总承包合同文本

国际上著名的标准合同格式有：FIDIC（国际咨询工程师联合会）、ICE（英国土木工程师学会）、JCT（英国合同审定联合会）、AIA（美国建筑师学会）、AGC（美国总承包商协会）等组织制定的系列标准合同格式。ICE 标准合同格式是英国以及英联邦国家建设工程的主流合同条件，AIA 和 AGC 的标准合同格式是美国以及受美国建筑业影响较大国家建设工程的主流合同条件，FIDIC 的标准合同格式主要适用于世界银行、亚洲开发银行等国际金融机构的贷款项目，以及广大发展中国家的建设工程项目，是我国工程界所最为熟悉的国际标准合同条件。这些标准合同条件里，FIDIC 和 ICE 合同条件主要应用于土木工程，而 JCT 和 AIA 合同条件主要应用于建筑工程。

1. FIDIC 标准合同条件

国际咨询工程师联合会（FIDIC）在 1995 年出版了设计-施工与交钥匙合同条件（Conditions of Contract for Design Build and Turkey）（橘皮书），用于设计-施工模式和交钥匙工程中。1999年，FIDIC 出版了工程设备和设计-施工合同条件（Conditions of Contract for Plant and Design-Build）（新黄皮书）、设计-采购-施工交钥匙合同条件（Conditions of Contract for EPC Turnkey Projects）（银皮书）。新黄皮书用于设计-施工模式，银皮书用于 EPC 和交钥匙工程模式。FIDIC 所编制的这三个合同条件适用的都是总价合同类型。FIDIC 合同条件的具体内容见第七章。

2. JCT 标准合同条件

美国合同审定委员会（JCT）在 1981 年出版了承包商负责设计的标准合同格式（Standard Form of Contract with Contractor's Design JCT81）。JCT81 适用于承包商对所有设计都负责的情况，包括在签订设计施工总承包合同之前很大部分设计已经由业主所委托的设计者完成的情况。如果在很大部分设计已经完成的情况下签订设计施工总承包合同，总承包商实际上并没有做那部分设计，却要对包括那部分在内的所有设计工作负责，这其实是设计施工模式衍生出的一种新型合同模式。1998 年，JCT 在 JCT81 的基础上出版了新版的承包商负责设计的标准合同格式，并称之为 WCD98。JCT 合同条件主要应用于建筑工程。

3. ICE 标准合同条件

英国土木工程师学会（ICE）在 1992 年出版了设计-施工合同条件（Design and Construction Conditions of Contract），在 2001 年又出版了此合同条件的第二版，该合同文本适用于土木工程领域设计加施工模式的合同条件。ICE 在 1995 年发布的第二版"新工程合同"（New Engineering Contract，NEC）也适用于承包商承担部分设计或者全部设计的情况。ICE 合同条件主要应用于土木工程。

4. AIA 标准合同条件

美国建筑师学会（AIA）系列合同条件的核心是 A201，不同的采购模式只需要选用不同的协议书格式。与设计-施工模式（DB）相对应的标准协议书格式有三个：

1）业主与 DB 承包商之间标准协议书格式（Standard Form of Agreements Between Owner and Design Builder）（A191）。

2）DB 承包商与施工承包商之间标准协议书格式（Standard Form of Agreements Between Design-Builder and Contractor）（A491）。

3）DB 承包商与建筑师之间标准协议书格式（Standard From of Agreements Between Design-Builder and Architect）（B901）。

A191 和 A491 都分别由两部分组成。A191 的第一部分涵盖初步设计和投资估算服务，第二部分涵盖后面的设计和施工。A491 的第一部分涵盖初步设计阶段的管理咨询服务，第二部分涵盖施工。AIA 的 DB 合同条件都要求在设计开始之前签订 DB 合同，因此工程费用要到初步设计完成并经过业主的同意后才能够确定。AIA 合同条件主要应用于建筑工程。

5. AGC 标准合同条件

美国总承包商协会（AGC）所制定的设计-施工（DB）模式标准合同条件和 AIA 相类似，但是更加具有综合性，主要包括：

1）业主与承包商之间设计施工的简要协议书（Preliminary Design-Builder Agreement Between Owner and Contractor）（AGC400）。

2）在以成本加酬金并带有保证最大价格的支付方式下，业主与承包商之间设计加施工的标准协议书格式及一般合同条件（Standard Form of Design-Builder Agreement and General Conditions Between Owner and Contractor, Where the Basis of payment is the Actual Cost Plus a Fee with a Guaranteed Maximum Price）（AGC410）。

3）在总价支付方式下，业主与承包商之间设计施工的标准协议书格式及一般合同条（Standard Form of Design-Build Agreement and General Conditions Between Owner and Contractor, Where the Basis of Payment is a Lump Sum）（AGC415）。

4）承包商与建筑师/工程师设计施工项目的标准协议书格式（Standard Form of Agreement Between Contractor and Architect/Engineer for Design Build Projects）（AGC420）。

5）设计施工承包商与分包商的标准协议书格式（Standard Form of Agreement Between Design-Build Contractor and Subcontractor）（AGC450）。

第三节 建设工程总承包合同重点条款

以下主要按照住建部和国家工商行政管理总局联合制定的《建设工程总承包合同示范文本（试行）》（GF—2011—0216），以及国家发改委等九部委联合编制的《标准设计施工总承包招标文件》第四章"合同条款及格式"，说明建设建设工程总承包合同与建设工程施工合同不同的重点条款。

1. 发包人要求

"发包人要求"是指构成合同文件组成部分的名为"发包人要求"的文件，包括招标项目的目的、范围、设计与其他技术标准和要求，以及合同双方当事人约定对其所做的修改或补充。"发包人要求"是招标文件的有机构成，建设工程总承包合同签订后，也是合同文件的组成部分，对双方当事人具有法律约束力。承包人应认真阅读、复核"发包人要求"，发现错误的，应及时书面通知发包人。"发包人要求"中的错误导致承包人增加费用和（或）工期延误的，发包人应承担由此增加的费用和（或）工期延误，并向承包人支付合理利润。发包人要求违反法律规定的，承包人发现后应书面通知发包人，并要求其改正。发包人收到通知书后不予改正或不予答复的，承包人有权拒绝履行合同义务，直至解除合同。发包人应承担由此引起的承包人全部损失。

"发包人要求"应尽可能地清晰准确，对于可以进行定量评估的工作，发包人要求不仅应明确规定其产能、功能、用途、质量、环境、安全，并且要规定偏离的范围和计算方法，以及检验、试验、试运行的具体要求。对于承包人负责提供的有关设备和服务，对发包人人员进行培训和提供些消耗品等，在发包人要求中应一并明确规定。"发包人要求"通常包括但不限于以下内容：

1）功能要求：包括工程的目的、规模、性能保证指标（性能保证表）、产能保证指标等。

2）工程范围：①包括的工作：永久工程的设计、采购、施工范围，临时工程的设计与施工范围，竣工验收工作范围，技术服务工作范围，培训工作范围，保修工作范围等；②工作界区；③发包人提供的现场条件：包括施工用电、施工用水、施工排水等；④发包人提供的技术文件：除另有批准外，承包人的工作需要遵照发包人需求任务书、发包人已完成的设计文件进行。

3）工艺安排或要求（如有）。

4）时间要求：包括开始工作时间、设计完成时间、进度计划、竣工时间、缺陷责任期和其他时间要求等。

5）技术要求：包括设计阶段和设计任务，设计标准和规范，技术标准和要求，质量标准，设计、施工和设备监造试验（如有），样品，发包人提供的其他条件，如发包人或其委托的第三人提供的设计、工艺、用于试验检验的工器具等，以及据此对承包人提出的予以配套的要求。

6）竣工试验：第一阶段，如对单车试验等的要求，包括试验前准备。第二阶段，如对联动试车、投料试车等的要求，包括人员、设备、材料、燃料、电力、消耗品、工具等必要条件。第三阶段，如对性能测试及其他竣工试验的要求，包括产能指标产品质量标准、运营指标、环保指标等。

7）竣工验收。

8）竣工后试验（如有）。

9）文件要求：包括设计文件及其相关的审批、核准、备案要求，沟通计划，风险管理计划，竣工文件工程的其他记录，操作和维修手册，其他承包人文件等。

10）工程项目管理规定：包括质量、进度、里程碑进度计划（如果有）、支付、HSE（健康、安全与环境管理体系）、沟通、变更等。

11）其他要求：包括对承包人的主要人员资格要求，相关审批、核准和备案手续的办理，对项目业主人员的操作培训，分包，设备供应商，缺陷责任期的服务要求等。

《标准设计施工总承包招标文件》中要求"发包人要求"用13个附件清单明确列出，主要包括：性能保证表，工作界区图，发包人需求任务书，发包人已完成的设计文件，承包人文件要求，承包人人员资格要求及审查规定，承包人设计文件审查规定，承包人采购审查与批准规定，材料、工程设备和工程试验规定，竣工试验规定，竣工验收规定，竣工后试验规定，以及工程项目管理规定。

2. 设计文件与协调

（1）承包人的设计范围

按照我国工程建设的基本程序，工业建筑工程设计依据工作进程和深度不同，一般分初步设计和施工图设计两个阶段进行，技术上复杂的工业建设项目可按初步设计、技术设计和施工图设计三个阶段进行。民用建筑工程设计一般分为方案设计、初步设计和施工图设计三个阶段。国际工程一般分为概念设计（Concept Design）、基本设计（Basic Engineering）和详细设计（Detailed Engineering）三个阶段。

方案设计（概念设计）是项目投资决策后，由咨询单位针对项目策划和可行性研究提出的意见和问题，经与业主协商后提出的具体开展建设的设计文件，其深度应当满足编制初步设计文件和控制概算的需要。

初步设计（基本设计）的内容根据项目类型的不同而有所变化，一般来说，它是项目的宏观设计，即项目的总体设计、布局设计、主要的工艺流程设备的选型和安装设计、土建工程量及费用的估算等。初步设计文件应当满足编制施工招标文件、主要设备材料订货和编制施工图设计文件的需要，是下一阶段施工图设计的基础。

施工图设计（详细设计）的主要内容是根据已批准的初步设计，绘制出正确、完整和尽可能详细的建筑、安装图，包括建设项目部分工程的详图、零部件结构明细表、验收标准、方法、施工图预算等。此设计文件应当满足设备材料采购、非标准设备制作和施工的需要，并注明建筑工程的合理使用年限。

在建设工程总承包合同中应明确定义设计的范围，确定谁应该参与设计及参与的程度。承包人的设计范围可以是施工图设计，也可以是初步设计和施工图设计，还可以是包括方案设计、初步设计、施工图设计的所有设计，由双方在总承包合同中加以明确。

承包人应按合同约定的工作内容和进度要求，编制设计、施工的组织和实施计划，并对所有设计、施工作业和施工方法，以及全部工程的完备性和安全可靠性负责。承包人不得将设计和施工的主体及关键性工作分包给第三人。除专用合同条款另有约定外，未经发包人同意，承包人也不得将非主体非关键性工作分包给第三人。

（2）承包人的设计义务

承包人应按照法律规定，以及国家、行业和地方的规范与标准完成设计工作，并符合发包人要求。除合同另有约定外，承包人完成设计工作所应遵守的法律规定，以及国家、行业和地方的规范与标准，均应视为在基准日适用的版本。基准日之后，若前述版本发生重大变化，或者有新的法律，以及国家、行业和地方的新的规范与标准实施的，承包人应向发包人或发包人委托的监理人提出遵守新规定的建议。发包人或其委托的监理人应在收到建议后7天内发出是否遵守新规定的指示。发包人或其委托的监理人指示遵守新规定的，按照变更条款执行；或者在基准日后，因法律变化导致承包人在合同履行中所需费用发生除合同约定的物价波动引起的调整以外的增减时，监理人应根据法律，国家或省、自治区及直辖市有关部门的规定商定或确定需调整的合同价格。

（3）承包人设计进度计划

承包人应按照发包人要求，在合同进度计划中专门列出设计进度计划，报发包人批准后执行。承包人需按照经批准后的计划开展设计工作。

因承包人原因影响设计进度的，未能按合同进度计划完成工作，或监理人认为承包人工作进度不能满足合同工期要求的，承包人应采取措施加快进度，并承担加快进度所增加的费用。发包人或其委托的监理人有权要求承包人提交修正的进度计划，增加投入资源并加快设计进度。由于承包人原因造成工期延误的，承包人应支付逾期竣工违约金。逾期竣工违约金的计算方法和最高限额在专用合同条款中约定。承包人支付逾期竣工违约金，不免除承包人完成工作及修补缺陷的义务。

因发包人原因影响设计进度的，按合同约定的变更条款处理。

（4）设计审查

承包人的设计文件应报发包人审查同意。审查的范围和内容在发包人要求中约定。除合同另有约定外，自监理人收到承包人的设计文件以及承包人的通知之日起，发包人对承包人的设计文件审查期不得超过 21 天。承包人的设计文件对于合同约定有偏离的，应在通知中说明。承包人需要修改已提交的承包人设计文件的，应立即通知监理人，并向监理人提交修改后的承包人的设计文件，审查期重新起算。

发包人不同意设计文件的，应通过监理人以书面形式通知承包人，并说明不符合合同要求的具体内容。承包人应根据监理人的书面说明，对设计文件进行修改后重新报送发包人审查，审查期重新起算。合同约定的审查期满，发包人没有做出审查结论也没有提出异议的，视为承包人的设计文件已获发包人同意。

承包人的设计文件不需要政府有关部门审查或批准的，承包人应当严格按照经发包人审查同意的设计文件设计和实施工程。设计文件需要政府有关部门审查或批准的，发包人应在审查同意承包人的设计文件后的 7 天内，向政府有关部门报送设计文件，承包人应予以协助。

对于政府有关部门的审查意见，不需要修改发包人要求的，承包人需按该审查意见修改承包人的设计文件；需要修改发包人要求的，发包人应重新提出发包人要求，承包人应根据新提出的发包人要求修改承包人设计文件。上述情形还应适用变更条款中对发包人要求中的错误条款进行更正的有关约定。

政府有关部门审查批准的，承包人应当严格按照批准后的承包人的设计文件设计和实施工程。

3. 变更

（1）变更权

在履行合同过程中，经发包人同意，监理人可按照合同约定的变更程序向承包人做出有关发包人要求改变的变更指示，承包人应遵照执行。变更应在相应内容实施前提出，否则发包人应承担承包人损失。没有监理人的变更指示的，承包人不得擅自变更。

（2）承包人的合理化建议

在履行合同过程中，承包人对发包人要求的合理化建议，均应以书面形式提交给监理人。合理化建议书的内容应包括建议工作的详细说明、进度计划、效益以及与其他工作的协调等，并附必要的设计文件。监理人应与发包人协商是否采纳建议。建议被采纳并构成变更的，应按照变更程序的约定向承包人发出变更指示。承包人提出的合理化建议降低了合同价格、缩短了工期或者提高了工程经济效益的，发包人可按国家有关规定在专用合同条款中约定给予奖励。

（3）变更程序

变更程序按照提出变更、变更估价、变更指示执行。

1）提出变更：

① 在合同履行过程中，监理人可向承包人发出变更意向书。变更意向书应说明变更的具体内容和发包人对变更的时间要求，并附必要的相关资料。变更意向书应要求承包人提交包括拟实施变更工作的设计、计划、措施和竣工时间等内容的实施方案。发包人同意承包人根据变

更意向书要求提交的变更实施方案的，由监理人按招标文件第四章第15.3款［变更程序］第15.3.3项的约定发出变更指示。

② 承包人收到监理人按合同约定发出的文件，经检查认为其中存在对发包人要求变更情形的，可向监理人提出书面变更建议。变更建议应阐明要求变更的依据，以及实施该变更工作对合同价款和工期的影响，并附必要的设计图和说明。监理人收到承包人书面建议后，应与发包人共同研究，确认存在变更的，应在收到承包人书面建议后的14天内做出变更指示。经研究后不同意作为变更的，应由监理人书面答复承包人。

③ 承包人收到监理人的变更意向书后，认为难以实施此项变更的，应立即通知监理人，说明原因并附详细依据。监理人与承包人和发包人协商后确定撤销、改变或不改变原变更意向书。

2）变更估价：监理人应按照合同约定和合同当事人商定或确定变更价格。变更价格应包括合理的利润，并应包括按照合同约定，因承包人提出合理化建议给发包人带来收益而应当给予其的奖励。

3）变更指示：变更指示只能由监理人发出。变更指示应说明变更的目的、范围、变更内容、变更工程量及其进度和技术要求，并附相关设计图和文件。承包人收到变更指示后，应按变更指示进行变更工作。

(4) 暂列金额

经发包人同意，承包人可使用暂列金额，但应按照合同中暂估价规定的程序进行，并对合同价格进行相应调整。

(5) 计日工

发包人认为有必要时，由监理人通知承包人以计日工方式实施变更的零星工作，其价款按列入合同中的计日工计价子目及其单价进行计算。

采用计日工计价的任何一项变更工作，应从暂列金额中支付，承包人应在该项变更的实施过程中，每天提交以下报表和有关凭证报送监理人批准：①工作名称、内容和数量；②投入该工作的所有人员的姓名、专业/工种、级别和耗用工时；③投入该工作的材料类别和数量；④投入该工作的施工设备型号、台数和耗用台时；⑤监理人要求提交的其他资料和凭证。

计日工由承包人汇总后，按合同约定列入进度付款申请单，由监理人复核并经发包人同意后列入进度付款。

如果签约合同价包括计日工的，按合同约定进行支付。

(6) 暂估价

发包人在价格清单中给定暂估价的专业服务材料、工程设备和专业工程属于依法必须招标的范围并达到规定的规模标准的，由发包人和承包人以招标的方式选择供应商或分包人。发包人和承包人的权利义务关系在专用合同条款中约定。中标金额与价格清单中所列的暂估价的金额差以及相应的税金等其他费用列入合同价格。

发包人在价格清单中给定暂估价的专业服务材料和工程设备不属于依法必须招标的范围或未达到规定的规模标准的，应由承包人按照合同约定提供材料和工程设备。经监理人确认的专业服务、材料、工程设备的价格与价格清单中所列的暂估价的金额差以及相应的税金等其他费用列入合同价格。

发包人在价格清单中给定暂估价的专业工程不属于依法必须招标的范围或未达到规定的规

模标准的，由监理人按照变更估价的约定进行估价，但专用合同条款另有约定的除外。经估价的专业工程与价格清单中所列的暂估价的金额差以及相应的税金等其他费用列入合同价格。

如果签约合同价包括暂估价的，按合同约定进行支付。

4. 合同价格与支付

除专用合同条款另有约定外，合同价格包括签约合同价以及按照合同约定进行的调整。合同价格还包括承包人依据法律规定或合同约定应支付的规费和税金。价格清单列出的任何数量仅为估算的工作量，不得将其视为要求承包人实施的工程的实际或准确的工作量。在价格清单中列出的任何工作量和价格数据应仅限用于变更和支付的参考资料，而不能用于其他目的。

合同约定工程的某部分按照实际完成的工程量进行支付的，应按照专用合同条款的约定进行计量和估价，并据此调整合同价格。

（1）预付款

预付款用于承包人为合同工程的设计和工程实施购置材料、工程设备、施工设备、修建临时设施以及组织施工队伍进场等。预付款的额度和支付在专用合同条款中约定。预付款必须专用于合同工作。

除专用合同条款另有约定外，承包人应在收到预付款的同时向发包人提交预付款保函，预付款保函的担保金额应与预付款金额相同。预付款保函的担保金额可根据预付款扣回的金额相应递减。

预付款应在进度付款中予以扣回，扣回办法在专用合同条款中约定。在颁发工程接收证书前，由于不可抗力或其他原因解除合同时，预付款尚未扣清的，尚未扣清的预付款余额应作为承包人的到期应付款。

（2）工程进度付款

工程进度付款条款包括付款时间、支付分解报告、进度付款申请单、进度付款证书和支付时间等方面。

1）付款时间：除专用合同条款另有约定外，工程进度付款按月支付。

2）支付分解报告：除专用合同条款另有约定外，承包人应根据价格清单的价格构成、费用性质计划发生时间和相应工作量等因素，按照以下分类和分解原则，结合合同约定的合同进度计划，汇总形成月度支付分解报告：①勘察设计费：按照提供勘察设计阶段性成果文件的时间、对应的工作量进行分解；②材料和工程设备费：分别按订立采购合同、进场验收合格、安装就位、工程竣工等阶段和专用条款约定的比例进行分解；③技术服务培训费：按照价格清单中的单价，结合合同约定的合同进度计划对应的工作量进行分解；④其他工程价款：除合同价格约定按已完成工程量计量支付的工程价款外，按照价格清单中的价格，结合合同约定的合同进度计划拟完成的工程量或者比例进行分解。承包人应当在收到经监理人批复的合同进度计划后7天内，将支付分解报告以及形成支付分解报告的支持性资料报监理人审批。监理人应当在收到承包人报送的支付分解报告后7天内给予批复或提出修改意见，经监理人批准的支付分解报告为具有合同约束力的支付分解表。合同进度计划进行了修订的，应相应修改支付分解表，并按规定报监理人批复。

3）进度付款申请单：承包人应在每笔进度款支付前，按监理人批准的格式和专用合同条款约定的份数，向监理人提交进度付款申请单，并附相应的支持性证明文件。除合同另有约定外，进度付款申请单还应包括下列内容：①当期应支付金额总额，以及截至当期期末累计应支付金额总额和已支付的进度付款金额总额；②当期根据支付分解报告应支付金额，以及截至当期期末累计应支付金额；③当期根据合同价格约定计量的已实施工程应支付金额，以及截至当期期末累计应支付金额；④当期根据变更条款应增加和扣减的变更金额，以及截至当期期末累计变更金额；⑤当期根据索赔条款应增加和扣减的索赔金额，以及截至当期期末累计索赔金额；⑥当期根据预付款条款约定应支付的预付款和应扣减的预付款金额，以及截至当期期末累计应扣减的预付款金额；⑦当期根据合同约定应扣减的质量保证金金额以及截至当期期末累计扣减的质量保证金金额；⑧当期根据合同应增加和扣减的其他金额，以及截至当期期末累计增加和扣减的金额。

4) 进度付款证书和支付时间：

① 监理人在收到承包人进度付款申请单以及相应的支持性证明文件后的 14 天内完成审核，提出发包人到期应支付给承包人的金额以及相应的支持性材料，经发包人审批同意后，由监理人向承包人出具经发包人签认的进度付款证书。监理人未能在前述时间完成审核的视为监理人同意承包人进度付款申请。监理人有权核减承包人未能按照合同要求履行任何工作或义务的相应金额。

② 发包人最迟应在监理人收到进度付款申请单后的 28 天内将进度应付款支付给承包人。发包人未能在前述时间内完成审批或不予答复的，视为发包人同意进度付款申请。发包人不按期支付的，应按专用合同条款的约定支付逾期付款违约金。

③ 监理人出具进度付款证书不应视为监理人已同意、批准或接受了承包人完成的该部分工作。

④ 进度付款涉及政府投资资金的，按照国库集中支付等国家相关规定和专用合同条款的约定执行。

(3) 质量保证金

监理人应从发包人的每笔进度付款中，按专用合同条款的约定扣留质量保证金，直至扣留的质量保证金总额达到专用合同条款约定的金额或比例为止。质量保证金的计算基数不包括预付款的支付、扣回，以及价格调整的金额。

在合同约定的缺陷责任期满时，承包人向发包人申请到期应返还承包人剩余的质量保证金，发包人应在 14 天内会同承包人按照合同约定的内容核实承包人是否完成了缺陷责任。如无异议，发包人应当在核实后将剩余质量保证金返还承包人。在合同约定的缺陷责任期满时，承包人没有完成缺陷责任的，发包人有权扣留与未履行责任剩余工作所需金额相应的质量保证金余额，并有权根据合同约定要求延长缺陷责任期，直至完成剩余工作为止。缺陷责任期最长不超过 2 年。

(4) 竣工结算

竣工结算条款包括竣工付款申请单、竣工付款证书及支付时间。

1) 竣工付款申请单：①工程接收证书颁发后，承包人应按专用合同条款约定的份数和期限向监理人提交竣工付款申请单，并提供相关证明材料。除专用合同条款另有约定外，竣工付款申请单应包括下列内容：竣工结算合同总价、发包人已支付承包人的工程价款、应扣留的质量保证金及应支付的竣工付款金额。②监理人对竣工付款申请单有异议的，有权要求承包人进行修正和提供补充资料。经监理人和承包人协商后，由承包人向监理人提交修正后的竣工付款申请单。

2) 竣工付款证书及支付时间：①监理人在收到承包人提交的竣工付款申请单后的 14 天内完成核查，提出发包人到期应支付给承包人的价款送发包人审核并抄送承包人。发包人应在收到后 14 天内审核完毕，由监理人向承包人出具经发包人签认的竣工付款证书。监理人未在约定时间内核查，又未提出具体意见的，视为承包人提交的竣工付款申请单已经监理人核查同意；发包人未在约定时间内审核又未提出具体意见的，监理人提出发包人到期应支付给承包人的价款视为已经发包人同意。②发包人应在监理人出具竣工付款证书后的 14 天内，将应支付款支付给承包人。发包人不按期支付的，按照合同约定将逾期付款违约金支付给承包人。③承包人对发包人签认的竣工付款证书有异议的，发包人可出具竣工付款申请单中承包人已同意部分的临时付款证书。存在争议的部分按照争议条款的约定执行。④竣工付款涉及政府投资资金的，按照国库集中支付等国家相关规定和专用合同条款的约定执行。

（5）最终结清

最终结清条款包括最终结清申请单、最终结清证书和支付时间。

1）**最终结清申请单**：①缺陷责任期终止证书签发后，承包人可按专用合同条款约定的份数和期限向监理人提交最终结清申请单，并提供相关证明材料；②发包人对最终结清申请单内容有异议的，有权要求承包人进行修正和提供补充资料，并由承包人向监理人提交修正后的最终结清申请单。

2）**最终结清证书和支付时间**：

① 监理人收到承包人提交的最终结清申请单后的 14 天内，提出发包人应支付给承包人的价款送发包人审核并抄送承包人。发包人应在收到后 14 天内审核完毕，由监理人向承包人出具经发包人签认的最终结清证书。监理人未在约定时间内核查又未提出具体意见的，视为承包人提交的最终结清申请已经监理人核查同意；发包人未在约定时间内审核又未提出具体意见的，监理人提出应支付给承包人的价款视为已经发包人同意。

② 发包人应在监理人出具最终结清证书后的 14 天内，将应支付款支付给承包人。发包人不按期支付的，按照合同约定将逾期付款违约金支付给承包人。

③ 承包人对发包人签认的最终结清证书有异议的，按争议条款的约定执行。

④ 最终结清付款涉及政府投资资金的，按照国库集中支付等国家相关规定和专用合同条款的约定执行。

5. 竣工试验和竣工验收

（1）竣工试验

承包人按照合同约定提交竣工文件操作和维修手册后，进行竣工试验。承包人应提前 21 天将可以开始进行竣工试验的日期通知监理人，监理人应在该日期后 14 天内，确定竣工试验具体时间。除专用合同条款中另有约定外，竣工试验应按下述顺序进行：①第一阶段，承包人进行适当的检查和功能性试验，保证每项工程设备都满足合同要求，并能安全地进入下一阶段试验；②第二阶段，承包人进行试验，保证工程或区段工程满足合同要求，在所有可利用的操作条件下安全运行；③第三阶段，当工程能安全运行时，承包人应通知监理人，可以进行其他竣工试验，包括各种性能测试，以证明工程符合发包人要求中列明的性能保证指标。

承包人应按合同约定进行工程及工程设备试运行。试运行所需人员、设备、材料、燃料、电力、消耗品、工具等必要的条件以及试运行费用等，由专用合同条款规定。某项竣工试验未能通过的，承包人应按照监理人的指示限期改正，并承担合同约定的相应责任。

（2）竣工验收申请报告

当工程具备以下条件时，承包人即可向监理人报送竣工验收申请报告：①除监理人同意列入缺陷责任期内完成的尾工（甩项）工程和缺陷修补工作外，合同范围内的全部区段工程以及有关工作，包括合同要求的试验和竣工试验均已完成，并符合合同要求；②已按合同约定的内容和份数备齐了符合要求的竣工文件；③已按监理人的要求编制了在缺陷责任期内完成的尾工（甩项）工程和缺陷修补工作清单以及相应的施工计划；④监理人要求在竣工验收前应完成的其他工作；⑤监理人要求提交的竣工验收资料清单。

（3）竣工验收

监理人收到承包人按照合同约定提交的竣工验收申请报告后，应审查申请报告的各项内容，并按以下不同情况进行处理：

1）监理人审查后认为尚不具备竣工验收条件的，应在收到竣工验收申请报告后的28天内通知承包人，指出在颁发接收证书前承包人还需进行的工作内容。承包人完成监理人通知的全部工作内容后，应再次提交竣工验收申请报告，直至监理人同意为止。监理人收到竣工验收申请报告后28天内不予答复的，视为同意承包人的竣工验收申请，并应在收到该竣工验收申请报告后28天内提请发包人进行竣工验收。

2）监理人同意承包人提交的竣工验收申请报告的，应在收到该竣工验收申请报告后的28天内提请发包人进行工程验收。

3）发包人经过验收后同意接收工程的，应在监理人收到竣工验收申请报告后的56天内，由监理人向承包人出具经发包人签认的工程接收证书。发包人验收后同意接收工程但提出整修和完善要求的，限期修好，并缓发工程接收证书。整修和完善工作完成后，监理人复查达到要求的，经发包人同意后，再向承包人出具工程接收证书。

4）发包人验收后不同意接收工程的，监理人应按照发包人的验收意见发出指示，要求承包人对不合格工程认真返工重做或进行补救处理，并承担由此产生的费用。承包人在完成不合格工程的返工重做或补救工作后，应重新提交竣工验收申请报告，并按照以上1）、2）、3）的约定进行。

5）除专用合同条款另有约定外，经验收合格工程的实际竣工日期，以提交竣工验收申请报告的日期为准，并在工程接收证书中写明。

6）发包人在收到承包人竣工验收申请报告56天后未进行验收的，视为验收合格，实际竣工日期以提交竣工验收申请报告的日期为准，但发包人由于不可抗力不能进行验收的除外。

（4）国家验收

需要进行国家验收的，竣工验收是国家验收的部分。竣工验收所采用的各项验收和评定标准应符合国家验收标准。发包人和承包人为竣工验收提供的各项竣工验收资料应符合国家验收的要求。

（5）区段工程验收

发包人根据合同进度计划安排，在全部工程竣工前需要使用已经竣工的区段工程时，或承包人提出经发包人同意时，可进行区段工程验收。验收的程序可参照竣工验收申请报告与竣工验收的约定进行。验收合格后，由监理人向承包人出具经发包人签认的区段工程验收证书。已签发区段工程接收证书的区段工程由发包人负责照管。区段工程的验收成果和结论作为全部工程竣工验收申请报告的附件。

发包人在全部工程竣工前，使用已接收的区段工程导致承包人费用增加的，发包人应承担由此增加的费用和（或）工期延误，并支付承包人合理利润。

（6）施工期运行

施工期运行是指合同工程尚未全部竣工，其中某项或某几项区段工程或工程设备安装已竣工，根据专用合同条款约定，需要投入施工期运行的经发包人按区段工程验收的约定验收合格，证明能确保安全后，才能在施工期投入运行。

在施工期运行中发现工程或工程设备损坏或存在缺陷的，由承包人按缺陷责任条款的约定进行修复。

（7）竣工清场

除合同另有约定外，工程接收证书颁发后，承包人应按以下要求对施工场地进行清理，直至监理人检验合格为止，竣工清场费用由承包人承担。具体包括：①施工场地内残留的垃圾已全部清除出场；②临时工程已拆除，场地已按合同要求进行清理、平整或复原；③按合同约定应撤离的承包人设备和剩余的材料，包括废弃的施工设备和材料，已按计划撤离施工场地；④工程建筑物周边及其附近道路、河道的施工堆积物，已按监理人指示全部清理；⑤监理人指示的其他场地清理工作已全部完成。

承包人未按监理人的要求恢复临时占地，或者场地清理未达到合同约定的，发包人有权委托其他人进行恢复或清理，所发生的金额从拟支付给承包人的款项中扣除。

（8）施工队伍的撤离

工程接收证书颁发后的56天内，除了经监理人同意需在缺陷责任期内继续工作的人员和继续使用的施工设备和临时工程外，其余的人员、施工设备和临时工程均应撤离施工场地或拆除。除合同另有约定外，缺陷责任期满时，承包人的人员和施工设备应全部撤离施工场地。

（9）竣工后试验

《标准设计施工总承包招标文件》中的合同条款及格式提供了竣工后试验（A）和（B）两种选项，供合同当事人选择使用。

竣工后试验（A），除专用合同条款另有约定外：①发包人应为竣工后试验提供必要的电力、设备、燃料、仪器、劳力、材料，以及具有适当资质和经验的工作人员；②发包人应根据承包商提供的操作和维修手册，以及承包人给予的指导进行竣工后试验；③发包人应提前21天将竣工后试验的日期通知承包人，如果承包人未能在该日期出席竣工后试验，发包人可自行进行，承包人应对检验数据予以认可；④因承包人原因造成某项竣工后试验未能通过的，承包人应按照合同的约定进行赔偿，在发包人指示的合理期限内改正，并承担合同约定的相应责任。

竣工后试验（B），除专用合同条款另有约定外：①发包人为竣工后试验提供必要的电力、材料、燃料、发包人人员和工程设备；②承包人应提供竣工后试验所需要的所有其他设备、仪器，以及有资格和经验的工作人员；③承包人应在发包人在场的情况下，进行竣工后试验；④发包人应提前21天将竣工后试验的日期通知承包人。因承包人原因造成某项竣工后试验未能通过的，承包人应按照合同的约定进行赔偿；或者承包人提出修复建议，在发包人指示的合理期限内改正，并承担合同约定的相应责任。

6. 违约

（1）承包人违约

承包人违约条款包括：承包人违约情形，对承包人违约的处理，因承包人违约解除合同，发包人发出合同解除通知后的估价，付款和结清协议利益的转让，紧急情况下无能力或不愿进行抢救等方面。在合同履行过程中发生的下列情况之一的，属承包人违约：①承包人的设计、承包人文件、实施和竣工的工程不符合法律以及合同约定；②承包人违反合同约定，私自将合同的全部或部分权利转让给其他人，或私自将合同的全部或部分义务转移给其他人；③承包违反合同约定，未经监理人批准，私自将已按合同约定进入施工场地的施工设备、临时设施或材料撤离施工场地；④承包人违反合同约定使用了不合格材料或工程设备，工程质量达不到标准要求，又拒绝修复不合格工程；⑤承包人未能按合同进度计划及时完成合同约定的工作，造成工期延误；⑥由于承包人原因未能通过竣工试验或竣工后试验的；⑦承包人在缺陷责任期内，未能对工程接收证书所列的缺陷清单的内容或缺陷责任期内发生的缺陷进行修复，而又拒绝按监理人指示再进行修补；⑧承包人无法继续履行或明确表示不履行或实质上已停止履行合同；⑨承包人不按合同约定履行义务的其他情况。

对承包人违约的处理：如果承包人发生上述第⑥种约定的违约情况时，按照发包人要求中的未能通过竣工或竣工后试验的损害进行赔偿。发生延期的，承包人应承相延期责任。如果承包人发生上述第⑧种约定的违约情况时，发包人可通知承包人立即解除合同，并按以下"因承包人违约解除合同""发包人发出合同解除通知后的估价、付款和结清"，以及"协议利益的转让"的约定处理。如果承包人发生上述除第⑥和第⑧种约定以外的其他违约情况时，监理人可向承包人发出整改通知，要求其在指定的期限内纠正。除合同条款另有约定外，承包人应承担其违约所引起的费用增加和（或）工期延误的责任。

因承包人违约解除合同：监理人发出整改通知28天后，承包人仍不纠正违约行为的，发包人有权解除合同并向承包人发出解除合同通知。承包人收到发包人解除合同通知后14天内，承包人应撤离现场。发包人派员进驻施工场地完成现场交接手续，发包人有权另行组织人员或委托其他承包人。发包人因继续完成该工程的需要，有权扣留使用承包人在现场的材料设备和临时设施。但发包人的这一行动不免除承包人应承担的违约责任，也不影响发包人根据合同约定享有的索赔权利。

发包人发出合同解除通知后的估价付款和结清：①承包人收到发包人解除合同通知后28天内，监理人按招标文件第四章第3.5款［商定或确定］的要求来确定承包人实际完成工作的价值，包括发包人扣留承包人的材料、设备及临时设施和承包人已提供的设计、材料、施工设备、工程设备、临时工程等的价值。②发包人发出解除合同通知后，发包人有权暂停对承包人的付款，查清各项付款和已扣款金额，包括承包人应支付的违约金。③发包人发出解除合同通知后，发包人有权按招标文件第四章第23.4款［发包人的索赔］的约定，向承包人索赔由于解除合同给发包人造成的损失。④合同双方确认合同价款后，发包人颁发最终结清付款证书，并结清全部合同款项。⑤发包人和承包人未能就解除合同后的结清达成一致而形成争议的，按招标文件第四章第24条［争议的解决］的约定执行。

协议利益的转让：因承包人违约解除合同的，发包人有权要求承包人将其为实施合同而签订的材料和设备的订货协议或任何服务协议利益转让给发包人，并在承包人收到解除合同通知后的14天内依法办理转让手续。发包人有权使用承包人文件和由承包人以其名义编制的其他设计文件。

紧急情况下无能力或不愿进行抢救：在工程实施期间或缺陷责任期内发生危及工程安全的事件，监理人通知承包人进行抢救，承包人声明无能力或不愿立即执行的，发包人有权雇佣其他人员进行抢救。此类抢救按合同约定属于承包人义务的，由此发生的金额和（或）工期延误由承包人承担。

（2）发包人违约

发包人违约条款包括发包人违约的情形、因发包人违约解除合同、解除合同后的付款、解除合同后的承包人撤离等方面。在施行合同过程中发生下列情形之一的，属发包人违约：①发包人未能按合同约定支付价款或拖延，拒绝批准付款申请和支付凭证，导致付款延误；②发包人原因造成停工；③监理人没有在约定期限内发出复工指示且无正当理由，导致承包人无法复工；④发包人无法继续履行，或明确表示不履行，或实质上已停止履行合同；⑤发包人不履行合同约定的其他义务。

因发包人违约解除合同：如果发生上述第④种违约情况时，承包人可以书面形式通知发包人解除合同。承包人在发包人违约暂停施工 28 天后，发包人仍不纠正违约行为的，承包人可向发包人发出解除合同通知。但承包人的这一行为不免除发包人承担的违约责任，也不影响承包人根据合同约定享有的索赔权利。

解除合同后的付款：因发包人违约解除合同的，发包人应在解除合同后 28 天内向承包人支付下列款项，承包人应在此期限内及时向发包人提交要求支付下列金额的有关资料和凭证：①承包人发出解除合同通知前所完成工作的价款；②承包人为该工程施工订购并已付款的材料、工程设备和其他物品的金额。发包人付款后，该材料、工程设备和其他物品归发包人所有；③承包人为完成工程所发生的，而发包人未支付的金额；④承包人撤离施工场地以及遣散承包人人员的金额；⑤因解除合同造成的承包人损失；⑥按合同约定在承包人发出解除合同通知前应支付给承包人的其他金额。

发包人应按本项约定支付上述金金额并退还质量保证金和履约担保，但有权要求承包人支付应偿还给发包人的各项金额。

解除合同后的承包人撤离：因发包人违约而解除合同后，承包人应妥善处理正在施工的工程和已购材料，安排好设备的保护和移交工作，并按发包人的要求将承包人设备和人员撤出施工场地。承包人撤出施工场地应遵守竣工清场的合同约定，发包人应为承包人的撤出提供必要条件并办理移交手续。

(3) 第三人造成的违约

在履行合同过程中，一方当事人因第三人的原因造成违约的，应当向对方当事人承担违约责任。一方当事人和第三人之间的纠纷，依照法律规定或者按照约定解决。

7. 索赔

(1) 承包人索赔的提出

根据合同约定，承包人认为有权得到追加付款和（或）延长工期的，应按以下程序向发包人提出索赔：①承包人应在知道或应当知道索赔事件发生后 28 天内，向监理人递交索赔意向通知书，并说明发生索赔事件的事由。承包人未在前述 28 天内发出索赔意向通知书的，工期不予顺延，且承包人无权获得追加付款；②承包人应在发出索赔意向通知书后 28 天内，向监理人正式递交索赔通知书，索赔通知书应详细说明索赔理由以及要求追加的付款金额和（或）延长的工期，并附必要的记录和证明材料；③索赔事件具有连续影响的，承包人应按合理时间间隔继续递交延续索赔通知，说明连续影响的实际情况和记录，列出累计的追加付款金额和（或）工期延长天数；④在索赔事件影响结束后的 28 天内，承包人应向监理人递交最终索赔通知书，说明最终要求索赔的追加付款金额和延长的工期，并附必要的记录和证明材料。

(2) 承包人索赔处理程序

1) 监理人收到承包人提交的索赔通知书后，应及时审查索赔通知书的内容，查验承包人的记录和证明材料，必要时监理人可要求承包人提交全部原始记录副本。

2）监理人应按招标文件第4章第3.5款［商定或确定］的要求来确定追加的付款和（或）延长的工期，并在收到上述索赔通知书或有关索赔的进一步证明材料后的42天内，将索赔处理结果答复承包人。监理人在收到索赔通知书或有关索赔的进一步证明材料后的42天内不予答复的，视为认可索赔。

3）承包人接受索赔处理结果的，发包人应在做出索赔处理结果答复后28天内完成赔付。承包人不接受索赔处理结果的，按争议条款的约定执行。

（3）承包人提出索赔的期限

承包人按合同竣工结算的约定接受了竣工付款证书后，应被认为已无权再提出在合同工程接收证书颁发前所发生的任何索赔。

承包人按合同最终结清的约定提交的最终结清申请单中只限于提出工程接收证书颁发后发生的索赔。提出索赔的期限自接受最终结清证书时终止。

（4）发包人的索赔

发包人应在知道或应当知道索赔事件发生后28天内，向承包人发出索赔通知，并说明发包人有权扣减的付款和（或）延长缺陷责任期的细节和依据。发包人未在前述28天内发出索赔通知的，丧失要求扣减付款和（或）延长缺陷责任期的权利。发包人提出索赔的期限和要求与承包人提出索赔的期限的约定相同，要求延长缺陷责任期的通知应在缺陷责任期届满前发出。

承包人应付给发包人的金额可从拟支付给承包人的合同价款中扣除，或由承包人以其他方式支付给发包人。

8. 争议的解决

（1）争议的解决方式

发包人和承包人在履行合同中发生争议的，可以友好协商解决或者提请争议评审组评审。合同当事人友好协商解决不成、不愿提请争议评审或者不接受争议评审组意见的，可在专用合同条款中约定下列一种方式解决：①向约定的仲裁委员会申请仲裁；②向有管辖权的人民法院提起诉讼。

（2）友好协商解决

在提请争议评审、仲裁或者诉讼前以及在争议评审、仲裁或诉讼过程中，发包人和承包人均应共同努力友好协商解决争议。

（3）争议评审

1）采用争议评审的，发包人和承包人应在开工日后的28天内或在争议发生后，协商成立争议评审组。争议评审组由具有合同管理和工程实践经验的专家组成。

2）合同双方的争议，应首先由申请人向争议评审组提交一份详细的评审申请报告，并附必要的文件、设计图和证明材料，申请人还应将上述报告的副本同时提交给被申请人和监理人。

3）被申请人在收到申请人评审申请报告副本后的28天内，向争议评审组提交一份答辩报告，并附证明材料。被申请人应将答辩报告的副本同时提交给申请人和监理人。

4）除专用合同条款另有约定外，争议评审组在收到合同双方报告后的14天内，邀请双方代表和有关人员举行调查会，向双方调查争议细节；必要时，争议评审组可要求双方进一步提供补充材料。

5）除专用合同条款另有约定外，在调查会结束后的 14 天内，争议评审组应在不受任何干扰的情况下进行独立公正的评审，给出书面评审意见，并说明理由。在争议评审期间，争议双方暂按总监理工程师的确定执行。

6）发包人和承包人接受评审意见的，由监理人根据评审意见拟定执行协议，经争议双方签字后作为合同的补充文件，并遵照执行。

7）发包人或承包人不接受评审意见，并要求提交仲裁或提起诉讼的，应在收到评审意见后的 14 天内将仲裁或起诉意向书面通知另一方，并抄送监理人；但在仲裁或诉讼结束前，应暂按总监理工程师的确定执行。

复习思考题

1. 试述建设工程总承包合同的概念和特点。
2. 分析国内外建设工程总承包合同文本的种类、适用范围以及主要内容。
3. 什么是发包人要求？其主要内容是什么？如何合理地编写发包人要求？
4. 分析建设工程总承包合同中承包人的设计范围和设计义务。
5. 什么是暂估价？如何估价和支付？
6. 分析建设工程总承包合同中的竣工试验和竣工验收流程。
7. 分析工程总承包合同中的竣工结算的内容和流程。
8. 分析建设工程总承包合同中的承包人的违约责任以及违约处理。
9. 分析建设工程总承包合同中的发包人的违约责任以及处理。
10. 结合工程实际，谈谈如何控制建设工程总承包合同中规定的工期质量投资以及环境和安全目标？

第七章 国际工程 FIDIC 合同条件

第一节 FIDIC 合同条件概述

一、FIDIC 组织简介

FIDIC（FederationInterationale Des Ingenieurs Conseils）是"国际咨询工程师联合会"法语名称的缩写。该组织在每个国家或地区只吸收一个独立的咨询工程师协会作为团体会员，至今已有 60 多个发达国家和发展中国家或地区的成员，因此它是国际上最具有权威性的咨询工程师组织。中国工程咨询协会代表我国已于 1996 年正式加入 FIDIC 组织。

FIDIC 下设两个地区成员协会：FIDIC 亚洲及太平洋成员协会（ASPAC）以及 FIDIC 非洲成员协会集团（CAMA）。FIDIC 还设立了许多专业委员会，用于专业咨询和管理，如业主咨询工程师关系委员会（CCRC），合同委员会（CC），执行委员会（EC），风险管理委员会（ENVC），质量管理委员会（QMC），21 世纪工作组（Task Force21）等。FIDIC 总部机构现设于瑞士洛桑。

二、FIDIC 合同条件简介

为了规范国际工程咨询和承包活动，FIDIC 先后发表过很多重要的管理文件和标准化的合同文件范本。目前作为惯例已成为国际工程界公认的标准化合同格式，有适用于工程咨询的《业主咨询工程师标准服务协议书》（白皮书），适用于施工承包的《土木工程施工合同条件》（红皮书）、《电气与机械工程合同条件》（黄皮书）、《设计建造与交钥匙合同条件》（橘皮书）、《土木工程施工分包合同条件》等。为了适应国际建筑市场发展的需要，FIDIC 于 1999 年 9 月又出版了一套新的合同条件，包括《施工合同条件》（Conditions of Contract for Construction）（新红皮书）、《生产设备与设计-建造合同条件》（Conditions of Contract for Plant and Design-Build）（新黄皮书）、《EPC 交钥匙项目合同条件》（Conditions of Contract for Turnkey Projects）（银皮书）及《简明合同格式》（Short Form of Contract）（绿皮书），这四本合同条件统称为1999年第一版。2008年还出版了《设计-建造与运营项目合同条件》（Conditions of Contract for Design, Build and Operate Projects）（金皮书）。

这些合同会同文件不仅被 FIDIC 成员方广泛采用，而且世界银行、亚洲开发银行、非洲开发银行等金融机构也要求在其贷款建设的土木工程项目实施过程中使用以 FIDIC 文本为基础编制的合同条件。这些合同条件的文本不仅适用于国际工程，而且稍加修改后同样适用于我国国内的工程，我国有关部委编制的适用于大型工程施工的标准化范本就都是以 FIDIC 编制的合同条件为蓝本。

1. 土木工程施工合同条件

《土木工程施工合同条件》是 FIDIC 最早编制的合同文本，也是其他几个合同条件的基础。该文本适用于业主（或业主委托第三人）提供设计的工程施工承包，是以单价合同为基础（也允许其中部分工作以总价合同承包），广泛用于土木建造工程施工、安装承包的标准化合同格式。《土木工程施工合同条件》的主要特点表现为：条款中责任的约定以招标选择承包商为前提，合同履行过程中建立以工程师为核心的管理模式。

2. 电气与机械工程合同条件

《电气与机械工程合同条件》适用于大型工业工程的设备提供和施工安装，承包工作范围包括设备的制造、运送、安装和保修几个阶段。这个合同条件是在《土木工程施工合同条件》基础上编制的，针对相同情况制定的条件完全照搬《土木工程施工合同条件》的规定。与《土木工程施工合同条件》的区别主要表现为：一是该合同涉及的不确定风险的因素较少，但实施阶段管理程序较为复杂，因此条目少，但款数多；二是支付管理程序与责任划分基于总价合同。这个合同一般适用于大型工业项目中的安装工程。

3. 设计-建造与交钥匙合同条件

FIDIC 编制的《设计-建造与交钥匙合同条件》是适用于总承包的合同文本，承包工作内容包括设计、设备采购、施工、物资供应、安装、测试和保修。这种承包模式可以减少设计与施工之间的脱节或矛盾，而且有利于节约投资。该合同文本是基于不可调价的总承包编制的合同条件。土建施工和设备安装部分的责任，基本上套用《土木工程施工合同条件》和《电气与机械工程合同条件》的相关约定。交钥匙合同条件既可以用于单一合同施工的项目，也可以作为多项项目中的一个合同，如承包商负责提供各项设计、单项构筑物或整套设施的承包。

4. 土木工程施工分包合同条件

FIDIC 编制的《土木工程施工分包合同条件》是与《土木工程施工合同条件》配套使用的分包合同文本。分包合同条件可用于承包商与其选定的分包商，或与业主选择的指定分包商签订的合同。分包合同条件的特点是：既要保持与主合同条件中分包工程部分规定的权利义务相一致，又要区分负责实施分包工作当事人改变后两个合同之间的差异。

三、FIDIC 施工合同条件简介

FIDIC（国际咨询工程师联合会）在1999年出版了《施工合同条件》范本。新范本在维持《土木工程施工合同条件》（1988年第四版）基本原则的基础上，对合同结构和条款内容又做了较大的修订。新的版本有以下几方面的重大改动：

1）合同的适用条件更为广泛。FIDIC 在《土木工程施工合同条件》基础上编制的《施工合同条件》不仅适用于建筑工程施工，也可以用于安装工程施工。

2）通用条件条款结构改变。通用条件条目的标题分别为：一般规定；业主；工程师；承包商；指定分包商；职员和劳工；永久设备、材料和工艺；开工、延误和暂停；竣工检验；业主的接收；缺陷责任；测量和估价；变更和调整；合同价格和支付；业主提出终止；承包商提出暂停和终止；风险和责任；保险；不可抗力；索赔、争端和仲裁。整个通用条件共20条247款，比《土木工程施工合同条件》的条目数少，但款数多，解决了合同履行过程中发生的某事件往往涉及排列序号不在一起的很多条款，使得编写合同、履行管理都感到很烦琐的问题，尽可能将相关内容归列在同一主题下，即同一条款内。

3）对业主、承包商双方的权利和义务做了更严格、更明确的规定。

4）对工程师的职权规定得更为明确。通用条款内明确规定，工程师应履行施工合同中赋予他的职责，行使合同中明确规定的或必然隐含的赋予他的权力。如果要求工程师在行使施工合同中某些规定权力之前需先获得业主的批准，应在业主与承包商签订合同的专用条件的相应条款内注明。合同履行过程中，业主或承包商的各类要求均应提交工程师，由其做出"决定"，除非按照解决合同争议的条款该事件提交争端裁决委员会或仲裁机构解决外，否则对工程师做出的每项决定双方均应遵守。业主与承包商协商达成一致以前，不得对工程师的权力加以进一步限制。通用条件的相关条款同时规定，每当工程需要对某一事项做出商定或决定时，应首先与合同双方协商并尽力达成一致。如果不能达成一致，则应按照合同规定并适当考虑所有有关情况后再做出公正的决定。

5）补充了部分新内容。随着工程项目管理的规范化发展，增加了一些《土木工程施工合同条件》没有包括的内容，如业主的资金安排、业主的索赔、承包要求的变更、质量管理体系、知识产权、争端裁决委员会等，使条款涵盖的范围更为全面、合理。

6）通用条件的条款更具备操作性。通用条件条款数目的增加不仅表现为涵盖的内容广泛，而且条款约定更为细致和便于操作。如将预付款的支付与扣还、调价公式等编写成了通用条件的条款。

四、合同文本的标准化

1. FIDIC文本格式

FIDIC出版的所有合同文本结构，都是以通用条件、专用条件和其他标准化文件的格式编制的。

（1）通用条件

所谓通用条件，其含义是工程建设项目不论属于哪个行业，也不管处于何地，只要是土木工程类的施工，均适用。条款内容涉及合同履行过程中业主和承包商各方的权利与义务，工程师（交钥匙合同中为业主代表）的权力和职责，各种可能预见到的事件发生后的责任界限，合同正常履行过程中各方应遵循的工作程序，以及因意外事件而使合同被迫解除时各方应遵循的工作准则等。

（2）专用条件

专用条件是相对于通用条件而言的，要根据准备实施的项目的工程专业特点，以及工程所在地的政治、经济、法律、自然条件等地域特点，针对通用条件中的条款的规定加以具体化。可以对通用条件中的规定进行相应的补充、完善、修订或取代其中的某些内容，以及增补通用条件中没有规定的条款。专用条件中的条款序号应与通用条件中要说明的条款的序号相同，通用条件和专用条件内序号相同的条款共同构成对某一问题的约定责任。如果通用条件内的某一条款的内容完备、适用，专用条件内可不再重复列此条款。

（3）标准化的文件格式

FIDIC 编制的标准化合同文本，除了通用条件和专用条件以外，还包括标准化的投标书（及附录）和协议书的格式文件。

投标书的格式文件只有一项内容，是投标人愿意遵守招标文件规定的承诺表示。投标人只需填写投标报价并签字，即可与其他材料一起构成具有法律效力的投标文件。投标书附件列出了通用条件和专用条件内涉及工期和费用等的相关内容，供投标时予以考虑。这些数据经承包商填写并签字确认后，合同履行过程中作为双方遵照执行的依据。

协议书是业主与中标承包商签订施工承包合同的标准化格式文件，双方只要在空格内填入相应内容并签字盖章，合同即可生效。

2. 标准化合同文本的优点

（1）合同体系完整、严密、责任明确

从合同生效之日起到合同解除为止，正常履行过程中可能涉及的各类情况，以及特殊情况下发生的有关问题，在合同的通用条件内都明确划分了参与合同管理有关各方的责任界限，而且还规范了合同履行过程中应遵循的管理程序，条款内容基本覆盖了合同履行过程中可能发生的各类情况。

（2）责任划分较为公正

合同条件适用于采用竞争性招标选择承包商实施的承包合同。各种风险是以作为一个有经验的承包商在投标阶段是否合理预见来划分责任界限的。合同条件属于双务、有偿合同，力求使当事人双方的权利义务达到总体的平衡，风险分担尽可能地合理。这样的文本格式既可以使业主在编制招标文件时避免遗漏某些条款，也可以令承包商投标和签订合同时更关注专用条件中体现的招标工程项目有哪些特殊的或专门的要求或规定。

第二节　FIDIC 施工合同条件的主要内容

《土木工程施工合同条件》是 FIDIC 最早编制的合同文本，也是其他几个 FIDIC 合同条件的基础。住建部和国家工商总局联合颁发的《建设工程施工合同示范文本》采用了很多《土木工程施工合同条件》的条款（详见第本书第五章），本节就其中未予介绍的合同条款和内容加以阐述。

一、合同中的一些重要词语和概念

1. 合同（Contract）

这里的合同实际是全部合同文件的总称。通用条件的条款规定，构成对业主和承包商有约束力的合同文件包括以下几个方面的内容：

1）合同协议书（Contract Agreement）。业主发出中标函的 28 天内，接到承包商提交的有效履约保证后，双方签署的法律性标准化格式文件。为了避免履行合同过程中产生争议，专用条件指南中最好注明接受的合同价格、基准日期和开工日期。

2）中标函（Letter of Acceptance）。业主签署的对投标书的正式接受函，可能包含作为备忘录记载的合同签订前谈判时可能达成一致并共同签署的补遗文件。

3）投标函（Letter of Tender）。承包商填写并签字的法律性投标函和投标函附录，包括报价和对招标文件及合同条款的确认文件。

4）合同通用条件（General Conditions）。

5）合同专用条件（Particular Conditions）。

6）规范（Specifications）。指承包商履行合同义务期间应遵循的准则，也是工程师进行合同管理的依据，即合同管理中通常所称的技术条款。除了工程各主要部位施工应达到的技术标准和规范以外，还可以包括以下若干方面的内容：对承包商文件的要求；应由业主获得的许可；对基础、结构、工程设备、通行手段的阶段性占有；承包商的设计；放线的基准点、基准线和参考标高；合同涉及的第三方；环境限制；电、水、气和其他现场供应设施；业主的设备和免费提供的材料；指定分包商；合同内规定承包商应为业主提供的人员和设施；承包商负责采购材料和设备需提供的样本；制造和施工过程中的检验；竣工检验；暂列金额等。

7）设计施工图（Drawings），指包含在合同中的工程图及由业主（或其代表）根据合同颁发的、对设计施工图的增加和修改。

8）资料表（Schedules）以及其他构成合同一部分的文件，如：

① 资料表：由承包商填写并随投标函一起提交的文件，包括工程量表、数据、列表、费率和单价等。

② 构成合同一部分的其他文件：在合同协议书或中标函中列明范围的文件（包括合同履行过程中对双方均有约束力的文件）。

2. 合同担保（Contract Security）

（1）承包商提供的担保

合同条款中规定，承包商签订合同时应提供履约担保，接受预付款前应提供预付款担保。在范本中给出了担保书的格式，分为企业法人提供的保证书和金融机构提供的保函两类格式。保函均为不需承包商确认违约的无条件担保形式。

1）履约担保的保证期限。履约保函应承担承包商圆满完成施工和保修的义务，而非到工程师颁发工程接收证书为止，但工程接收证书的颁发是对承包商按合同约定圆满完成施工义务的证明，承包商还应承担的义务仅为保修义务。因此，范本中推荐的履约保函格式内说明，如果双方有约定的话，允许在颁发整个工程的接收证书后，将履约保函的担保金额减少一定的百分比。

2）业主凭保函索赔。由于无条件保函对承包商的风险较大，因此通用条件中明确规定了，在4种情况下，业主可以凭履约保函索赔，其他情况则按合同约定的违约责任条款对待。这些情况包括：

① 专用条款内约定的缺陷通知期满后仍未能解除承包商的保修义务时，承包商应延长履约保函有效期而未延长。

② 按照业主索赔或争议、仲裁等决定，承包商未向业主支付相应款项。

③ 缺陷通知期内承包商接到业主修补缺陷通知后42天内未派人修补。

④ 由于承包商的严重违约行为致使业主终止合同。

（2）业主提供的担保

大型工程建设资金的融资可能包括从某些国际金融机构、开发银行等处筹集的款项，这些机构往往要求业主应保证履行给承包商付款的义务，因此在专用条件中，增加了业主应向承包商提交"支付保函"的可选择使用的条款，并附有保函格式。业主提供的支付保函担保金额可以按总价或分项合同价的某一百分比计算，担保期限至缺陷通知期满后 6 个月，并且也为无条件担保，从而使合同双方的担保义务对等。

通用条件的条款中未明确规定业主必须向承包商提供支付保函，具体工程的合同内是否包括此条款取决于业主是否主动选用或融资机构的强制性规定。

3. 合同履行中的期限概念

（1）合同工期（Time for Completion）

合同工期在合同条件中用"竣工时间"的概念，是指所签合同内注明的完成全部工程的时间，加上合同履行过程中因非承包商应负责原因导致变更和索赔事件发生后，经工程师批准顺延工期之和。如有分部移交工程，也需在专用条件的条款内明确约定。合同内约定的工期指承包商在投标书附录中承诺的竣工时间。合同工期的时间界限作为衡量承包商是否按合同约定期限履行施工义务的标准。

（2）施工期（Time for Construction）

从工程师合同约定发布的"开工令"中指明的应开工之日起，至工程接收证书注明的竣工日止的日历天数，为承包商的施工期。将施工期与合同工期相比较，用于判定承包商的施工是提前竣工还是延误竣工。

（3）缺陷通知期（Defects Notification Period）

缺陷通知期即我国施工文本中所指的工程保修期，自工程接收证书中写明的竣工日开始，至工程师颁发履约证书为止的日历天数。尽管工程移交前进行了竣工检验，但只是证明承包商的施工工艺达到了合同规定的标准，设置缺陷通知期的目的是为了考验工程在动态运行条件下是否达到了合同中技术规范的要求。因此，从开工之日起至颁发履约证书日止，承包商要对工程的施工质量负责。合同工程的缺陷通知期及分阶段移交工程的缺陷通知期，应在专用条件内具体约定，次要部位工程通常为半年，主要工程及设备大多为一年，个别重要设备也可以约定为一年半。

（4）合同有效期（Validity Period of Contract）

自合同签字日起至承包商提交给业主的"结清单"生效日止，施工承包合同对业主和承包商均具有法律约束力。颁发履约证书只是表示承包商的施工义务终止，而合同约定的权利义务并未完全结束，还有管理和结算等手续。结清单生效是指业主已按工程师签发的最终支付证书中的金额付款，并退还了承包商的履约保函。结清单一经生效，承包商在合同内享有的索赔权利也自行终止。

4. 合同价格（Contact Price）

通用条件中分别定义了"接受的合同款额"和"合同价格"的概念。"接受的合同款额"是指业主在"中标函"中对实施完成和修复工程缺陷所接受的金额，来源于承包商的投标报价并对其确认。"合同价格"则是指按照合同各条款的约定，承包商完成建造和保修任务后，对所有合格工程有权获得的全部工程款。最终结算的合同价可能与中标函中注明的接受的合同款额不相等。究其原因，涉及以下几方面因素的影响：

（1）合同类型特点

《土木工程施工合同条件》适用于建设工程采用单价合同的承包方式。为了缩短建设周期，通常在初步设计完成后就开始施工招标，在不影响施工进度的前提下陆续发放施工图，因此在承包商据以报价的工程量清单中，各项工作内容项下的工程量一般为概算工程量。合同履行过程中，承包商实际完成的工程量可能多于或少于清单中的估计量。单价合同的支付原则是将承包商实际完成工程量乘以清单中相应工作内容的单价来结算该部分工作的工程款。

（2）可调价合同

大型复杂工程的施工期较长，通用条件中包括合同工期内因物价变化对施工成本产业影响后计算调价费用的条款，每次支付工程进度款时均要考虑约定可调价范围内项目所在地市场价格的涨落变化。而这笔调价款没有包含在中标价格内，仅在合同条款中约定了调价原则和调价费用的计算方法。

（3）发生应由业主承担责任的事件

合同履行过程中，可能因业主的行为或其应承担风险责任的事件发生而导致承包商增加施工成本，合同相应条款规定应对承包商受到的实际损害予以补偿。

（4）承包商的质量责任

合同履行过程中，如果承包商没有完全或正确地履行合同义务，业主可凭工程师出具的证明，从承包商应得工程款内扣减该部分给业主带来损失的款额。

1）不合格材料和工程的重复检验费用由承包商承担。工程师对承包商采购的材料和施工的工程通过检验后发现质量未达到合同规定标准的，承包商应自费改正并在相同条件下进行重复检验，重复检验所发生的额外费用由承包商承担。

2）承包商没有改正忽视质量的错误行为。当承包商不能在工程师限定的时间内将不合格的材料或设备移出施工现场，以及在限定时间内没有或无力修复缺陷工程，业主可以雇佣其他人来完成，该项费用应从承包商处扣回。

3）折价接收部分有缺陷工程。某项处于非关键部位的工程施工质量未达到合同规定的标准，如果业主和工程师经过适当考虑后，确信该部分的质量缺陷不会影响总体工程的运行安全，为了保证工程按期发挥效益，可以与承包商协商后折价接收。

（5）承包商延误工期或提前竣工

1）因承包商责任的延误竣工。签订合同时，双方需约定按日拖期赔偿额和最高赔偿限额。因承包商责任造成竣工时间迟于合同工期，将按日拖期赔偿额乘以延误天数计算拖期违约赔偿金，向业主支付误期损害（Delay Damage）赔偿费，但以约定的最高赔偿限额为赔偿业主延迟发挥工程效益的最高款额。专用条款中的日拖期赔偿额根据合同金额的大小，可在 0.02% ~ 0.03% 合同价的范围内约定具体数额或百分比，最高赔偿限额一般不超过合同价的 10%。如果合同内规定有分阶段移交的工程，在整个合同竣工日期以前，工程师对部分分阶段移交的工程颁发了工程接受证书，且证书中注明的该部分工程竣工日期未超过约定的分段竣工时间，则全部工程剩余部分的日拖期违约赔偿额应相应折减。折减的原则是：以拖延竣工部分的合同金额除以整个合同工程的总金额所得比例，再乘以日拖期赔偿额，应高于约定的最高赔偿限额。

2）提前竣工。承包商通过自己的努力使工程提前竣工是否应得到奖励，这一点在施工合同条件中可列入可选择条款一类。业主要看提前竣工的分项工程或区段是否能让其得到提前使用的收益，从而决定该条款的取舍。如果招标工作内容仅为整体工程中的部分工程且这部分工程的提前竣工不能单独发挥效益，那就没有必要鼓励承包商提前竣工，因而可以不设奖励条款。若选用奖励条款，则需在专用条件中具体约定奖金的计算办法。

当合同内约定有部分分项工程的竣工时间和奖励办法时，为了使业主能够在完成全部工程之前占有并启用工程的某些部分，使其提前发挥效益，约定的分项工程的完工日期应固定不变。也就是说，尽管该部分工程施工过程中会出现非承包商原因所导致的经工程师批准的工期顺延，但计算奖励时对原计划的应竣工时间不予调整（除非合同中另有规定）。

（6）包含在合同价格之内的暂列金额（Provisional Sum）

某些项目的工程量清单中包含"暂列金额"款项，尽管这笔款额计入合同价格内，但其使用却由工程师控制。暂列金额实际上是一笔业主方的备用金，用于招标时对尚未确定或不可预见项目的储备金额。施工过程中，工程师有权依据工程进展的实际需要并经业主同意后，将暂列金额用于施工或提供物资设备和技术服务等内容的开支，也可以作为供意外用途使用的开支，工程师有权全部使用、部分使用或完全不用。

工程师可以发布指示，要求承包商或其他人完成暂列金额项内开支的工作，因此，只有当承包商按工程师的指示完成暂列金额项内开支的工作任务后，才能从其中获得相应支付。由于暂列金额是招标文件中用于规定承包商必须完成的承包工作之外的费用，承包商报价时不将承包范围内发生的间接费、利润、税金等摊入其中，因此承包商未获得暂列金额内的支付并不损害其利益。承包商接受工程师的指示完成暂列金额项内支付的工作时，应按工程师的要求提供有关凭证，包括报价单、发票、收据等结算支付的证明材料。

5. 指定分包商（Nominated Sub-Contractor）

（1）指定分包商的概念

指定分包商是由业主（或工程师）指定（或选定）、完成某项特定工作内容并与承包商签订分包合同的特殊分包商。合同条款规定，业主有权将部分工程项目的施工任务或涉及提供材料设备、服务等工作内容发包给指定分包商实施。

合同内规定有承担施工任务的指定分包商，大多因业主在招标阶段划分合同包时，考虑到某部分施工的工作内容有较强的专业技术要求，一般承包单位不具备相应的能力，但如果以一个单独的合同对待，又限于现场的施工条件或合同管理的复杂性，工程师无法合理进行协调管理，为避免各独立合同之间的干扰，就只能将这部分工作发包给指定分包商实施。由于指定分包商是与承包商签订分包合同，因而在合同关系和管理关系方面与一般分包商处于同等地位，对其施工过程中的监督、协调工作纳入承包商的管理之中。指定分包工作内容可能包括部分工程的施工，供应工程所需的货物、材料、设备、设计，并提供技术服务等。

（2）指定分包商的特点

虽然指定分包商与一般分包商处于相同的合同地位，但二者并不完全一致，主要差异体现在以下几个方面：

1）选择分包单位的权利不同。承接指定分包工作任务的单位由业主或工程师选定，而一般分包商则由承包商选择。

2）分包合同的工作内容不同。指定分包工作属于承包商无力完成，不属于合同约定的应由承包商必须完成范围之内的工作，即承包商投标报价时没有摊入间接费、管理费、利润、税金的工作，因此不损害承包商的合法权益。而一般分包商的工作则是承包商承包工作范围的一部分。

3）工程款的支付开支项目不同。为了不损害承包商的利益，给指定分包商的付款应从暂列金额内开支。而对一般分包商的付款，则从工程量清单中相应工作内容项内支付。由于业主选定的指定分包商要与承包商签订分包合同，并需指派专职人员负责施工过程中的监督、协调和管理工作，因此也应在分包合同内具体约定双方的权利和义务，明确收取分包管理费的标准和方法。如果施工中需要指定分包商，在招标文件中应给予较详细的说明，承包商在投标书中填写收取分包合同价的某一百分比作为协调管理费，该费用包括现场管理费、公司管理费和利润。

4）业主对分包商利益的保护不同。尽管指定分包商与承包商签订分包合同后，按照权利义务关系指定分包商直接由承包商负责，但由于指定分包商终究是业主选定的，而且其工程款的支付从暂列金额内开支，因此在合同条件内列有保护指定分包商的条款。通用条件规定，承包商在每个月末报送工程进度款支付报表时，工程师有权要求其出示以前已按指定分包合同给指定分包商付款的证明。如果承包商没有合法理由而扣押了指定分包商上个月应得的工程款，业主有权根据工程师出具的证明，从本月应得款内扣除这笔金额，直接付给指定分包商。对于一般分包商则无此类规定，业主和工程师不介入一般分包合同履行的监督。

5）承包商对分包商违约行为承担责任的范围不同。除非由于承包商对指定分包商发布了错误的指示要承担责任外，对指定分包商的任何违约行为给业主或第三者造成损害而导致索赔或诉讼的，承包商不承担责任。如果一般分包商有违约行为，业主将其视为承包商的违约行为，按照主合同的规定追究承包商的责任。

(3) 指定分包商的选择

特殊专项工作的实施要求指定分包商拥有某方面的专业技术或专门的施工设备以及独特的施工方法。业主和工程师往往根据自己所掌握的资料和信息，也可能依据以前与之合作的经验，对其信誉、技术能力、财务能力等比较了解，再通过议标方式选择。若没有理想的合作者，也可以就这部分承包商不善于实施的工作内容，采用招标方式选择指定分包商。

某项工作将由指定分包商负责实施是招标文件的规定，并已由承包商在投标时认可，因此承包商不能反对该项工作由指定分包商完成，并负责协调管理工作。但业主必须保护承包商合法利益不受侵害是选择指定分包商的基本原则，因此，当承包商有合法理由时，有权拒绝某一单位作为指定分包商。为了保证工程施工的顺利进行，业主选择指定分包商时应首先征求承包商的意见，不能强行要求承包商接受其有理由反对的或是拒绝与承包商签订保障承包商利益不受损害的分包合同的指定分包商。

6. 解决合同争议的方式

任何合同争议均交由仲裁或诉讼解决，一方面往往会导致合同关系的破裂，另一方面解决起来费时、费钱且对双方的信誉有不利影响。为了解决工程师的决定可能处理得不公正的情况，通用条件中增加了"争端裁决委员会"（The Dispute Adjudication Board）处理合同争议的程序。

(1) 解决合同争议的程序

1) 提交工程师决定。FIDIC 编制施工合同条件的基本出发点之一是：合同履行过程中建立以工程师为核心的项目管理模式，因此不论是承包商的索赔还是业主的索赔，均应首先提交给工程师。任何一方要求工程师做出决定时，都应与双方协商尽力达成一致。如果未能达成一致，则应按照合同规定并适当考虑有关情况后做出公平的决定。

2) 提交争端裁决委员会决定。双方起因于合同的任何争端，包括对工程师签发的证书以及做出的决定、指示、意见或估价不同意接受时,可将争议提交合同争端裁决委员会并将副本送交对方和工程师。裁决委员会在收到提交的争议文件后 84 天内做出合理的裁决。做出裁决后的 28 天内,任何一方未提出不满意裁决的意见,此裁决即为最终的决定。

3)双方协商。任何一方对裁决委员的裁决不满意,或裁决委员会在 84 天内未能做出裁决,在此期限后的 28 天内应将争议提交给仲裁机构。仲裁机构在收到申请后的 56 天内开始审理,这一时间要求双方尽量以友好协商的方式解决合同争议。

4)仲裁。如果双方仍未能通过协商解决争议,就只能由合同约定的仲裁机构最终解决。

(2)争端裁决委员会

1)争端裁决委员会的组成。签订合同时,业主与承包商通过协商组成裁决委员会,裁决委员会可选定为 1 名或 3 名成员,一般由 3 名成员组成。合同每一方应提名 1 位成员,由对方批准。然后,双方应与两名成员共同商定第三位成员,并且第三位成员作为主席。成员应满足以下要求:

① 对承包合同的履行有经验。

② 在合同解释方面有经验。

③ 能流利地使用合同中规定的交流语言。

2)争端裁决委员会的性质。其裁决属于非强制性但具有法律效力的行为,相当于我国法律中解决合同争议的调解,但其性质则属于个人委托。

3)工作。由于裁决委员会的主要任务是解决合同争议,因此不用像工程师那样需要常驻工地。

① 平时工作。裁决委员会的成员对工程的实施定期进行现场考察,了解施工进度和潜在的问题,一般在关键施工作业期间到现场考察,但两次考察的间隔时间不大于 140 天。每次考察离开现场前,裁决委员会应向业主和承包商提交考察报告。

② 解决合同争议的工作。接到任何一方申请后在工地或其他选定的地点处理争议的有关问题。

4)报酬。付给委员的酬金分为月聘请费和日酬金两部分,由业主与承包商平均负担。裁决委员会到现场考察和处理合同争议的时间按日酬金计算,相当于咨询费。

5)成员的义务。保证公正处理合同争议是其最基本的义务,虽然当事人双方各提名 1 位成员,但他不能代表任何一方的单方利益。因此合同规定:

① 在业主与承包商双方同意的任何时候,他们可以共同将事宜提交给争端裁决委员会,请他们提出意见。没有另一方的同意,一方不得就任何事宜向争端裁决委员会征求建议。

② 裁决委员会或其中的任何成员不应从业主、承包商或工程师处单方获得任何经济利益或其他利益。

③ 不得在业主、承包商或工程师处担任咨询顾问或其他职务。

④ 合同争议提交仲裁时,不能被任命为仲裁人,只能作为证人向仲裁机构提供争端证据。

(3)争端裁决程序

1)接到业主或承包商任何一方的请求后,裁决委员会确定会议的时间和地点。解决争议的地点可以设置在工地或其他地点。

2)裁决委员会成员审阅各方提交的材料。

3)召开听证会,充分听取各方的除述,审阅证明材料。

4）调解合同争议并做出决定。

二、风险责任的划分

合同履行过程中可能发生的某些风险，是有经验的承包商在准备投标时无法合理预见的。就业主利益而言，不应要求承包商在其报价中计入这些不可能合理预见风险的损害补偿费，以取得有竞争力的合理报价。通用条件内以投标截止日期第 28 天定义为"基准日"，作为业主与承包商划分合同风险的时间点。在此日期后发生的作为一个有经验的承包商在投标阶段不可能合理预见的风险事件，应按承包商受到的实际影响给予补偿；若业主获得好处，承包商也应取得相应的利益。对于某一不利于承包商的风险损害是否应给予补偿，工程师不是简单地看承包商的报价内是否包括对此事件的费用，而是以作为有经验的承包商在投标阶段能否合理预见作为判定准则。

1. 业主应承担的风险义务

（1）合同条件规定的业主风险

属于业主的风险包括：

1）战争、敌对行动、入侵外敌行动。

2）工程所在国内发生的叛乱革命、暴动或军事政变、篡夺政权或内战（在我国实施的工程均不采用此条款）。

3）不属于承包商施工原因造成的爆炸、核废料辐射或放射性污染等。

4）超音速或亚音速飞行物产生的压力波。

5）暴乱、骚乱或混乱，但不包括承包商及分包商的雇员因执行合同而引起的行为。

6）因业主在合同规定以外，使用或占用永久工程的某一区段或某一部分而造成的损失或损害。

7）业主提供的设计不当造成的损失。

8）一个有经验的承包商通常无法预测和防范的任何自然力作用。

上述前 5 种风险都是业主或承包商无法预测、防范和控制而保险公司又不承保的事件，损害后果又很严重，因此业主应对承包商受到的实际损失（不包括利润损失）给予补偿。

（2）不可预见的外界条件（Unforeseeable Physical Conditions）

1）不可预见的外界条件的范围。承包商施工过程中遇到不利于施工的外界自然条件、人为干扰、招标文件和设计图均未说明的外界障碍物、污染物、招标文件未提供或与提供资料不一致的地表以下的地质和水文条件等，但不包括气候条件。

2）承包商及时发出通知。遇到上述情况后，承包商递交给工程师的通知中应具体描述该外界条件，并说明为什么承包商认为是不可预见的原因，发生这类情况后承包商应继续实施工程，采用在此外界条件下合适的以及合理的措施，并且应该遵守工程师给予的任何指示。

3）工程师与承包商进行协商并做出决定。判定原则是：

① 承包商在多大程度上对该外界条件不可预见。事件的原因可能属于业主风险或有经验的承包商应该合理预见的，也可能双方都负有一定责任，工程师应合理划分责任或责任制度。

② 不属于承包商责任的事件影响程度，评定损害或损失的额度。

③ 与业主和承包商协商或决定补偿之前，还应审查是否在工程类似部分（如有时）上出现过其他外界条件比承包商在提交投标书时合理预见的物质条件更为有利的情况。如果在一定

程度上承包商遇到过此类更为有利的条件，工程师还应确定补偿时对因此有利条件而应支付费用的扣除与承包商做出商定或决定，并且加入合同价格和支付证书中（作为扣除）。

④ 但由于工程类似部分遇到的所有外界有利条件而做出对已支付工程款的调整结果不应导致合同价格的减少，即如果承包商不依据"不可预见的物质条件"提出索赔时，不考虑类似情况下有利条件承包商所得到的好处。另外，对有利部分的扣减金额不应超过对不利部分的补偿金额。

(3) 其他不能合理预见的风险

这些情况可能包括：

1) 外币支付部分由于汇率变化的影响。当合同内约定给承包商的全部或部分付款为某种外币，或约定整个合同期内始终以基准日承包商报价所依据的投标汇率为不变汇率按约定百分比支付某种外币时，汇率的实际变化对支付外币的计算不产生影响。若合同内规定按支付日当天中央银行公布的汇率为标准，则支付时需随汇率的市场浮动进行换算。由于合同期内汇率的浮动变化是双方签约时无法预计的情况，因此不论采用何种方式，业主均应承担汇率实际变化对工程总造价影响的风险，可能对其有利，也可能不利。

2) 法令、政策变化对工程成本的影响。如果基准日后由于法律、法令和（或）政策的变化导致承包商实际投入的成本增加，应由业主给予补偿；若导致施工成本的减少，也由业主获得其中的好处，如施工期内国家或地方对税收的调整等。

2. 承包商应承担的风险义务

在施工现场属于不在保险范围内的，由于承包商的施工、管理等失误或违约行为，而导致工程、业主人员遭受伤害及财产损失，承包商应承担责任。依据合同通用条款的规定，承包商对业主的全部责任不应超过专用条款约定的赔偿最高限额；若未约定，则不应超过中标的合同金额。但对于因欺骗、有意违约或轻率的不当行为造成的损失，赔偿的责任限度不受限额的限制。

三、施工阶段的合同管理

1. 施工进度管理

(1) 施工计划

1) 承包商编制施工进度计划。承包商应在合同约定的日期或接到中标函后的 42 天内（合同未作约定）开工，工程师则应至少提前 7 天通知承包商开工日期。承包商收到开工通知后的 28 天内，按工程师要求的格式和详细程度提交施工进度计划，说明为完成施工任务而打算采用的施工方法、施工组织方案、进度计划安排，以及按季度列出的根据合同预计应支付给承包商费用的资金估算表。合同履行过程中，一个准确的施工计划对合同涉及的有关各方都有重要的作用，不仅要求承包商按计划施工，而且要求工程师也应按计划做好保证施工顺利进行的协调管理工作，同时还用于判定业主是否延误移交施工现场、迟发施工图以及其他应提供的材料、设备，成为影响施工应承担责任的依据。

2) 进度计划的内容。一般应包括：

① 实施工程的进度计划。视承包工程的任务范围不同，可能还涉及部分工程的施工图设计进度，材料采购计划，永久工程设备的制造、运达现场、施工、安装调试和检验各个阶段的预估时间。

② 每个指定分包商施工各阶段的安排。

③ 合同中规定的重要检查、检验的次序和时间。

④ 保证计划实施的说明文件：承包商在各施工阶段准备采用的方法和主要阶段的总体描述；各主要阶段承包商准备投入的人员和设备数量的计划等。

3）进度计划的确认。承包商有权按照其认为最合理的方法进行施工组织，工程师不应干预。工程师对承包商提交的施工计划的审查主要涉及以下几个方面：

① 计划实施工程的总工期和重要阶段的里程碑工期是否与合同的约定相一致。

② 承包商各阶段准备投入的机械和人力资源计划能否保证计划的实现。

③ 承包商拟采用的施工方案与同时实施的其他合同是否有冲突或干扰等。

如果出现上述情况，工程师可以要求承包商修改计划方案。由于编制计划和按计划施工是承包商的基本义务之一，因此在承包商提交计划的21天内，若工程师未提出需要修改计划的通知，即认为该计划已被工程师认可。

(2) 工程师对施工进度的监督

1）月进度报告。为了便于工程师对合同的履行进行有效的监督和管理，协调各合同之间的配合，承包商每个月都应向工程师提交进度报告，说明前一阶段的进度情况和施工中存在的问题，以及下一阶段的实施计划和准备采取的相应措施。报告的内容包括：

① 设计（如有），承包商的文件，采购、制造、货物运达现场、施工、安装和调试的每一阶段以及指定分包商实施工程的这些阶段进展详情的图表与详细说明。

② 表明制造（如有）和现场进展状况的照片。

③ 与每项主要永久设备和材料制造有关的制造商名称、制造地点、制造进度百分比以及承包商的检查、检验、运输和到达现场的实际或预期日期。

④ 说明承包商在现场的施工人员和各类施工设备数量。

⑤ 质量保证文件、材料的检验结果及证书。

⑥ 安全统计，包括涉及环境和公共关系方面的任何危险事件与活动的详情。

⑦ 实际进度与计划进度的对比，包括可能影响按照合同完工的任何时间和情况的详情，以及为消除延误而正在（或准备）采取的措施等。

2）施工进度计划的修订。当工程师发现实际进度与计划进度严重偏离时，不论实际进度超前还是滞后于计划进度，为了使进度计划具有实际指导意义，随时有权指示承包商编制改进的施工进度计划，并再次提交工程师认可后执行，新进度计划将代替原来的计划。也允许在合同内明确规定，每隔一段时间（一般为3个月）承包商都应对施工计划进行一次修改，并经过工程师认可。按照合同条件的规定，工程师在管理中应注意两点：第一，不论因何方应承担责任的原因导致实际进度与计划进度不符，承包商都无权对修改进度计划的工作要求额外支付；第二，工程师对修改后的进度计划的批准，并不意味着承包商可以摆脱合同规定的应承担的责任。例如，承包商因自身管理失误使得实际进度严重滞后于计划进度，按其实际施工能力修改后的进度计划，竣工日期将迟于合同规定的日期。工程师考虑此计划已包括了承包商所有可挖掘的潜力，只能按此执行。而批准后，承包商仍要承担合同规定的延期违约赔偿责任。

(3) 顺延合同工期

通用条件的条款中规定可以给承包商合理延长合同工期的条件通常包括以下几种情况：

1）延误发放施工图。

2）延误移交施工现场。
3）承包商依据工程师提供的错误数据导致放线错误。
4）不可预见的外界条件。
5）施工中遇到文物古迹而对施工进度有所影响。
6）非承包商原因而进行的检验导致工期延误。
7）发生变更或合同中的实际工程量与计划工程量出现实质性变化。
8）施工中遇到有经验的承包商不能合理预见的特别不利的气候条件的影响。
9）由于传染病或政府行为而导致的工期延误。
10）施工中受到业主或其他承包商的干扰。
11）施工涉及有关公共部原因引起的延误。
12）业主提前占用工程导致后续施工的延误。
13）非承包商原因使竣工检验不能按计划正常进行。
14）后续法规调整引起的延误。
15）发生不可抗力事件的影响。

2. 施工质量管理

（1）承包商的质量体系（Quality Assurance System）

通用条件规定，承包商应按照合同的要求建立一套质量管理体系，以保证施工符合合同要求。在每一工作阶段开始之前，承包商应将所有工作程序的细节和执行文件提交给工程师供其参考。工程师有权审查质量体系的任何方面，包括月进度报告中包含的质量文件，对不完善之处可以提出改进要求。由于保证工程的质量是承包商的基本义务，因此其应当遵守工程师认可的质量体系施工，并不能解除依据合同应承担的任何职责、义务和责任。

（2）现场资料

承包商的投标书表明他在投标阶段对招标文件中提供的设计图、资料和数据进行过认真地审查和核对，并通过现场考察和质疑取得了对工程可能产生影响的有关风险、意外事故及其他情况的全部必要资料。承包商对施工中涉及的以下相关事宜的资料应有充分的了解：

1）现场的现状和性质，包括资料提供的地表以下条件。
2）水文和气候条件。
3）为实施和完成工程及修复工程缺陷约定的工作范围和性质。
4）工程所在地的法律法规和雇佣劳务的习惯做法。
5）承包商要求的通行道路、食宿设施、人员、电力、交通、供水及其他服务。

业主同样有义务向承包商提供基准日后得到的所有相关资料和数据。不论是招标阶段提供的资料还是后续提供的资料，业主都应对资料和数据的真实性和正确性负责，但对承包商依据资料的理解、解释或推论导致的错误不承担责任。

（3）质量的检查和检验

为了保证工程的质量，工程师除了按合同规定进行正常的检验外，还可以在认为必要时依据变更程序，指示承包商按变更规定检验的位置或细节，进行附加检验或试验等。由于额外检查和试验是基于目前承包商无法合理预见的情况，因此涉及的费用和工期变化视检验结果是否合格来划分责任归属。

（4）对承包商设备的控制

工程质量的好坏和施工进度的快慢，很大程度上取决于投入施工的机械设备以及临时工程在数量和型号上的满足程度。而且承包商在投标书中报送的设备计划，是业主决标时考虑的因素之一。因此，通用条款规定了以下几点：

1）承包商自有的施工设备。承包商自有的施工机械设备、临时工程和材料，一经运抵施工现场后就被视为专门为本合同工程施工之用，除了运送承包商人员和物资的运输车辆以外。其他施工机具和设备虽然承包商拥有所有权和使用权，但未经过工程师的批准，不能将其中的任何一部分运出施工现场。做出上述规定是为了保证本工程的施工，但并非绝对不允许承包商在施工期内将自有设备运出工地。某些使用台班数较少的施工机械在现场闲置期间，如果承包商的其他合同工程需要使用，可以向工程师申请暂时运出。当工程师依据施工计划考虑该部分机械暂时不用而同意运出时，应同时指示何时必须运回以保证本工程的施工之用，并要求承包商遵照执行。对于后期施工不再使用的设备，竣工前经工程师批准后，承包商可以提前将其撤出工地。

2）承包商租赁的施工设备。承包商从他人处租赁施工设备时，应在租赁协议中规定在协议有效期内发生承包商违约解除合同时，设备所有人应以相同的条件将该施工设备转租给发包人或发包人邀请承包本合同的其他承包商。

3）要求承包工程增加或更换施工设备。若工程师发现承包商使用的施工设备影响了工程进度或施工质量时，有权要求承包商增加或更换施工设备，由此增加的费用和工期延误责任由承包商承担。

(5) 环境保护

承包商的施工应遵守环境保护的有关法律和法规的规定，采取一切合理措施保护工地内外的环境，限制因施工作业引起的污染、噪声或其他对公众人身和财产造成的损害和妨碍。施工产生的散发物、地面排水和排污不能超过环保规定的数值。

3. 工程变更管理（Variation Management）

工程变更是指合同工程实施过程中由发包人提出或由承包人提出，经发包人批准的任何一项工作的增、减、取消或施工工艺、顺序、时间的改变；设计图的修改；施工条件的改变；招标工程量清单的错、漏从而引起合同条件的改变或工程量的增减变化。工程变更不同于合同变更，前者对合同条件内约定的业主和承包商的权利、义务没有实质性改动，只是对施工方法、内容做局部性改动，属于正常的合同管理，按照合同的约定由工程师发布变更指令即可；而后者则属于对原合同需进行实质性改动，应有业主和承包商通过协商达成一致后，以补充协议的方式变更。土建工程受自然条件等外界因素的影响较大，工程情况比较复杂，且在招标阶段依据初步设计图招标，因此在施工合同履行过程中不可避免地会发生变更。

(1) 工程变更的范围（Scope of Variation）

由于工程变更属于合同履行过程中的正常管理工作，工程师可以根据施工进展的实际情况，在认为必要时就以下几方面发布变更指令：

1）对合同中任何工作工程量的改变。由于招标文件中的工程量清单中所列的工程量是依据初步设计编制的，是为承包商编制投标书时合理进行施工组织设计及报价之用，因此实施过程中会出现实际工程量与计划值不符的情况。为了便于合同管理，当事人双方应在专用条款内约定工程量变化较大时可以调整单价的百分比（视工程具体情况，工程量变化幅度可在15%～25%的范围内确定）。

2)任何工作质量或其他特性的变更。

3)工程任何部分标高、位置和尺寸的改变。

4)删减任何合同约定的工作内容。删减的工作应是不再需要的工程,不允许用变更指令的方式将承包范围内的工作变更给其他承包商实施。

5)进行永久工程所必需的任何附加工作、永久设备、材料供应或其他服务,包括任何联合竣工检验、钻孔和其他检验以及勘察工作。这种变更指令应是增加与合同工作范围性质一致的新增工作内容,而且不应以变更指令的形式要求承包商使用超过其目前正在使用或计划使用的施工设备范围去完成新增工程。除非承包商同意此项工作按变更对待,否则应将新增工程按一个单独的合同来对待。

6)改变原定的施工顺序或时间安排。此类属于合同工期的变更,既可能是基于工程量增加、工作内容增加等情况,也可能是源于工程师为了协调几个承包商施工的干扰而发布的变更指示。

(2)变更程序(Variation Procedure)

颁发工程接收证书前的任何时间,工程师可以通过发布变更指示或以要求承包商递交建议书的任何一种方式提出变更。

1)变更指示。工程师在业主授权范围内根据施工现场的实际情况,在确属需要时有权发布变更指示。指示的内容应包括详细的变更内容、变更工程量、变更项目的施工技术要求和有关部门的施工图文件以及变更处理的原则。

2)要求承包商递交建议书后再确定的变更。其程序为:

① 工程师将计划变更事项通知承包商,并要求他递交实施变更的建议书。

② 承包商应尽快予以答复。一种情况可能是通知工程师由于受到某些非自身原因的限制而无法执行此项变更,如无法得到变更所需的物资等,工程师应根据实际情况和工程的需要再次发出取消、确认或修改变更指示的通知。另一种情况是承包商依据工程师的指示递交实施此项变更的说明,内容包括:将要实施的工作的说明书以及该工作实施的进度计划;承包商依据合同规定对进度计划和竣工时间做出任何必要修改的建议,提出工期顺延要求;承包商对变更估价的建议,提出变更费用要求。

③ 工程师做出是否变更的决定,尽快通知承包商说明批准与否或提出意见。

④ 承包商在等待答复期间,不应延误任何工作。

⑤ 工程师发出每一项实施变更的指示,都应要求承包商记录支出的费用。

⑥ 承包商提出的变更建议书,只是作为工程师决定是否实施变更的参考。除了工程师做出指示或批准以总价方式支付的情况外,每一项变更应依据计量工程量进行估价和支付。

(3)变更估价

1)变更估价的原则。承包商按照工程师的变更指示实施变更工作后,往往会涉及对变更工程的估价问题。变更工程的价格或费率,往往是双方协商时的焦点。计算变更工程应采用的费率或价格,可分为以下三种情况:

① 变更工作在工程量表中有同类工作内容的单价,应以该费率计算变更工程费用,实施变更工作未导致施工组织和施工方法发生实质性变动的,不应调整该项目的单价。

② 工程量表中虽然列有同类工作的单价或价格。但对于具体变更工作而言已不适用,则应在单价或价格的基础上制定合理的新单价或价格。

③ 变更工作的内容在工程量表中没有同类单价或价格，应按照与合同单价水平相一致的原则，确定新的费率或价格。任何一方不能以工程量表中没有此项价格为借口，将变更工作的单价定得过高或过低。

2）可以调整合同工作单价的原则。具备以下条件时，允许对某一项工作规定的费率或价格加以调整：

① 此项工作实际测量的工程量比工程量表或其他报表中规定的工程量变动幅度大于10%。

② 工程量的变更与对该项工作规定的具体费率的乘积超过了接受的合同款额的0.01%。

③ 由此工程量的变更直接造成的该项工作每单位工程量费用的变动幅度超过1%。

3）删减原定工作后对承包商的补偿。工程师发布删减工作的变更指示后，承包商不再实施这部分工作，合同价格中包括的直接费部分没有受到损害，但摊销在该部分的间接费、税金和利润则实际不能合理回收。因此，承包商可以就其损失向工程师发出通知并提供具体的证明资料，工程师与合同双方协商后确定补偿给承包商的具体金额。

（4）承包商申请的变更

承包商根据工程施工的具体情况，可以向工程师提出对合同内任何一个项目或工作的详细变更请求报告，未经工程师批准，承包商不得擅自变更；若工程师同意，则按工程师发布的变更指示的程序执行。

1）承包商提出变更建议。承包商可以随时向工程师提交一份书面建议。承包商认为如果采纳建议将可能：

① 加速完工。

② 降低业主实施、维护或运行工程的费用。

③ 对业主而言能提高竣工工程的效率或价值。

④ 为业主带来其他利益。

2）承包商应自费编制此类建议书。

3）如果由工程师批准的承包商建议包括一项对部分永久工程的设计的改变，按照通用条件的条款规定，如果双方没有其他协议，承包商应设计该部分工程。如果它不具备设计资质，也可以委托有资质的单位进行分包。变更的设计工作应按合同中承包商负责设计的规定执行，包括：

① 承包商应按照合同中规定的程序向工程师提交该部分工程的承包商的文件。

② 承包商的文件必须符合规范和设计图的要求。

③ 承包商应对该部分工程负责，并且该部分工程完工后应适合于合同中规定的工程的预期目的。

④ 在开始竣工检验之前，承包商应按照规范规定向工程师提交竣工文件以及操作和维修手册。

4）接受变更建议的估价。工程变更既可能导致合同价款的增加，也可能导致合同价款的减少，工程师应和承包商进行协商，达成一致意见后调整相应的合同价款。

4. 工程进度款的支付管理

（1）预付款（Advance Payment）

预付款又称动员预付款，是业主为了帮助承包商解决施工前期开展工作时的资金短缺，从未来的工程款中提前支付的一笔款项。合同工程是否有预付款以及预付款的金额、支付（分期支付的次数及时间）和返还方式等，均要在专用条款内约定。通用条件内针对预付款金额不少于合同价 20% 的情况规定了管理程序。

1）动员预付款的支付。预付款的数额由承包商在投标书内确认。承包商首先将银行出具的履约保函和预付款保函交给业主并通知工程师。工程师在 21 天内签发"预付款支付证书"，业主按合同约定的数额和外币比例支付预付款。预付款保函金额始终保持与预付款等额，即随着承包商对预付款的偿还逐渐递减保函金额。

2）动员预付款的扣还。预付款在分期支付工程进度款的支付中按百分比扣减的方式扣还。

① 起扣。自承包商获得工程进度款累计总额达到合同总价（减去暂列金额）10% 的那个月起扣。

② 每次支付时的扣减额度。从本月证书中承包商应获得的合同数额（不包括预付款及保留金的扣减）中扣除 25% 作为预付款的偿还，直至还清全部预付款。即

每次扣还金额 =（本次支付证书中承包商应获得的数额 − 本次应扣的保留金）× 25%

③ 如果在颁发工程接收证书前，或根据业主终止，承包商暂停和终止，不可抗力条款规定的终止前预付款尚未还清，那么全部余额应立即成为承包商对业主的到期应付款。

（2）用于永久工程的设备和材料款预付

由于合同条件是针对包工包料承包的单价合同编制的，因此规定由承包商自筹资金采购工程材料和设备，只有当材料和设备用于永久工程后，才能将这部分费用计入工程进度款内结算支付。通用条件的条款规定，为了帮助承包商解决订购大宗主要材料和设备所占用资金的周转，订购物资经工程师确认合格后，将发票价值的 80% 作为材料预付的款额，包括在当月应支付的工程进度款内。双方也可以在专用条款内修正这个百分比，目前施工合同的约定通常在 60% ~ 90%。

1）承包商申请支付材料预付款。专用条款中规定的工程材料的采购满足以下条件后，承包商向工程师提交预付材料款的支付清单：

① 材料的质量和储存条件符合技术条款的要求。
② 材料已到达工地并经承包商和工程师共同验点入库。
③ 承包商按要求提交了订货单收据价格证明文件（包括运至现场的费用）。

2）工程师核查提交的证明材料。预付款金额为经工程师审核后实际材料价乘以合同约定的百分比，包括在月进度付款签证中。

3）预付材料款的扣还。大宗材料采购后不宜在工地储存时间过久，以避免材料变质或锈蚀，应尽快用于工程。通用条款规定，当已预付款项的材料或设备用于永久工程，构成永久工程合同价格的一部分后，在计量工程量的承包商应得款项内扣除预付的款项，扣除金额与预付金额的计算方法相同。专用条款内也可以约定其他扣除方式，如每次预付的材料款在付款后约定的数月内（最长不超过 6 个月），每个月平均扣回。

（3）业主的资金安排

为了保障承包商按时获得工程款的支付，通用条件内规定，如果合同内没有约定支付，那么当承包商提出要求时，业主应提供资金安排计划。

1）承包商根据施工计划向业主提供不具约束力的各阶段的资金需求计划：

① 接到工程开工通知的 28 天内，承包商应向工程师提交每一个总价承包项目的价格分解建议表。

② 第一份资金需求估价单应在开工日期后 42 天之内提交。

③ 根据施工的实际进展，承包商应按季度提交修正的估价单，直到工程的接收证书已经颁发为止。

2) 业主应按照承包商的实施计划做好资金安排。通用条件规定：

① 接到承包商的请求后，应在 28 天内提供合理的证据，表明自己已经做出了资金安排，并将一直坚持实施这种安排。此安排能够使业主按照合同规定支付合同价格（按照当时的估算值）的款额。

② 如果业主欲对其资金安排做出任何实质性变更，应向承包商发出通知并提供详细资料。

3) 如果业主未能按照资金安排计划和支付的规定执行，承包商可至少提前 21 天通知业主将要暂停工作或降低工作速度。

(4) 保留金（Retention Money）

保留金是按合同约定从承包商应得的工程进度款中相应扣减的一笔金额保留在业主手中，作为约束承包商严格履行合同义务的措施之一。当承包商有一般违约行为使业主遭受损失时，可从该项金额内直接扣除损害赔偿费。例如，承包商未能在工程师规定的时间内修复缺陷工程部位，业主雇佣其他人完成后，这笔费用可从保留金内扣除。

1) 保留金的约定。承包商在投标书附录中按招标文件提供的信息和要求确认了每次扣留保留金的百分比和保留金限额。每次月进度款支付时扣留的百分比一般是 5%～10%，累计扣留的最高限额为合同价的 2.5%～5%。

2) 每次期中支付时扣除的保留金。从首次支付工程进度款开始，用该月承包商完成合格工程应得款加上因后续法规政策变化的调整和市场价格浮动变化的调价款为基数，乘以合同约定保留金的百分比，作为本次工程进度款支付时应扣留的保留金。逐月累计，直至扣到合同约定的保留金最高限额为止。

3) 保留金的返还。扣留承包商的保留金分两次返还。

第一次：颁发工程接收证书后的返还。

① 颁发了整个工程的接收证书时，将保留金的前一半支付给承包商。

② 如果颁发的接收证书只是限于一个区段或工程的部分，则

返还金额 = 保留金总额 × 移交工程区段或部分工程的合同价值/最终合同价值的估算值 × 40%。

第二次：整个合同的缺陷通知期满，返还剩余的保证金。

合同内以履约保函和保留金两种手段作为约束承包商忠实履行合同义务的措施，当承包商严重违约而使合同不能继续履行时，业主可以凭履约保函向银行获取损害赔偿。履约保函和保留金的约束期均是承包商负有施工义务的责任期限（包括施工期和保修期）。

4) 保留金保函代换保留金。当保留金已累计扣留到保留金限额的 60% 时，为了使承包商有比较充裕的流动资金用于工程施工，可以允许承包商提交保留金保函代换保留金。业主返还保留金限额的 50%，剩余部分待颁发履约证书后再返还。保函金额在颁发接收证书后不递减。

(5) 物价浮动对合同价格的调整

1) 调价方法。对于施工期较长的合同，为了合理分担市场价格浮动变化对施工成本的影响风险，在合同内要约定调价的方法。

2) 可调整的内容和基价。承包商在投标书内确定可调整的内容和基价，并在签订合同前

的谈判中确定。

(6) 基准日期（Base Date）后法规变化引起的价格调整

在基准日期（基准日期系指递交投标书截止日期前第 28 天的日期）后，国家的法律、行政法规或国务院有关部门的规章，以及工程所在地的省、自治区、直辖市的地方法规或规章发生变更，导致施工所需要的工程费用发生增减变化，工程师与当事人双方协商后可以调整合同金额。工程建设承包商需要缴纳的税费发生变化较为常见，这是当事人双方在签订合同时不可能合理预见的情况，因此可以调整相应的费用。

(7) 工程进度款的支付程序

1) 工程量计量。工程量清单中所列的工程量仅是对工程的估算量，不能作为承包商完成合同规定施工义务的结算依据。每次支付工程月进度款前，均需通过测量来核实实际完成的工程量，以计量值作为支付依据。

采用单价合同的施工工作内容应以计量的数量作为支付进度款的依据，而总价合同或单价包干混合式合同中按总价承包的部分可以按施工图工程量作为支付依据，仅对变更部分予以计量。

2) 承包商提供报表。每个月月末，承包商应按工程师规定的格式提交一式 6 份的本月支付报表，内容包括提出本月已完成合格工程的应付款要求和对应扣款的确认，一般包括以下几个方面：

① 本月完成的工程量清单工程项目及其他项目的应付金额（包括变更）。

② 法规变化引起的调整应增加和扣减的任何款额。

③ 作为保留金扣减的任何款额。

④ 预付款的支付（分期支付的预付款）和扣还。

⑤ 承包商采用的与永久工程的设备和材料预付款额和扣减款额。

⑥ 根据合同或其他规定（包括索赔、争端裁决和仲裁）应付的任何其他应增加和扣减的款额。

⑦ 对所有以前的支付证书中证明的款额的扣除或减少（对已付款支付证书的修正）。

3) 工程师签证。工程师接到报表后，对承包商完成的工程形象、项目、质量、数量以及各项价款的计算进行核查。若有疑问时，可要求承包商共同复核工程量。在收到承包商的支付报表后 28 天内，按核查结果以及总价承包分解表中核实的实际完成情况签发支付证书。工程师可以不签发证书或扣减承包商报表中部分金额的情况包括：

① 合同内约定有工程师签证的最小金额时，本月签发的金额小于签证的最小金额，工程师不出具月进度款的支付证书。本月付款结转下月，超过最小签证金额后一并支付。

② 承包商提供的货物或施工的工程不符合合同要求，可扣发修正或重置相应的费用，直至修正或重置工作完成后再支付。

③ 承包商未能按合同规定进行工作或履行义务，并且工程师已经通知了承包商，则可以扣留该工作或义务的价值，直至工作或义务履行为止。

工程进度款支付证书属于临时支付证书，工程师有权对以前签发过的证书中发现的错、漏或重复提出更改或修正，承包商也有权提出更改或修正，经双方复核同意后，将增加或扣减的金额纳入本次签证中。

4) 业主支付。承包商的报表经过工程师认可并签发工程进度款的支付证书后，业主应在接到证书后及时向承包商付款。业主的付款时间不应超过工程师收到承包商的月进度付款申请单后的 56 天。如果逾期支付将承担延期付款的违约责任，延期付款的利息按银行贷款利率加 3% 计算。

四、竣工验收阶段的合同管理

1. 竣工检验（Tests on Completion）

承包商完成工程并准备好竣工报告所需报送的资料后，应提前 21 天将某一确定的日期通知工程师，说明此日期后已准备好进行竣工检验。工程师应指示在该日期后 14 天内的某天进行。此项规定同样适用于按合同规定分部移交的工程。

2. 颁发工程接收证书（Taking-Over Certificate）

工程通过竣工检验达到了合同规定的"基本竣工"要求后，承包商在他认为可以完成移交工作前 14 天以书面形式向工程师申请颁发接收证书。基本竣工是指工程已通过竣工检验，能够按照预定目的交给业主占用或使用，而非完成了合同规定的包括扫尾、清理施工现场及不影响工程使用的某些次要部位缺陷修复工作后的最终竣工。剩余工作允许承包商在缺陷通知期内继续完成。这样规定有助于准确判定承包商是否按合同规定的工期完成了施工义务，也有利于业主尽早使用或占有工程，及时发挥工程效益。

工程师接到承包商申请后的 28 天内，如果认为已满足了竣工条件，即可颁发工程接收证书；若不满意，则应书面通知承包商，指出还需完成哪些工作后才达到基本竣工条件。工程接收证书中包括确认工程竣工的具体日期。工程接收证书颁发后，不仅表明承包商对该部分工程的施工义务已完成，而且对工程照管的责任也转移给了业主。

如果合同约定工程不同区段有不同竣工日期时，那么每完成一个区段均应按上述程序办理部分工程的接收证书。

3. 特殊情况下的证书颁发程序

（1）业主提前占用工程

工程师应及时颁发工程接收证书，并确认业主占用日为竣工日。提前占用或使用表明该部分工程已达到竣工要求，对工程的照管责任也相应地转移给业主，但承包商对该部分工程的施工质量缺陷仍负有责任。工程师颁发接收证书后，应尽快给承包商采取必要措施完成竣工检验的机会。

（2）因非承包商原因导致不能进行规定的竣工检验

有时也会出现施工已达到竣工条件，但由于不应由承包商负责的主观或客观原因而不能进行竣工检验的情况。如果等条件具备进行竣工试验后再颁发接收证书，既会因推迟竣工时间而影响对承包商是否按期竣工的合理判定，又会产生在这段时间内对该部分工程的使用和照管责任不明。针对此种情况，工程师应于本该进行竣工检验日签发工程接收证书，将这部分工程移交给业主照管和使用。工程虽已接收，仍应在缺陷通知期内进行补充检验。当竣工检验条件具备后，承包商应在接到工程师指示进行竣工检验通知的 14 天内完成检验工作。由于非承包商原因导致缺陷通知期内进行的补检，属于承包商在投标阶段不能合理预见到的情况，该项检查试验比正常检验多支出的费用应由业主承担。

（3）未能通过竣工检验

1）重新检验（Retesting）。如果工程或某区段未能通过竣工检验，承包商对缺陷进行修复和改正，在相同条件下重复进行此类未通过的试验和对任何相关工作的检验所发生的费用由承包商承担。

2）重复检验仍未能通过。当整个工程或某区段未能通过重复竣工检验时，工程师有权选择以下任何一种处理方法：

① 指示再进行一次重复的竣工检验。

② 如果由于该工程缺陷致使业主拒收整个工程或区段（视情况而定），基本上无法享有该工程或区段所带来的全部利益。在此情况下，业主有权获得承包商赔偿。

4. 竣工结算

（1）承包商报送竣工报表（Statement at Completion）

颁发工程接收证书后的 84 天内，承包商应按工程师规定的格式报送竣工报表。报表内容包括：

1）到工程接收证书中指明的竣工日止，根据合同完成全部工作的最终价值。

2）承包商认为应该支付给自己的其他款项，如要求的索赔款、应退还的部分保留金等。

3）承包商认为根据合同应支付给他的估算总额。称作估算总额是因为这笔金额还未经过工程师审核同意。估算金额应在竣工经算报表中单独列出，以便工程师签发支付证书。

（2）竣工结算与支付

工程师接到竣工报表后，应对照竣工图进行工程量详细核算，对其他支付要求进行审查，然后再依据检查结果签署竣工结算的支付证书。工程师应在收到竣工报表后 28 天内完成此项工作。业主依据工程师的签认予以支付。

五、缺陷通知期阶段的合同管理

1. 工程缺陷责任（Defects Liability）

（1）承包商在缺陷通知期内应承担的义务

工程师在缺陷通知期内可就以下事项向承包商发布指示：

1）将不符合合同规定的永久设备或材料从现场移走并进行替换。

2）将不符合合同规定的工程拆除并重建。

3）实施任何因保护工程安全而需进行的紧急工作，而不论事件起因于事故还是不可预见的事件或其他事件。

（2）承包商的补救义务

承包商应在工程师指示的合理时间内完成上述工作。若承包商未能遵守指示，业主有权雇佣其他人实施并予以付款。如果属于承包商应承担的责任原因，业主有权按照业主索赔的程序向承包商追偿。

2. 履约证书（Performance Certificate）

履约证书是承包商已按合同规定完成全部施工义务的证明，因此该证书颁发后，工程师就无权再指示承包商进行任何施工工作，承包商即可办理最终结算手续。缺陷通知期内工程圆满地通过运行考验，工程师应在期满后的 28 天内向业主签发解除承包商承担工程缺陷责任的证书，并将副本提供给承包商。但此时仅意味着承包商与合同有关的实际义务已经完成，而合同尚未终止，剩余的双方合同义务只限于财务和管理方面的内容。业主应在证书颁发后的 14 天内退还承包商的履约保证书。

缺陷通知期满时，如果工程师认为还存在影响工程运行或使用的较大缺陷，可以延长缺陷通知期，推迟颁发证书，但缺陷通知期的延长不应超过竣工日后两年。

3. 最终结算（Final Settlement）

最终结算是指颁发履约证书后，对承包商完成全部工作价值的详细核算，以及根据合同条件对应付给承包商的其他费用进行核实确定合同的最终价格。

颁发履约证书后的 56 天内，承包商应向工程师提交最终报表草案，以及工程师要求提交的有关资料。最终报表草案要详细说明根据合同完成的全部工程价值和承包商依据合同认为还应支付给自己的任何进一步款项，如剩余的保留金及缺陷通知期内发生的索赔费用等。工程师审核后与承包商协商，对最终报表草案进行适当的补充或修改后形成最终报表。承包商将最终报表送交工程师的同时，还需向业主提交一份"结清单"（Written Discharge），进一步证实最终报表中的支付总额，作为同意与业主终止合同关系的书面文件。工程师在接到最终报表和结清单附件后的 28 天内签发最终支付证书（Final Payment Certificate），业主应在收到证书后的 56 天内进行支付。只有当业主按照最终支付证书的金额予以支付并退还履约保函后，结清单才生效，承包商的索赔权也随即终止。

第三节　FIDIC 总承包合同条件的主要内容

FIDIC 总承包合同条件主要包括《生产设备与设计-建造合同条件》（Conditions of Contract for Plant and Design-Build）（新黄皮书）、《设计采购施工（EPC）/交钥匙合同条件》（Conditions of Contract for EPC/Turnkey Project）（银皮书）、《设计-建造与运营项目合同条件》（Conditions of Contract for Design，Build and Operate Project）（金皮书）。《生产设备与设计-建造合同条件》（新黄皮书）主要用于电气和（或）机械设备供货建筑或工程的设计与施工。这种合同的通常情况是由承包商按照业主要求，设计和提供生产设备和（或）其他工程，可以包括土木、机械电气和（或）构筑物的任何组合。FIDIC《生产设备与设计-建造合同条件》是在 1988 年出版的《电气与机械工程合同条件》（黄皮书）与 1995 年出版的《设计-建造与交钥匙工程合同条件》（橘皮书）基础上重新编写的。与新红皮书一样有 20 条（170 款），其中 80% 的条款的名称及内容是相同的。《EPC/交钥匙项目合同条件》（1999 年第 1 版，银皮书）是在 1995 年《设计-建造与交钥匙工程合同条件》（橘皮书）基础上重新编写的。"银皮书"适用于以交钥匙方式为业主承建工厂、电力、石油开发以及基础设施的"设计-采购-施工"的总承包项目。这种模式适用于业主希望事先能确定工程项目的总价和工期，为此宁愿承包商报出较高的价格，但也需要承包商承担较大的风险。不少私人融资项目以及一些国家的公共部门都倾向于采用此类方式。"银皮书"的通用条件共有 20 条（166 款）。

《设计-建造与运营项目合同条件》（2008 年第一版，金皮书）是在 1999 年《生产设备与设计-建造合同条件》（新黄皮书）的基础上，加入了有关运营和维护的要求和内容编写的。与"设计-建造"（DB）模式相比，"设计-建造-运营"（DBO）模式的主要特点是将项目的设计、施工以及长期的运营和维护工作一并交给一个承包商来完成。对业主来说，这一模式易于保证项目在运营期满前一直处于良好的运营状态，减少由于设计失误或建造质量差等原因导致在缺陷通知期（DBO 用"保留期"）期满后出现的各种问题和造成的损失。在 DBO 模式下，承包商不仅负责项目的设计和建造，还负责在项目建成后提供持续性的运营服务，这将鼓励承包商在进行设计的同时考虑项目的建造费用和运营费用，采用工程项目全生命周期费用的管理的理念，以实现生命期的费用控制目标。

以下主要介绍《生产设备与设计-建造合同条件》（新黄皮书）与新红皮书不同的条款。

1. 业主要求

业主的要求——"输出规范"，即业主想从项目得到的东西，取消了对工程师公正性的要求，移除了工程师的涉及责任。留给工程师的工作是代表业主以提纲的格式拟定工程的程度、范围、目标、初步设计或概念设计，以及其他的技术细节、规范、放线详细资料、要求的检验制度和项目设计、施工、操作和维护的原则。提纲的格式和技术细节应在"业主的要求"中明确规定，这是黄皮书引入的新条款。"业主的要求"对于理解黄皮书非常关键，它是"合同"定义的一部分，在通用条款中有24个子条款明确提到了该文件。如果由于"业主的要求"的错误，导致承包商延误工期，费用增加，承包商可以提出索赔。

在实践中，起草"业主的要求"是项目成功或失败的主要原因，也是产生争端的主要来源。"业主的要求"应当具备以下特点：

1）业主的要求应当是完备的，包括要求的形状、类型、质量、偏差、功能型标准、安全标准以及对永久工程终身费用有所限制的所有参数；在施工期间和施工后必须成功通过的检验；永久工程的预期和规定的性能；设计周期和持续期；完工后如何操作和维护；提交的手册；提供的备件的详细资料和费用。但工程师对参数的规定不能限制承包商的设计创新能力，不能对承包商的设计义务有影响。

2）必须明确定义业主要求的内容，还要足够灵活，可以吸收承包商设计施工的专业的、有创造性的意见，发挥设计建造合同的长处。

3）业主的要求应该让业主选择出最合适的投标人，但又不要求在投标阶段让投标人提供正确选择承包商所需必要信息以外的信息。

4）业主的要求必须足够详细，从而可以确定项目的目标，但又不会限制承包商对工程进行适当设计的能力或寻求最合适解决方案的创造力，并能对投标人的设计进行评估。

2. 设计（Design）

（1）承包商的一般设计义务

新黄皮书适用承包商负责全部或大部分设计的项目。一般将设计分为三个阶段：

1）业主（代表）进行的概念设计，约占设计的10%，包含在"业主的要求"中。

2）每个投标人进行的初步设计，包含在投标书中（包括永久设备和设计建造的建议书）。

3）最后的施工图设计（承包商的文件）包括两个阶段：总体布置图和详细施工图。承包商的文件包括计算书、计算机软件（程序）、施工图、手册、模型等，可能需要提交业主审核或批准。

承包商应按照"业主的要求"中的标准进行设计，并对设计负责。承包商的设计人员或设计分包商应具备必需的经验和能力，承包商应将拟雇佣的设计人员或设计分包商的名单及详细情况提交给工程师，取得其同意。

当收到开工通知后，承包商应仔细检查业主的要求，包括设计标准、计算书和测量放线的基准依据等。如发现错误，应在投标书附录规定的期限内通知工程师，工程师应决定是否将变更通知承包商。如果这些错误是一个有经验的承包商在提交投标书前本应发现的而未能发现的，则不能给予工期和费用调整。

(2) 业主对"承包商的文件"编制要求

承包商的文件包括：业主的要求中规定的技术文件，满足法规要求报批的文件，竣工文件，操作和维修手册等。

如业主的要求中规定承包商的文件应提交工程师审核或批准时，则应按规定提交，工程师的审核期一般不超过 21 天。对需提交工程师审批的文件：

1) 工程师应通知承包商是否批准，如承包商在审核期满时仍未收到工程师的通知，则应视为工程师已批准该文件。在工程师批准前，相应部分的工程不能开工。

2) 若承包商希望修改已提交的文件，应立即通知工程师并按上述程序将修改的文件报送工程师。工程师可指示承包商编制进一步的文件。任何此类审批不解除承包商的任何义务和责任。如果承包商的文件中出现错误、缺陷、不一致等问题，即使已得到批准或同意，也应由承包商自行修正。

(3) 承包商在设计过程中应遵循的基本原则

承包商应承诺其设计、文件、施工和竣工的工程符合工程所在国的技术标准、建筑、施工和环境方面的法律，工程产品的法律，以及业主的要求中规定的相关标准。上述法律和标准为业主接收工程时通行的法律和标准，为基准日期时适用的版本；在基准日期后版本有修改或更新的，承包商应告知工程师，并提交建议书，如工程师认为需要修改，则构成变更。

(4) 承包商在工程移交前必须提交的文件

承包商应编制一套完整的竣工记录保存在现场，并应在竣工检验开始前提交给工程师两套副本。承包商还应按工程师的要求提交竣工图给工程师审核。在颁发接收证书前，承包商应按业主要求中的规定向工程师提交竣工图的副本，否则不能认为工程已完工，也不能接收。

在竣工检验开始前，承包商应向工程师提交暂行的操作和维修手册，其详细程度应能达到业主操作和调试生产设备的要求。在工程师收到此手册的最终版本以及业主明确要求承包商为此目的而需提供的其他手册前，不能认为工程已达到竣工要求而被接受。

承包商应根据业主要求中的具体规定，对业主的人员进行操作和维修培训。如合同有规定，在培训完成前，不能认为工程已竣工。

3. 竣工检验（Tests on Completion）

承包商在按照"竣工文件"和"操作和维修手册"的规定提交各种文件后进行竣工检验，承包商应提前 21 天将可以进行每项竣工检验的日期通知工程师，检验应在该日期后 14 天内，在工程师指定的日期进行。除专用条款中另有说明，竣工检验应按下列顺序进行：

1) 启动前检验：应包括适当的检查和（"干"或"冷"）性能检验，以证明每项生产设备都能安全地承受下一阶段的启动检验。

2) 启动检验：包括规定的运行检验，以证明工程或区段能在所有可应用的操作条件下安全运行。

3) 试运行：证明工程或区段运行可靠，符合合同要求。

试运行不构成业主的验收，除另有说明外，试运行期间生产的产品属于业主。

4. 修补缺陷的费用（Costs of Remedying Defects）

以下原因造成的缺陷，由承包商承担风险和费用：

1) 工程设计，由业主负责的设计部分除外。

2）生产设备、材料和工艺不符合合同要求。

3）涉及培训、竣工文件以及操作和维修手册等由承包商负责的事项所产生的不当操作或维修。

4）承包商未遵守任何其他义务。

因上述原因以外造成的缺陷，业主应立即通知承包商修复并按照变更处理。

5. 竣工后检验（Tests After Completion）

（1）竣工后检验的程序

如合同规定了竣工后检验，则业主应：

1）为竣工后检验提供必要的电力、设备、燃料、仪器、劳动力、材料以及有资质和经验的人员。

2）按照承包商提供的操作和维修手册进行竣工后检验，可要求承包商参加并给予指导。此类检验应在工程或区段被业主接收后的合理可行的时间内尽快进行，业主应提前21天将可以开始进行竣工后检验的日期通知承包商，除非另有商定，这些检验在该日期后14天内业主决定的日期进行。如承包商未参加，业主可自行进行该检验，承包商应承认该检验结果。竣工后检验由双方共同整理和评价检验结果，评价时应考虑业主提前使用该工程的影响。

（2）延误的检验

如因业主的原因拖延了竣工后检验从而导致承包商产生额外费用的，承包商可向工程师提出费用和利润索赔。如由于非承包商原因，竣工后检验未能在缺陷通知期或双方商定的期限内完成的，应视为工程或区段的竣工后检验已完成。

（3）重复检验

如果工程或某区段未能通过竣工后检验，承包商应按照合同要求修复缺陷。其后，任何一方均可要求按照原来的条件再重新进行竣工后检验。如果未通过且重新检验是由于承包商的设计、工艺、材料、生产设备引起的，并导致了业主的额外费用，业主可提出索赔。

（4）未能通过竣工后检验

如果工程或区段未能通过竣工后检验，则：

1）若在合同中规定了相应的损害赔偿费，承包商在缺陷通知期内向业主支付了此笔费用，则可认为已通过了竣工后检验。

2）若承包商提议对工程或区段进行调整或修正，其需要报告业主，在业主同意的时间内才能进入并进行调整或修正；如在缺陷通知期内业主未给予答复，则可认为已通过了竣工后检验。

如果承包商申请进入工程现场，对工程或生产设备未能通过竣工后检验的原因进行调查，以便对其进行调整或修正，业主无故延误给予许可，导致了承包商的额外费用，承包商有权通知工程师索赔相应费用和利润，工程师应就此做出决定。

6. 变更和调整（Variations and Adjustments）

（1）有权变更

在颁发接收证书前，工程师有权变更并可要求承包商就变更提出建议书，但变更不应包括准备交给他人实施的任何工作的删减。承包商应执行变更指令，但以下情况除外：

1）不能得到相应货物。

2）变更将降低工程的安全性或适用性。

3）对整个工程的完成产生了不利影响。

此时承包商可不执行，并应迅速通知业主，业主收到通知后应取消，或确认，或改变原来的指示。

（2）价值工程

承包商可随时向工程师提交建议书，只要他认为此建议可缩短工期、降低造价、提高工程运行效率和（或）价值，或对业主产生其他效益。承包商应自费编制此建议书。

（3）变更程序

如果工程师在发布变更指令前要求承包商提交建议书，那他应尽快提交。建议书包括变更工作的实施方法和计划，以及对工程总进度计划的调整以及变更费用的估算。工程师收到建议书后应尽快表态，此时承包商应照常工作。对每次变更，工程师应按照合同规定，商定或确定调整合同价格（包括利润）和付款计划表，并应考虑承包商提交的价值工程的建议。

7. 合同价格和支付（The Contract Price and Payment）

（1）合同价格

除专用条件另有规定外：

1）合同价格应以中标合同金客额为准，但可按合同规定调整。

2）承包商应支付合同要求由其支付的税费，但立法变更时允许调整。

3）资料表中可能给出的任何工程量都是估计值，不能作为要求承包商实施工程的实际工程量。

4）资料表中可能给出的任何工程量或价格仅应用于资料表说明的用途，不一定适用于其他目的。如果工程的任何部分是按实际工程量进行支付，应遵循专用条件规定，并相应调整和决定合同价格。

（2）申请期中支付证书

承包商应按合同规定的支付期限最后一天（如无规定，则在每个月末）之后，按工程师同意的格式向他提交一式六份月报表，列出认为自己有权获得的款额，同时附上进度报告等证明文件。月报表的内容和顺序如下：

1）截至月末已实施的工程和承包商的估算合同价值（包括变更）。

2）立法变动和费用波动导致的增减款额。

3）保留金的扣除：按投标书附录规定的百分比乘以上述两项款额之和，一直扣到保留金限额为止。

4）预付款的支付与扣还。

5）针对生产设备和材料的预付款和扣还款。

6）其他应追加或扣减的款项（如索赔款等）。

7）扣除所有以前支付证书中已经确认的款额。

（3）保留金的支付

工程师签发接收证书后，支付保留金的50%。

8. 争议（Disputes）

任命的争议评判委员会（DAB）是临时的，即只有在发生争议时才任命。在一方向另一方提交争议意向通知书后的28天内，双方联合任命DAB成员，当他们对争议做出决定时，"临时DAB"成员的任期即期满。而红皮书是常设DAB，在投标书附录中规定的时间内任命，其默认时间是开工日期后 28 天内。

复习思考题

1. 试述 FIDIC《土木工程施工合同条件》的特点和适用范围。
2. 试分析 FIDIC 条件下合同履行的担保方式内容和特点。
3. 试分析 FIDIC《土木工程施工合同条件》中业主和承包商承担的风险。
4. 试述合同工期施工期，缺陷通知期和合同有效期的定义及其相互关系。
5. 指定分包商与一般分包商有哪些区别？结合我国实际谈谈应如何选择指定分包商。
6. FIDIC《土木工程施工合同条件》中对质量控制做了哪些规定？
7. 中期支付工程进度款时，应如何核定本月应支付给承包商的款额？
8. 《土木工程施工合同条件》中的支付程序与《建设工程施工合同示范文本》中的有哪些差异？
9. 试分析工程接收证书和履约证书有何作用。
10. 试分析 FIDIC 总承包合同条件的适用范围和特点以及与《土木工程施工合同条件》之间的区别。

第八章 建设工程合同签约、履约与变更管理

第一节 建设工程合同的签约管理

一、合同谈判前的审查分析

(一) 概述

建设工程承包经过招标、投标、授标的一系列交易过程之后,根据《合同法》的规定,发包人和承包人的合同法律关系就已经建立了。但是,由于建设工程标的规模大、金额高、履行时间长、技术复杂,再加上可能由于时间紧、工程招标投标工作较仓促,因此可能会导致合同条款的完备性不足,甚至合法性不足,给日后的合同履行埋下隐患。因此在中标后,发包人和承包人在不背离原合同实质性内容的原则下,还必须通过合同谈判,将双方在招标投标过程中达成的协议具体化或做某些增减,对价格等所有合同条款进行法律认证,最终订立一份对双方均有法律约束力的合同文件。根据《招标投标法》及《房屋建筑和市政基础设施工程施工招标投标管理办法》规定,发包人和承包人必须在中标通知书发出之日起 30 天内签订合同。由于签订合同是双方合同关系建立最后的也是最关键的一步,因而无论是发包人还是承包人,都极为重视合同的措辞和最终合同条款的制定,力争在合同条款上通过谈判全力维护自己的合法利益。

1) 发包人愿意进一步通过合同谈判签订合同的动机是:

① 完善合同条款。招标文件中往往存在缺陷和漏洞,如工程范围含糊不清,合同条款的含义较为抽象、可操作性不强,合同文字中出现错误、矛盾和歧义等,而给日后合同履行带来很大困难。为保证工程顺利实施,必须通过合同谈判来完善合同条款。

② 降低合同价格。在评标时,虽然从总体上可以接受承包人的报价,但发现承包人投标报价仍有不太合理的部分,因此希望通过合同谈判来进一步降低正式的合同价格。

③ 评标时发现其他投标人的投标文件中的某些建议非常可行,而中标人并未提出,发包

人非常希望中标人能够采纳这些建议。因此需要与承包人商讨这些建议，并确定由于采纳建议导致的价格变更。

2）对承包人来说，由于建筑市场竞争非常激烈，发包人在招标时往往提出十分苛刻的条件，在投标时，承包人只能被动应付。进入合同谈判、签订合同阶段，由于被动地位有所改变，承包人往往会利用这一机会与发包人讨价还价，力争改善自己的不利处境，以维护自己的合法利益。承包人的主要目标有：

① 澄清与完善标书中某些含糊不清的条款，充分解释自己在投标文件中的某些建议或保留意见。

② 争取改善合同条件，谋求公正和合理的权益，使承包人的权利与义务达到平衡。

③ 利用发包人的某些修改或变更讨价还价，争取更有利的合同价格。

为了切实维护自己的合法利益，在合同谈判之前，无论发包人还是承包人，都必须认真仔细地研究招标文件及双方在招标投标过程中达成的协议，审查每一个合同条款，分析该条款的履行后果，从中寻找合同漏洞和于己不利的条款，力争通过合同谈判使自己处于较为有利的位置，以改善合同条件中某些主要条款的内容，从而能够在合同条款方面全力维护自己的合法权益。

（二）合同审查分析的内容

合同审查分析是一项技术性很强的综合性工作，要求合同管理者必须熟悉与合同相关的法律法规，精通合同条款，对工程环境有全面的了解，有合同管理的实际工作经验以及足够的细心和耐心。工程合同审查分析主要包括以下几个方面的内容：

1. 合同效力的审查与分析

合同必须在合同依据的法律基础的范围内签订和实施，否则会导致合同全部或部分无效，从而给合同当事人带来不必要的损失。这是合同审查分析最基本也是最重要的工作。合同效力的审查与分析主要从以下几方面入手：

1）合同当事人资格的审查，即合同主体资格的审查。无论发包人还是承包人，必须具有发包工程、承包工程以及签订合同的资格，即具备相应的民事权利能力和民事行为能力。有些招标文件或当地法规对外地或外国承包人有些特别规定，如在当地注册、获取许可证等。在我国，对承包人的资格审查主要包括承包人有无企业法人营业执照、是否具有与所承包工程相适应的资质证书（允许低于资质等级承揽工程）、是否办理了施工许可证等。施工单位的资格主要从营业执照、资质证书两个方面审查，施工单位必须具备企业法人资格且营业执照经过了年检，施工单位要在资质等级许可的范围内对外承揽工程。跨省、自治区、直辖市承包工程的还要在施工所在地建筑行政主管部门办理施工许可手续。当然，行政管理规定不影响民事主体的民事权利能力，未办跨省施工许可手续的不影响合同的有效性。

2）工程项目合法性审查，即合同客体资格的审查，主要审查工程项目是否具备招标投标、签订和实施合同的一切条件，包括：

① 是否具备工程项目建设所需要的各种批准文件。

② 工程项目是否已经列入了年度建设计划。

③ 建设资金与主要建筑材料和设备来源是否已经落实。

3）合同订立过程的审查：如审查招标人是否有规避招标行为和隐瞒工程真实情况的现象；投标人是否有串通作弊、哄抬标价或以行贿的手段谋求中标的行为；招标代理机构是否有泄露应当保密的与招标活动有关的情况和资料的行为，以及其他违反公开、公平、公正原则的行为。任何单位和个人不得将依法必须进行招标的项目化整为零或者以其他任何形式规避招标。依法应当招标而未招标的工程合同无效。

特别需要强调的是，在工程招标投标过程中，会出现少数发包人和承包人签订"黑白合同"的现象。所谓黑白合同，是指合同当事人出于某种利益考虑，对同一合同标的签订的价款存在明显差额或者履行方式存在差异的两份合同，其中一份做了登记、备案等公示的合同称为"白合同"；而另一份仅由双方当事人持有的、内容与备案合同不一致的私下协议，称为"黑合同"。对于黑白合同，《司法解释》第二十一条规定，"当事人就同一建设工程另行订立的建设工程施工合同与经过备案的中标合同实质性内容不一致的，应当以备案的中标合同作为结算工程价款的根据"。有些合同需要公证或由官方批准后才能生效，这应当在招标文件中加以说明。在国际工程中，有些国家项目、政府工程在合同签订后或发包人向承包人发出中标通知书后，还得经过政府批准后，合同才能生效，对此应当特别注意。

4）合同内容合法性审查，主要审查合同条款和所指的行为是否符合法律规定，主要包括：
① 审查合同规定的工程项目是否符合政府批文。
② 审查合同规定的项目是否符合国家的产业政策。
③ 如是政府投资项目，合同是否约定了带资或垫资施工的条款。
④ 审查合同内容是否违反地方性、专门性规定。
⑤ 其他，如合同中分包转包的规定、劳动保护的规定、环境保护的规定、赋税和免税的规定、外汇额度条款、劳务进出口条款等是否符合相应的法律规定。

2. 合同的完备性审查

根据《合同法》的规定，合同应包括合同当事人、合同标的、标的的数量和质量、合同价款或酬金、履行期限、地点和方式、违约责任和解决争议的方法。一份完整的合同应包括上述所有条款。由于建设工程的参与方众多、投资巨大、建设工期长、涉及面广，因此合同履行中的不确定性因素多，从而给合同履行带来很大的风险。如果合同不够完备，就可能会给当事人造成重大损失。因此，必须对合同的完备性进行审查。合同的完备性审查包括：

1）合同文件完备性审查，即审查属于该合同的各种文件是否齐全。如发包人提供的技术文件等资料是否与招标文件中规定的相符，合同文件是否能够满足工程需要等。

2）合同条款完备性审查。这是合同完备性审查的重点，即审查合同条款是否齐全，对工程涉及的各方面问题是否都有规定，合同条款是否存在漏项等。合同条款的完备程度与采用何种合同文本有很大关系：

① 如果采用的是合同示范文本，如 FIDIC 条件或我国施工合同示范文本等，则一般认为该合同的条款较完备。此时，应重点审查专用合同条款是否与通用合同条款相符，是否有遗漏等。

② 如果未采用合同示范文本，但有相应的合同示范文本可供参照，在审查时应当以示范文本为样板，将拟签订的合同与示范文本的对应条款——进行对照，从中寻找合同漏洞。

3. 合同条款的公正性审查

公平公正、诚实信用是《合同法》的基本原则，当事人无论是签订合同还是履行合同，都必须遵守该原则。但是在实际操作中，由于建筑市场竞争异常激烈，而合同的起草权又掌握在发包人手中，承包人只能处于被动应付的地位，因此发包人所提供的合同条款往往很难达到公平公正的程度。所以，承包人应逐条审查合同条款是否公平公正，对明显缺乏公平公正的条款，在合同谈判时，可通过寻找合同漏洞、向发包人提出自己合理化建议、利用发包人澄清合同条款及进行变更的机会等手段,力争使发包人对合同条款做出有利于自己的修改。同时,发包人应当认真审查和研究承包人的投标文件,从中分析在投标报价过程中,承包人是否存在欺诈等违背诚实信用原则的现象。对施工合同而言,应当重点审查以下内容:

(1) 工作范围

即承包人所承担的工作范围,包括施工材料和设备供应,施工人员的提供,工程量的确定,质量、工期要求及其他义务。工作范围是制定合同价格的基础,因此,工作范围是合同审查与分析中一个极其重要的、不可忽视的问题。招标文件中往往有一些含糊不清的条款,故有必要进一步明确工作范围。在这方面,经常发生的问题有:

1) 因工作范围和内容规定不明确或承包人未能正确理解而出现报价漏项,从而导致成本增加,甚至整个项目出现亏损。

2) 由于工作范围不明确,对一些应包括进去的工程量没有进行计算而导致施工成本上升。

3) 规定工作内容时,对于规格、型号、质量要求、技术标准文字表达不清楚,从而在实施过程中易产生合同纠纷。

4) 对于承包的国际工程,在将外文标书翻译成中文时出现错误,如将金扶手翻译成镀金扶手,将发电机翻译成发动机等,这必然会导致报价失误。

因此,合同审查一定要认真仔细,规定工作内容时一定要明确具体、责任分明。特别是在固定总价合同中,根据双方已达成的价格,应查看承包人应完成哪些工作,界面划分是否明确,对追加工程能否另计费用。对招标文件中已经体现,工程量也已列入,但总价中未计入者,是否已经逐项指明不包括在本承包范围内,否则要补充计价并相应调整合同价格。为现场监理工程师提供的服务如包含在报价内,还应分析承包人应提供的办公及住房的建筑面积、标准,工作、生活设备数量和标准等是否明确。合同中是否有诸如"除另有规定外的一切工程""承包人可以合理推知需要提供的为本工程服务所需的一切工程"等含糊不清的说法。

(2) 权利和义务

合同应公平合理地分配双方的权利和义务。因此在合同审查时,一定要列出双方各自的权利和义务,在此基础上进行权利和义务关系分析,检查合同双方的责权是否平衡,合同条款是否有逻辑问题等。同时,还必须对双方权利和义务的制约关系进行分析。如在合同中规定一方当事人有一项权利,则要分析该项权利的行使会对对方当事人产生什么影响,该权利是否需要制约,权利方是否会滥用该权利,使用该项权利的权利方应承担什么责任等。据此可以提出对该项权利的反制约。例如,合同中规定"承包人在施工中随时接受监理工程师的检查"条款,作为承包人,为了防止监理工程师滥用检查权,应当相应增加"如果检查结果符合合同规定,则发包人应当承担相应的损失(包括工期和费用赔偿)"条款,以限制监理工程师的检查权。

如果合同中规定一方当事人必须承担某项责任,则要分析承担该项责任应具备什么前提条件,以及相应地该拥有什么权利,如果对方不履行相应的义务应承担什么责任等。例如,合同规定承包人必须按时开工,则应在合同中相应地规定发包人应按时提供现场施工条件,及时支付预付款等。

(3) 工期和施工进度计划

1) 工期。工期的长短直接与承发包双方利益密切相关,对发包人而言,工期过短不利于工程质量,还会造成工程成本增加;而工期过长则影响发包人正常使用,不利于发包人及时收回投资。因此发包人在审查合同时,应当综合考虑工期、质量和成本三者的制约关系,以确定一个最佳工期。对承包人来说，应当认真分析自己能否在发包人规定的工期内完工，为保证自己按期竣工，发包人应当提供什么条件，承担什么义务，发包人不履行义务应承担什么责任，以及承包人不能按时完工应当承担什么责任等。如果通过分析发现很难在规定工期内完工，承包人就应在谈判过程中依据施工规划，在最优工期的基础上考虑各种可能的风险影响因素，争取确定一个承发包双方都能够接受的工期，以保证施工的顺利进行。

2）开工。主要审查开工日期是已经在合同中约定了还是以监理工程师在规定时间发出开工通知为准；从签约到开工的准备时间是否合理；发包人提交的现场条件的内容和时间能否满足施工需要；施工进度计划提交及审批的期限；发包人延误开工及承包人延误开工各应承担什么责任等。

3）竣工。主要审查竣工验收应当具备什么条件，验收的程序和内容；对单项工程较多的工程，能否分批分项验收交付；已竣工交付部分其维修期是否从出具该部分工程竣工证书之日算起；工程延期竣工罚款是否有最高限额；对于工程变更、不可抗力及因其他发包人原因而导致承包人不能按期竣工的，承包人是否可延长竣工时间等。

(4) 工程质量

主要审查工程质量标准的约定能否体现优质优价的原则，材料设备的标准及验收规定，监理工程师的质量检查权力及限制，工程验收程序及期限规定，工程质量瑕疵责任的承担方式，工程保修期期限及保修责任等。

(5) 工程价款及支付问题

工程造价条款是工程施工合同的关键条款，但通常会发生约定不明或设而不定的情况，从而为日后争议和纠纷的发生埋下隐患。实际情况表明，发包人与承包人之间发生的争议、仲裁和诉讼等，大多集中在付款上，承包工程的风险或利润最终也都要在付款中表现出来。因此，无论发包人还是承包人，都必须花费相当多的时间和精力来研究与付款有关的各种问题。包括：

1）合同价格。包括合同的计价方式，如采用固定价格方式，则应检查在合同中是否约定了合同价款风险范围及风险费用的计算方法，以及价格风险承担方式是否合理；如采用单价方式，则应检查在合同中是否约定了单价随工程量的增减而调整的变更限额百分比（如15%，20%或25%）；如采用成本加酬金方式，则应检查合同中成本构成和酬金的计算方式是否合理。还应分析工程变更对合同价格的影响。同时，还应检查合同中是否约定工程最终结算的程序、方式和期限；对单项工程较多的工程，是否约定按各单项工程竣工日期分批结算；对"三边"工程，能否设定分阶段决算程序；当合同当事人对结算工程最终造价有异议时，应当如何处理等。

2）工程款支付。工程款支付主要包括以下内容：

① 预付款。由于施工初期承包人的投入较大，因此如果在合同中约定发包人按照工程合同价格的一定比例向承包人支付预付款，以利于其开展相应的施工准备合同是合理的。对承包人来说，争取预付款既可以使自己减少垫付的周转资金及利息，也可以表明发包人的支付信用，减少部分风险。因此，承包人应当力争取得预付款，甚至可适当降低合同价款以换取部分预付款，同时还要分析预付款的比例、支付时间及扣还方式等。在没有预付款时，通过合同分析能否要求发包人根据工程初期准备工作的完成情况给付一定的初期付款。

② 付款方式。对于采用根据工程进度按月支付的，主要应审查工程计量及工程款的支付程序以及检查合同中是否有中期支付的支付期限及延期支付的责任。对于采用按工程形象进度付款的，应重点分析各付款阶段付款额对工程资金现金流的影响，以合理确定各阶段的付款比例。

③ 支付担保。支付担保包括承包人预付款保证和发包人工程款支付保证。对于预付款保证，应重点审查保证的方式及预付款保证的保值是否随被扣还的预付款金额而相应递减。发包人支付能力直接影响到承包人的资金风险是否会发生及风险发生后影响程度的大小，承包人事先必须详细调查发包人的资信状况，并尽可能要求发包人提供银行出具的资金到位的证明或资金支付担保。

④ 保留金。主要检查合同中规定的保留金限额是否合理以及保留金的退还时间，分析能否以维修保函代替扣留的应付款。对于分批交工的工程，是否可分批退还保留金。

(6) 违约责任

违约责任条款订立的目的在于促使合同双方严格履行合同义务，防止违约行为的发生。发包人拖欠工程款、承包人不能保证工程质量或不按期竣工，均会给对方以及第三人带来不可估量的损失。因此，违约责任条款的约定必须具体、完整。在审查违约责任条款时，要注意：

1) 对双方违约行为的约定是否明确，违约责任的约定是否全面。在工程施工合同中，双方的义务繁多，因此一些违反非合同主要义务的责任承担往往容易被忽视，而违反这些义务极可能影响到整个合同的履行。所以，应当注意必须在合同中明确违约行为，否则很难追究对方的违约责任。

2) 违约责任的承担是否公平。针对自己的关键性权利，即对方的主要义务，应向对方规定违约责任，如对承包人必须按期完工、发包人必须按规定付款等，都要详细规定各自的履行义务和违约责任。在对自己确定违约责任时，一定要同时规定对方的某些行为是自己履约的先决条件，否则自己不应当承担违约责任。

3) 对违约责任的约定不应笼统化，而应区分情况做相应约定。有的合同不论违约的具体情况，均笼统地约定一笔违约金，而这很难与因违约而造成的实际损失相匹配，从而导致出现违约金过高或过低等不合理现象。因此，应当根据不同的违约行为，如工程质量不符合约定、工期延误等分别约定违约责任。同时，对同一种违约行为，应视违约程度承担不同的违约责任。

4) 即使规定了违约责任，在合同中也还要强调，对双方当事人发生争执而又解决不了的违约行为及由此而产生的损失可用协商、调解和仲裁（或诉讼）的办法来解决以作为督促双方履行各自的义务和承担违约责任的一种保证措施。

此外，在合同审查时还必须注意合同中关于保险、担保、工程保修、变更、索赔争议的解决及合同的解除等条款的约定是否完备、公平、合理。

(三) 合同审查表

1. 合同审查表的作用

合同审查后，对上述分析研究结果可以用合同审查表进行归纳整理。用合同审查表可以系统地针对合同文本中存在的问题提出相应的对策。合同审查表的主要作用有：

1) 通过合同的结构分解，使合同当事人及合同谈判者对合同有一个全面的了解。

2) 检查合同内容的完整性。与标准的合同结构对照，即可发现该合同缺少哪些必需条款。

3) 分析评价每一合同条款执行的法律后果及风险，为合同谈判和签订提供决策依据。

4) 通过审查还可以发现：

① 合同条款之间的矛盾。

② 不公平条款，如过于苛刻、责权力不平衡、单方面约束性条款等。

③ 隐含着较大风险的条款。

④ 内容含糊、概念不清或未能完全理解的条款。

对于一些重大工程或合同关系与合同文本很复杂的工程，合同审查的结果应经律师或合同法律专家核对评价，或在其指导下进行审查，以减少合同风险，减少合同谈判和签订中的失误。

2. 合同审查表的内容

1）合同审查表的形式。要达到合同审查的目的，合同审查表应具备以下几点：

① 完整的审查项目和审查内容。通过审查表可以直接检查合同条款的完整性。

② 被审查合同在对应审查项目上的具体条款和内容。

③ 对合同内容的分析评价，即合同中有什么样的问题和风险。

④ 针对分析出来的问题提出建议或对策。

2）审查项目。审查项目的建立和合同结构标准化是审查的关键。在实际工程中，某一类合同的条款内容、性质和说明的对象往往基本相同，如此即可将这类合同的合同结构固定下来，作为该类合同的标准结构。合同审查可以将合同标准结构中的项目和子项目作为具体的审查项目。

3）审查项目编码。这是为了计算机数据处理的需要而设计的，以方便调用、对比、查询和储存。编码应能反映所审查项目的类别、项目、子项目等项目特征，对复杂的合同还可以细分。为便于操作，合同结构编码系统要统一。

4）合同条款号及内容。审查表中的条款号必须与被审查合同条款号相同。被审查合同相应条款的内容是合同分析研究的对象，可从被审查合同中直接摘录该被审查合同条款到合同审查表中来。

5）条款说明。这是对该合同条款存在的问题和风险进行分析研究。主要是具体客观地评价该条款执行的法律后果及将给合同当事人带来的风险。这是合同审查中最核心的问题，分析的结果是否正确、完备将直接影响到以后的合同谈判、签订，乃至合同履行时合同当事人的地位和利益。因此，合同当事人对此必须给予高度重视。

6）建议或对策。针对审查分析得出的合同中存在的问题和风险，提出相应的对策或建议，并将合同审查表交给合同当事人和合同谈判者。合同谈判者在与对方进行合同谈判时，可以针对审查出来的问题和风险，落实审查表中的对策或建议，做到有的放矢，以维护合同当事人的合法权益。

二、工程合同的谈判与签订

（一）合同谈判的准备工作

合同谈判是发包人与承包人面对面地直接较量，谈判的结果直接关系到合同条款的订立是否于己有利。因此，在合同正式谈判前，无论是发包人还是承包人，都必须深入细致地做好充分的思想准备、组织准备和资料准备等，做到知己知彼、心中有数，为合同谈判的成功奠定坚实的基础。

1. 合同谈判的思想准备

合同谈判是一项艰苦复杂的工作，只有有了充分的思想准备，才能在谈判中坚持立场，适当妥协，最后达到目标。因此，在正式谈判之前，应对以下两个问题做好充分的思想准备：

1）谈判目的。这是必须明确的首要问题，因为不同的谈判目的决定了谈判方式与最终谈判结果，一切具体的谈判行为方式和技巧都是为谈判的目的服务的。因此，首先必须确定自己的谈判目的，同时要分析揣摩对方谈判的真实意图，从而有针对性地进行准备并采取相应的谈判方式和谈判策略。

2）确立己方谈判的基本原则和谈判中的态度。明确谈判目的后，必须确立己方谈判的基本立场和原则，从而确定在谈判中哪些问题是必须坚持的，哪些问题可以做出一定的合理让步以及让步的程度等；同时，还应具体分析在谈判中可能遇到的各种复杂情况及其对谈判目标实现的影响，谈判有无失败的可能，遇到实质性问题争执不下该如何解决等。做到既保证合同谈判能够顺利进行，又保证自己能够获得于己有利的合同条款。

2. 合同谈判的组织准备

在明确了谈判目的并做好了应付各种复杂局面的思想准备后，就必须着手组织一个精明强干、经验丰富的谈判班子来具体进行谈判准备和谈判工作。谈判小组成员的专业知识结构、综合业务能力和基本素质对谈判结果有着重要的影响。一个合格的谈判小组应由有着实质性谈判经验的技术人员、财务人员和法律人员组成。谈判组长应由思维敏捷、思路清晰、具备高度组织能力与应变能力、熟悉业务并有着丰富经验的谈判专家担任。

3. 合同谈判的资料准备

合同谈判必须有理有据。因此，谈判前必须收集、整理各种基础资料和背景材料，包括对方的资信状况、履约能力、发展阶段、项目由来及资金来源、土地获得情况、项目目前进展情况等，以及在前期接触过程中已经达成的意向书、会议纪要、备忘录等。然后将资料分成三类：第一类，原招标文件中的合同条件、技术规范及投标文件、中标函等文件，以及向对方提出的建议等资料；第二类，谈判时对方可能索取的以及在充分估计对方可能提出各种问题的基础上准备好的资料；第三类，能够证明自己实力和资信程度等的资料。

4. 合同谈判背景材料的分析

在获得上述基础资料及背景材料后，必须对这些资料进行详细分析。包括：

1）对己方的分析。签订工程合同之前，必须对自己的情况进行详细分析。对发包人来说，应按照可行性研究的有关规定，做定性和定量的分析研究，在此基础上论证项目在技术上、经济上的可行性，经过方案比较，推荐最佳方案。在此基础上了解自己建设准备工作情况，包括技术准备、征地拆迁、现场准备及资金准备等情况，以及自己对项目在质量、工期、造价等方面的要求，以确定己方的谈判方案。对承包人而言，在接到中标函后，应当详细分析项目的合法性与有效性、项目的自然条件和施工条件、己方承包该项目有哪些优势及存在哪些不足，以确立己方在谈判中的地位。同时，必须熟悉合同审查表中的内容，以确立己方的谈判原则和立场。

2）对对方的分析。对对方的基本情况的分析主要从以下几个方面入手：①对方是否为合法主体，资信情况如何，这是首先必须要确定的问题。如果承包人越级承包，或者承包人履约能力极差，就可能会造成工程质量低劣，工期严重延误，从而导致合同根本无法顺利进行，给发包人带来巨大损害。相反，如果工程项目本身因为缺少政府批文而不合法，发包主体不合法，或者发包人的资信状况不良，也会给承包人带来巨大损失。因此，在谈判前必须确认对方是履约能力强、资信情况好的合法主体，否则就要慎重考虑是否与对方签订合同。②谈判对手的真实意图。只有在充分了解了对手的谈判诚意和谈判动机，并对此做好充分的思想准备后，才能在谈判中始终掌握主动权。③对方谈判人员的基本情况，包括对方谈判人员的组成，谈判人员的身份、年龄、健康状况、性格、资历、专业水平、谈判风格等，以便己方有针对性地安排谈判人员并做好思想上和技术上的准备，还应注意与对方建立良好的关系，发展谈判双方的友谊，争取在到达谈判桌以前就有亲切感和信任感，为谈判创造良好的氛围。同时，还要了解对方是否熟悉己方。另外，必须了解对方各谈判人员对谈判所持的态度和意见，从而尽量分析并确定谈判的关键问题以及关键人物的意见和倾向。

5. 合同谈判方案的准备

在确立己方的谈判目的及认真分析己方和对手情况的基础上，拟定谈判提纲。同时，要根据谈判目标准备几个不同的谈判方案，还要研究和考虑其中哪个方案较好以及对方可能倾向于哪个方案。这样，当对方不易接受某一方案时，就可以改换另一种方案，通过协商就可以选择一个为双方都能够接受的最佳方案。谈判中切忌只有一个方案，因为当对方拒不接受时，谈判可能会因此陷入僵局。

6. 合同谈判会议具体事务的安排准备

这是谈判开始前必须做的准备工作，包括选择谈判的时机以及谈判议程的安排。尽可能选择有利于己方的时间和地点，同时要兼顾对方能否接受。应根据具体情况安排议程，议程安排应松紧适度。

（二）合同谈判程序

1. 一般讨论

谈判开始阶段通常都是先广泛交换意见，各方提出自己的设想方案，探讨各种可能性，经过商讨逐步将双方意见综合并统一起来，形成共同的问题和目标，为下一步的详细谈判做好准备。不要一开始就使会谈进入实质性问题的争论或逐条讨论合同条款。要先搞清双方的基本观点、态度和立场，在双方对彼此有了一定程度的相互了解之后，再逐条逐项地仔细讨论有关合同的事宜。

2. 技术谈判

在一般讨论之后，就要进入技术谈判阶段。主要对原合同中技术方面的条款进行讨论，包括工程范围、技术规范、标准、施工条件、施工方案、施工进度、质量检查、竣工验收等。

3. 商务谈判

主要对原合同中商务方面的条款进行讨论，包括工程合同价款、支付条件、支付方式、预付款、履约保证、保留金、货币风险的防范、合同价格的调整等。需要注意的是，技术条款与商务条款往往是密不可分的，因此在进行技术谈判和商务谈判时不能将两者截然分割开来。

4. 合同拟定

谈判进行到一定阶段后，在双方都已表明了观点，在原则问题上双方意见基本一致的情况下，相互之间就可以交换书面意见或合同稿了，然后以书面意见或合同稿为基础，逐条逐项地审查讨论合同条款。先审查一致性问题，后审查讨论不一致的问题。对双方不能确定、达不成一致意见的问题，再请示上级审定，下次谈判继续讨论，直至双方对新形成的合同条款一致同意并形成合同草案为止。

（三）合同谈判的策略和技巧

谈判是通过不断讨论、争执和让步来确定各方权利、义务的过程，实质上是双方各自说服对方和被对方说服的过程，它直接关系到谈判桌上各方最终利益的得失，因此必须注重谈判的策略和技巧。以下介绍几种常见的谈判的策略和技巧：

1. 掌握谈判议程，合理分配各议题的时间

工程合同谈判一般会涉及诸多需要讨论的事项，而各事项的重要程度并不相同，谈判各方对同一事项的关注程度也不一定相同。成功的谈判者善于掌握谈判的进程，在充满合作气氛的阶段商讨自己所关注的议题，从而抓住时机，达成有利于己方的协议。在气氛紧张时，则引导谈判进入双方具有共识的议题，一方面缓和气氛，另一方面缩小双方差距推进谈判进程。同时，谈判者应合理分配谈判时间，对于各议题的商讨时间应安排得当，不要过分拘泥于细节性问题，这样可以缩短谈判时间，降低交易成本。

2. 高起点战略

谈判的过程是各方妥协的过程，通过谈判，各方都或多或少地会放弃部分利益以求得项目的进展。而有经验的谈判者在谈判之初会有意识地向对方提出苛刻的谈判条件，这样会使对方过高地估计本方的谈判底线，从而在谈判中做出更多让步。

3. 注意谈判氛围

谈判各方往往存在利益冲突，不付出任何代价就想获得谈判成功是不现实的。但有经验的谈判者会在各方分歧严重、谈判气氛激烈时采取相关缓解紧张气氛的措施，从而使谈判在和谐的氛围中重新回到议题上。

4. 拖延与休会

当谈判遇到障碍、陷入僵局时，拖延与休会可以使明智的谈判者有时间冷静思考，在客观分析形势后提出替代方案。在一段时间的冷处理后，各方都可以进一步考虑整个项目的意义，进而弥合分歧，使谈判工作重新回到正轨上。

5. 避实就虚

谈判各方都有自己的优势和弱点，谈判者应在充分分析形势的情况下做出正确判断，利用正确判断，抓住对方的弱点予以攻击，迫其就范及妥协。而对己方的弱点，则要尽量注意回避。

6. 对等让步

当己方准备对某些条件做出让步时，可以要求对方在其他方面也做出相应的让步，要争取把对方的让步作为自己让步的前提和条件。同时，应分析对方做出的让步与己方做出的让步是否均衡，在未分析研究对方可能做出的让步之前轻易表示要让步是不可取的。

7. 分配谈判角色

谈判时应利用本谈判小组成员各自不同的性格特征来扮演不同的角色。有的唱红脸，积极主张本方的权益；有的唱白脸，协调双方的矛盾冲突。这样也许可以起到可以事半功倍的效果。

8. 善于抓住实质性问题

任何一项谈判都有其主要目标和主要内容。在整个项目的谈判过程中，要始终注意抓住主要的实质性问题，如工作范围、合同价格、工期、支付条件、验收及违约责任等来谈，不要为一些无关紧要的小事争论不休，而把大的问题放到了一边。要防止对方转移视线，回避主要问题；或避实就虚，在主要问题上打马虎眼，而故意在无关紧要的问题上兜圈子。

（四）谈判时应注意的问题

1. 谈判态度

谈判时必须注意礼貌，态度要友好、平易近人。当对方提出相反意见或不愿接受自己的意见时，要有耐心，不能急躁，绝对不能采用无理的或侮辱性的语言刺激对方。

2. 内部意见要统一

内部有不同意见时不要在对手面前暴露出来，应在内部讨论解决。大的、原则性的问题不能统一时，可请示领导审批。在谈判中，一切让步和决定都必须由组长做出，其他人不能擅自表态。而组长对对方提出的各种要求，不应急于表态，特别是不要轻易承诺承担违约责任，而应在和大家讨论后再做出决定。

3. 注重实际

在双方初步接触、交换基本意见后，就应当对谈判目标和意图尽可能多地商讨具体的办法和意见，切不可说大话、空话和不现实的话，以免谈判进行不下去。

4. 注意行为举止

在谈判中必须明白自己的行为举止代表着己方单位的形象。因此，在谈判过程中必须注意自己的言行举止，严禁做出一切不文明的举动。

（五）工程合同的签订

经过合同谈判，双方对新形成的合同条款意见达成一致并形成合同草案后，即进入合同签订阶段。这是确立发承包双方权利义务关系的最后一步工作。一份符合法律规定的合同一经签订，即对合同当事人双方产生法律约束力。因此，无论发包人还是承包人，应当抓住最后的机会，再仔细审查、分析一下合同草案，检查其合法性、完备性和公正性，以最大限度地维护自己的合法权益。

第二节 建设工程合同履约管理

合同的正确签订，只是履行合同的基础，合同的最终实现还需要当事人双方严格按照合同约定，认真全面地履行各自的合同义务。工程合同一经签订，即对合同双方产生约束力，任何一方违反合同规定，不履行合同义务或履行合同义务不符合合同约定而给对方造成损失时，都应当承担赔偿责任。由于建设工程合同具有价值高、履行周期长的特点，合同能否顺利履行将直接对当事人的经济效益乃至社会效益产生巨大影响，因此在合同订立后，当事人必须认真分析合同条款，做好合同交底和合同控制工作，加强合同的变更管理，以保证合同能够顺利履行。

一、工程合同履行的含义

工程合同的履行是指工程建设项目的发包人和承包人根据合同规定的时间、地点、方式内容及标准等要求，各自完成合同义务的行为。根据当事人履行合同义务的程度，合同履行可分为全部履行、部分履行和不履行。对于发包人来说，履行工程合同最主要的义务是按约定支付合同价款，而承包人最主要的义务是按约定交付工作成果。但是，当事人双方的义务都不是单一的最后交付行为，而是一系列义务的总和。例如，对工程设计合同来说，发包人不仅要按约定支付设计报酬，还要及时提供设计所需要的地质勘探等工程资料，并根据约定给设计人员提供必要的工作条件等；而承包人除了按约定提供设计资料外，还要参加图纸会审、地基验槽等工作。对施工合同来说，发包人不仅要按时支付工程备料款、进度款，还要按约定按时提供现场施工条件，及时参加隐蔽工程验收等；而承包人义务的多样性则表现为工程质量必须达到合同约定标准，施工进度不能超过合同工期等。总之，工程合同的履行，其内容之丰富，经历时间之长，是其他合同无法比拟的。因此，对工程合同的履行尤应强调贯彻合同的实际履行原则。

二、工程项目合同分析

（一）合同分析的基本要求

1. 合同分析概念

合同分析是指从执行的角度分析、补充和解释合同，将合同目标和合同规定落实到合同实施的具体问题上和具体事件上,用以指导具体工作,使合同能符合日常工程管理的需要。合同签订后,合同当事人的主要任务是按合同约定圆满地实现合同目标,完成合同责任。而整个合同责任的完成是靠在一段段时间内完成一项项工程和一个个工程活动实现的。因此,对承包人来说,必须将合同目标和责任贯彻落实在合同实施的具体问题上,以及各工程小组和各分包人的具体工程活动中。承包人的各职能人员和各工程小组都必须熟练地掌握合同,用合同指导工程实施和工作,以合同作为行为准则。

从项目管理的角度来看,合同分析就是为合同控制确定依据。合同分析确定合同控制的目标,并结合项目进度控制、质量控制、成本控制的计划,为合同控制提供相应的合同工作、合同对策、合同措施。从此意义上讲,合同分析是承包人项目管理的起点。

合同履行阶段的合同分析不同于合同谈判阶段的合同审查与分析。合同谈判时的合同分析,主要是对尚未生效的合同草案的合法性、完备性和公正性进行审查,其目的是针对审查发现的问题,争取通过合同谈判改变合同草案中于己不利的条款,以维护己方的合法权益。而合同履行阶段的合同分析主要是对已经生效的合同进行分析,其目的主要是明确合同目标,并进行合同结构分解,将合同落实到合同实施的具体问题上和具体事件上,用以指导具体工作,保证合同能够顺利履行。

2. 合同分析作用

(1) 分析合同漏洞,解释争议内容

工程的合同状态是静止的,而工程施工的实际情况却是千变万化的,一份再标准和完备的合同也不可能将所有问题都考虑在内,难免会有漏洞。同时,许多工程的合同是由发包人自行起草的,条款简单,诸多合同条款均未详细、合理地加以约定。在这种情况下,通过分析这些合同漏洞,并将分析的结果作为合同的履行依据就非常必要了。由于合同中出现错误矛盾和歧义性解释,以及施工中出现合同未做出明确约定的情况,在合同实施过程中双方会有许多争议。要解决这些争议,首先必须做合同分析。按合同条文的表达,分析它的意思,以判定争议的性质。要解决争议,双方必须就合同条款的理解达成一致。特别是在索赔中,合同分析为索赔提供了理由和根据。

(2) 分析合同风险,制定风险对策

工程承包是高风险行业,存在诸多风险因素,这些风险有的可能在合同签订阶段已经经过合理分摊,但仍有相当的风险并未落实或分摊不合理。因此,在合同实施前有必要做进一步的全面分析,以落实风险责任。对己方应承担的风险也有必要通过风险分析和评价来制定和落实风险范措施。

(3) 分解合同工作并落实合同责任

合同事件和工程活动的具体要求(如工期质量、技术、费用等)、合同双方的责任关系、事件和活动之间的逻辑关系极为复杂,要使工程按计划、有条理地进行,必须在工程开始前将它们落实下来,从工期、质量、成本三者之间的相互关系等各方面定义合同事件和工程活动,这就需要通过合同分析分解合同工作并落实合同责任。

(4) 进行合同交底,简化合同管理工作

在实际工作中,由于许多工程小组、项目管理职能人员所涉及的活动和问题并不涵盖整个合同文件,而仅涉及一小部分合同内容,因此他们没有必要花费大量的时间和精力全面把握合同,他们只需要掌握自己所涉及的部分合同内容。因此,由合同管理人员先做全面的合同分析，再向各职能人员和工程小组进行合同交底，就不失为较好的方法。从另一方面讲，由于合同条文往往不直观明了，一些法律语言不容易理解，遇到具体问题即使查阅合同也不是所有查阅人都能够准确全面地把握合同。只有由合同管理人员通过合同分析将合同约定用最简单易懂的语言和形式表达出来，使大家了解自己的合同责任，才能使日常合同管理工作简单、方便。

3. 合同分析要求

（1）准确客观

合同分析的结果应准确、全面地反映合同内容。如果不能透彻、准确地分析合同，就不可能有效、全面地执行合同，从而导致合同实施过程中产生失误。事实证明，许多工程失误和合同争议都起源于不能准确地理解合同。对合同工作的分析，划分双方合同责任和权益，都必须实事求是，根据合同约定和法律规定客观地按照合同目的和精神来进行，而不能以当事人的主观愿望来解释合同，否则必然导致合同争议。

（2）简明清晰

合同分析的结果应当采用使不同层次的管理人员和工作人员都能够接受的表达方式，还应使用简单易懂的工程语言，如图、表等形式，为不同层次的管理人员提供不同要求、不同内容的合同分析资料。

（3）协调一致

合同双方及双方的所有人员对合同的理解应一致。合同分析实质上是双方对合同的详细解释，由于在合同分析时要落实各方面的责任，很容易引起争议。因此，双方在合同分析时应尽可能协调一致，分析的结果应能为对方认可并可以减少合同争议。

（4）全面完整

合同分析应全面，即对全部的合同文件都要进行解释。对合同中的每句话甚至每个词都要认真推敲、细心琢磨、全面落实。合同分析不能只观大略而不顾细节，合同分析从来都是一项非常细致的工作。在实际工作中，常常一个词语甚至一个标点符号都能关系到争议的性质，关系到一项索赔的成败，关系到工程的盈亏。同时，应当从整体上分析合同，不能断章取义，特别是当不同文件、不同合同条款之间规定不一致或有矛盾时，更应当全面整体地理解合同。

（二）合同分析内容

合同分析应当在前述合同谈判前进行审查分析的基础上进行。按其性质、对象和内容，合同分析可分为合同总体分析与合同结构分解、工程合同文件的解释顺序、合同的工作分析及合同交底。

1. 合同总体分析与结构分解

（1）合同总体分析

合同总体分析的主要对象是合同协议书和合同条件。通过合同总体分析，应将合同条款和合同规定落实到一些带全局性的具体问题上。对工程施工合同来说，承包人合同总体分析的重点包括承包人的主要合同义务和权利，工程范围，发包人的主要义务和权利，合同价格，计价方法和价格补偿条件，工期要求和顺延条件，合同双方的违约责任，合同变更方式及程序，工程验收方法，索赔规定及合同解除的条件和程序，争执的解决等。在分析中，应对合同执行中的风险及应注意的问题做出特别的说明和提示。合同总体分析的结果是工程施工总的指导性文件，应将它以最简单的形式和最简洁的语言表达出来，以便进行合同的结构分解和合同交底。

（2）合同结构分解

合同结构分解是指按照系统规则和要求，将合同对象分解成互相独立、互相影响、互相联系的单元。合同的结构分解应与项目的合同目标相一致。根据合同结构分解的一般规律和施工合同条件自身的特点，施工合同结构分解应遵守如下规则：

1）保证施工合同条件的系统性和完整性。施工合同结构分解结果应包含所有的合同要素，这样才能保证应用这些分解结果时能够等同于应用施工合同条件。

2）保证各分解单元间界限清晰、意义完整以及内容大体上相当，这样才能保证应用分解结果明确有序且各部分工作量相当。

3）易于理解和接受，便于应用。要充分尊重人们已经形成的概念和习惯，只有在根本违背合同原则的情况下才做出更改。

4）便于按照项目的组织分工落实合同工作和合同责任。

2. 工程合同文件的解释顺序

（1）合同文件优先解释顺序

《建设工程施工合同示范文本》（GF—2017—0201）中规定的解释顺序为：

1）施工合同协议书。

2）中标通知书。

3）投标书及其附录。

4）施工合同专用条件。

5）施工合同通用条件。

6）标准、规范和其他有关的技术文件。

7）施工图。

8）工程量清单。

9）工程报价单或预算书。

将双方有关工程的洽商、变更等书面协议或文件视为协议书的组成部分。

（2）第一语言规则

当合同文本是采用两种以上的语言进行书写时，为了防止因翻译问题造成两种语言所表达出来的含义出现偏差而产生争议，一定要在合同订立时预先约定何种语言为第一语言。这样，如果在工程实施时两种语言的含义出现分歧，则以第一语言所表达出来的真实意思为准。

（3）其他规则

1）具体、详细的规定优先于一般、笼统的规定，详细条款优先于总论。

2）合同的专用条件、特殊条件优先于通用条件。

3）文字说明优先于图示说明，工程说明、规范优先于施工图。

4）数字的文字表达优先于阿拉伯数字表达。

5）手写文件优先于打印文件，打印文件优先于印刷文件。

6）对于总价合同，总价优先于单价；对于单价合同，单价优先于总价。

7）合同中的各种变更文件，如补充协议、备忘录、修正案等，时间最近的为优先。

例如，某承包人对某办公楼装饰工程施工递交了投标书，招标文件规定合同采用的是单价合同。其投标报价为800万元，其中营业大厅的正确报价为100万元。在投标书中，以阿拉伯数字表示的应是1000000元，但由于疏忽，该承包人将价格的文字表达误写成一千元。结果，发包人根据价格的文字表达优先于阿拉伯数字表达，单价合同中单价优先于总价的解释惯例，按照最低报价原则将装饰工程以701万元的标价向承包人授标。而该承包人拒绝承包该工程，因此，发包人没收了其16万元的投标保证金。当然，此时承包人可以运用诚实信用原则与发包人进行谈判，争取将合同价格定为800万元。但是，承包人必须承担因自身过错而造成的损失。

3. 合同工作分析及合同交底

（1）合同工作分析

1）合同执行计划。合同工作分析是在合同总体分析和进行合同结构分解的基础上，依据合同协议书、合同条件、规范、施工图、工作量表等，确定各项目管理人员及各工程小组的合同工作，以及划分各责任人的合同责任。合同工作分析涉及承包人签约后的所有活动，其结果实质上是承包人的合同执行计划，它包括：

① 工程项目的结构分解，即工程活动的分解和工程活动逻辑关系的安排。

② 技术会审工作。

③ 工程实施方案、总体计划和施工组织计划。在投标书中已包括这些内容，但在施工前应进一步细化，做详细的安排。

④ 工程详细的成本计划。

⑤ 合同工作分析，不仅针对承包合同，而且包括与承包合同同级的各个合同的协调，同时还包括各个分合同的工作安排和各分合同之间的协调。根据合同工作分析，落实各分包商、项目管理人员及各工程小组的合同责任。对分包商，主要通过分包合同确定双方的责、权、利关系，以保证分包商能及时按质、按量地完成合同责任。如果出现分包商违约或完不成合同，可对其进行合同处罚和索赔。对承包人的工程小组可以通过内部的经济责任制来来完成，即落实工期、质量、消耗等目标后，将其完成情况与工程小组的经济利益挂钩，建立一套经济奖罚制度，以保证目标的实现。

2）合同事件表。合同工作分析的结果是合同事件表。合同事件表反映了合同工作分析的一般方法，是工程施工中最重要的文件之一，从各个方面定义了合同事件。合同事件表实质上是承包人详细的合同执行计划，有利于项目组在工程施工中落实责任，安排工作，进行合同监督跟踪、分析和处理索赔事项。合同事件表包括以下内容：

① 事件编码。这是为了计算机数据处理的需要。计算机对事件的各种数据处理都靠编码识别，所以编码要能反映事件的各种特性，如所属的项目单项工程、单位工程、专业性质、空间位置等。通常，编码应与进度网络计划中的事件（或活动）的编码相一致。

② 事件名称和简要说明。对一个确定的承包合同，承包人的工程范围、合同责任是确定的，相关的合同事件和工程活动也是确定的。在一个工程中，这样确定的合同事件通常可能有几百甚至几千件。为了进行有效的合同管理和合同控制，需要对确定的合同事件予以明确的定义和简要的说明。

③ 变更次数和最近一次的变更日期。主要是截至当前合同事件所累计发生的工程变更次数，以及最近一次合同事件发生变更的具体日期。

④ 事件的内容说明。主要为该事件的合同目标，如某一分项工程的数量、质量、技术要求以及其他方面的要求，这由工程量清单、工程说明、施工图、规范等定义，是承包人应完成

的任务。

⑤ 前提条件。主要是指该事件进行前应有哪些准备工作和应具备什么样的条件。这些条件有的应由事件的责任人承担，有的应由其他工程小组、其他承包人或发包人承担。这里不仅确定了事件之间的逻辑关系，而且确定了各参加者之间的责任界限。

⑥ 本事件的主要活动。即完成该事件的一些主要活动和它们的实施方法、技术与组织措施，这完全是从施工过程的角度进行分析的，这些活动组成该事件的子网络。例如，设备安装可包括如下活动：现场准备，施工设备进场、安装，基础找平、定位，设备就位，吊装，固定，施工设备拆卸，出场等。

⑦ 责任人（或负责人）。即负责该事件实施的工程小组负责人或分包商。

⑧ 成本（或费用）。这里包括计划成本和实际成本，有如下两种情况：若该事件由分包商承担，则计划费用为分包合同价格。如果在总包和分包之间有索赔，则应修改这个值，而相应的实际费用为最终实际结算账单金额总和；若该事件由承包人的工程小组承担，则计划成本可由成本计划得到，一般为直接成本，而实际成本为会计核算的结果，在事件完成后填写。

⑨ 计划和实际的工期。计划工期由网络分析得到。这里有计划开始期、结束期和持续时间。实际工期按实际情况，在该事件结束后填写。

⑩ 其他参加者。即对该事件的实施提供帮助的其他人员。

(2) 合同交底

合同交底指合同管理人员在对合同的主要内容做出解释和说明的基础上，通过组织项目管理人员和各工程小组负责人学习合同条文和合同总体分析结果，使大家熟悉合同中的主要内容、各种规定和管理程序，了解承包人的合同责任和工程范围、各种行为的法律后果等，使各级人员都能树立全局观念，工作协调一致，同时避免发生合同履行过程中的违约行为。

在我国传统的施工项目管理模式中，人们十分注重"图纸交底工作"，却忽视"合同交底"工作，所以项目组和各工程小组对项目的合同体系、合同基本内容不甚了解。我国的工程管理者和技术人员有十分牢固的按图施工的观念，这本身无可厚非，但在现代市场经济中必须转变到"按合同施工"上来，特别是在工程使用非标准合同文本或本项目组不熟悉的合同文本时，"合同交底"工作就显得更为重要。

合同交底应分解落实如下合同和合同分析文件：合同事件表、分包合同、施工图、设备安装图、详细的施工说明等。最重要的是以下几个方面的内容：

1) 工程的质量、技术要求和实施中的注意点。
2) 工期要求。
3) 消耗标准。
4) 合同事件之间的逻辑关系。
5) 各工程小组（分包商）责任界限的划分。
6) 完不成责任的影响和法律后果等。

合同管理人员应在合同的总体分析、合同结构分解和合同工作分析的基础上按施工管理程序，在工程开工前逐级进行合同交底，使得每一个项目参加者都能够清楚地掌握自身的合同责任，以及自己所涉及的应当由对方承担的合同责任，以保证在履行合同义务过程中自己不违约。同时，如发现对方违约，应及时向合同管理人员汇报，以便及时要求对方履行合同义务及进行索赔。在交底的同时,应将各种合同事件的责任分解落实到各分包商或工程小组,直至每一个项目参加者,以经济责任制的形式规范各自的合同行为,从而保证合同目标能够实现。

三、工程项目合同控制

(一) 合同控制方法

1. 合同控制的概念

要达到目标就必须对其实施有效的控制,控制是项目管理的重要职能之一。所谓控制,就是行为主体为保证在变化的条件下实现其目标,按照预先制订的计划和标准,通过各种方法,对被控制对象实施中发生的各种实际值与计划值进行检查、对比、分析和纠正,以保证工程实施按预定的计划进行,顺利实现预定目标。

合同控制指承包人的合同管理组织为保证合同所约定的各项义务的全面完成及各项权力的实现,以合同分析的成果为基准,对整个合同实施过程进行全面监督检查、对比和纠正的管理活动。

它包括以下几个方面:

(1) 工程实施监督

工程实施监督是工程管理的日常事务性工作,首先应表现在对工程活动的监督上,即保证按照预先确定的各种计划、设计、施工方案等实施工程工程,实施状况反映在原始的工程资料(数据)上,如质量检查报告、分项工程进度报告、记工单、用料单、成本核算凭证等。

(2) 跟踪

将收集到的工程资料和实际数据进行整理,得到能够反映工程实施状况的各种信息,如各种质量报告、各种实际进度报表、各种成本和费用收支报表以及它们的分析报告。将这些信息与工程目标(如合同文件、合同分析文件、计划、设计等)进行对比分析,就可以发现两者的差异,差异的大小即为工程实施偏离目标的程度。如果没有差异或差异较小,就可以按原计划继续实施工程。

(3) 诊断

分析差异的原因并采取调整措施。差异表示工程实施偏离目标的程度,必须详细分析差异产生的原因和它的影响,并对症下药,采取措施进行调整,否则这种差异会逐渐积累,最终导致工程实施远离目标,甚至可能导致整个工程失败。所以,在工程实施过程中要不断进行调整,使工程实施一直围绕合同目标进行。

2. 合同控制与其他项目控制

工程施工合同定义了承包人项目管理的主要目标,如进度目标、质量目标、成本目标、安全目标等,这些目标必须通过具体的工程活动实现。由于在工程施工中各种干扰的作用,常常使工程实施过程偏离总目标。整个项目实施控制就是为了保证工程实施按预定的计划进行,顺利地实现预定的目标。一般而言,工程项目实施控制包括成本控制、质量控制、进度控制和合同控制。其中,合同控制是核心,它与项目其他控制的关系为:

(1) 成本控制、质量控制、进度控制由合同控制协调一致

成本、质量和工期是由合同定义的三大目标,承包人最根本的合同责任是达到这三大目标,所以合同控制是其他控制的保证。通过合同控制可以使质量控制、进度控制和成本控制协调一致,形成一个有序的项目管理过程。

(2) 合同控制的范围较成本控制、质量控制、进度控制广得多

承包人除了必须按合同规定的质量要求和进度计划完成工程的设计、施工和进行保修外，还必须对实施方案的安全、稳定负责，对工程现场的安全清洁和工程保护负责，遵守法律，执行监理工程师的指令，对自己的工作人员和分包商承担责任，按合同规定及时提供履约担保、购买保险等。同时，承包人有权获得合同规定的必要的工作条件，如场地、道路、施工图、指令，要求监理工程师公平、正确地解释合同，有及时、如数地获得工程付款的权利，有决定工程实施方案并选择更为科学合理的实施方案的权利，有对发包人和监理工程师违约行为的索赔权利等。这一切都必须通过合同控制来实施和保障。承包人的合同控制不仅包括与发包人之间的工程总承包合同，还包括与总承包合同相关的其他合同，如分包合同、供应合同、运输合同、租赁合同、担保合同等，以及总承包合同与各分包合同之间以及各分包合同相互之间的协调控制。

(3) 合同控制较成本控制、质量控制、进度控制更具动态性

这种动态性表现在两个方面：一方面，合同实施受到外界干扰常常偏离目标，要不断地进行调整；另一方面，合同目标本身不断改变，如在工程过程中不断出现合同变更，使工程的质量、工期、合同价格发生变化，导致合同双方的责任和权益发生变化。这样，合同控制就必须是动态的，合同实施就必须随变化了的情况和目标不断调整。

3. 合同控制的方法

合同控制方法适用一般的项目控制方法。项目控制方法可分为多种类型：按项目的发展过程分类，可分为事前控制、事中控制、事后控制；按照控制信息的来源分类，可分为前馈控制、反馈控制；按是否形成闭合回路分类，可分为开环控制、闭环控制。归纳起来，可分为两大类，即主动控制和被动控制。

(1) 被动控制

被动控制是控制者从计划的实际输出中发现偏差，对偏差采取措施以及时纠正的控制方式。因此要求管理人员对计划的实施进行跟踪，将其输出的工程信息进行加工、整理，再传递给控制部门，使控制人员从中发现问题、找出偏差，寻求并确定解决问题和纠正偏差的方法。被动控制实际上是在项目实施过程中、事后检查过程中发现问题并及时处理的一种控制方法。

被动控制的措施如下：

1）应用现代化方法手段跟踪、测试、检查项目实施过程的数据，发现异常情况及时采取措施。

2）建立项目实施过程中人员控制组织，明确控制责任，检查发现情况并及时处理。

3）建立有效的信息反馈系统，及时将偏离计划目标值进行反馈，以使其及时采取措施。

(2) 主动控制

主动控制就是预先分析目标偏离的可能性，并拟订和采取各项预防性措施，以保证计划目标得以实现。主动控制是一种对未来的控制，它可以最大可能地改变即将成为事实的被动局面，从而使控制更加有效。当它根据已掌握的可靠信息，分析预测得出系统将要输出偏离计划的目标时，就制定纠正措施并向系统输入，以使系统因此而不发生目标的偏离。它是在事情发生之前就采取了措施的控制。主动控制措施一般如下：

1）详细调查并分析外部环境条件，以确定那些影响目标实现和计划运行的各种有利和不利因素，并将它们考虑到计划和其他管理职能当中。

2）识别风险，努力将各种影响目标实现和计划执行的潜在因素标示出来，为风险分析和管理提供依据，并在计划实施过程中做好风险管理工作。

3）用科学的方法制订计划，做好计划可行性分析，消除那些造成资源不可行、技术不可行、经济不可行和财务不可行的各种错误和缺陷，保障工程的实施能够有足够的时间、空间、人力、物力和财力，并在此基础上力求计划优化。

4）高质量地做好组织工作，使组织与目标和计划高度一致，把目标控制的任务与管理职能落实到适当的机构和人员，做到职权与职责明确，使全体成员能够通力协作，为共同实现目标而努力。

5）制订必要的应急备用方案，以对付可能出现的影响目标或计划实现的情况。若发生这些情况，则有应急措施做保障，从而减少偏离量或避免发生偏离。

6）计划应留有余地，这样可避免那些经常发生而又不可避免的干扰对计划的不断影响，减少"例外"情况产生的数量，使管理人员处于主动地位。

7）沟通信息流通渠道，加强信息收集、整理和研究工作，为预测工程未来发展提供全面、及时、可靠的信息。

被动控制与主动控制对承包人进行项目管理而言缺一不可，它们都是实现项目目标所必须采用的控制方式。有效的控制是将被动控制和主动控制紧密地结合起来，力求加大主动控制在控制过程中的比例，同时进行定期连续的被动控制。只有如此，才能完成项目标控制的根本任务。

（二）合同控制的日常工作

1. 参与落实计划

合同管理人员与项目的其他职能人员一起落实合同实施计划，为各工程小组、分包商的工作提供必要的保证，如施工现场的安排，人工、材料、机械等计划的落实，工序间搭接关系的安排，以及其他一些必要的准备工作。

2. 协调各方关系

在合同范围内协调发包人、监理工程师、项目管理各职能人员、各工程小组及各分包商之间的工作关系，解决相互之间出现的问题，如合同责任界面之间的争执，工程活动之时间上和空间上的不协调等。合同责任界面争执是工程实施中很常见的。承包人与发包人、与材料和设备供应商，与分包商，以及承包人的各分包商之间、工程小组与分包商之间常常互相推卸一些合同中或合同事件表中未明确划定的工程活动的责任，这就会引起内部和外部的争执。对此，合同管理人员必须做好判定和调解工作。

3. 指导合同工作

合同管理人员对各工程小组和分包商进行工作指导，做经常性的合同解释，使各工程小组都有全局观念，同时对工程中发现的问题提出意见、建议或警告。合同管理人员在工程实施过程中起着及时发现合同漏洞的作用，但他不是寻求与发包人、监理工程师、各工程小组、分包商之间的对立，他的目标不仅仅是索赔和反索赔，而且还要将各方在合同关系上联系起来，防止漏洞和弥补损失，更完善地促进合同的履行。例如，促使监理工程师放弃不适当、不合理的要求（指令），避免对工程的干扰、工期的延长和费用的增加；协助监理工程师工作，弥补监理工程师工作的遗漏，如及时提出对图纸指令、场地等的申请，尽可能地提前通知监理工程师，让监理工程师有所准备，使工程更为顺利。

4. 参与其他项目控制工作

合同管理人员每天检查、监督各工程小组和分包商的合同实施情况，对照合同要求的数量、质量、技术标准和工程进度，发现问题并及时采取对策措施；对已完工程做最后的检查核对，对未完成的或有缺陷的工程责令其在一定的期限内采取补救措施，防止影响整个工期。按合同要求，会同发包人及监理工程师等对工程所用材料和设备进行开箱检查或验收，看是否符合质量、施工图和技术规范等的要求，进行隐蔽工程和已完工程的检查验收，负责验收的组织工作和验收文件的起草，参与工程结算，会同造价工程师对向发包方提出的工程款账单和分包商提交的收款账单进行审查和确认。

5. 负责合同实施情况的追踪、偏差分析及处理

合同管理人员应采用相关的项目控制方法对工程项目在质量、进度和成本等方面进行定期的跟踪，搜集相关信息和数据进行整理分析，形成实际的项目进展数据。然后与项目的计划进行对比，如有偏差，分析偏差产生的原因以及对项目计划产生的影响，并在此基础上拟定相关的解决方案与措施。

6. 负责工程变更管理

合同管理人员对于发包人或监理工程师提出的工程变更应进行有效的管理，主要是分析工程变更可能对工程项目在质量、工期和成本等方面造成的影响，及时对项目目标进行调整，并按调整后的项目目标进行合同管理。

7. 负责工程索赔管理

合同管理人员应对工程项目进行中非承包人原因引起的工程项目在工期和费用上的损失，及时向发包人或监理工程师提出索赔。工程索赔管理是一项复杂且难以处理的合同管理工作，承包人的合同管理人员对于此项工作应予以高度重视。

8. 负责工程文档管理

对向分包商发出的任何指令，向发包人发出的任何文字答复、请示，发包人发出的任何指令，都必须经合同管理人员审查和记录在案。

9. 参与争议处理

承包人与发包人、与分包商的任何争议的协商和解决都必须有合同管理人员的参与。合同管理人员应对争议的解决方法进行合同和法律方面的审查、分析及评价，这样不仅能保证工程施工一直处于严格的合同控制中，还能使承包人的各项工作更有预见性，更能及早地预测合同行为的法律后果。

（三）合同跟踪

在工程实施过程中，实际情况发生变化会导致合同实施与预定目标（计划和设计）发生偏离，如果不及时采取措施，这种偏差就会累积变大而最终难以得到有效解决。这就需要对合同实施情况进行跟踪，以便及时发现偏差，不断调整合同实施，使之与总目标一致。

1. 合同跟踪的依据

合同跟踪时，判断实际情况与计划情况是否存在差异的依据主要有：合同和合同分析的结果，如各种计划、方案、合同变更文件等，它们是比较的基础，是合同实施的目标和方向；各种实际的工程文件，如原始记录、各种工程报表、报告、验收结果等；工程管理人员每天对现场情况的直观了解，如对施工现场的巡视、与各种人谈话、召集小组会议、检查工程质量、审查通过报表报告等。

2. 合同跟踪的对象

合同实施情况追踪的对象主要有如下几个方面：

（1）具体的合同事件

对照合同事件表的具体内容，分析该事件的实际完成情况。以设备安装事件为例分析如下：

1）安装质量。如标高、位置、安装精度、材料质量是否符合合同要求，安装过程中设备有无损坏。

2）工程数量。如是否全都安装完毕，有无合同规定以外的设备安装，有无其他的附加工程。

3）工期。如是否在预定期限内施工，工期有无延长，延长的原因是什么等。该工程工期变化的原因可能是：发包人未及时交付施工图，生产设备未及时运到工地，土建工程施工拖延，发包人指令增加附加工程，发包人提供了错误的安装图而造成工程返工，监理工程师指令暂停施工等。

4）成本的增减。该项设备安装工程是否发生了成本上的变化及造成这种变化的原因。

将上述内容在合同事件表上加以注明，这样可以检查每个合同事件的执行情况。对一些有异常情况的特殊事件，即实际和计划存在大的偏离的事件，可以列特殊事件分析表做进一步的处理。

（2）工程小组或分包商的工程和工作

一个工程小组或分包商可能承担许多专业相同、工艺相近的分项工程或许多合同事件，所以必须对它们实施的总情况进行检查分析。在实际工程中，常常会因为某一工程小组或分包商的工作质量不高或进度拖延而影响整个工程施工。合同管理人员在这方面应向他们提供帮助，如协调他们之间的工作，对工程缺陷提出意见、建议或警告，责成他们在一定时间内提高质量、加快工程进度等。作为分包合同的发包人，总承包人必须对分包合同的实施进行有效的控制。这是总承包人合同管理的重要任务之一。分包合同控制的目的如下：

1）控制分包商的工作，严格监督他们按分包合同完成工程责任。分包合同是总承包合同的一部分，如果分包商完不成自己的合同责任，那么总承包商就不能顺利完成总包合同责任。

2）为向分包商索赔和对分包商反索赔做准备。总包和分包之间的利益是不一致的，双方之间常常有尖锐的利益争执。在合同实施中，双方都在进行合同管理，都在寻求向对方索赔的机会，所以双方都有索赔和反索赔的任务。

3）对分包商的工程和工作，总承包人负有协调和管理的责任，如有失误，就要承担由此造成的损失，所以分包商的工程和工作必须纳入总承包工程的计划和控制中。

（3）发包人和监理工程师的工作

发包人和监理工程师是承包人的主要工作伙伴，对他们的工作进行监督和跟踪十分重要。

1）发包人和监理工程师必须正确、及时地履行合同责任，及时提供各种工程实施条件，如及时发布施工图、提供场地、及时下达指令、做出答复、及时支付工程款等。

2）在工程中，承包人应积极主动地做好工作，如提前催要施工图、材料，对工作事先通知。这样不仅可以让发包人和监理工程师有时间准备，以建立良好的合作关系，保证工程顺利实施，还可以尽到自己的责任。

3）有问题及时与监理工程师沟通，多向监理工程师汇报情况，及时听取其指示（书面的)。

  4) 及时收集各种工程资料,将各种活动和双方的交流做好记录。
  5) 对有恶意的发包人提前防范并及时采取措施。
 (4) 工程总的实施状况
  工程整体施工状况如果出现以下情况,合同实施必定存在问题:
  1) 现场混乱拥挤不堪,承包人与发包人的其他承包人、供应商之间协调困难,合同事件之间和工程小组之间协调困难,出现事先未考虑到的情况和局面,发生较严重的工程事故等。
  2) 已完工程没有通过验收,出现大的工程质量事故,即工程试运行不成功或达不到预定的生产能力等。
  3) 施工进度未能达到预定计划,主要的工程活动出现拖期,在工程周报和月报上计划的进度和实际进度出现较大的偏差。
  4) 计划和实际的成本曲线出现大的偏离。在工程项目管理中,工程累计成本曲线对合同实施的跟踪分析起着很大的作用。计划成本累计曲线通常在网络分析、各事件计划成本确定后得到,在国外又被称为工程项目的成本模型。而实际成本曲线由实际施工进度安排和实际成本累计而得,两者对比,可以分析出实际和计划的差异。通过合同实施情况的追踪、收集和整理,能够得到反映工程实际情况的各种工程资料和实际数据,如各种质量报告、各种实际进度报表、各种成本和费用收支报表及其分析报告等。将这些信息与工程目标,如合同文件、合同分析的资料、各种计划,设计等进行对比分析,可以发现两者的差异。根据差异的大小,确定工程实施偏离目标的程度。如果没有差异或差异较小,则可以按原计划继续实施工程。

 (四) 合同实施情况偏差分析

  合同实施情况偏差表明工程实施偏离了工程目标,应加以分析调整,否则这种差异会逐渐积累、越来越大,最终导致工程实施远离目标,使承包人甚至合同双方受到很大的损失,严重的甚至可能导致工程失败。合同实施情况偏差分析,是指在合同实施情况追踪的基础上,评价合同实施情况及其偏差,预测偏差的影响及发展的趋势,并分析偏差产生的原因,以便对该偏差采取调整措施。合同实施情况偏差分析的内容包括:

 (1) 合同执行差异的原因分析

  通过对不同监督跟踪对象计划和实际的对比分析,不仅可以得到合同执行的差异,而且可以分析引起这个差异的原因。原因分析可以采用鱼刺图、因果关系分析图(表)、成本量差、价差、效率差分析等方法定性或定量地进行。例如,通过计划成本累计曲线和实际成本累计曲线的对比分析,不仅可以得到总成本的偏差值,而且可以进一步分析差异产生的原因。引起上述计划成本累计曲线和实际成本累计曲线偏离的原因可能有:整个工程加速或延缓;工程施工次序被打乱;工程费用支出增加,如材料费、人工费上升;增加新的附加工程,导致工程量增加;工作效率低下,资源消耗增加等。

  上述每一类偏差原因还可进一步细分,如引起工作效率低下可以分为内部干扰和外部干扰。内部干扰如施工组织不周,夜间加班或人员调遣频繁;机械效率低,操作人员不熟悉新技术,违反操作规程,缺少培训;经济责任没有落实,工人劳动积极性不高等。外部干扰如施工图出错,设计修改频繁,气候条件差,场地狭窄,现场混乱,施工条件(如水、电、道路等)受到影响等。在上述基础上,还应分析出各个原因对偏差影响的权重。

（2）合同差异责任分析

应分析上述每一个偏差原因由谁引起，该由谁承担责任，这常常也是索赔的责任分析。必须以合同为依据，按合同规定落实双方的责任。一般只要原因分析有根有据，责任分析就自然清楚。

（3）合同实施趋向预测

分别考虑不采取调控措施和采取调控措施以及采取不同的调控措施的情况下，合同的最终执行结果：

1）最终的工程状况，包括总工期、总成本、质量标准、所能达到的生产能力（或功能要求）等。

2）承包人将承担什么样的后果，是否会被罚款，被清算，甚至被起诉；这对承包人企业形象、经营战略将带来什么影响等。

3）最终工程经济效益（利润）水平。

（五）合同实施情况偏差处理

根据合同实施情况偏差分析的结果，承包人应采取相应的调整措施。调整措施可分为：

1）组织措施。如增加人员投入，重新进行计划或调整计划，派遣得力的管理人员。

2）技术措施。如变更技术方案，采用新的更高效率的施工方案。

3）经济措施。如增加投入、对工作人员进行经济激励等。

4）合同措施。如进行合同变更，签订新的附加协议、备忘录，或通过索赔解决费用超支问题等。

以上四种措施当中，合同措施是承包人的首选措施，该措施主要由承包人的合同管理机构来实施。承包人采取合同措施时通常应考虑以下问题：①如何保护和充分行使自己的合同权力，例如通过索赔以降低自己的损失。②如何利用合同使对方的要求降到最低，即如何找出发包人的责任，充分限制对方的合同权力。

如果通过合同诊断，承包人已经发现发包人有恶意、不支付工程款，或已经发现合同亏损，而且估计亏损会越来越大，则要及早确定合同执行战略。如及早解除合同，降低损失；争取道义索赔，取得部分补偿；采用以守为攻的办法拖延工程进度，消极息工。因为在这种情况下，承包人投入的资金越多，工程完成得越多，承包人就越被动，损失也会越大。

第三节 建设工程合同变更管理

一、概述

1. 工程变更的概念及性质

合同变更是指合同成立以后、履行完毕以前，由双方当事人依法对原合同的内容所进行的修改。工程变更一般是指在工程施工过程中，根据合同的约定对施工的程序、工程的数量、质量要求及标准等做出的变更。工程变更是一种特殊的合同变更。但不可忽视工程变更和一般合同变更存在的差异。一般合同变更的协商发生在合同的履行过程中，即在合同履行过程中只要合同双方协商一致就可以对合同内容进行变更。而工程变更则较为特殊：双方在合同中已经授予监理工程师进行工程变更的权力，但此时对变更工程的价款最多只能做原则性的约定；在施工过程中，监理工程师直接行使合同赋予的权力发出工程变更指令时，根据合同约定承包人应该先实施该指令，然后双方再对变更工程的价款进行协商。这种标的变更在前、价款变更协商在后的特点容易导致合同处于不确定的状态。

2. 工程变更的起因

合同内容频繁变更是工程合同的特点之一。一项工程合同变更次数、范围和影响的大小与该工程招标文件（特别是合同条件）的完备性、技术设计的正确性以及实施方案和实施计划的科学性直接相关。工程变更一般主要有以下几个方面的原因：

1）发包方新的变更指令，对建筑的新要求。如发包人有新的意图或发包人修改项目总计划、削减预算等。

2）由于设计人员、工程师、承包方事先没能很好地理解发包人的意图或由于设计错误而导致施工图的修改。

3）工程环境的变化，预定的工程条件不准确，要求实施方案或实施计划变更。

4）由于产生新的技术和知识，有必要改变原设计、原实施方案或实施计划，或由于发包人指令及发包人责任的原因造成承包方施工方案的改变。

5）政府部门对工程新的要求，如国家计划变化、环境保护新要求、城市规划变动等。

6）由于合同实施出现问题，必须调整合同目标或修改合同条款。

3. 工程变更的影响

工程变更对合同实施影响很大，主要表现在以下几个方面：

1）导致设计图、成本计划、支付计划、工期计划、施工方案、技术说明和适用的规范等定义工程目标和工程实施情况的各种文件做相应的修改和变更。相关的其他计划，如材料采购订货计划、劳动力安排、机械使用计划等也应做相应调整。所以它不仅会引起施工总承包合同的变更，而且会引起相关的各个分合同（如供应合同、租赁合同、分包合同等）的变更，有些重大的变更甚至会打乱整个施工部署。

2）引起合同双方、承包方的工程小组之间、总承包人和分包商之间合同责任的变化。如工程量增加，就相应地增加了承包人的工程责任、费用开支，并且延长了工期。

3）有些工程变更还会引起已完工程的返工、现场工程施工的停滞、施工秩序被打乱及已购材料出现损失等。

按照国际工程中的有关统计，工程变更是索赔的主要起因。由于工程变更对工程施工过程影响较大，会造成工期的拖延和费用的增加，容易引起双方的争执，所以合同双方都应十分慎重地对待工程变更问题。

4. 工程变更的范围

按照国际土木工程合同管理的惯例，一般合同中都有一条专门的变更条款，对有关工程变更的问题做出具体规定。依据 FIDIC 施工合同条件第 13 条规定，颁发工程接收证书前，监理工程师可通过发布变更指示或以要求承包人递交建议书的方式提出变更。除非承包人马上通知监理工程师，说明他无法获得变更所需的施工条件并附上具体的证明材料，否则承包人应执行变更并受此变更的约束。变更的内容可包括：

1）改变合同中所包括的任何工作的数量（但这种改变不一定构成变更）。

2）改变任何工作的质量和性质。如监理工程师可以根据发包人要求，将原定的水泥混凝土路面改为沥青混凝土路面。

3) 改变工程任何部分的标高、基线、位置和尺寸。如公路工程中要修建的路基工程，监理工程师可以指示将原设计图上原定的边坡坡度，根据实际的地质土壤情况建成比较平缓的边坡坡度。

4) 删减任何工作。

5) 任何永久工程需要的附加工作、工程设备、材料或服务等。

6) 改动工程的施工顺序或时间安排。若某一工段因发包人的征地拆迁延误，使承包人无法开工，那么发包人对此负有责任。监理工程师应和发包人员及承包人员协商，变更工程施工顺序，让承包人的施工队伍不要停工，以免对工程进展造成不利影响。但是监理工程师不可以改变承包方的既定施工方法，除非监理工程师可以提出更有效的施工方法予以替代。

FIDIC施工合同条件还规定除非有监理工程师指示或同意变更，否则承包方不得擅自对永久工程进行任何改动。

根据我国建设工程施工合同示范文本的规定，工程变更包括设计变更和工程质量标准等其他实质性内容的变更。其中设计变更包括：①更改工程有关部分的标高、基线、位置和尺寸等；②增减合同中约定的工程量；③改变有关工程的施工时间和顺序；④其他有关工程变更需要的附加工作。

工程变更只能是在原合同规定的工程范围内的变动，发包人和监理工程师应注意不能使工程变更引起工程性质方面的重大变化，否则应重新订立合同。从法律角度讲，工程变更也是一种合同变更，合同变更应经合同双方协商一致。根据诚实信用的原则，发包人显然不能通过合同的约定而单方面地对合同做出实质性的变更。从工程角度讲，工程性质若发生重大的变更而要求承包人无条件地继续施工是不恰当的，承包人在投标时并未准备这些工程所需的施工机械设备，需要另行购置或运进机具设备，使承包人有理由要求另签合同，而不能作为原合同的变更，除非合同双方都同意将其作为原合同的变更。承包人认为某项变更指示已超出本合同的范围，或监理工程师的变更指示的发布没有得到有效的授权时，可以拒绝进行变更工作。

二、工程变更的程序

1. 工程变更的提出

（1）承包人提出工程变更

承包人在提出工程变更时，一般情况是工程遇到不能预见的地质条件或地下障碍。如原设计的某大厦的基础为钻孔灌注桩，承包人根据开工后钻探的地质条件和施工经验，认为改成沉井基础较好。另一种情况是承包人为了节约工程成本或加快工程施工进度，提出工程变更。

（2）发包人提出变更

发包人一般可通过监理工程师提出工程变更。但如果发包人提出的工程变更内容超出合同限定的范围，则属于新增工程，只能另签合同处理，除非承包人同意作为变更。

（3）监理工程师提出工程变更

监理工程师往往根据施工现场和工程进展的具体情况，认为确有必要时，可提出工程变更。工程承包合同施工中，因设计考虑不周或施工时环境发生变化，监理工程师本着节约工程成本，加快工程进度与保证工程质量的原则，也可提出工程变更。只要提出的工程变更在原合同规定的范围内，一般就是可行的。若超出原合同，新增了很多工程内容和项目，则属于不合理的工程变更请求，监理工程师应和承包人协商后酌情处理。

2. 工程变更的批准

由承包人提出的工程变更，应交与监理工程师审查并批准。由发包人提出的工程变更，为便于工程的统一管理，一般可由监理工程师代为发出。而监理工程师发出工程变更通知的权力，一般由工程施工合同明确约定。当然，该权力也可约定为发包人所有，然后发包人通过书面授权的方式使监理工程师拥有该权力。如果合同对监理工程师提出工程变更的权利做了具体限制，则监理工程师就超出其权限范围的工程变更发出指令时，应附上发包人的书面批准文件，否则承包人可拒绝执行。但在紧急情况下，不应限制监理工程师向承包人发布其认为必要的此类变更指示。例如，当监理工程师在工程现场认为出现了危及生命、工程或相邻第三方财产安全的紧急事件时，在不解除合同规定的承包人的任何义务和职责的情况下，监理工程师可以指示承包人实施其认为解除或减少这种危险而必须进行的所有这类工作。尽管没有发包人的批准，承包人也应立即遵照监理工程师的任何此类变更指示。监理工程师应根据FIDIC施工合同条件第13条，对每项变更应按合同中有关测量和估价的规定进行估价，并相应地通知承包人，同时将一份复印件呈交发包人。

工程变更审批的一般原则为：第一要考虑工程变更对工程进展是否有利；第二要考虑工程变更是否可以节约工程成本；第三应考虑工程变更是否兼顾发包人、承包人或工程项目之外其他第三方的利益，不能因工程变更而损害任何一方的正当权益；第四是必须保证变更工程符合本工程的技术标准。

3. 工程变更指令的发出及执行

为了避免耽误工作，监理工程师在和承包人就变更价格达成一致意见之前，有必要先行发布变更指示，即分两个阶段发布变更指示：第一阶段是在没有规定价格和费率的情况下直接指示承包人继续工作；第二阶段是在通过进一步协商之后，发布确定变更工程费率和价格的指示。

工程变更指示的发出有两种形式：书面形式和口头形式。一般情况下要求监理工程师签发书面变更通知令。当监理工程师发出口头指令要求工程变更时，例如增加框架梁的配筋及数量，这种口头指示在事后一定要补签一份书面的工程变更指示。如果监理工程师口头指示后忘记补签书面指示，承包人需在7天内应以书面形式证实此项指示，交与监理工程师签字；监理工程师若在14天之内没有提出反对意见，应视为认可。所有工程变更必须用书面形式或一定规格写明。对于要取消的任何一项分部工程，工程变更应在该部分工程还未施工之前进行，以免造成人力、物力、财力的浪费，避免造成发包人多支付工程款项。

根据通常的工程惯例，除非监理工程师明显超越合同赋予其的权限，承包人应该无条件地执行其工程变更的指示。如果监理工程师根据合同约定发布了进行工程变更的书面指令，则不论承包人对此是否有异议，不论工程变更的价款是否已经确定，也不论发包人答应给予付款的金额是否令承包人满意，承包人都必须无条件地执行此种指令。即使承包人有意见，也只能是一边进行变更工作，一边根据合同规定寻求索赔或仲裁解决。在争议处理期间，承包人有义务继续进行正常的工程施工和有争议的变更工程施工，否则可能会构成承包人违约。

4. 现行工程变更程序的评价

在实际工程中，工程变更情况比较复杂，一般有以下几种：

1）与变更相关的分项工程尚未开始，只需对工程设计做修改或补充，如发现设计图错误，发包人对工程有新的要求。这种情况下的工程变更时间比较充裕，价格谈判和变更的落实可有条不紊地进行。

2) 变更所涉及的工程正在进行施工，如在施工中发现设计错误或发包人突然有新的要求。这种变更通常时间很紧迫，甚至可能发生现场停工以等待变更指令的现象。

3) 对已经完工的工程进行变更，必须做返工处理。这种情况对合同履行将产生比较大的影响，双方都应认真对待，尽量避免这种情况发生。

现行工程变更的程序一般由合同做出约定，该程序较为适用于上述第2）、第3）种情况。但现行的工程变更程序对较为常见的第1）种情况并不适用，并且是导致争议的重要原因之一。对于该种情况，最理想的变更程序是：在变更执行前，合同双方已就工程变更中涉及的费用增加和工期延误的补偿协商后达成一致，发包人对变更申请中的内容已经认可，争执较少。但按这个程序变更，过程时间太长，合同双方对于费用和工期补偿谈判常常会有反复和争执，这会影响变更的实施和整个工程的施工进度。在现行工程施工合同中该程序较少采用，更多是在合同中赋予监理工程师（发包人）直接指令变更工程的权力，承包人在接到指令后必须执行变更，而合同价格和工期的调整由监理工程师（发包人）和承包人协商后确定。

三、工程变更价格调整

1. 工程变更责任分析

工程变更责任分析是工程变更起因与工程变更问题处理，即确定赔偿问题的首要工作。工程变更包括以下内容：

（1）设计变更

设计变更会引起工程量的增加、减少，新增或删除分项工程，质量和进度的变化，实施方案的变化。一般工程施工合同赋予发包人（监理工程师）这方面的变更权力，可以直接通过下达指令、重新发布设计图或规范来实现变更。其责任划分原则为：

1) 由于发包人要求、政府部门要求、环境变化、不可抗力、原设计错误等导致设计的修改，必须由发包人承担责任。

2) 由于承包人施工过程和施工方案出现错误，自身疏忽而导致设计的修改，必须由承包人负责。

3) 在现代工程中，承包人承担的设计工作逐渐多起来，承包人提出的设计必须经过监理工程师（或发包人）的批准。对不符合发包人在招标文件中提出的工程要求的设计，监理工程师有权不认可。这种不认可不属于索赔事件。

（2）施工方案变更

施工方案变更的责任分析有时比较复杂。在投标文件中，承包人就在施工组织设计中提出比较完备的施工方案，但施工组织设计不作为合同文件的一部分。对此有如下问题应予以注意：

1) 施工方案虽不是合同文件，但它也有约束力。发包人向承包人授标前，可要求承包人对施工方案做出说明或给出修改方案，以符合发包人的要求。

2) 施工合同规定，承包人应对所有现场作业和施工方法的完备、安全、稳定负全部责任。这一责任表示在通常情况下，由于承包人自身原因（如失误或风险）修改施工方案所造成的损失由承包人负责。

3) 在施工方案变更作为承包人责任的同时，又隐含着承包人对决定和修改施工方案具有相应的权力,即发包人不能随便干预承包人的施工方案。为了更好地完成合同目标(如缩短工期)或在不影响合同目标的前提下,承包人有权采用更为科学和经济合理的施工方案,发包人也不得随便干预。当然,承包人如重新选择施工方案,将享受其机会收益,但也应承担其风险。

4)在工程施工过程中,承包人采用或修改实施方案都要经过监理工程师的批准或同意。如果监理工程师无正当理由不同意可能会导致一个变更指令。这里的正当理由包括监理工程师有证据证明或认为使用这种方案承包人不能圆满完成合同责任,如不能保证工程质量、工期等;承包人要求变更方案(如变更施工次序、缩短工期),而发包人无法完成合同规定的配合责任,如无法按此方案及时提供施工图、场地、资金、设备,则监理工程师有权要求承包人执行原定方案。重大的设计变更常常会导致施工方案的变更。如果设计变更由发包人承担责任,那么相应的施工方案的变更也由发包人负责;反之,则由承包人负责。

5)由不利的、异常的地质条件所引起的施工方案的变更,一般作为发包人的责任。一方面,这是一个有经验的承包人无法预料现场气候条件除外的障碍或条件;另一方面,发包人负责地质勘查和提供地质报告,则其应对报告的正确性和完备性承担责任。

(3)施工进度变更

施工进度的变更十分频繁。在招标文件中,发包人给出工程的总工期目标,承包方在投标文件中有一个总进度计划。中标后承包人还要提出详细的进度计划,由监理工程师批准(或同意);在工程开工后,每月都可能有进度调整。通常,只要监理工程师(或发包人)批准(或同意)承包人的进度计划(或调整后的进度计划),新的进度计划就有约束力。如果发包人不能按照新的进度计划完成按合同应由发包人完成的责任,如及时提供施工图、施工场地、水电等,就属发包人违约,应承担责任。

2. 工程变更价款的确定

按照国际土木工程合同管理的惯例(如 FIDIC 施工合同条件第 12 和第 13 条的约定),一般合同工程变更估价的原则为:

1)对于所有按监理工程师指示的工程变更,若属于原合同中工程量清单上增加或减少的工作项目的费用及单价,一般应根据合同中工程量清单所列的单价或价格而定,或参考工程量清单中所列的单价或价格来定。

2)如果合同中的工程量清单中没有包括此项变更工作的单价或价格,则应在合同的范围内使用合同中的费率或价格作为估价的基础。若做不到这一点,适合的价格要由监理工程师与发包人和承包人三方共同协商确定。如协商不成,则应由监理工程师在其认为合理和恰当的前提下,决定此项变更工程的费率或价格,并通知发包人和承包人。如发包人和承包人仍不能接受,监理工程师可再行确定单价或价格,直到达成一致协议。如估价达不成最终的一致协议,在费率或价格未经同意或决定之前,监理工程师应确定暂时的费率或价格,以便有可能作为暂付款包括在按 FIDIC 施工合同条件第 13 条签发的支付证书中。承包人一般同监理工程师协商,合理地要求到自己争取的单价或价格,或提出索赔。

我国建设工程施工合同示范文本所确定的工程变更估价原则为:

1)合同中已有适用于变更工程的价格,按合同已有的价格变更合同价款。

2)合同中只有类似于变更工程的价格,可以参照类似价格变更合同价款。

3)合同中没有适用或类似于变更工程的价格,由承包人提出适当的变更价格,经监理工程师确认后执行。

建设部 1999 年颁发的《建设工程施工发包与承包价格管理暂行规定》第十七条规定变更价款的估价原则为：

1）中标价或审定的施工图预算中已有与变更工程相同的单价，应按已有的单价计算。

2）中标价或审定的施工图预算中没有与变更工程相同的单价时，应按定额相类似项目确定变更价格。

3）中标价或审定的施工图预算或定额分项没有适用和类似的单价时，应由乙方编制一次性补充定额单价送甲方代表审定，并报当地工程造价管理机构备案。乙方提出和甲方确认变更价款的时间按合同条款约定，如双方对变更价款不能达成一致协议，则按合同条款约定的办法处理。

四、工程变更的管理

1. 注意对工程变更条款的合同分析

对工程变更条款的合同分析应特别注意：工程变更不能超过合同规定的工程范围，如果超过这个范围，那么承包人有权不执行变更或坚持先商定价格后再进行变更。发包人和监理工程师对于工程施工过程中发生的工程变更具有认可权，但这种认可权必须受到限制。发包人常常通过监理工程师对材料的认可权提高材料的质量标准、对设计的认可权提高设计质量标准、对施工工艺的认可权提高施工质量标准。如果合同条文对于认可权的规定比较含糊或不详细，就容易产生争执。但是，如果这种认可权超过合同明确规定的范围和标准，承包人应争取发包人或监理工程师的书面确认，进而提出工期和费用索赔。此外，与发包人、总（分）包商之间的任何书面信件报告、指令等都应由合同管理人员进行技术和法律方面的审查，这样才能保证任何变更都在控制中，不会出现合同问题。

2. 促使监理工程师尽早做出工程变更

在实际工作中，变更决策时间过长和变更程序太慢会造成很大的损失。常有两种现象：一种现象是施工停止，承包人等待变更指令或变更；另一种现象是变更指令不能迅速做出，而现场继续施工，这会造成更大的返工损失。这就要求变更程序尽量快捷，故即使仅从自身利益出发，承包人也应尽早发现可能导致工程变更的种种迹象，尽可能地促使监理工程师提前做出工程变更。施工中如发现施工图错误或其他问题需要进行变更，首先应通知监理工程师，经监理工程师同意或通过变更程序后再进行变更；否则，承包人可能不仅得不到应有的补偿，而且还会造成违约的风险。

3. 对监理工程师发出的工程变更应进行识别

由于工程变更并不能免去承包人的合同责任，因此承包人对已收到的变更指令，特别是重大的变更指令或在施工图上做出的修改意见，应予以核实。对超出监理工程师权限范围的变更，应要求监理工程师出具发包人的书面批准文件。对涉及双方责、权、利关系的重大变更，必须有发包人的书面指令认可或双方签署的变更协议。

4. 迅速、全面地落实变更指令

变更指令做出后，承包人应迅速、全面、系统地落实变更指令。承包人应全面修改相关的各种文件，如有关设计图规范、施工计划、采购计划等，使它们能够适应新的变更。承包人应在相关的各工程小组和分包商的工作中落实变更指令，提出相应的措施，对新出现的问题做出解释并制定对策，并协调好各方面的工作。合同变更指令应立即在工程实施中贯彻并体现出来。在实际工程中，这方面的问题常常很多。由于合同变更与合同签订不同，没有一个合理的计划期，变更时间紧，难以详细地计划和分析，使责任落实不全面，容易造成计划、安排、协调方面的问题，引起混乱，导致损失。而这个损失往往被认为是由承包人的管理失误造成的，难以得到补偿。因此，承包人应特别注意工程变更的实施。

5. 分析工程变更的影响

工程变更是索赔机会，应在合同规定的索赔有效期内完成对其的索赔处理。在工程变更过程中就应记录、收集、整理所涉及的各种文件，如施工图、各种计划、技术说明、规范和发包人或监理工程师的变更指令，以作为进一步分析的依据和索赔的证据。在实际工作中，最好事先能就工程变更的价款及其他方面的谈判达成一致后再进行工程变更。在商讨变更、签订变更协议的过程中，承包人最好提出变更补偿问题，在变更执行前就应明确补偿范围、补偿方法、索赔值的计算方法、补偿款的支付时间等。但现实中，工程变更的实施、价格谈判和发包人批准三者之间存在时间上的矛盾，往往是监理工程师先发出变更指令要求承包人执行，但价格谈判及工期谈判迟迟达不成协议，或发包人对承包人的补偿要求不批准，此时承包人应采取适当的措施来保护自身的利益。对此可采取如下措施：

1）控制（即拖延）施工进度，等待变更谈判结果，这样不仅损失较小，而且谈判的回旋余地较大。

2）争取以计日工或按承包人的实际费用支出计算费用补偿，如采取成本加酬金，这样可以避免价格谈判中的争执。

3）应有完整的变更实施记录和照片，请发包人、监理工程师签字，为索赔做准备。在工程变更中，应特别注意由变更引起返工、停工、窝工、修改计划等所造成的损失，注意对这方面证据的收集。在变更谈判中应对此进行商谈，保留索赔权。在实际工程中，人们常常会忽视对这些损失证据的收集，在最后提出索赔报告时往往因举证和验证困难而被对方否决。

复习思考题

1. 如何对工程合同的效力进行审查？
2. 工程合同审查的重点是什么？应重点审查哪些方面的内容？
3. 工程合同审查的程序有哪些？
4. 工程合同谈判需要做哪些准备工作？
5. 结合实际工程，试述工程合同谈判的技巧和策略。
6. 工程合同谈判时应注意哪些问题？
7. 试述施工合同履行的基本原则。
8. 简述合同分析的作用。
9. 如何进行施工合同的结构分解？
10. 简述工程合同歧义解释的原则。
11. 如何做好合同交底工作？
12. 试述合同控制程序和方法。
13. 合同控制的日常工作有哪些？
14. 什么是工程变更？工程变更包括哪些范围？工程变更包括哪些程序？
15. 如何加强工程变更管理？

第九章 建设工程索赔管理

第一节 工程索赔的基本理论

在市场经济条件下,工程索赔在建设工程中是一种正常的现象。在国际建设工程项目中,工程索赔是合同当事人保护自身正当权益,弥补工程损失,保证工程效益的重要和有效的手段。许多国际工程项目的承包人通过成功的索赔能使工程收入的增加额达到工程造价的10%~20%,有些工程的索赔额甚至超过了合同额本身。"中标靠低标,盈利靠索赔"是许多国际承包人的经验总结。索赔管理以其本身花费较小、经济效果明显而受到承包人的高度重视。但在我国,由于工程索赔仍处于起步阶段,因此对其认识尚不够全面、正确。在工程施工中,还存在发包人(业主)忌讳索赔,承包人索赔意识不强,监理人不懂如何处理索赔的现象。因此,应当加强对索赔理论和方法的研究,认真对待和搞好工程索赔。

一、索赔的概念及特征

1. 索赔的概念

索赔(Claim)一词具有较为广泛的含义,其一般含义是指对某事、某物权利的一种主张、要求和坚持等。工程索赔通常是指在工程合同履行过程中,合同当事人一方因非自身责任,或对方不履行,或未能正确履行合同而受到经济损失或权利损害时,通过一定的合法程序向对方提出经济或时间补偿的要求。索赔是一种正当的权利要求,它是发包人、监理人和承包人之间一项正常的、大量发生的且普遍存在的合同管理业务,是一种以法律和合同为依据的合情合理的行为。

2. 索赔的特征

(1)索赔是双向的,不仅承包人可以向发包人索赔,发包人同样也可以向承包人索赔

工程实践中发包人向承包人索赔发生的频率相对较低,这主要是由于在索赔处理中发包人始终处于主动和有利的地位,他可以直接从应付工程款中扣抵或采取没收履约保函、扣留保留金甚至留置承包商的材料、设备作为担保等手段来实现自己的权益诉求,因而不存在"索"的

问题。因此在工程实践中大量发生的、处理比较困难的是承包人向发包人的索赔，这也是索赔管理的主要对象和重点内容。承包人的索赔范围非常广泛，一般认为只要因非承包人自身责任造成工程工期延长或成本增加的，都有可能向发包人提出索赔。

(2) 只有实际发生了经济损失或权利损害，一方才能向对方索赔

经济损失是指发生了合同外的额外支出，如人工费、材料费、机械使用费、管理费等额外开支；权利损害是指虽然没有经济上的损失，但造成了一方权利上的损害，如由于恶劣气候条件对工程进度的不利影响，承包人有权要求工期延长等。因此，发生了实际的经济损失或权利损害，应是一方提出索赔的一个基本前提条件。

(3) 索赔是一种未经对方确认的单方行为，它与工程签证不同

在施工过程中，签证是承发包双方就额外费用补偿或工期延长等达成一致的书面证明材料和补充协议，它可以直接作为工程款结算或最终增减工程造价的依据。而索赔则是单方面行为，对对方尚未形成约束力，这种索赔要求能否得到最终实现，必须要通过确认（如双方协商、谈判、调解或仲裁、诉讼）后才能实现。

归纳起来，索赔具有如下一些本质特征：①索赔是要求给予补偿（赔偿）的一种权利、主张；②索赔的依据是法律法规、合同文件及工程建设惯例，但主要是合同文件；③索赔是因非自身原因导致的，要求索赔的一方没有过错；④与原合同相比较，已经发生了额外的经济损失或工期损害；⑤索赔必须有切实有效的证据；⑥索赔是单方行为，双方还没有达成协议。

许多人一听到"索赔"两字，就会联想到争议的仲裁、诉讼或双方激烈的对抗，因此往往认为应当尽可能地避免索赔，担心因索赔而影响双方的合作或感情。实质上，索赔的性质属于经济补偿行为，而不是惩罚。索赔是一种正当的权利或要求，是合情、合理、合法的行为，它是在正确履行合同的基础上争取合理的偿付，而不是无中生有、无理争利。索赔同守约、合作并不矛盾、对立，其本身就是市场经济中合作的一部分，只要是符合有关规定的合法的或者符合有关惯例的，就应该理直气壮地、主动地向对方索赔。大部分索赔都可以通过和解或调解等方式获得解决，只有在双方坚持己见而无法达成一致时才会提交仲裁或诉诸法院求得解决，即使诉诸法律程序，也应当被看成是遵法守约的正当行为。索赔的关键在于"索"，你不"索"，对方就没有任何义务主动地来"赔"；同样，"索"得乏力、无力，即索赔依据不充分、证据不足、方式方法不当，也是很难成功的。国际工程承包的实践经验告诉我们，一个不敢、不会索赔的承包人最终必然是要亏损的。

(4) 索赔与违约责任的区别

1) 索赔事件的发生，不一定在合同文件中有约定；而工程合同的违约责任，则必然是合同所约定的。

2) 索赔事件的发生，可以是一定行为（包括作为和不作为）造成的，也可以是由不可抗力事件所引起的；而追究违约责任，必须要有合同不能履行或不能完全履行的违约事实的存在，发生不可抗力可以免于追究当事人的违约责任。

3) 索赔事件的发生，可以是合同当事人一方引起的，也可以是任何第三人行为引起的；而违反合同则是由于当事人一方或双方的过错造成的。

4) 一定要有造成损失的结果才能提出索赔，因此索赔具有补偿性；而合同违约不一定要造成损失结果，因为违约具有惩罚性。

5) 索赔的损失结果与被索赔人的行为不一定存在法律上的因果关系，如因业主（发包

人）指定分包人原因造成承包人损失的，承包人可以向业主索赔等；而违反合同的行为与违约事实之间存在因果关系。

二、索赔的起因

引起工程索赔的原因非常多而且复杂，归纳总结起来主要有以下五个方面：

1. 工程项目的特殊性

由于现代工程规模大、技术性强、投资额大、工期长、材料设备价格变化快，所以工程项目的差异性大、综合性强、风险大，使得工程项目在实施过程中存在许多不确定的变化因素。而合同则必须在工程开工前签订，因此它不可能对工程项目所有的问题都做出合理的预见和防范，而且发包人在工程实施过程中还会有许多新的决策，这一切都使得合同变更比较频繁，而合同变更必然会导致项目工期和成本的变化。

2. 工程项目内外部环境的复杂性和多变性

工程项目的技术环境、经济环境、社会环境、法律环境的变化，诸如气候条件变化，材料价格上涨，货币贬值，国家政策、法规的变化等，会在工程实施过程中经常发生，使得工程的实际情况与项目计划不一致，这些因素同样会导致工程工期和费用的变化。

3. 参与工程建设主体的多元性

由于参与单位多，一个工程项目往往会有发包人、总承包人、监理人、分包人、指定分包人、材料设备供应人等众多参加单位，各方面的技术、经济关系错综复杂，相互联系又相互影响，只要一方失误，不仅会造成自己的损失，而且会影响其他合作者，造成他人损失，从而导致索赔和争执。

4. 工程合同的复杂性及易出错性

工程合同文件多且复杂，经常会出现措辞不当、缺陷、设计图错误，以及合同文件前后自相矛盾或者可做不同解释等问题，容易造成合同双方对合同文件理解不一致，从而出现索赔。

5. 投标的竞争性

现代建设工程市场竞争激烈，承包人的利润水平逐步降低，在竞标时大部分靠低标价甚至保本价中标，回旋余地较小。特别是在招标投标过程中，每个合同专用条款部分的具体内容，一般是由发包人自己或委托监理人、咨询单位编写后列入招标文件，编制过程中承包人没有发言权。虽然承包人在投标和与发包人进行谈判过程中，可以要求修改某些对他风险较大的条款的内容，但要求修改的条款数目不能过多，否则就构成对招标文件有实质上的背离而被发包人拒绝。因而工程合同在实践中，往往是发包人与承包人的风险分担不合理，发包人倾向于把工程合同的主要风险转嫁于承包人一方，因此合同条件稍遇变化，承包人即处于亏损的边缘，这必然迫使承包人寻找一切可能的索赔机会来减轻自己承担的风险。因此，索赔实质上是工程实施阶段承包人和发包人之间在承担工程风险比例上的合理再分配，这也是目前国内外建设工程市场上，索赔在数量和款额上均呈增长趋势的一个重要原因。

以上这些问题会随着工程的逐步开展而不断暴露出来，必然会使工程项目受到影响，进而导致工程项目成本和工期的变化，这就是索赔形成的根源。因此，索赔的发生不仅是一个索赔意识或合同观念的问题，从本质上讲，索赔也是一种客观存在。

三、索赔管理的特点和原则

要全面合理地开展索赔工作，就必须全面认识索赔，完整理解索赔，端正索赔动机，才能正确对待索赔，规范索赔行为，合理地处理索赔事件。因此，发包人、监理人和承包人必须全面认识和理解索赔工作的特点。

1. 索赔工作贯穿工程项目始终

合同当事人要做好索赔工作，必须在工程项目的招标投标阶段、合同签订阶段以及合同履行阶段等过程中，认真采取预防保护措施，建立健全索赔业务的各项管理制度。在工程项目的招标投标和合同签订阶段，承包人应仔细研究工程所在国的法律、法规及合同条件，特别是关于合同范围、义务、付款、工程变更、违约及罚款、特殊风险索赔时限和争议解决等条款，必须在合同中明确规定当事人各方的权利和义务，以便为将来可能发生的索赔提供合法的依据和基础。在合同履行阶段，合同当事人应密切关注对方的合同履行情况，不断地寻求索赔机会；同时自身应严格履行合同义务，防止被对方索赔。一些缺乏工程承包经验的承包人，由于对索赔工作的重要性认识不够，往往在工程开始时并不重视这项工作，等到发现不能获得应当得到的偿付时，才匆忙研究合同中的索赔条款，搜集所需要的证据和材料，但已经陷入被动局面；另有些承包人，尽管在索赔事件发生时按照相关程序提出了索赔，但由于在平时的项目管理中缺乏对索赔事件的有效管理，虽经过旷日持久的争执、交涉乃至诉诸法律程序，但仍难以索回应得的补偿或损失，从而影响了自身的经济效益。

2. 索赔是工程技术和法律相融合的综合学问和艺术

索赔问题涉及的层面相当广泛，既要求索赔人员具备丰富的工程技术知识与实际施工经验，以使索赔问题的提出具有科学性和合理性，符合工程实际情况；又要求索赔人员通晓法律与合同知识，以使提出的索赔具有法律依据和事实证据；并且还要求在索赔文件的准备编制和谈判等方面具有一定的艺术性，以使索赔的最终解决表现出一定程度的伸缩性和灵活性。这就对索赔人员的素质提出了很高的要求，他们的个人品格和才能对索赔成功的影响很大。索赔人员应当是头脑冷静、思维敏捷、处事公正、性格刚毅且有耐心，并同时具备上述多种才能的综合性人才。

3. 影响索赔成功的相关因素多

索赔能否获得成功，还与企业的项目管理基础工作密切相关，主要有以下四个方面：

（1）合同管理

合同管理与索赔工作密不可分，有的学者认为索赔就是合同管理的一部分。从索赔角度看，合同管理可分为合同分析和合同日常管理两部分。合同分析的主要目的是为索赔提供法律依据。合同日常管理则是收集整理施工中发生索赔事件的一切记录，包括设计图、订货单、会谈纪要、来往信件、变更指令、气象图表、工程照片等，并加以科学归档和管理，形成一个能清晰描述和反映整个工程全过程的数据库。其目的是为索赔及时提供全面、正确、合法有效的各种证据。

（2）进度管理

工程进度管理不仅可以指导整个施工的进程和次序，而且可以通过计划工期与实际进度的比较、研究和分析，找出影响工期的各种因素，分清各方责任，及时向对方提出延长工期及相关费用的索赔，并为工期索赔值的计算提供依据和各种基础数据。

（3）成本管理

成本管理的主要内容有编制成本计划，控制和审核成本支出，进行计划成本与实际成本的动态比较、分析等，它可以为费用索赔提供各种费用的计算数据和其他信息。

（4）信息管理

索赔文件的提出、准备和编制需要工程施工中的各种信息，这些信息要在索赔时限内高质量地准备好，这一切如果离开了当事人日常严格的信息管理是难以进行的。因此承包人应当高度重视工程项目的信息管理工作，建立健全工程项目管理信息库及其相关的管理制度。

四、索赔的作用

随着世界经济全球化和一体化进程的加快以及我国加入世界贸易组织，我国涉外工程要求按照国际惯例进行工程索赔管理，中国建筑业走向国际建筑市场同样要求按国际惯例进行工程索赔管理。工程索赔的健康开展，对于培育和发展建筑市场，促进建筑业的发展，提高工程建设的效益，具有非常重要的作用。工程索赔的作用主要有如下六个方面：

1）索赔是合同和法律赋予正确履行合同者免受意外损失的权利，索赔是当事人保护自己、避免损失、增加利润、提高效益的一种重要手段。

2）索赔是落实和调整合同双方经济责、权、利关系的手段，也是合同双方风险分担的合理再分配，离开了索赔，合同责任就不能全面体现合同双方的责、权、利关系，也就难以平衡。索赔的正常开展，可以把原来计入工程报价中的一些不可预见费用改为实际发生的损失偿付，有助于降低工程报价，使工程造价更为真实合理。

3）索赔是合同实施的保证。索赔是合同法律效力的具体体现，对合同双方形成有力的约束，特别是能对违约方起到警示作用，使违约方在合同履行中必须考虑其违约行为的后果，从而尽量减少其违约行为的发生。

4）索赔对提高企业和工程项目管理水平起着重要的促进作用。承包人在许多项目上提不出或提不好索赔，与其企业管理松散混乱、计划实施不严、成本控制不力等有着直接关系。例如，没有正确的工程进度网络计划就难以证明延误的发生及天数；又如，没有完整详细的消耗量和成本信息，就无法准确计算出费用补偿金额等。因此，索赔有利于促进双方加强内部管理，严格履行合同，有助于双方提高管理素质，加强合同管理，维护正常市场秩序。

5）索赔有助于政府加快转变职能，使合同当事人双方依据合同和实际情况实事求是地协商工程造价和工期，从而使政府从烦琐的调整概算和协调双方关系等微观管理工作中解脱出来。

6）索赔有助于发承包双方更快地熟悉国际惯例，熟练地掌握处理索赔的方法与技巧，从而有助于对外开放和对外工程承包的开展。但是也应当强调指出，如果承包人单靠索赔的手段来获取利润也是不可取的。工程实践中往往有一些承包人采取有意压低标价的方法来获取工程，又试图靠索赔的方式得到利润以弥补自己的损失。从某种意义上讲，这种经营方式有很大的风险。能否得到索赔的机会是难以确定的，其结果也不可靠，采用这种策略的企业也很难维持长久。因此承包人运用索赔手段来维护自身利益，以求增加企业效益和谋求自身发展，应基于对索赔概念的正确理解和全面认识，既不必畏惧索赔，也不可利用索赔搞投机钻营。

五、索赔的分类

索赔贯穿于工程项目全过程，可能发生的范围比较广泛，其分类随标准、方法的不同而不同，主要有以下几种分类方法。

1. 按索赔有关当事人分类

（1）承包人与发包人间的索赔

这类索赔大都是有关工程量计算、变更、工期、质量和价格方面的争议，也有中断或终止合同等其他违约行为的索赔。

（2）总包人与分包人间的索赔

其内容与（1）大致相似，但大多数是分包人向总包人索要付款和赔偿及总包人向分包人罚款或扣留支付款等。

以上两种因涉及工程项目建设过程中施工条件、施工技术、施工范围等变化而引起的索赔，一般发生频率高、索赔费用大，有时也称为施工索赔。

（3）发包人或承包人与供货人、运输人间的索赔

其内容多系商贸方面的争议，如货品质量不符合技术要求、数量短缺、交货拖延、运输损坏等。

（4）发包人或承包人与保险人间的索赔

此类索赔多系被保险人受到灾害事故或其他损害或损失，按保险单向其投保的保险人索赔。

以上两种在工程项目实施过程中的物资采购、运输、保管、工程保险等方面活动引起的索赔事项，又称商务索赔。

2. 按索赔的依据分类

（1）合同内索赔

合同内索赔是指索赔所涉及的内容可以在合同文件中找到依据，并可根据合同规定明确划分责任。一般情况下，合同内索赔的处理和解决要顺利一些。

（2）合同外索赔

合同外索赔是指索赔所涉及的内容和权利难以在合同文件中找到依据，但可从合同条文引申含义和合同适用法律或政府颁发的有关法规中找到索赔的依据。

（3）道义索赔

道义索赔是指承包人在合同内或合同外都找不到可以索赔的依据，因而没有提出索赔的条件和理由，但承包人认为自己有要求补偿的道义基础，而对其遭受的损失提出具有优惠性质的补偿要求。处理道义索赔的主动权在发包人手中。发包人一般在下面四种情况下，可能会同意并接受这种索赔：①若另找其他承包人，费用会更多；②为了树立自己的形象；③出于对承包人的同情和信任；④谋求与承包人更和谐或更长久的合作。

3. 按索赔目的分类

（1）工期索赔

工期索赔是指由于非承包人自身原因造成工期拖延的，承包人要求发包人延长工期，推迟原规定的竣工日期，避免违约误期罚款等。

（2）费用索赔

费用索赔是指承包人要求发包人补偿费用损失，调整合同价格，弥补经济损失等。

4. 按索赔事件的性质分类

（1）工程延期索赔

因发包人未按合同要求提供施工条件，如未及时交付设计图、施工现场、道路等，或因发包人指令工程暂停或不可抗力事件等原因造成工期拖延，承包人对此提出索赔。

（2）工程变更索赔

由于发包人或监理人指令增加或减少工程量或增加附加工程、修改设计、变更施工顺序等，造成工期延长和费用增加，承包人对此提出索赔。

（3）工程终止索赔

由于发包人违约或发生了不可抗力事件等造成工程非正常终止，承包人因蒙受经济损失而提出索赔。

（4）工程加速索赔

由于发包人或监理人指令承包人加快施工速度、缩短工期，引起承包人的人、财、物的额外开支而提出的索赔。

（5）意外风险和不可预见因素索赔

在工程实施过程中，因人力不可抗拒的自然灾害、特殊风险以及一个有经验的承包人通常不能合理预见的不利施工条件或客观障碍，如地下水、地质断层、溶洞、地下障碍物等引起的索赔。

（6）其他索赔

如因货币贬值、汇率变化、物价上涨、工资上涨、政策法令变化等原因引起的索赔。

5. 按索赔处理方式分类

（1）单项索赔

单项索赔就是采取一事一索赔的方式，即在每一件索赔事项发生后报送索赔通知书，编报索赔报告要求单项解决支付，不与其他的索赔事项混在一起。单项索赔是针对某一干扰事件提出的，在影响原合同正常运行的干扰事件发生时或发生后，由合同管理人员立即处理，并在合同规定的索赔有效期内向发包人或监理人提交索赔要求和报告。单项索赔通常原因单一、责任单一，分析起来相对容易。由于涉及的金额一般较小，双方容易达成协议，处理起来也比较简单。因此，合同双方应尽可能地采用此种方式来处理索赔。

（2）综合索赔

综合索赔又称一揽子索赔，即对整个工程（或某项工程）中所发生的数个索赔事项综合在一起进行索赔。一般在工程竣工前和工程移交前，承包人将工程实施过程中因各种原因未能及时解决的单项索赔集中起来进行综合考虑，提出一份综合索赔报告，由合同双方在工程交付前后进行最终谈判，以一揽子方案解决索赔问题。综合索赔产生的原因多种多样：如因为在合同实施过程中出现的索赔问题比较复杂，不能立即解决，为不影响工程进度，经双方协商同意后留待以后解决；因为承包人未能及时采用单项索赔方式等，都有可能出现综合索赔。由于在综合索赔中许多干扰事件交织在一起，影响因素比较复杂且相互交叉，责任分析和索赔值计算都很困难，索赔涉及的金额往往又很大，双方都不愿意或不容易做出让步，导致索赔的谈判和处理都很困难，因此综合索赔的成功率比单项索赔要低得多。

六、索赔事件

索赔事件又称干扰事件，是指那些使实际情况与合同规定不符合，最终引起工期和费用变化的事件。不断地追踪、监督索赔事件就是不断地发现索赔机会。

（一）承包人可提出索赔的事件

在工程实践中，承包人可以提出的索赔事件通常有：

1. 发包人（业主）违约（风险）

（1）发包人未按合同约定完成基本工作

例如，发包人未按时交付合格的施工现场及道路，接通水电等；未按合同规定的时间和数量交付设计图和资料;提供的资料不符合合同标准或有错误(如工程实际地质条件与合同提供资料不一致)等。

(2) 发包人未按合同规定支付预付款及工程款等

一般合同中都有支付预付款和工程款的时间限制及延期付款计息的利率要求。如果发包人不按时支付,承包人可据此规定向发包人索要拖欠的款项并索赔利息,敦促发包人迅速偿付。对于拖欠工程款数额较大,导致承包人资金周转困难,影响工程进度,甚至引起中止合同的严重后果的,承包人可提出索赔,甚至诉讼。

(3) 发包人(业主)应该承担的风险

由于发包人承担的风险发生而导致承包人损失或费用增加时,承包人可因此提出索赔。许多合同规定,承包人不仅对由此而造成工程、业主或第三人的财产的破坏和损失及人身伤亡不承担责任,而且发包人应保护和保障承包人不受上述特殊风险后果的损害,并使承包人免于承担由此而引起的与之有关的一切索赔、诉讼及其费用。相反,承包人还应当可以得到由此损害引起的任何永久性工程及其材料的付款及合理的利润,以及一切修复费用、重建费用及由上述特殊风险导致增加的费用。如果由于特殊风险而导致合同终止,承包人除可以获得应付的工程款和损失费用外,还可以获得施工机械设备的撤离费用和人员遣散费用等。

(4) 发包人或监理人要求工程加速

当工程项目的施工计划进度受到干扰,导致项目不能按时竣工,发包人的经济效益受到影响时,有时发包人或监理人会要求承包人加班赶工来完成工程项目,承包人便不得不在单位时间内投入比原计划更多的人力、物力与财力进行施工,以加快施工进度。

1) 直接指令加速。如果监理人指令比原合同日期提前完成工程,或者发生可原谅延误,但监理人仍指令按原合同完工日期完工,承包人就必须加快施工速度,这种根据监理人的明示指令进行的加速就是直接指令加速。一项工程遇到各种意外情况或工程变更而必须延展工期,但是发包人由于自己的原因(例如,该工程已出售给买主,需要按协议时间移交给买主)坚持不予延期,这就迫使承包人要加班赶工来完成工程,从而导致成本增加,承包人此时可以要求赔偿现场管理费、附加费用增加的损失,同时要求补偿赶工措施费用,包括加班工资、新增设备租赁和使用费、分包的额外成本等。但必须注意,只有非承包人过错引起的施工加速才是可补偿的,如果承包人发现自己的施工进度比原计划落后了而自己必须加速施工以免延误工期,那么这种情形下发包人无义务给予补偿;而反过来,承包人还应赔偿发包人一笔附加监理费,因发包人在承包人赶工期间多支付了额外的监理费。

2) 推定加速。在有些情况下,虽然监理人没有发布专门的加速指令,但客观条件或监理人的行为已经使承包人合理意识到工程施工必须加速,这就是推定加速。推定加速与指令加速在合同实施中的意义是一样的,只是在确定是否存在推定指令时,双方比较容易产生分歧,不像直接指令加速那样明确。为了证明推定加速已经发生,承包人必须从以下几个方面来证明自己被迫比原计划更快地进行了施工:工程施工遇到了可原谅延误,按合同规定应该获准延长工期;承包人已经特别提出了要求延长工期的索赔申请;监理人拒绝或未能及时批准延长工期;监理人已以某种方式表明工程必须按合同时间完成;承包人已经及时通知了监理人,监理人的行为已构成了要求加速施工的推定指令;这种推定加速实际上造成了施工成本的增加。

(5) 发包人的错误指令

设计错误,发包人或监理人错误的指令或提供错误的数据等造成工程修改、停工、返工、窝工的；发包人或监理人变更原合同规定的施工顺序，打乱了工程施工计划的；由于发包人和监理人原因造成的临时停工或施工中断的；根据发包人和监理人不合理指令造成了工效的大幅度降低，从而导致费用支出增加的等。

(6) 发包人不正当地终止工程

由于发包人不正当地终止工程，承包人有权要求补偿损失，其数额是承包人在被终止工程上的人工、材料、机械设备的全部支出以及各项管理费用、保险费用、贷款利息、保函费用的支出（减去已结算的工程款），并有权要求赔偿其利润损失。

2. 不利的自然条件与客观障碍

不利的自然条件和客观障碍是指一般有经验的承包人无法合理预料到的不利的自然条件和客观障碍。"不利的自然条件"中不包括气候条件，而是指投标时经过现场调查及根据发包人所提供的资料都无法预料到的其他不利自然条件，如地下水、地质断层、溶洞、沉陷等。"客观障碍"是指经现场调查无法发现，发包人提供的资料中也未提到的地下（上）人工建筑物及其他客观存在的障碍物，如下水道、公共设施、隧道、废弃的旧建筑物、其他水泥或砖砌物，以及埋在地下的树木等。由于不利的自然条件及客观障碍常常会导致工程变更、工期延长或成本大幅度增加，因此承包人可以据此提出索赔要求。

3. 工程变更

由于发包人或监理人指令增加或减少工程量、增加附加工程、修改设计、变更施工顺序、提高质量标准等，造成工期延长和费用增加的，承包人可对此提出索赔。值得注意的是，由于工程变更减少了工作量，因此承包人也要进行索赔。比如在住宅工程的施工过程中，发包人提出将原来的100栋减为70栋，承包人可以对管理费、保险费、设备费、材料费（如已订货）、人工费（多余人员已到场）等进行索赔。由于工程变更在工程项目的施工过程中会经常发生，而且工程变更的发生必然会导致承包人在工程项目的工期和费用上的变化，因此工程变更索赔是承包人应当予以重视的一类索赔。

4. 工期延长和延误

工期延长和延误的索赔通常包括两方面：一是承包人要求延长工期，二是承包人要求偿付由于非承包人原因导致工程延误而造成的损失。一般这两方面的索赔报告要求分别编制，因为工期和费用索赔并不一定同时成立。如果工期拖延的责任在承包人方面，则承包人无权提出索赔。

5. 监理人指令和行为

如果监理人在工作中出现问题、失误或行使合同赋予的权力而造成承包人的损失，业主必须承担合同规定的相应赔偿责任。监理人的这一类指令和行为通常表现为：指令承包人加速施工、进行某项工作、更换某些材料、采取某种措施或停工；未能在规定的时间内发出有关设计图、指示、指令或批复（如发出材料订货及进口许可证过晚）；拖延发布各种证书（如进度付款签证、移交证书、缺陷责任证书等）；不适当决定和苛刻检查等。由于这些指令（包括指令错误）和行为而造成的成本增加和（或）工期延误，承包人可以索赔。

6. 合同缺陷

合同缺陷常常表现为合同文件规定不严谨甚至前后矛盾、合同规定过于笼统、合同中出现遗漏或错误等。这不仅包括商务条款中的缺陷，还包括技术规范和设计图中的缺陷。在这种情况下，监理人一般有权做出解释，但如果承包人执行监理人的解释后引起成本增加或工期延长,则承包人可以索赔,监理人应给予证明,发包人应给予补偿。一般情况下,发包人作为合同起草人,要对合同中的缺陷负责,除非其中有非常明显的含糊表述或其他缺陷,根据法律可以推定承包人有义务在投标前发现并及时向发包人指出。

7. 物价上涨

由于物价上涨的因素,带来了人工费、材料费、施工机具使用费的增长,导致工程成本大幅度上升,承包人的利润受到严重影响的,承包人也可以提出索赔要求。

8. 国家政策及法律法规变更

国家政策及法律法规变更,通常是指直接影响到工程造价的某些政策及法律法规的变更,比如限制进口、外汇管制或是税收及其他收费标准的提高。就国际工程而言,合同通常都规定:如果在投标截止日期前的第 28 天以后,由于工程所在国家或地区的任何政策和法规、法令或其他法律、规章发生了变更,导致承包人成本增加,对承包人由此增加的开支,发包人应予补偿;相反,如果导致费用减少,则也应由发包人收益。就国内工程而言,因国务院各有关部门、各级建设行政主管部门或其授权的工程造价管理部门公布的价格调整(比如定额、取费标准、税收、上缴的各种费用等),可以调整合同价款,如未予调整,承包人可以索赔。

9. 货币及汇率变化

就国际工程而言,合同一般规定:如果在投标截止日期前的第 28 天以后,工程所在国政府或其授权机构对支付合同价格的一种或几种货币实行货币限制或货币汇兑限制,发包人应补偿承包人因此而受到的损失。如果合同规定将全部或部分款额以一种或几种外币支付给承包人,则这项支付不应受上述指定的一种或几种外币与工程所在国货币之间的汇率变化的影响。

10. 其他承包人干扰

其他承包人干扰是指其他承包人未能按时按序进行并完成某项工作、各承包人之间配合协调不好等而给本承包人的工作带来干扰。大中型建设工程项目往往会有几个独立承包人在现场施工,由于各承包人之间没有合同关系,因此监理人有责任组织协调好各个承包人之间的工作,否则将会给整个工程和各承包人的工作带来严重影响,引起承包人的索赔。比如,某承包人不能按期完成他那部分的工作任务,则与其有紧后相邻工作关系的其他承包人的相应工作会因此而拖延。此时,被迫延迟的承包人就有权向发包人提出索赔。在其他方面,如场地使用、现场交通等,各承包人之间也都有可能发生相互干扰的问题。

11. 其他第三人原因

其他第三人的原因通常表现为因与工程有关的其他第三人的问题而引起的对本工程的不利影响,如银行付款延误、邮路延误、港口压港等。如发包人在规定时间内依规定方式向银行寄出了要求向承包人支付款项的付款申请,但由于邮路延误,银行迟迟没有收到该付款申请,因而造成承包人没有在合同规定的期限内收到工程款。在这种情况下,由于最终表现出来的结果是承包人没有在规定的时间内收到款项,所以承包人往往向发包人索赔。对于第三人原因造成的索赔,发包人给予补偿后,应该根据其与第三人签订的合同规定或有关法律规定再向第三人追偿。

(二) 发包人可提出的索赔事件

发包人可以提出的索赔事件通常有:

1. 施工责任

当承包人的施工质量不符合施工技术规程的要求,或在保修期未满以前未完成应该负责修补的工程时，发包人有权向承包人追究责任。例如，承包人未在规定的时限内完成修补工作，那么发包人有权雇佣他人来完成工作，发生的费用由承包人负担。

2. 工期延误

在工程项目的施工过程中，由于承包人的原因，使竣工日期拖后，影响到发包人对该工程的使用，给发包人带来经济损失时，发包人有权对承包人进行索赔，即由承包人支付延期竣工违约金。建设工程施工合同中的工期延误违约金通常是由发包人在招标文件中确定的。

3. 承包人超额利润

如果工程量增加很多，使承包人预期的收入增大（超过有效合同价的15%），如果工程量增加并不导致承包人固定成本的增加，此时合同价应由双方讨论调整，发包人有权收回部分超额利润。由于法规的变化导致承包人在工程实施中降低了成本，产生了超额利润，合同双方也应重新调整合同价格，发包人有权收回部分超额利润。

4. 指定分包商的付款

在工程承包人未能提供已向指定分包商付款的合理证明时，发包人可以直接按照监理人的证明书，将承包人未付给指定分包商的所有款项（扣除保留金）付给该分包商，并从应付给承包人的任何款项中如数扣回。

5. 承包人不履行的保险费用

如果承包人未能按合同条款指定的项目投保，发包人可以投保并保证保险有效，发包人所支付的必要的保险费可在应付给承包人的款项中扣回。

6. 发包人合理终止合同或承包人不正当地放弃工程

如果发包人合理地终止承包人所承包的工程，或者承包人不合理地放弃工程，那么发包人有权从承包人手中收回并由新的承包人完成该工程。支付给原承包人的款项应为原承包人已完成合格工程应得的款项扣除已经支付给其的款项的差额。

7. 其他

由于工伤事故给发包方人员和第三方人员造成的人身或财产损失的索赔，以及承包人运送建筑材料及施工机械设备时损坏了公路、桥梁或隧洞，交通管理部门提出的索赔等。当然，上述这些事件能否作为索赔事件进行有效的索赔，还要看具体的工程和合同背景、合同条件，不可一概而论。

七、索赔依据与证据

1. 索赔依据

索赔的依据主要是法律、法规及工程建设惯例，尤其是双方签订的工程合同文件。由于不同的具体工程有不同的合同文件，因此索赔的依据也就不完全相同，合同当事人的索赔权利也不同。

2. 索赔证据

索赔证据是当事人用来支持其索赔成立或和索赔有关的证明文件和资料。索赔证据作为索赔文件的组成部分，在很大程度上关系到索赔能否成功。若证据不全、不足或没有证据，索赔是很难获得成功的。

工程项目的实施过程中会产生大量的工程信息和资料，这些信息和资料是开展索赔的重要依据。如果项目资料不完整，索赔就难以顺利进行。因此在施工过程中应始终做好资料积累工作，建立完善的资料记录和科学管理制度，认真系统地积累和管理合同文件，质量、进度及财务收支等方面的资料。对于可能会发生索赔的工程项目，从开始施工时就要有目的地搜集证据资料，系统地拍摄和保存施工现场的有关影像资料，妥善保管各种开支收据，有意识地为索赔积累必要的证据材料。常见的索赔证据主要有：

1) 各种合同文件，包括工程合同及附件、中标通知书、投标书、标准和技术规范、设计图、工程量清单、工程报价单或预算书、有关技术资料和要求等。此外还应包括发包人提供的水文地质、地下管网资料，施工所需的证件、批件、临时用地占地证明手续，施工测量坐标控制点资料等。

2) 经监理人批准的承包人施工进度计划、施工方案、施工组织设计和具体的现场实施情况记录。可以作为索赔证据的常见的各种施工报表有：①驻地监理人填制的工程施工记录表，这种记录表能提供关于气候、施工人数、设备使用情况和部分工程局部竣工等情况；②施工进度表；③施工人员计划表和人工日报表；④施工用材料和设备报表等。

3) 施工日志及工长工作日志、备忘录等。施工中发生的影响工期或工程质量的所有重大事情均应写入备忘录存档。备忘录应按年、月、日顺序编号，以便查阅。

4) 工程有关施工部位的照片及录像等。保存完整的工程照片和录像能有效地显示工程进度，因而除了标书上规定需要定期拍摄的工程照片和录像外，承包人自己还应经常注意拍摄工程照片和录像并注明日期，以备自己查阅。

5) 工程各项往来信件、电话记录、指令、信函、通知、答复等。有关工程的来往信件内容常常包括某一时期工程进展情况的总结以及与工程有关的当事人，这些信件的签发日期对计算工程延误时间具有很大的参考价值。因而来往信件应妥善保存，直到合同全部履行完毕，所有索赔均获解决时为止。

6) 工程各项会议纪要、协议及其他各种签约、定期与业主雇员的谈话资料等。业主雇员对合同和工程实际情况掌握第一手资料，与他们交谈的目的是摸清施工中可能发生的意外情况，会碰到什么难处理的问题，以便做到事前心中有数，为索赔埋下伏笔。在施工合同的履行过程中，业主、监理人和承包人定期或不定期的会谈所做出的决定或决议，是施工合同的补充，应作为施工合同的组成部分，但会谈纪要只有经过各方签署后才可作为索赔的依据。业主与承包人、承包人与分包人之间定期或临时召开的现场会议，讨论工程情况的会议记录，能被用来追溯项目的执行情况。

7) 发包人或监理人发布的各种书面指令书和确认书，以及承包人要求、请求、通知书等。

8) 气象报告和资料。如有关天气的温度、风力、雨雪的资料等。

9) 投标前业主提供的参考资料和现场资料等。

10) 施工现场记录。工程各项有关设计交底记录，变更图，变更施工指令，工程图变更、交底记录的送达份数及日期记录，工程材料和机械设备的采购订货、运输进场、验收、使用等方面的凭据及材料供应清单、合格证书，工程送电、送水、道路开通、封闭的日期及数量记录，工程停电、停水和干扰事件影响的日期及恢复施工的日期等。

11) 工程各项经业主或监理人签认的签证。如承包人要求预付通知，工程核实确认单等。

12) 工程结算资料和有关财务报告。如工程预付款、进度款拨付的数额及日期记录、工程结算书、保修单等。

13) 各种检查验收报告和技术鉴定报告。由监理人签字的工程检查和验收报告反映出某一单项工程在某一特定阶段的施工进度和完成状况，并记录了该单项工程完成的时间和验收的日期，应该妥善保管，如质量验收单、隐蔽工程验收单、验收记录、竣工验收资料、竣工图等。

14）各类财务凭证。需要收集和保存的工程基本会计资料包括工卡、人工分配表、注销工资支票、工人福利协议、经会计师核算的薪水报告单、购料定单收讫发票、收款票据、设备使用单据、注销账应付支票、账目图表、总分类账、财务信件、经会计师核证的财务决算表、工程预算、工程成本报告书、工程内容变更单等。工人或雇请人员的工资单据应按日期编存归档，工资单上费用的增减能揭示工程内容增减的情况和开始的时间。承包人应注意保管和分析工程项目的会计核算资料，以便及时发现索赔机会，准确计算索赔的款额。

15）其他。包括分包合同、官方的物价指数、汇率变化表以及国家、省、市有关影响工程造价、工期的文件、规定等。

3. 索赔证据的基本要求

1）真实性。索赔证据必须是在实施合同过程中确实存在和实际发生的，是施工过程中产生的真实资料，能经得住推敲。

2）及时性。索赔证据的取得及提出应当及时。这种及时性反映了承包人的态度和管理水平。

3）全面性。所提供的证据应能说明事件的全部内容。索赔报告中涉及的索赔理由、事件过程、影响、索赔值等都应有相应证据，不能零乱或支离破碎。

4）关联性。索赔的证据应当与索赔事件有必然联系，并能够互相说明、符合逻辑，不能互相矛盾。

5）有效性。索赔证据必须具有法律效力。一般要求证据必须是书面文件，有关记录、协议、纪要必须是经双方签署的。工程中重大事件、特殊情况的记录、统计必须由监理人签证认可。

八、索赔文件（报告）

1. 索赔文件的一般内容

索赔文件也称索赔报告，它是合同一方向对方提出索赔的书面文件。它全面反映了一方当事人对一个或若干个索赔事件的所有要求和主张，对方当事人也是通过对索赔文件的审核、分析和评价做出认可、要求修改、反驳甚至拒绝的回答。索赔文件也是双方进行索赔谈判或调解、仲裁、诉讼的依据，因此索赔文件的表达与内容对索赔的解决有重大影响。索赔方必须认真编写索赔文件。在合同履行过程中，一旦出现索赔事件，承包人应该按照索赔文件的构成内容，及时向业主提交索赔文件。索赔文件分单项索赔文件和一揽子索赔文件。

（1）单项索赔文件

单项索赔文件的一般格式如下：

1）题目。索赔报告的标题应该能够简要准确地概括索赔的中心内容，如"关于……事件的索赔"等。

2）事件。详细描述事件过程，主要包括：事件发生的工程部位、发生的时间、原因和经过，影响的范围以及承包人当时采取的防止事件扩大的措施，事件持续时间，承包人已经向业主或监理人报告的次数及日期，最终结束影响的时间，事件处置过程中的有关主要人员办理的有关事项等；还要包括双方信件交往、会谈，并指出对方如何违约，证据的编号等。

3）理由。指明索赔的依据主要是法律依据和合同条款的规定。合理引用法律和合同的有关规定，建立事实与损失之间的因果关系，说明索赔的合理合法性。

4）结论。指出事件造成的损失或损害及其大小，主要包括要求补偿的金额及工期，这部分只需列举各项明细数字及汇总数据即可。

5）详细计算书（包括损失估价和延期计算两部分）。为了证实索赔金额和工期的真实性，必须指明计算依据及计算资料的合理性，包括损失费用、工期延长的计算基础、计算方法、计算公式及详细的计算过程及计算结果。

6）附件。包括索赔报告中所列举事实、理由、影响等各种编过号的证明文件和证据、图表。

（2）一揽子索赔文件

对于一揽子索赔，其格式比较灵活，它实质上是将许多未解决的单项索赔加以分类和综合整理。一揽子索赔文件往往需要很大的篇幅，有时甚至需要几百页的佐证材料来描述其细节。一揽子索赔文件的主要组成部分如下：

1）索赔致函和要点。

2）总情况介绍（叙述施工过程、对方失误等）。

3）索赔总表（将索赔总数细分、编号，每一条目写明索赔内容的名称和索赔额）。

4）上述事件详述。

5）上述事件结论。

6）合同细节和事实情况。

7）分包人索赔。

8）工期延长的计算和损失费用的估算。

9）各种证据材料等。

2. 索赔文件的编写要求

编写索赔文件需要实际工作经验，索赔文件如果起草不当，就会失去索赔方的有利地位和条件，使正当的索赔要求得不到合理解决。对于重大索赔或一揽子索赔，索赔文件编写最好能在律师或索赔专家的指导下进行。以下以承包人索赔为例，说明编写索赔文件的基本要求。

（1）符合实际

索赔事件要真实、证据确凿。索赔的根据和款额应符合实际情况，不能虚构和扩大，更不能无中生有，这是索赔的基本要求。这既关系到索赔的成败，也关系到企业的信誉。一份符合实际的索赔文件，可使审阅者看后的第一印象是合情合理，因此不会立即予以拒绝。相反，如果索赔要求缺乏根据，不切实际地漫天要价，使对方一看就极为反感，甚至对其中合理的索赔部分也置之不理，就不利于索赔问题的最终解决。

（2）说服力强

1）符合实际的索赔要求，本身就具有说服力。除此之外，索赔文件中责任分析应清楚、准确。一般承包人的索赔所针对的事件都是由于非承包人责任而引起的，因此在索赔报告中要善于引用法律和合同中的有关条款，详细、准确地分析并明确指出对方应负的全部责任，并附上有关证据材料，不可在责任分析上模棱两可、含糊不清。对事件叙述要清楚明确，不应包含任何估计或猜测。

2）强调事件的不可预见性和突发性。说明即使一个有经验的承包人对它也不可能有预见或有准备，也无法制止；并且承包人为了避免和减轻该事件的影响和损失尽了最大的努力，及时采取了能够采取的措施。从而使索赔理由更加充分，更易于对方接受。

3）论述要有逻辑。明确阐述由于索赔事件的发生和影响，使承包人的工程施工受到严重干扰，并为此增加了支出，拖延了工期。应强调索赔事件、对方责任、工程受到的影响和索赔之间有直接的因果关系。

(3) 计算准确

索赔文件中应完整列入索赔值的详细计算资料，指明计算依据、计算原则、计算方法、计算过程及计算结果的合理性，必要的地方应做详细说明。计算结果要反复校核，做到准确无误，要避免高估冒算。计算上的错误，尤其是扩大索赔款的计算错误，会给对方留下恶劣的印象，对方会认为提出的索赔要求太不严肃，其中必有多处弄虚作假，从而会直接影响索赔的成功。

(4) 简明扼要

索赔文件在内容上应结构合理、条理清楚，各种定义、论述结论正确、逻辑性强，既能完整地反映索赔要求，又简明扼要，使对方能够很快地理解索赔的本质。索赔文件最好采用活页装订，打印整洁清晰。同时，用语应尽量婉转，避免使用强硬、不礼貌的语言。

九、索赔工作程序

索赔工作程序是指从索赔事件产生到最终处理的全过程所包括的工作内容和工作步骤。由于索赔工作的实质是承包人和业主在工程风险方面的重新分配，涉及双方的众多经济利益，因而是一项烦琐、细致、耗费精力和时间的过程。合同双方必须严格按照合同规定的索赔程序开展工作，才能获得索赔的成功。具体工程的索赔工作程序，应根据双方签订的施工合同确定。

在工程实践中，比较详细的索赔工作程序一般可分为如下主要步骤：

1. 索赔意向通知

索赔意向通知是一种维护自身索赔权利的文件。在工程实施过程中，承包人发现索赔或意识到存在潜在的索赔机会后，要做的第一件事就是要在合同规定的时间内将自己的索赔意向以书面形式及时通知业主或监理人，也就是向业主或监理人就某个或若干个索赔事件表示索赔愿望、要求或声明保留索赔的权利。索赔意向的提出是索赔工作程序中的第一步，其关键是抓住索赔机会，及时提出索赔意向。索赔意向通知，一般仅仅是向业主或监理人表明索赔意向，所以应当简明扼要。通常只要说明以下几点内容：①索赔事件发生的时间、地点、简要事实情况和发展动态；②索赔所依据的合同条款和主要理由；③索赔事件对工程成本和工期产生的不利影响。

FIDIC合同条件及我国建设工程施工合同条件都规定：承包人应在索赔事件发生后的28天内，将其索赔意向以正式函件通知监理人。反之，如果承包人没有在合同规定的期限内提出索赔意向或通知，承包人就会丧失在索赔中的主动和有利地位，发包人和监理人也有权拒绝承包人的索赔要求，这是索赔成立的有效条件和必备条件之一。《建设工程施工合同示范文本》（GF—2017—0201）通用条件第19条规定，如果承包人未在知道或应当知道索赔事件发生后28天内发出索赔意向通知书的，将丧失要求追加付款和（或）延长工期的权利；同样，如果发包人未在知道或应当知道索赔事件发生后28天内通过监理人向承包人提出索赔意向通知书的，将丧失要求赔付金额和（或）延长缺陷责任期的权利。

因此在实际工作中,承包人应避免合理的索赔要求由于未能遵守索赔时限的规定而导致无效。在实际的工程承包合同中,对索赔意向提出的时间限制不尽相同,只要双方经过协商达成一致并写入合同条款即可。建设工程施工合同要求承包人在规定期限内首先提出索赔意向,是基于以下考虑:

1)提醒业主或监理人及时关注索赔事件的发生、发展等的全过程。
2)为业主或监理人的索赔管理做准备,如可进行合同分析搜集证据等。
3)如属业主责任引起索赔,业主有机会采取必要的改进措施,防止损失的进一步扩大。

2. 准备索赔资料

从提出索赔意向到提交索赔文件,是属于承包人索赔的内部处理阶段和索赔资料的准备阶段。此阶段的主要工作有:

1)跟踪和调查干扰事件,掌握事件产生的详细经过和前因后果。
2)分析干扰事件产生的原因,划清各方责任,确定由谁承担,并分析这些干扰事件是否违反了合同规定,是否在合同规定的赔偿或补偿范围内,即确定索赔根据。
3)损失或损害调查或计算。通过对比实际和计划的施工进度和工程成本,分析经济损失或权利损害的范围和大小,并由此计算出工期索赔和费用索赔值。
4)搜集证据。从干扰事件产生、持续直至结束的全过程,都必须保留完整的书面记录,这是索赔能否成功的重要条件。在实际工作中,许多承包人的索赔要求都因没有或缺少书面证据而得不到合理解决,这个问题应引起承包人的高度重视。
5)起草索赔文件。按照索赔文件的格式和要求,将上述各项内容系统反映在索赔文件中。

索赔的成功很大程度上取决于承包人对索赔做出的解释和真实可信的证明材料。即使抓住了合同履行中的索赔机会,如果没有索赔证据或证据不充分,索赔要求也往往难以成功或大打折扣。因此,承包人在正式提出索赔报告前的资料准备工作极为重要。这要求承包人注意记录、积累和保存工程施工过程中的各种资料,并可随时从中提取与索赔事件有关的证明资料。

3. 提交索赔文件

承包人必须在合同规定的索赔时限内向业主或监理人提交正式的书面索赔文件。FIDIC合同条件和我国建设工程施工合同条件都规定,承包人必须在发出索赔意向通知后的28天内或经监理人同意的其他合理时间内,向监理人提交一份详细的索赔文件和有关资料。如果干扰事件对工程的影响持续时间长,承包人则应按监理人要求的合理时间间隔(一般为28天)提交中间索赔报告,并在干扰事件影响结束后的28天内提交一份最终索赔报告。如果承包人未能按时间规定提交索赔报告,就失去了该项事件请求补偿的索赔权利。此时,他所受到损害的补偿将不超过监理人认为应主动给予的补偿额。

4. 监理人审核索赔文件

监理人是受发包人的委托和聘请,对工程项目的实施进行组织监督和控制工作。在业主与承包人之间的索赔事件的处理解决过程中,监理人处于核心地位。监理人在接到承包人的索赔文件后,必须以完全独立的身份,站在客观公正的立场上审查索赔要求的正当性,必须对合同条件、协议条款等有详细的了解,以合同为依据公平处理合同双方的利益纠纷。监理人应该建立自己的索赔档案,密切关注事件的影响和发展,有权检查承包人的有关同期记录材料,随时就记录内容提出自己的不同意见或自己认为应予以增加的记录项目。

监理人根据发包人的委托或授权,对承包人索赔的审核工作主要分为判定索赔事件是否成立和核查承包人的索赔计算是否正确、合理两个方面，并可在业主授权的范围内做出自己独立的判断。承包人索赔要求的成立必须同时具备如下四个条件：

1）与合同相比较，事件已经造成了承包人实际的额外费用增加或工期损失。
2）造成费用增加或工期损失的原因不是由于承包人自身的原因造成的。
3）这种经济损失或权利损害也不是由承包人应承担的风险造成的。
4）承包人在合同规定的期限内提交了书面的索赔意向通知和索赔文件。

上述四个条件没有先后主次之分，并且必须同时具备，承包人的索赔才能成立。

监理人对索赔文件的审查重点主要有两步：

1）重点审查承包人的申请是否有理有据，即承包人的索赔要求是否有合同依据，所受损失确属不应由承包人负责的原因造成的，提供的证据是否足以证明索赔要求成立，是否需要提交其他补充材料等。

2）监理人应以公正的立场、科学的态度，重点审查并核算索赔值的计算是否正确、合理，分清责任，对不合理的索赔要求或不明确的地方提出反驳和质疑，或要求承包人做出进一步的解释和补充，并拟定自己计算的合理索赔款项和工期延展天数。

5. 监理人对索赔的处理与决定

监理人核查后初步确定应予补偿的额度，往往与承包人的索赔报告中要求的额度不一致，甚至差额较大，主要原因大多为对承担事件损害责任的界限划分不一致、索赔证据不充分、索赔计算的依据和方法分歧较大等，因此双方应就索赔的处理进行协商。通过协商达不成共识的话，监理人有权单方面做出处理决定，承包人仅有权得到所提供的证据满足监理人认为索赔成立那部分的经济补偿和工期延展。不论监理人是通过协商与承包人达成一致，还是其单方面做出的处理决定，批准给予补偿的款额和延展工期的天数如果在授权范围之内，就可将此结果通知承包人，并抄送业主。补偿款将计入下月支付工程进度款的支付证书内，业主应在合同规定的期限内支付，延展的工期加到原合同工期中。如果批准的额度超过监理人的权限，则应报请业主批准。

对于持续影响时间超过28天的工期延误事件，当工期索赔条件成立时，监理人对承包人每隔28天报送的阶段索赔临时报告审查后，每次均应做出批准临时延长工期的决定，并于事件影响结束后28天内审核承包人提出最终的索赔报告后，做出是否批准延展工期总天数的决定。应当注意的是：最终批准的工期总延展天数，不应少于以前各阶段已同意延展的天数之和。规定承包人在事件影响期间每隔28天提出一次阶段报告，可以使监理人能及时根据同期记录批准该阶段应予延展工期的天数，避免事件影响时间太长而不能准确确定处理意见。

监理人在经过对索赔文件的认真评审，并与发包人、承包人进行了充分的讨论后，应提出自己的索赔处理决定。通常，监理人的处理决定不是终局性的，对业主和承包人都不具有强制性的约束力。

我国建设工程施工合同条件规定，监理人收到承包人送交的索赔报告和有关资料后应在28天内给予答复，或要求承包人进一步补充索赔理由和证据。如果在28天内既未予答复、也未对承包人做进一步要求，则视为承包人提出的该项索赔要求已经认可。

6. 发包人审查索赔处理

当索赔数额超过监理人权限范围时，由发包人直接审查索赔报告，并与承包人谈判解决，监理人应参加发包人与承包人之间的谈判，监理人也可以作为索赔争议的调解人。发包人首先根据事件发生的原因、责任范围、合同条款审核承包人的索赔文件和监理人的处理报告；再依据工程建设的目的、投资控制、竣工投产日期要求以及针对承包人在施工中的缺陷或违反合同规定等的有关情况，决定是否批准监理人的处理决定。例如，承包人某项索赔理由成立，监理人根据相应合同条款的规定，既同意给予一定的费用补偿，又批准延展相应的工期，但发包人权衡了施工的实际情况和外部条件的要求后，可能不同意延展工期而宁愿给承包人费用补偿，要求承包人采取赶工措施，按期或提前完工。这样的决定只有发包人才有权做出。索赔报告经发包人批准后，监理人即可签发有关证书。对于数额比较大的索赔，一般需要发包人、承包人和监理人三方反复协商才能做出最终处理决定。

7. 索赔最终处理

如果承包人同意接受最终的处理决定，索赔事件的处理即告结束。如果承包人不同意，则可根据合同约定将索赔争议提交仲裁或诉讼。（使合同的索赔争议问题得到最终解决的方法参见第十章。）在仲裁或诉讼过程中，监理人作为工程全过程的参与者和管理者，可以作为见证人提供证据、进行答辩。

工程项目实施中会发生各种各样、大大小小的索赔、争议等问题，应该予以强调的是，合同各方应该争取尽量在最短的时间，以最低的解决成本，尽最大可能，以友好协商的方式解决索赔问题，不要轻易提交仲裁或诉讼。因为对工程争议的仲裁或诉讼往往非常费时、费力且代价高昂。

十、索赔技巧与艺术

索赔工作既有科学严谨的一面，又有艺术灵活的一面。对于一个确定的索赔事件往往没有预定的、确定的处理结果，它受制于双方签订的合同文件、各自的工程管理水平和索赔能力以及处理问题的公正性、合理性等因素。因此，索赔的成功不仅需要令人信服的法律依据、充足的理由和正确的计算方法，索赔的策略、技巧和艺术也相当重要。如何看待和对待索赔，实际上是个经营战略问题，是承包人对利益、关系、信誉等方面的综合权衡。首先，承包人应防止两种极端倾向：

1）只讲关系、义气和情意，忽视应有的合理索赔，致使企业遭受不应有的经济损失。

2）不顾关系，过分注重索赔，斤斤计较，缺乏长远的和战略性眼光，以致影响合同关系、企业信誉和长远利益。

此外，合同双方在开展索赔工作时，还要注意以下索赔技巧和艺术：

1）索赔是一项十分重要和复杂的工作，涉及面广，合同当事人应设专人负责索赔工作，指定专人收集、保管一切可能涉及索赔论证的资料，并加以系统的分析研究，做到处理索赔时以事实和数据为依据。对于重大的索赔，应聘请懂法律和合同，具有丰富的施工管理经验，懂财务会计，了解施工中的各个环节，善于从施工图、技术规范、合同条款及来往信件中找出矛盾，找出有依据的索赔理由等的索赔专家予以指导，组成强有力的谈判小组。

2）正确把握提出索赔的时机。索赔过早提出，往往容易遭到对方反驳或在其他方面可能施加的挑剔、报复等；索赔过迟提出，则容易留给对方借口，导致索赔要求遭到拒绝。因此，索赔方必须在索赔时效范围内适时提出。如果总是担心或害怕影响双方合作关系，有意将索赔要求拖到工程结束时才正式提出，就可能会事与愿违、适得其反。

3）及时、合理地处理索赔。索赔发生后，必须依据合同的规定及时地对索赔进行处理。

如果承包人的合理索赔要求长时间得不到解决，这些没能得到及时解决的单项索赔积累下来，有时可能就会影响整个建设工程项目的进度。此外，拖到后期的综合索赔往往还牵涉利息、预期利润补偿、工程结算、责任划分、质量问题的处理等，大大增加了处理索赔的难度。因此，尽量将单项索赔在执行过程中加以解决，这样做不仅对承包人有益，同时还体现了合同双方处理问题的诚意和水平，既维护了发包人的利益，又照顾了承包人的实际情况。

4）加强索赔的前瞻性，有效避免过多索赔事件的发生。由于工程项目的复杂多变，现场条件及气候环境的变化，招标文件及设计图中的错误等因素，索赔是不可避免的。尽管索赔不可避免，但发包人、承包人和监理人仍可采取有效措施来合理防范和减少索赔事件的发生。例如在工程的实施过程中，监理人可以将预料到的可能发生的问题及时告诉承包人，避免由于工程返工造成工程成本上升，这样既可以减轻承包人的压力，也可减少其通过索赔途径弥补工程成本上升所造成的利润损失的做法。另外，监理人在项目实施过程中，应对可能引起的索赔有所预测，及时采取补救措施，避免过多索赔事件的发生。

5）注意索赔程序和索赔文件的要求。承包人应该以正式书面方式向监理人提出索赔意向和索赔文件，索赔文件要求符合实际、根据充分、条理清楚、数据准确。

6）索赔谈判中注意方式方法。合同一方向对方提出索赔要求，进行索赔谈判时，措辞应婉转，说理应透彻，以理服人，而不是得理不让人。尽量避免使用抗议式提法，在一般情况下少用或不用如"你方违反合同""使我方受到严重损害"等类词句，最好采用"请求贵方做公平合理的调整""请在×××合同条款下加以考虑"等，既要正确表达自己的索赔要求，又不伤害双方的和气和感情，以达到合理处理索赔的良好效果。当一次次合理的索赔要求被对方拒绝或置之不理，并严重影响工程的正常进行时，索赔方可以采取较为严厉的措辞和切实可行的手段，以实现自己的索赔目标。

7）索赔处理时做适当必要的让步。在索赔谈判和处理时应根据情况做出必要的让步，扔"芝麻"抱"西瓜"，有所失才有所得。可以放弃金额小的小项索赔，坚持大项索赔。这样容易使对方做出让步，达到索赔的最终目的。

8）发挥公关能力。除了进行书信往来和谈判桌上的交涉外，有时还要发挥索赔人员的公关能力，采用合法的手段和方式，营造适合索赔争议解决的良好环境和氛围，促使索赔问题早日圆满解决。

索赔既是一门科学，又是一门"艺术"，它是一门融自然科学、社会科学于一体的边缘科学，涉及工程技术、工程管理、法律、财会、贸易、公共关系等在内的众多学科知识，因此索赔人员在实践过程中，应注重对这些知识的有机结合和综合应用，不断学习，不断体会，不断总结经验教训，才能更好地开展索赔工作。

第二节 建设工程工期索赔

一、建设工程工期延误的合同规定

工期延误是指工程实施过程中任何一项或多项工作实际完成日期迟于计划规定的完成日期，从而可能导致整个合同工期的延长。合同工期是施工合同中的重要条款之一，涉及发包人和承包人多方面的权利和义务关系。工期延误对合同双方一般都会造成损失。发包人因工程不能及时交付使用、投入生产而不能按计划实现投资效果，失去盈利机会，损失市场份额；承包人因工期延误而增加工程成本，如现场人工开支、机械停滞费用、现场管理费和企业管理费等，生产效率降低，企业信誉受到影响，最终还可能导致合同规定的误期损害赔偿费处罚。因此，工期延误的后果是形式上的时间损失，实质上的经济损失，无论是发包人还是承包人，都不愿意无缘无故地承担工期延误给自己造成的经济损失。建设工程合同工期是发包人和承包人经常发生争议的问题之一，工期索赔在整个索赔中占据了很高的比例，也是承包人索赔的重要内容之一。

1. 关于工期延误的合同一般规定

如果由于非承包人自身原因造成工期延误，在土木工程合同和房屋建造合同中，通常都规定承包人有权向发包人提出延长工期的索赔要求。这是施工合同赋予承包人要求延长工期的正当权利。如果能证实因此造成了额外的损失或开支，承包人还可以要求经济赔偿。

FIDIC 合同条件第 44 条规定："如果由于任何种类的额外或附加工程量，或本合同条件中规定的任何原因的拖延，或异常的恶劣气候条件，或其他可能发生的任何特殊情况，而非由于承包商的违约，使得承包商有理由为完成工程而延长工期，则监理人应确定该项延长的期限，并应相应通知发包人和承包商……"我国 2017 版建设工程施工合同示范文本通用条件第 7 条也对工期可以相应顺延进行了规定。此外，英国 JCT63 合同条件第 23 条、JCT80 合同条件第 25 条和 IFC84 合同条件第 2.3、2.4、2.5 条等条款也有类似的规定。

2. 关于误期损害赔偿费的合同一般规定

如果由于承包人自身原因未能在原定的或监理人同意延长的合同工期内竣工时，承包人则应承担误期损害赔偿费（见 FIDC 合同条件第 47 条，英国 JCT63 合同条件第 23 条，JCT80 合同条件第 24 条，IFC8 合同条件 4 第 2.6、27、2.8 条等条款），这是施工合同赋予发包人的正当权利。具体内容主要有两点：

1）如果承包人没有在合同规定的工期内或按合同有关条款重新确定的延长期限内完成工程时，监理人将签署一份承包人延误的证明文件。

2）根据此证明文件，承包人应承担违约责任，并向发包人赔偿合同规定的工期延误损失。发包人可从他自己掌握的已属于或应属于承包人的款项中扣除该项赔偿费，且这种扣款或支付，不应解除承包人对完成此项工程的责任或合同规定的承包人的其他责任与义务。

3. 承包人要求延长工期的目的

1）根据合同条款的规定，免去或推卸自己承担误期损害赔偿费的责任。

2）确定新的工程竣工日期及其相应的保修期。

3）确定与工期延长有关的赔偿费用，如由于工期延长而产生的人工费、材料费、机械费、分包费、现场管理费、总部管理费、利息、利润等额外费用。

二、工期延误的分类、识别与处理原则

（一）工期延误的分类和识别

1. 按工期延误原因划分

（1）因发包人及监理人自身原因或合同变更原因引起的延误

1）发包人拖延交付合格的施工现场。在工程项目前期准备阶段，由于发包人没有及时完

成征地、拆迁、安置等方面的有关前期工作，或未能及时取得有关部门批准的施工执照或准建手续等，造成施工现场交付时间推迟，承包人不能及时进驻现场施工从而导致工程拖期。

2）发包人拖延交付施工图。发包人未能按合同规定的时间和数量向承包人提供施工图，尤其是目前国内较多的边设计、边施工的项目，从而引起工期索赔。

3）发包人或监理人拖延审批施工图、施工方案、计划等。

4）发包人拖延支付预付款或工程款等。

5）发包人提供的设计数据或工程数据延误。如有关工程定位、测量放线的资料不准确。

6）发包人指定的分包商违约或延误。

7）发包人未能及时提供合同规定的材料或设备。

8）发包人拖延网络计划关键线路上工序的验收时间，造成承包人下道工序的施工延误。监理人对合格工程要求拆除或剥露部分工程予以检查，造成工程进度被打乱，影响后续工程的开展。

9）发包人或监理人发布指令延误，或发布的指令打乱了承包人的施工计划，发包人或监理人原因暂停施工导致的延误，发包人对工程质量的要求超出原合同的约定等。

10）发包人设计变更或要求修改设计图，发包人要求增加额外工程而导致工程量增加，发包人提出的工程变更或工程量增加引起施工程序的变动，发包人的其他变更指令导致工期延长等。

(2) 因承包人原因引起的延误

由承包人原因引起的延误一般是由其内部计划不周、组织协调不力、指挥管理不当等原因引起的。主要有：

1）施工组织不当，如出现窝工或停工待料现象。

2）质量不符合合同要求而造成的返工。

3）资源配置不足，如劳动力不足，机械设备不足或不配套，技术力量薄弱，管理水平低，缺乏流动资金等造成的延误。

4）开工延误。

5）劳动生产率低。

6）承包人雇佣的分包人或供应商引起的延误等。

显然，上述延误难以得到发包人的谅解，也不可能得到发包人或监理人给予延长工期的补偿。承包人若想避免或减少工程延误的罚款及由此产生的损失，只能加强内部管理或增加投入，或采取加速施工的措施。

(3) 不可控制因素导致的延误

1）人力不可抗拒的自然灾害导致的延误。如有记录可查的特殊反常的恶劣天气、不可抗力引起的工程损坏和修复。

2）特殊风险如战争、叛乱、革命、核装置污染等造成的延误。

3）不利的自然条件或客观障碍引起的延误等。如施工现场发现化石、古钱币或文物。

4）施工现场中其他承包人的干扰导致的延误。

5）合同文件中某些内容的错误或互相矛盾导致的延误。

6）罢工及其他经济风险引起延误。如因政府抵制或禁运而造成工程延误等。

2. 按工期延误的可能结果划分

(1) 可索赔延误

可索赔延误是指非承包人原因引起的工程延误，包括因发包人或监理人的原因和双方不可控制的因素引起的延误,并且该延误工序或作业一般应在网络进度计划的关键线路上。此时承包人可提出补偿要求,发包人应给予相应的合理补偿。根据补偿内容的不同,可索赔延误可进一步分为以下三种情况:

1) 只可索赔工期的延误。这类延误是由发包人、承包人双方都不可预料、无法控制的原因造成的延误,如上文所述的不可抗力、异常恶劣气候条件、特殊社会事件、其他第三方等原因引起的延误。对于这类延误,一般合同规定:发包人只给予承包人延长工期,不给予费用损失的补偿。但有些合同条件(如 FIDIC)中规定,对一些不可控制因素引起的延误,如"特殊风险"和"业主风险"引起的延误,业主还应给予承包费用损失的补偿。

2) 只可索赔费用的延误。这类延误是指由于发包人或监理人的原因引起的延误,但发生延误的活动对总工期没有影响,而承包人却由于该项延误负担了额外的费用损失。在这种情况下,承包人不能要求延长工期,但可要求发包人补偿费用损失,前提是承包人必须能证明其受到了损失或发生了额外费用,如因延误造成的人工费增加、材料费增加、劳动生产率降低等。

3) 可索赔工期和费用的延误。这类延误主要是由于发包人或监理人的原因而直接造成工期延误并导致经济损失。如发包人未及时交付合格的施工现场,既造成了承包人的经济损失,又侵犯了承包人的工期权利。在这种情况下,承包人不仅有权向发包人索赔工期,而且还有权要求发包人补偿因延误而发生的、与延误时间相关的费用损失。在正常情况下,对于此类延误,承包人首先应得到工期延长的补偿。但在工程实践中,由于发包人对工期要求的特殊性,对于即使是因发包人原因造成的延误,发包人也不批准任何工期的延长,即发包人愿意承担工期延误的责任,却不希望延长总工期。发包人这种做法实质上是要求承包人加速施工。由于加速施工所采取的各种措施而多支出的费用,就是承包人提出费用补偿的依据。

(2) 不可索赔延误

不可索赔延误是指因可预见的条件或在承包人控制之内的情况,或由于承包人自己的问题与过错而引起的延误。如果没有发包人或监理人的不合适行为,也没有上面所讨论的其他可索赔情况,那么承包人必须无条件地按合同规定的时间实施和完成施工任务,而没有资格获准延长工期。承包人不应向发包人提出任何索赔,发包人也不会给予工期或费用的补偿。相反,如果承包人未能按期竣工,还应支付误期损害赔偿费。

3. 按延误事件之间的时间关联性划分

1) 单一延误。单一延误是指在某一延误事件从发生到终止的时间间隔内,没有其他延误事件的发生,该延误事件引起的延误称为单一延误或非共同延误。

2) 共同延误。当两个或两个以上的单个延误事件从发生到终止的时间完全相同时,这些事件引起的延误称为共同延误。共同延误的补偿分析比单一延误要复杂。

3) 交叉延误。当两个或两个以上的延误事件从发生到终止只有部分时间重合时,称为交叉延误。由于工程项目是一个复杂的系统工程,影响因素众多,常常会出现多种原因引起的延误交织在一起,因此这种交叉延误的补偿分析比较复杂。实际上,共同延误是交叉延误的一种特殊情况。

4. 按延误发生的时间分布划分

(1) 关键线路延误

关键线路延误是指发生在工程网络计划关键线路上活动的延误。由于在关键线路上全部工序的总持续时间即为总工期,因而关键线路上的任何工序的延误都会造成总工期的推迟,因此，非承包人原因引起的关键线路延误，必定是可索赔延误。

(2) 非关键线路延误

非关键线路延误是指在工程网络计划非关键线路上活动的延误。由于非关键线路上的工序可能存在机动时间，因而当由于非承包人原因而发生非关键线路延误时，会出现以下两种可能性：

1) 延误时间少于该工序的机动时间。在此种情况下，所发生的延误不会导致整个工程的工期延误，因而发包人一般不会给予工期补偿。但若因延误发生额外开支时，承包人可以提出费用补偿要求。

2) 延误时间多于该工序的机动时间。此时，非关键线路上的延误会全部或部分转化为关键线路延误，从而成为可索赔延误。

(二) 工期延误的处理原则

1. 工期延误的一般处理原则

工期延误的影响因素可以归纳为两大类：第一类是合同双方均无过错的原因或因素而引起的延误，主要是指不可抗力事件和恶劣气候条件等；第二类是由于发包人或监理人原因造成的延误。一般地说，根据工程惯例对于第一类原因造成的工期延误，承包人只能要求延长工期，很难或无法要求发包人赔偿损失；而对于第二类原因造成的工期延误，假如发包人或监理人造成的延误已影响了关键线路上的工作，那么承包人既可要求延长工期，又可要求相应的费用赔偿；如果发包人或监理人造成的延误仅影响非关键线路上的工作，且延误后的工作仍属非关键线路，而承包人能证明因此（如劳动窝工、机械停滞等）引起了损失或额外开支，则承包人不能要求延长工期，但可以要求费用赔偿。

2. 共同延误和交叉延误的处理原则

所谓共同延误，是指对整个工程的综合影响方面而言的"共同延误"。共同延误可分两种情况：在同一项工作上同时发生两项或两项以上的延误；在不同的工作上同时发生两项或两项以上的延误。第一种情况主要有以下几种基本组合：

1) 可索赔延误与不可索赔延误同时存在。在这种情况下，承包人无权要求延长工期和费用补偿。可索赔延误与不可索赔延误同时发生时，可索赔延误就变成不可索赔延误，这是工程索赔的惯例。

2) 两项或两项以上可索赔工期的延误同时存在，承包人只能得到一项工期补偿。

3) 一项可索赔工期的延误与一项可索赔工期和费用的延误同时存在，承包人可获得一项工期补偿和一项费用补偿。

4) 两项或两项以上只可索赔费用的延误同时存在，承包人可得两项或两项以上费用补偿。

5) 一项可索赔工期的延误与两项或两项以上可索赔工期和可索赔费用的延误同时存在，承包人可获得一项工期补偿和两项或两项以上费用补偿。即在多项可索赔延误同时存在时，费用补偿可以叠加，工期补偿不能叠加。

第二种情况比较复杂。由于各项工作在工程总进度表中所处的地位和重要性不同，同等时间的相应延误对工程进度所产生的影响也就不同，所以对这种共同延误的分析就不像第一种情况那样简单。比如，不同工作上发包人延误（可索赔延误）和承包人延误（不可索赔延误）同时存在，承包人能否获得工期延长及经济补偿？对此应通过具体分析才能回答。首先，我们要分析不同工作中发包人延误和承包人延误分别对工程总进度造成了什么影响，然后将两种影响进行比较，对相互重叠部分，按第一种情况的原则处理。最后，看看剩余部分是发包人延误还是承包人延误造成的，如果是发包人延误造成的，就应该对这一部分给予延长工期和经济补偿；如果是承包人延误造成的，就不能给予任何工期延长和经济补偿。对其他几种组合的共同延误也应具体问题具体分析。

对于交叉延误具体分析如下：

1）在初始延误是由承包人原因造成的情况下，随之产生的任何非承包人原因的延误都不会对最初的延误性质产生任何影响，直到承包人的延误缘由和影响已不复存在。因而在该延误时间内，发包人原因引起的延误和双方不可控制因素引起的延误均为不可索赔延误。

2）如果在承包人的初始延误已解除后，发包人原因的延误或双方不可控制因素造成的延误依然在起作用，那么承包人可以对超出部分的时间进行索赔。

3）如果初始延误是由于发包人或监理人原因引起的，那么其后由承包人造成的延误将不会使发包人摆脱（尽管有时或许可以减轻）其责任。此时，承包人将有权获得从发包人的延误开始到延误结束期间的工期延长及相应的合理费用补偿。

4）如果初始延误是由双方不可控制因素引起的，那么在该延误时间内，承包人只可索赔工期，而不能索赔费用。

三、工期索赔的分析与计算方法

（一）工期索赔的依据与合同规定

工期索赔的依据主要有：合同约定的工程总进度计划；合同双方共同认可的详细进度计划，如网络图、横道图等；合同双方共同认可的月、季、旬进度实施计划；合同双方共同认可的对工期的修改文件，如会谈纪要、来往信件、确认信等；施工日志、气象资料；发包人或监理人的变更指令；影响工期的干扰事件；受干扰后的实际工程进度；其他有关工期的资料等。此外在合同双方签订的工程施工合同中有许多关于工期索赔的规定，它们可以作为工期索赔的法律依据，在实际工作中可供参考。

（二）工期索赔的程序

不同的工程合同条件对工期索赔有不同的规定。在工程实践中，承包人应紧密结合具体工程的合同条件，在规定的索赔时限内提出有效的工期索赔。下面从承包人的角度来分析几种不同合同条件下进行索赔时承包人的职责和一般程序。

1. 建设工程施工合同条件（GF—2017—0201）

《建设工程施工合同示范文本》通用条件第 7 条规定了工期相应顺延的前提条件。此外，如果发包人未能按合同约定履行自己的各项义务，或发生错误以及发包人承担责任的其他情况造成承包人工期延误的，承包人可按照索赔条款规定的程序向发包人提出工期索赔。

2. 水利水电土建工程施工合同条件（GF—2000—0208）

《水利水电土建工程施工合同示范文本》通用条件第 19 条第二款规定，属于下列任何一种情况引起暂停施工的，均为发包人的责任；由此造成工期延误的，承包人有权要求延长工期：

① 由于发包人违约引起的暂停施工。
② 由于不可抗力的自然或社会因素引起的暂停施工。
③ 其他由于发包人原因引起的暂停施工。

该合同条件第 20 条规定，在施工过程中，发生下列情况之一使关键工作的施工进度计划拖后而造成工期延误的，承包人可要求发包人延长合同规定的工期：

① 增加合同中任何一项的工作内容。

② 增加合同中关键工作的工程量超过专用合同条款规定的百分比。

③ 增加额外的工程项目。

④ 改变合同中任何一项工作的标准或特性。

⑤ 本合同中涉及的由发包人责任引起的工期延误。

⑥ 异常恶劣的气候条件。

⑦ 非承包人原因造成的工期延误。

发生上述事件后，承包人应按下列程序办理：

① 发生上述事件时，承包人应立即通知发包人和监理人，并在发出该通知后的28天内向监理人提交一份细节报告，详细说明该事件的情节和对工期的影响程度，并按合同规定修订进度计划和编制赶工措施报告报送监理人审批。若发包人要求修订的进度计划仍应保证工程按期完工，则应由发包人承担因采取赶工措施而增加的费用。

② 若事件的持续时间较长或事件影响工期较长，当承包人采取了赶工措施而无法实现工程按期完工时，除应按上述第①项规定的程序办理外，承包人应在事件结束后的14天内，提交一份补充细节报告，详细说明要求延长工期的理由，并修订进度计划。此时发包人除按上述第①项规定承担赶工费用外，还应按下述第③项规定的程序批准给予承包人延长工期的合理天数。

③ 监理人应及时调查核实上述第①和②项中承包人提交的细节报告和补充细节报告，并在审批修订进度计划的同时与发包人和承包人协商确定延长工期的合理天数和补偿费用的合理额度，并通知承包人。

3. FIDIC 施工合同条件

FIDIC 施工合同条件第 44 条规定，如果出现：

1）额外或附加工作（无论数量或性质）。

2）本合同条件中提到的任何延误原因，如获得现场占有权的延误（第42条），颁发施工图或指示的延误（第6条），不利的自然障碍或条件（第12条），暂时停工（第40条），额外的工作（第51条），工程的损害或延误（第20条和65条）。

3）异常恶劣的气候条件。

4）由发包人造成的任何延误、干扰或阻碍。

5）除去承包人不履行合同或违约或由他负责的以外，其他可能发生的特殊情况，则在此类事件开始发生之后的28天内，承包商应通知监理人并将一份副本呈交发包人；在上述通知之后的28天内，或在监理人可能同意的其他合理的期限内，向监理人提交承包商认为他有权要求的任何延期的详细申述，以便可以及时地对他申述的情况进行研究。监理人详细复查全部情况后，应在与发包人和承包人适当协商之后决定竣工日期延长的时间，并相应地通知承包人，同时将一份副本呈交发包人。

4. JCT 合同条件

英国合同联合仲裁委员会（Joint Contracts Tribunal）制定的标准合同文本 JCT 条件规定，承包人在进行工期索赔时必须遵循如下步骤：

1）一旦承包人认识到工程延误正在发生或即将发生，就应该立即以书面形式正式通知建筑师，而且该延误通知书中必须指出引起延误的原因及其相关事件。

2）承包人应尽可能快地详细给出延误事件的可能后果。

3）承包人必须尽快估算出竣工日期的推迟时间，而且必须单独说明每一个延误事件的影响，以及延误事件之间的时间相关性。

4）若承包人在延误通知书中提及了任一指定分包商，他就必须将延误通知书延误的细节及估计后果等复印件送交该指定分包商。

5）承包人必须随时向建筑师递交关于延误的最新发展状况及其对竣工日期影响的报告，并同时将复印件送交有关的指定分包商。承包人有责任在合同执行的全过程中随时报告延误的发生、发展及其影响，直至工程实际完成。

6）承包人必须不断地尽最大努力阻止延误的发展，并尽可能减少延误对竣工日期的影响。这不是说承包商必须增加支出以挽回或弥补延误造成的时间损失，而是承包商应确信工程进度是积极、合理的。

7）承包人必须完成建筑师的所有合理要求。如果发包人要求并批准采用加速措施，并支付合理的费用，承包商就有责任完成工程加速。

（三）工期索赔的分析与计算方法

1. 工期索赔的分析流程

工期索赔的分析流程包括延误原因分析、网络计划（CPM）分析、发包人责任分析和索赔结果分析等步骤。

（1）延误原因分析

分析引起工期延误是哪一方的原因，如果是由于承包人自身原因造成的，则不能索赔，反之则可索赔。

（2）网络计划分析

运用网络计划（CPM）方法分析延误事件是否发生在关键线路上，以决定延误是否可索赔。注意：关键线路并不是固定的，随着工程进展，关键线路也在变化，而且是在动态变化。关键线路的确定必须是依据最新批准的工程进度计划。在工程索赔中，一般只限于考虑关键线路上的延误，或者一条非关键线路因延误而已变成关键线路。

（3）发包人责任分析

结合CPM分析结果进行业主责任分析，主要是为了确定延误是否能索赔费用。若发生在关键线路上的延误是由于发包人原因造成的，那么这种延误不仅可索赔工期，还可索赔因延误而发生的额外费用，否则就只能索赔工程期。若由于发包人原因造成的延误发生在非关键线路上，则只能索赔费用。

（4）索赔结果分析

在承包人索赔已经成立的情况下，根据发包人是否对工期有特殊要求来分析工期索赔的可能结果。如果由于某种特殊原因，工程竣工日期在客观上不能改变，即对索赔工期的延误，发包人也可以不给予工期延长。这时，发包人的行为已实质上构成隐含指令——加速施工。因而，发包人应当支付承包人采取加速施工措施而额外增加的费用，即加速费用补偿。此处的费用补偿是指因发包人原因引起的延误时间因素造成承包人负担了额外的费用而得到的合理补偿。

2. 工期索赔计算方法

（1）网络分析法

承包人提出工期索赔，必须先行确定干扰事件对工期的影响值，即工期索赔值。工期索分析的一般思路是：假设工程一直按原网络计划确定的施工顺序和时间施工，当一个或一些干扰事件发生后，使网络中的某个或某些活动受到干扰而延长施工持续时间；将这些活动受干扰后的新的持续时间代入网络计划中，重新进行网络分析和计算，即会得到一个新工期。新工期与原工期之差即为干扰事件对总工期的影响，即为承包人的工期索赔值。网络分析是一种科学、合理的计算方法，它是通过分析干扰事件发生前后的网络计划之差异而计算工期索赔值的，通常可适用于各种干扰事件引起的工期索赔。但对于大型、复杂的工程，手工计算比较困难的，还需借助计算机来完成。

（2）比例类推法

在实际工程中，若干扰事件仅影响某些单项工程、单位工程或分部分项工程的工期，要分析它们对总工期的影响，可采用较简单的比例类推法。比例类推法可分为以下两种情况：

1）按工程量进行比例类推。当计算出某一分部分项工程的工期延长后，还要把局部工期转变为整体工期，这可以用局部工程的工作量占整个工程工作量的比例来折算。

2）按造价进行比例类推。若施工中出现了很多大小不等的工期索赔事由，较难准确地单独计算且又麻烦时，可经双方协商，采用造价比较法确定工期补偿天数。

比例类推法简单、方便，易于被人们理解和接受，但不够科学、合理，有时甚至不符合工程实际情况，且对有些情况，如发包人变更施工次序等不适用，甚至会得出错误的结果，因此在实际工作中应予以注意，正确掌握其适用范围。

（3）直接法

有时，干扰事件直接发生在关键线路上或一次性地发生在一个项目上，造成总工期的延误。这时可通过查看施工日志、变更指令等资料，直接将这些资料中记载的延误时间作为工期索赔值。如承包人按监理人的书面工程变更指令，完成变更工程所多用的实际工时即为工期索赔值。

（4）工时分析法

某一工种的分项工程项目延误事件发生后，按实际施工的程序统计出所用的工时总量，然后按延误期间承担该分项工程工种的全部人员投入来计算要延长的工期。

第三节　建设工程费用索赔

费用索赔是指承包人在非自身因素影响下而遭受经济损失时向发包人提出补偿其额外费用损失的要求。因此，索赔费用应是承包人根据合同条款的有关规定，向发包人索取的合同价款以外的费用。索赔费用不应被视为承包人的意外收入，也不应被视为发包人的不必要开支。实际上，索赔费用的存在是由于订立合同时还无法确定的某些应由发包人承担的风险因素导致的结果。承包人的投标报价中一般不考虑应由发包人承担的风险对报价的影响，因此一旦这类风险发生并影响承包人的工程成本时，承包人提出费用索赔就是一种正常现象和合情合理的行为。

一、费用索赔的原因及特点

1. 费用索赔的原因

引起费用索赔的原因是由于合同环境发生变化而使承包人遭受了额外的经济损失。归纳起

来,费用索赔产生的常见原因主要有:
1) 发包人违约。
2) 工程变更。
3) 发包人拖延支付工程款或预付款。
4) 工程加速。
5) 发包人或监理人责任造成的可索赔费用的延误。
6) 非承包人原因的工程中断或终止。
7) 工程量增加(不含发包人失误)。
8) 其他:如发包人指定分包商违约,合同缺陷,国家政策及法律法令变更等。

2. 费用索赔的特点

费用索赔是工程索赔的重要组成部分,是承包人进行索赔的主要目标。与工期索赔相比,费用索赔有以下一些特点:

1) 费用索赔的成功与否及其索赔金额的大小事关承包人的盈亏,也影响发包人的工程项目建设成本,因而费用索赔常常是比较困难且双方分歧比较大的索赔。特别是对于发生亏损或接近亏损的承包人和财务状况不佳的发包人,情况就更是如此。

2) 费用索赔的计算比索赔资格或权利的确认更为复杂。费用索赔的计算不仅要依据合同条款与合同规定的计算原则和方法,而且还可能要依据承包人投标时采用的计算基础和方法,以及承包人的历史资料等。费用索赔的计算没有统一的合同双方共同认可的计算方法,因此费用索赔的确定及认可是索赔工作中一项较为困难的工作。

3) 在工程实践中,常常是许多干扰事件交织在一起,承包人成本的增加或工期延长的发生时间及其原因也常常交织在一起,很难清楚、准确地划分开,尤其是对于一揽子综合索赔来说。对于像生产率降低损失及工程延误引起的承包人利润和总部管理费损失等费用的确定,很难准确地计算出来,双方往往有很大的分歧。

二、索赔费用的分类构成

1. 可索赔费用的分类

(1) 按可索赔费用的性质划分

在工程实践中,承包人的费用索赔包括额外工作索赔和损失索赔。额外工作索赔费用包括额外工作的实际成本及其相应利润。对于额外工作索赔,发包人一般以原合同中的适用价格为基础,或者以双方商定的价格或监理人确定的合理价格为基础给予补偿。实际上,进行合同变更、追加额外工作,可索赔费用的计算相当于一项工作的重新报价。损失索赔包括实际损失索赔和可得利益索赔。实际损失是指承包人多支出的额外成本;可得利益是指如果发包人不违反合同,承包人本应取得的、但因发包人违约而丧失了的利益。计算额外工作索赔和损失索赔的主要区别是:前者的计算基础是价格,而后者的计算基础是成本。

(2) 按可索赔费用的构成划分

可索赔费用按项目构成可分为直接费和间接费。其中,直接费包括人工费、材料费、机械设备费、分包商费用,间接费包括现场和公司总部管理费、保险费、利息及保函手续费等项目。可索赔费用计算的基本方法是按上述费用构成项目分别分析、计算,最后汇总求出总的索赔费用。按照工程惯例,下列费用不包含在索赔费用中,是不能索赔的:①承包人对索赔事项的发生原因负有责任的有关费用；②承包人对索赔事项未采取减轻措施，因而扩大的损失费用；③承包人进行索赔工作的准备费用；④在索赔处理期间的利息、仲裁费用、诉讼费用等。

2. 索赔费用构成

索赔费用的主要组成部分，同建设工程施工合同价的组成部分相似。由于我国关于施工合同价的构成规定与国际惯例不尽一致，所以在索赔费用的组成内容上也有所差异。按照我国现行规定，建筑安装工程合同价一般包括直接费、间接费、计划利润和税金。而国际上的惯例是将建筑安装工程合同价分为直接费、间接费和利润三部分。

从原则上说，凡是承包人有索赔权的工程成本的增加，都可以列入索赔的费用。但是，对于不同原因引起的索赔，可索赔费用的具体内容则有所不同。索赔方应根据索赔事件的性质，分析其具体的费用构成内容。此外，索赔费用项目的构成会随工程所在地国家或地区的不同而不同，即使在同一国家或地区，随着合同条件具体规定的不同，索赔费用的项目构成也会不同。

索赔费用主要包括的项目如下：

（1）人工费

人工费主要包括生产工人的工资津贴、加班费、奖金等。对于索赔费用中的人工费部分来说，主要是指完成合同之外的额外工作所花费的人工费用；由于非承包人责任的工效降低所增加的人工费用；超过法定工作时间的加班费用；法定的人工费增长以及非承包人责任造成的工程延误导致的人员窝工费；相应增加的人身保险和各种社会保险支出等。

在以下几种情况下，承包人可以提出人工费的索赔：

1）因发包人增加额外工程，或因发包人或监理人原因造成工程延误，导致承包人人工单价的上涨和工作时间的延长。

2）工程所在国法律法规政策等变化而导致承包人工费用方面的额外增加，如提高当地雇佣工人的工资标准、福利待遇或增加保险费用等。

3）若由于发包人或监理人原因造成的延误或对工程的不合理干扰打乱了承包人的施工计划，致使承包人劳动生产率降低，导致人工工时增加的损失，承包人有权向发包人提出生产率降低损失的索赔。

（2）材料费

可索赔的材料费主要包括：

1）由于索赔事项导致材料实际用量超过计划用量而增加的材料费。

2）由于客观原因导致材料价格大幅度上涨而增加的材料费。

3）由于非承包人责任工程延误导致的材料价格上涨而增加的材料费。

4）由于非承包人原因致使材料运杂费、采购与保管费用上涨而增加的材料费。

5）由于非承包人原因致使额外低值易耗品使用而增加的材料费等。

在以下两种情况下，承包人可提出材料费的索赔：

1）由于发包人或监理人要求追加额外工作、变更工作性质、改变施工方法等，造成承包人的材料耗用量增加，包括使用数量的增加和材料品种或种类的改变。

2）在工程变更或发包人延误时，可能会造成承包人材料库存时间延长、材料采购滞后或采用代用材料等，从而引起材料单位成本的增加。

（3）机械设备费

1）由于完成额外工作增加的机械设备使用费。

2）因非承包人责任而致使的工效降低而增加的机械设备闲置、折旧和修理费分摊租赁费用。

3）由于业主或监理人原因造成的机械设备停工的窝工费。机械设备台班窝工费计算，如是租赁设备，一般按实际台班租金加上每台班分摊的机械调进调出费计算；如是承包人自有设备，一般按台班折旧费计算，而不能按全部台班费计算，因台班费中包括了设备使用费。

4）非承包人原因增加的设备保险费运费及进口关税等。

（4）现场管理费

现场管理费是某单个建设工程施工合同发生的、用于现场管理的总费用，一般包括现场管理员的费用，办公费，通信费，差旅费，固定资产使用费，工具用具使用费，保险费，工程排污费，供热，供水及照明费等。它一般约占工程总成本的5%～10%。索赔费用中的现场管理费是指承包人完成额外工程、索赔事项工作以及工期延误期间的工地管理费。在确定分析索赔费用时，有时把现场管理费具体又分为可变部分和固定部分。所谓可变部分是指在工程延期期间可以调到其他工程部门（或其他工程项目）的那部分人员和设施；所谓固定部分是指工程延期期间不能调动到其他工程部门（或其他工程项目）的那部分人员或设施。

（5）总部管理费

总部管理费是承包人施工企业所发生的管理费用，一般包括企业管理费用、企业经营活动费用、差旅交通费、办公费、通讯费、固定资产折旧、修理费、职工教育培训费、保险费、税金等。它一般约占企业总营业额的3%～10%。索赔费用中的总部管理费主要指的是工程延误期间所增加的管理费。

（6）利息

利息，又称融资成本或资金成本，是企业取得和使用资金所付出的代价。融资成本主要有两种：额外贷款的利息支出和使用自有资金引起的机会损失。只要因发包人违约（如发包人拖延或拒绝支付各种工程款、预付款或拖延退还扣留的保留金）或其他合法索赔事项直接引起了额外贷款，承包人就有权向发包人就相关的利息支出提出索赔。

利息的索赔通常发生于下列情况：

1）业主拖延支付预付款、工程进度款或索赔款等，给承包人造成较严重的经济损失，承包人因而提出拖付款的利息索赔。

2）由于工程变更和工期延误增加投资的利息。

3）施工过程中业主错误扣款的利息等。

（7）分包商费用

索赔费用中的分包商费用是指分包商的索赔款项，一般也包括人工费、材料费、施工机械设备使用费等。因发包人或监理人原因造成分包商的额外损失，分包商首先应向承包人提出索赔要求和索赔报告，然后以承包人的名义向业主提出分包工程增加费及相应管理费用索赔。

（8）利润

对于不同性质的索赔，取得利润索赔的成功率是不同的。在以下几种情况下，承包人一般可以提出利润索赔：

1）因设计变更等变更引起的工程量增加。

2）施工条件变化导致的索赔。

3）施工范围变更导致的索赔。

4）合同延期导致机会利润损失。
5）由于发包人的原因终止或放弃合同带来预期利润损失等。
(9) 其他
其他索赔费用包括相应保函手续费、保险费、银行手续费及其他额外费用的增加等。

复习思考题

1. 什么是索赔？索赔有哪些特征？索赔管理有哪些特点？
2. 常见的索赔事件有哪些？
3. 索赔如何分类？开展索赔工作有哪些作用？
4. 索赔的依据、证据和索赔文件应包括哪些内容？
5. 结合具体工程项目，分析索赔工作的基本程序。
6. 在索赔过程中应注意哪些技巧和艺术？
7. 判断承包商索赔是否成立应具备哪些条件？
8. 分析监理人在索赔工作中的地位和作用。
9. 在施工合同中对由于发包人和承包人原因影响的工期延误分别有何规定？
10. 工程延误如何分类？工程延误的一般处理原则是什么？
11. 工期索赔的合同依据有哪些？
12. 试举例说明工期索赔的分析流程。
13. 工期索赔有哪些方法？具体如何应用？
14. 举例说明费用索赔的原因有哪些。

第十章 建设工程合同争议处理

第一节 建设工程合同的常见争议

建设工程合同纠纷,是指建设工程合同当事人对合同条款的理解产生异议或因当事人违反合同约定,不履行合同中应承担的义务等原因而产生的纠纷。产生建设工程合同纠纷的原因十分复杂,主要是目前建筑市场不规范、建设法律法规不完善等外部环境问题,市场主体行为不规范、合同意识和诚信履约意识淡薄等主体问题,建设工程项目的特殊性、复杂性、长期性和不确定性等项目环境,以及建设工程合同本身的复杂性和易出错性等众多原因导致的。常见的争议有以下几个方面:

1. 工程价款支付主体争议

承包人被拖欠巨额工程款已成为整个建设领域中屡见不鲜的"正常事"。工程实践中往往出现建设工程项目的发包人并非工程真正的建设单位,也并非工程的权利人。在该种情况下,发包人通常不具备工程价款的支付能力,那承包人该向谁主张权利,以维护其合法权益成为合同争议的焦点。在此情形下,承包人应理顺合同关系,寻找突破口,向真正的发包人主张权利,以保证合法权利不受侵害。

2. 工程价款结算及审价争议

尽管施工合同中已列出了工程量,约定了合同价款,但实际施工中会有很多变化,包括设计变更、监理人签发的变更指令、现场条件变化,以及由于计量方法不同等引起的工程量增减。这种工程量的变化在施工过程中经常发生,承包人通常会在其每月申请工程进度款报表中列出,希望得到(额外)付款,但常因与监理人持不同意见而遭拒绝或者拖延不决。这些实际工作已完而未获得付款的金额,由于日积月累,在施工后期可能会累计增加到一个很大的数额,此时发包人便更加不愿支付,因而将造成更大的分歧和争议。在整个施工过程中,发包人在按进度支付工程款时往往会根据监理人的意见,扣除那些他们未予确认的工程或存在质量问题的已完工程的应付款项,这种未付款项累积起来也可能形成一笔很大的金额。随着工程的进展,越往后这种情况便越发严重。承包人会认为由于未得到足够的工程款而放缓工程进度,甚至会暂停施工；而发包人则会认为在工程进度拖延的情况下更不能多支付给承包人任何款项，这会使合同的争议和纠纷陷入愈演愈烈的恶性循环当中。工程中还有一种常见的情形是，大量的发包人在资金尚未落实的情况下就开始了工程建设，致使发包人或千方百计要求承包人垫资施工，或不愿支付应当支付给承包人的工程预付款，或尽量拖延支付进度款以及拖延工程结算等，从而使承包人的合法权益得不到保障，最终引起合同纠纷与争议。

3. 工程工期拖延争议

一项工程的工期延误，往往是由于错综复杂的原因造成的，要分清各方的责任往往十分困难。很多建设工程施工合同的合同条件中都会专门约定竣工逾期违约金。实践中发现，某个具体工程的发包人往往会要求承包人承担工程竣工逾期的违约责任，而承包人则会要求因诸多发包人原因及不可抗力等非承包人原因而导致的工期顺延。双方如果对此达不成一致意见，就会形成工程工期拖延方面的争议和纠纷。

4. 工程质量及保修争议

工程质量方面的争议包括工程设备的性能和规格不符合合同约定，工程中所使用材料的质量不符合合同的约定，已完分部分项工程不合格以及隐蔽工程不合格等。这类质量争议在施工上主要表现为：监理人或发包人要求拆除和移走不合格材料，或者返工重做，或者修补后予以降低合同价格。对于设备质量问题，则常见于在调试和性能试验后，发包人不同意验收移交要求更换设备或部件，甚至退货并赔偿经济损失。而承包人则认为缺陷是可以改正的，或者业已改正；对生产设备质量则认为是性能测试方法错误，或者制造产品所投入的原料不合格，或者是操作方面的问题等，此时质量争议往往会演变成为责任问题争议。

此外，保修期的缺陷修复问题往往是发包人和承包人争议的焦点，特别是发包人要求承包人修复工程缺陷而承包人拖延修复，或发包人未通知承包人就自行委托第三人对工程缺陷进行修复。在此情况下，发包人要在预留的保修金中扣除相应的修复费用，承包人则主张产生缺陷的原因不在于承包人或发包人未履行通知义务且其修复费用未经其确认而不予同意。

5. 合同终止争议

合同终止造成的争议有：承包人因合同终止造成的损失严重而得不到足够的补偿，发包人对承包人提出的就终止合同的补偿费用计算有异议；承包人因设计错误或发包人拖欠应支付的工程款而造成合同履行困难而提出终止合同，发包人不承认承包人提出的终止合同的理由，也不同意承包人提出的经济补偿要求等。合同终止一般都会给某一方或者双方造成严重的损害，因此除不可抗力外，任何合同终止的争议往往都是由于发承包双方在合同履行中存在难以调和的矛盾。如何合理处置合同终止后双方的权利和义务，往往是这类争议的焦点。

1）属于承包人责任引起的合同终止。例如，发包人认为并证明承包人不履行合同主要义务，承包人违法分包或转包，承包人已完工程经验收不合格却拒绝修复或返工，承包人严重拖延工期并证明已无能力改变局面，承包人破产或严重负债而无力偿还致使工程停滞等。在这些情况下，发包人可以宣布终止与该承包人的合同，并要求承包人赔偿因此给发包人造成的损失；承包人则往往会否认自己的责任，并要求取得已完工程付款，同时要求发包人补偿其已运到现场的材料、设备和各种设施的费用，还要求发包人赔偿其各项经济损失，并退还被发包人扣留的银行保函等。

2）属于发包人责任引起的合同终止。例如，发包人不履行合同的主要义务、严重拖延应付工程款并被证明已无力支付欠款，发包人破产或无力清偿债务，发包人严重干扰或阻挠承包人的工作,等等。在这种情况下,承包人可能宣布终止与该发包人的合同,并要求发包人赔偿其因合同终止而遭受的严重损失。

3)不属于任何一方责任引起的合同终止。例如,由于不可抗力使得合同的目的无法实现,发承包双方的任何一方有权终止合同,工程实践中发生的自然灾害、社会动乱等原因都属于此类。尽管双方可以引用不可抗力条款宣布终止合同,但如果另一方对此有不同看法或者合同中没有明确规定这类合同终止的后果处理办法,双方就应通过协商处理;若达不成一致,则按争议处理方式申请仲裁或诉讼。

4)任何一方由于自身原因而引起的合同终止。例如发包人因改变整个设计方案、改变工程建设地点或者其他任何原因而通知承包人终止合同,承包人因其总部的某种安排而主动要求终止合同等。这类由于一方的需要而非对方的过失而要求终止合同的情况,大都发生在工程开始的初期,而且要求终止合同的一方通常会认识到并且会同意给予对方适当的补偿,但是仍然可能在补偿范围和金额方面发生争议。例如,在发包人因自身原因要求终止合同时,可能会承诺给承包人补偿的范围只限于其实际损失,而承包人可能还要求补偿其失去承包其他工程的机会而遭受的机会损失和预期利润。

第二节 建设工程合同争议的解决方式

《合同法》第一百二十八条规定:"当事人可以通过和解或者调解解决合同争议。当事人不愿和解、调解或者和解、调解不成的,可以根据仲裁协议向仲裁机构或者其他仲裁机构申请仲裁。涉外合同的当事人可以根据仲裁协议向中国仲裁机构或者其他仲裁机构申请仲裁。当事人没有订立仲裁协议或者仲裁协议无效的,可以向人民法院起诉。当事人应当履行发生法律效力的判决、仲裁裁决、调解书;拒不履行的,对方可以请求人民法院执行。"在我国,建设工程合同争议的解决方式主要有和解、调解、争议评审、仲裁和诉讼五种。

一、和解

1. 和解的概念和原则

和解是指在合同发生争议后,合同当事人在自愿互谅基础上,依照法律、法规的规定和合同的约定自行协商解决合同争议。和解是解决合同争议最常见、最简便、最有效、最经济的一种方法。所以,发生合同争议后,应当提倡双方当事人进行广泛且深入的协商,争取通过和解解决争议。和解应遵循以下原则:

(1)合法原则

合法原则要求工程合同当事人在以和解方式解决合同纠纷时,必须遵守国家法律、法规的要求,所达成的协议内容不得违反法律、法规的规定,也不得损害国家利益、社会公共利益和他人的利益。这是以和解方式解决工程合同纠纷的当事人应当遵守的首要原则。如果违背了合法原则,双方当事人即使达成了和解协议,协议也是无效的。

(2)自愿原则

自愿原则是指工程合同当事人对于采取自行和解方式解决合同纠纷的方式,是自己选择或愿意接受的,并非受到对方当事人的强迫威胁或其他的外界压力。同时,双方当事人协议的内容也必须是出于自愿，决不允许任何一方给对方施加压力，以终止合同等手段相威胁，迫使对方达成只有对方尽义务，没有自己承担责任的"霸王协议"。

（3）平等原则

平等原则是指在合同发生争议时，不论当事人经济实力雄厚还是薄弱，也不论双方当事人是法人还是非法人的其他经济组织或者个人，都要互相尊重、平等对待，都有权提出自己的理由和建议，都有权对对方的观点进行质疑和辩论，不允许以强欺弱、以大欺小。

（4）互谅互让原则

互谅互让原则是指工程合同双方当事人在如实陈述客观事实和理由的基础上，还要多从自身找原因，认识在引起合同纠纷问题上自己应当承担的责任，而不能片面强调对自己有利的事实和理由而不顾及全部的事实；或片面指责对方当事人，要求对方承担责任。即使自身没有过错，也不能得理不让人。这也正是合同的协作履行原则在处理工程合同争议中的具体运用。

2. 争议和解注意要点

（1）坚持原则

在工程合同争议的协商过程中，双方当事人既要互相谅解、以诚相待，勇于承担各自的责任，又不能进行无原则的和解，要杜绝在解决纠纷时存在损害国家利益和社会公共利益的行为，尤其是对解决合同争议过程中的行贿受贿行为要进行揭发检举；对于违约责任的处理，只要工程合同中约定的违约责任是合法的，就应当追究违约方的违约责任，违约方应当主动承担违约责任，受害方也应当积极向违约方追究违约责任，绝不能以协作为名，假公济私。

（2）分清责任

和解解决工程合同争议的基础是分清责任，尤其是在市场竞争中，当事人都应保持良好的形象和信誉，明确各方的权利和责任。当事人双方要实事求是地分析争议产生的原因，不能一味地推卸责任，否则不利于争议的解决。应当以详细和可靠的证据材料证明事实依据，应当以相应的合同条款作为处理争议的法定依据，即始终坚持以摆事实、讲道理的态度对待争议。

（3）及时解决

双方当事人自愿采取和解方式解决工程合同争议时应当注意合同争议要及时解决。由于和解不具有强制执行的效力，所以容易出现当事人反悔的情况。如果双方当事人在协商过程中出现僵局，争议迟迟得不到解决，就不应该继续坚持和解解决的方式，否则会使合同争议进一步扩大，特别是一方当事人故意实施不法侵害行为时，更应当及时采取其他方式解决。

（4）注意把握和解的技巧

首先要求当事人双方坚持和解的原则，诚实信用，以礼相待，处处表现出宽容和善意。其次，要求当事人在意思表达准确的同时，还要恰当使用协商语言，而不使用过激的或模棱两可的语言。再次，在协商过程中要摆事实、讲道理。讲道理时，一定要围绕中心，抓住主要问题，以使合同争议的主要问题及时得到解决。在某些场合下还要注意"得理让人"，对于非原则问题，可以做一些必要的让步，以使对方当事人感到诚意，从而使问题及早得到彻底的解决。

任何协商都不是一蹴而就和顺顺利利的，而是可能有多种情况出现：一是双方均不妥协，谈判陷入僵局。这时比较可行的办法是委托双方当事人都信赖的第三人进行场外劝解，重新谈判；但第三人只在当事人之间起"牵线搭桥"的作用，并不实质上参与协商。二是谈判达成谅解，这时应及时将谈判结果写成书面文件，并由双方正式签署。新的协议文件应当是处理方案明确，且有处理的合理期限，以利实施。三是谈判破裂，当在谈判已明显出现不可能达成妥协方案时，应当为采取其他解决争议的方式做好准备。

二、调解

1. 调解的概念和原则

调解是指在合同发生争议后，在第三人的参加与主持下，通过查明事实、分清是非、说服劝导，向争议的双方当事人提出解决方案，促使双方在互谅互让的基础上自愿达成协议，从而解决争议的活动。调解一般应遵循以下原则：

（1）自愿原则

工程合同争议的调解过程，是双方当事人弄清事实真相、分清是非、明确责任、互谅互让、提高法律观念、自愿取得一致意见并达成协议的过程。因此，只有在双方当事人自愿接受调解的基础上，调解人才能进行调解。如果争议当事人双方或一方根本不愿意用调解的方式解决纠纷，那么就不能进行调解。另外，调解人的身份必须得到双方当事人的认可，调解协议也必须由双方当事人自愿达成。调解人在调解过程中必须充分尊重当事人的意愿，要耐心听取双方当事人和关系人的意见，并对这些意见进行分析研究。在查明事实、分清是非的基础上，对双方当事人进行说服教育和耐心劝导，促使双方当事人互相谅解，达成协议。调解人不能代替当事人达成协议，也不能把自己的意志强加给当事人。

（2）合法原则

合法原则首先要求工程合同双方当事人达成协议的内容必须合法，不得同法律、法规和政策相违背，也不得损害国家利益、社会公共利益和第三人的合法权益。此外，在任何情况下，都必须要求调解人在调解活动中坚持合法原则，否则难以保证调解协议内容的合法性。比如，如果调解活动不讲原则，一味强调让步，或违反法律，那么达成的协议结果既损害了当事人的利益，所达成的调解协议也没有任何保障。合同当事人只能在法律、法规允许的范围内自由地处分自己的权利，超越当事人可以自由处分的权利范围的，调解人就不能调解。

（3）公平原则

公平原则要求调解人秉公办事、不徇私情、平等待人、公平合理地解决问题，尤其是在承担相应责任方面，绝不能采用"和稀泥""各打五十大板"等无原则的方式，而应该实事求是，遵循权利与义务对等、责权利相一致的公平原则，这样才能够取得双方当事人的信任，促使他们自愿地达成协议。否则，如果偏袒一方而打压另一方，就只会引起当事人的反感而不利于争议的解决。

2. 调解方式

（1）行政调解

行政调解是指工程合同发生争议后，根据双方当事人的申请，在有关行政主管部门主持下，双方自愿达成协议的解决合同争议的方式。工程合同争议的行政调解人一般是一方或双方当事人的业务主管部门。因为业务主管部门对下属企业单位的生产经营和技术业务等情况比较熟悉和了解，他们能在符合国家法律政策的要求下教育并说服当事人自愿达成调解协议。这样既能满足各方的合理要求，维护其合法权益，又能使合同争议得到及时而彻底的解决。

（2）法院调解或仲裁调解

法院（或仲裁）调解是指在合同争议的诉讼（或仲裁）过程中，在法院（或仲裁机构）

的主持和协调下，双方当事人进行平等协商，自愿达成协议，并经法院（或仲裁机构）认可从而终结诉讼（或仲裁）程序的活动。调解书经双方当事人签收后，即发生法律效力，当事人不得反悔，必须自觉履行。调解未达成协议或者调解书签收前当事人一方或双方反悔的，调解即告终结，法院（或仲裁庭）应当及时裁决而不得久调不决。调解书发生法律效力后，如果一方不履行，另一方当事人可以向人民法院申请强制执行。

(3) 人民（民间）调解

人民（民间）调解是指合同发生争议后，当事人共同协商，请有威望、受信赖的第三人，包括人民调解委员会、企事业单位或其他经济组织、一般公民以及律师、专业人士等作为中间调解人，双方合理合法地达成解决争议的协议。人民调解可以制作书面的调解协议，也可以双方当事人口头达成调解协议。无论是书面的还是口头的调解协议，均没有法律约束力，靠当事人自觉履行，以双方当事人的信誉、道德良心，以及主持人的人格力量、威望等来保证履行。律师或专业人士主持调解争议可以在一定程度上弥补我国现有调解队伍力量不足的现象。由于律师和专业人士本身良好的素质，具有一定的专业知识和法律水平，熟悉政策与规范，更有利于说服当事人，从而使当事人双方的争议在更加合乎法律和情理的情况下解决，这样有助于加强法律的宣传和教育作用，提高当事人的法制观念。另一方面，律师和专业人士主持调解有利于缓解当事人之间的矛盾，减轻人民法院的负担。

三、争议评审

(一) 争议评审的概念

建设工程争议评审（以下简称争议评审），是指在工程开始时或工程进行过程中当事人选择的独立于任何一方当事人的争议评审专家（通常是3人，小型工程为1人）组成评审小组，就当事人发生的争议及时提出解决问题的建议或者做出决定的争议解决方式。当事人通过协议授权评审组调查、听证、建议或者裁决。一个评审组在工程进程中可能会持续解决很多的争议，如果当事人不接受评审组的建议或者裁决，即为认可通过仲裁或者诉讼的方式解决争议。

采用争议评审的方式，有利于及时化解争议，防止争议扩大与拖延而造成不必要的损失或浪费，保障建设工程的顺利进行。2007年11月，国家发改委、建设部、信息产业部等九部门联合发布了《＜标准施工招标资格预审文件＞和＜标准施工招标文件＞试行规定》，其中，《标准施工招标文件》"通用条款"的争议解决条款部分规定了争议评审内容，即当事人之间的争议在提交仲裁或者诉讼之前可以申请由专家组成的评审组进行评审。2013年，《建设工程施工合同示范文本》的"通用条款"第二十条中正式引入了"争议评审"，在其"专用合同条款"部分也预留了相应的选填项目。为了促进我国工程建设领域的当事人运用争议评审机制，及时化解纠纷，中国国际经济贸易仲裁委员会和北京仲裁委员会分别依据《标准施工招标文件》，并参考国际商会的《争议小组规则》以及FIDIC合同条件中的相关规定，根据案例实践制定了各自的建设工程争议评审规则。

(二) 争议评审的基本程序

争议评审一般应有较具体的程序，特别是对如何指定争议评审人、争议评审的范围、争议评审人做出决断的有效性等应有明确的规定。关于争议评审的程序规则，可以参考某些仲裁规则并力求简化。选择争议评审人可能较为困难，一些组织，如监理工程师协会、律师协会等，可以联合提供有资格的争议评审人名单和其他服务。

1. 采用争议评审解决争议的协议或合同条款

首先要由发包人和承包人共同在其施工合同条款或单独的专项协议中明确采用争议评审委员会或者争议评审专家的方式解决争议。合同条款和协议中还要特别写明这种解决争议的范围、评审委员会成员人数和产生办法、争议评审委员会或争议评审专家方式与监理工程师处理争议以及仲裁或诉讼处理争议的关系等。通常争议评审委员会或争议评审专家处理争议的建议是咨询性的，并不能替代合同中规定的监理工程师对争议处理的程序，更不能排除争议一方因不满意争议评审委员会或争议评审专家的建议而诉诸仲裁或诉讼。世界银行关于争议评审委员会的新规定中，写明争议任何一方在收到争议评审委员会的处理争议的建议后14天之内，应当通知各方其不接受该建议而拟诉诸仲裁的意向，否则该建议即被认为是终局的，对争议双方均有约束力。无论该建议是否变为终局的和有约束力的，该建议都应当成为仲裁或诉讼程序中处理与该建议有关的争议问题的可采纳的证据。

2. 争议评审委员会成员的选定

通常争议评审委员会有3名成员（大型项目可以有5名或以上成员），争议双方各指定一名，并经双方相互确认，而后由该两名已被相互确认的争议评审委员会成员共同推荐第三名成员，并经争议双方批准，第三名成员将作为争议评审委员会的主席。应当规定争议评审专家成员的基本条件，例如应当是具有与本工程同类项目的管理经验，并有较好的解释合同能力的技术专家；应当是与本工程任何一方没有受雇和财务关系，且没有股份或财务利益的人士；还应当是从未实质上参与过本工程项目的活动，并与争议任何一方没有任何协议或承诺的人士。在争议评审委员会的成员选定中，还应规定时间限制，如果任何一方未能按时指定成员，或者未能及时批准对方指定的成员及共同指定的第三名成员时，应当规定由谁或者哪一机构在何时代为指定成员。

3. 争议评审委员会成员被指定后应签署接受指定的声明

该声明应表示同意接受担任该项目的争议评审委员会成员，并保证与合同双方没有任何受雇和财务往来及任何利益和承诺关系，愿意按规定保密和按秉公与独立的原则处理双方争议。如果是在工程施工合同签订后才确定采用争议评审委员会的方式处理争议，则可由发包人、承包人和争议评审委员会成员共同签订一份三方协议，这份协议可以针对争议评审委员会的工作范围、处理争议的工作程序、三方的责任、争议评审委员会开始和结束工作的时间、报酬与支付、协议的终止、争议评审委员会成员的更换、争议评审委员会建议书的形式和采纳，以及本三方协议的争议解决等做出明确规定。

4. 争议评审委员会的一般工作程序

通常是双方的争议先由双方共同协商解决或提交监理工程师决定。只有在双方协商不能达成一致，或者其中一方对监理工程师的决定不同意时，才可以在某规定时间内提交给争议评审委员会处理。在一方向争议评审委员会提交争议处理请求时，应相应地通知对方。争议评审委员会将决定举行听证会，也可以在争议评审委员会定期访问现场期间举行听证会。听证会通常在工程现场举行，在此之前，双方应向争议评审委员会的每位成员提交书面文件和证据材料。听证会一般不进行正式记录和录音、录像，但会给争议双方充分的时间陈述和提出根据材料或者书面声明。争议评审委员会成员在听证期间不得就争议的是非曲直发表任何观点，随后争议评审委员会成员将秘密进行讨论，直到形成处理争议的建议。建议以书面提出并由争议评审委员会成员签字。如果争议评审委员会成员中有少数不同意见者，可以附上少数成员的意见，但最好是尽力达成一致性的意见，以利各方执行。书面建议应分发给争议双方。

5. 争议评审委员会定期访问现场和定期现场会议

为使争议评审委员会成员了解工程施工和进展情况，并使工程进展过程中发生的争议得到及时处理，或者对潜在的争议提出可能的避免方法，一般都规定争议评审委员会成员应定期访问现场（例如每半年一次）。在访问期间，争议评审委员会成员将由发包人和承包人的双方代表陪同参观工程的各部位，并召开圆桌会议，听取上次会议以来的工程进展和存在问题的各方说明，听取各方对潜在争议的预测及解决建议。如果必要，可指定一方整理定期会议纪要供各方修改和定稿，并分发给三方备存。定期访问期间，争议评审委员会成员不得接受任何一方的单独咨询。如果定期访问期间处理已发生的争议，则按工作程序另外安排听证会议。

我国《水利水电土建工程施工合同条件》（GF—2000—0208）的通用条款中，对合同争议评审和调解做了如下规定：

（1）争议调解组

发包人和承包人应在签订合同协议书后的 84 天，共同协商成立争议调解组，并由双方与争议调解组签订协议。争议调解组由 3 名（或 5 名）具有合同管理和工程实践经验的专家组成，专家的聘请方法可由发包人和承包人共同协商确定，也可请政府主管部推荐或通过行业合同争议调解机构聘请，并经双方认可。争议调解组成员应与合同双方均无利害关系。争议调解组的各项费用由发包人和承包人平均分担。

（2）争议的提出

发包人和承包人或其中任何一方对监理人做出的决定有异议，又未能在监理人的协调下取得一致意见而形成争议的，任何一方均可以书面形式提请争议调解组解决，并抄送另一方。在争议尚未按"争议的评审"的规定获得解决之前，承包人仍应继续按监理人的指示认真实施。

（3）争议的评审

1）合同双方的争议，应首先由主诉方向争议调解组提交一份详细的申诉报告，并附有必要的文件、施工图和证明材料，主诉方还应将上述报告的一份副本同时提交给被诉方。

2）争议的被诉方收到主诉方申诉报告副本后的 28 天内也应向争议调解组提交一份申辩报告，并附有必要的文件、施工图和证明材料。被诉方也应将报告的一份副本同时提交给主诉方。

3）争议调解组收到双方报告后的 28 天内，邀请双方代表和有关人员举行听证会，向双方调查和质询争议细节。若需要时，争议调解组可要求双方提供进一步的补充材料，并邀请监理人参加听证会。

4）在听证会结束后的 28 天内，争议调解组应在不受任何干扰的情况下进行独立和公正的评审，将全体专家签名的评审意见提交给发包人和承包人，并抄送监理人。

5）若发包人和承包人接受争议调解组的评审意见，则可由监理人按争议调解组的评审意见并拟定争议解决议定书，经争议双方签字后作为合同的补充文件，并遵照执行。

6）若发包人和承包人或其中任何一方不接受争议调解组的评审意见，并要求提交仲裁，则任何一方均可在收到上述评审意见后的 28 天内将仲裁意向通知另一方，并抄送监理人。若在上述 28 天期限内双方均未提出仲裁意向，则争议调解组的评审意见为最终决定，双方均应遵照执行。

（三）争议评审委员会解决争议的优点

在业已采用争议评审委员会处理争议方式的项目中，建设主管部门、发包人、承包人和贷款金融机构等各方面的反映都是良好的。归纳起来，争议评审方式具有以下优点：

1. 技术专家的参与，处理方案符合实际

由于争议评审委员会成员都是具有施工和管理经验的技术专家，比起将争议交给仲裁或诉讼中的法律专家、律师和法官，仅凭法律条款去处理复杂的技术问题更令人放心，即其处理结果更符合实际，并有利于执行。

2. 节省时间，解决争议便捷

由于争议评审委员会成员定期到现场考察情况，因此对争议起因和争议引起的后果了解得更为清楚，无须合同纠纷当事人准备大量文字材料和费尽口舌地向仲裁庭或法院解释和陈述；争议评审委员会的决策很快，可以节省很多时间。因为争议评审委员会可以在工程施工期间直接在现场处理大量常见争议，所以避免了因争议拖延解决而导致的工期延误；也可以防止由于争议的积累而使之扩大化、复杂化，是一种事前预防纠纷产生的合同控制方法。

3. 争议评审的成本比仲裁和诉讼更便宜

争议评审不仅总费用较少，而且所花费用是由争议双方平均分摊的。而在仲裁或诉讼中，任何一方都有可能要承担双方为处理争议而花费的一切费用的风险。

4. 争议评审委员会并不妨碍再进行仲裁或诉讼

争议评审委员会的建议不具有终局性和约束力，任何一方不满意而不接受该建议，仍然可以再诉诸仲裁或诉讼。

四、仲裁

（一）仲裁的概念和特点

仲裁是指由合同双方当事人自愿达成仲裁协议、选定仲裁机构对合同争议依法做出有法律效力的裁决的解决合同争议的方法。在我国境内履行的工程合同，双方当事人申请仲裁的，适用 1995 年 9 月 1 日起施行的《中华人民共和国仲裁法》（以下简称《仲裁法》）。仲裁具有如下特点：

1. 仲裁具有灵活性

仲裁的灵活性表现在合同争议双方有许多选择的自由，只要是双方事先达成协议的，基本上都能得到仲裁庭的尊重，这包括双方当事人可以事先约定提交仲裁的争议范围，以此决定仲裁庭的管辖和裁决范围；双方可以事先选择适用的法律、仲裁机构、仲裁规则和仲裁地点及仲裁程序所使用的语言文字等；双方可以自己选择仲裁员。许多仲裁机构备有仲裁员名单，其中不仅有法律方面的专家和知名律师，还有许多行业中颇有经验的技术专家、教授和具有管理经验的德高望重的知名人士等。将较复杂的专业内容争议案件交给专家们仲裁，比由专门研究法律而相对缺少行业专门知识的法官审判更具有权威性和说服力。

2. 仲裁程序具有保密性

仲裁程序一般都是保密的，在仲裁程序从开始到终结的全过程中，双方当事人和仲裁员及仲裁机构的案件管理人员都负有保密的责任。仲裁案件的审理不公开进行，不允许旁听或者采访，对于涉及商业秘密或者当事人不愿意因处理争议而影响日后商业信誉和活动的案件来说，当事人可以放心地将案件提交仲裁解决。但是，除涉及国家秘密以外，当事人协议仲裁公开进行的，则可以公开进行。

3. 仲裁效率较高且费用较低

和司法程序相比较，仲裁效率要高一些。由于许多国家的法律制度对民事案件诉讼采用多审制（二审终审制或三审终审制），时间花费较长，而且受到法律制度的程序限制，不可能加快进程。而仲裁则是一审终局的，无须上诉。总之，仲裁程序从立案到最终裁决的持续时间要短得多，而且争议各方可以指定熟悉专业的人士担任仲裁员，他们的专业知识有助于快速判断那些专业性较强的案件中的是非曲直，从而可以加快审理和裁决进程。仲裁所花费用也比诉讼要相对低些。

（二）仲裁原则

1. 独立原则

仲裁委员会是由政府组织有关部门和商会统一组建的，但仲裁机关不是行政机关，也不是司法机关，而属于民间团体。仲裁委员会独立行使仲裁权，它与行政机关没有任何隶属关系，各个仲裁委员会之间也没有任何隶属关系，不存在级别管辖和地域管辖。仲裁机构在仲裁合同争议时依法独立进行，不受行政机关、社会团体或任何个人的干涉。各个仲裁机构应该严格地依照法律和事实独立地对合同争议进行仲裁，并做出公正的裁决，保护当事人的合法利益。

2. 自愿原则

仲裁必须是完全自愿的。这种自愿原则体现在许多方面，例如，是否选择以仲裁的方式解决争议，选择哪一个仲裁机构进行仲裁，仲裁是否公开进行，在仲裁的过程中是否要求调解、是否进行和解、是否撤回仲裁申请等，都由当事人自愿决定，并且应该得到仲裁机构的尊重。任何仲裁机构或临时仲裁庭对案件的管辖权完全来自双方当事人的授权。如果双方当事人同意选择以仲裁的方式解决争议，那么必须以书面的形式将这一意愿表达出来，即应在争议发生前或后达成仲裁协议。没有书面的仲裁协议，仲裁机构就无权受理对该争议的解决。

3. 或裁或审原则

《仲裁法》第五条规定："当事人达成仲裁协议，一方向人民法院起诉的，人民法院不予受理，但仲裁协议无效的除外。"《民事诉讼法》第一百二十四条第（二）款规定："依照法律规定，双方当事人达成书面仲裁协议申请仲裁不得向人民法院起诉的，告知原告向仲裁机构申请仲裁。"这两部法律均明确了合同争议实行或裁或审制度。因为仲裁和诉讼都是解决合同争议的方法，既然合同争议当事人双方自愿选择了仲裁方法解决合同争议，仲裁委员会和法院就都要尊重合同争议当事人的意愿。一方面，仲裁委员会在审查当事人申请仲裁符合仲裁条件时，就应予受理。另一方面，法院则依法告知因双方有有效的仲裁协议，应当向仲裁机构申请仲裁，法院不受理起诉。

4. 一裁终局原则

《仲裁法》第九条规定："仲裁实行一裁终局制的制度。"一裁终局是指裁决做出之后，当事人就同一争议再申请仲裁或者向法院起诉的，仲裁委员会或者法院不应受理。但如果当事人对仲裁委员会做出的裁决不服，并提出了足够的证明、证据的，就可以向法院申请撤销裁决；裁决被法院依法裁定撤销或者不予执行的，当事人可以就已裁决的争议重新达成仲裁协议来申请仲裁或向法院起诉。如果撤销裁决的申请被法院裁定驳回，仲裁委员会做出的裁决就仍然要执行。

5. 先行调解原则

先行调解就是仲裁机构先于裁决，根据争议的情况或双方当事人自愿而进行说服教育和劝导工作，以便双方当事人自愿达成调解协议，解决合同争议。

（三）仲裁程序

1. 仲裁申请和受理

（1）仲裁协议

仲裁协议是指当事人自愿选择仲裁的方式解决他们之间可能发生的或者已经发生的合同争议的书面约定。只有当事人在合同内订立仲裁条款或以其他书面形式在争议发生前或者争议发生后达成了请求仲裁的协议，仲裁委员会才会受理仲裁申请。仲裁协议应当具有以下主要内容：

1）请求仲裁的意思表示。双方当事人应当明确表示将合同争议提交仲裁机构解决。

2）仲裁事项。双方当事人共同协商确定的提交仲裁的合同争议范围。

3）选定的仲裁委员会。双方当事人应明确约定仲裁事项由哪一个仲裁机构进行仲裁。

应当指出的是，仲裁机构对于无效的仲裁协议是不予受理的。导致仲裁协议无效的原因有：

1）约定的仲裁事项超出法律规定的范围。

2）无民事行为能力的人或者限制行为能力的人订立的仲裁协议。一方采取胁迫手段迫使对方订立仲裁协议。此外，仲裁协议对仲裁事项约定不明确的，当事人可以补充协议；达不成补充协议的，仲裁协议无效。

（2）仲裁申请

仲裁申请是指当事人向仲裁委员会依照法律的规定和仲裁协议的约定，将争议提请约定的仲裁委员会予以仲裁。当事人申请仲裁必须符合下列条件：有仲裁协议；有具体的仲裁请求和事实理由；属于仲裁委员会的受理范围。在申请仲裁时，应当向仲裁委员会提交仲裁协议、仲裁申请书及副本。仲裁申请书应当载明下列事项：①当事人的姓名、性别、年龄、职业、工作单位和住所，法人或其他组织的名称、住所以及法定代表人或者主要负责人的姓名、职务；②仲裁请求和所根据的事实、理由；证据和证据来源，证人姓名和住所。

（3）仲裁受理

仲裁受理是指仲裁委员会依法接受对争议的审理。仲裁委员会在收到仲裁申请书之日起5日内，认为符合受理条件的，应当受理，并通知当事人；认为不符合受理条件的，应当书面通知当事人不予受理，并说明理由。仲裁委员会在受理仲裁申请后，应当在仲裁规则规定的期限内将仲裁规则和仲裁员名册送达申请人，并将仲裁申请书的副本和仲裁规则、仲裁员名册送达被申请人。

2. 组成仲裁庭

仲裁委员会受理仲裁申请后，应当组成仲裁庭进行仲裁活动。仲裁庭不是一种常设的机构，其组成的原则是一案一组庭。仲裁庭有以下两种组成方式：

1）仲裁庭由三名仲裁员组成，即合议制的仲裁庭。采用这种方式，应当由当事人双方各自选择或者各自委托仲裁委员会主任指定一位仲裁员。第三名仲裁员即首席仲裁员由当事人共同选定，或者共同委托仲裁委员会主任选定。

2）仲裁庭由一名仲裁员组成，即独任制的仲裁庭。这名仲裁员由当事人共同选定或者共同委托仲裁委员会主任指定。在具体的仲裁活动中，采取上述两种方法中的哪一种，由当事人在仲裁协议中协商决定。当事人没有在仲裁规则规定的期限内约定仲裁庭的组成方式或者选定仲裁员的，由仲裁委员会主任指定。仲裁庭组成后，仲裁委员会应当将仲裁庭的组成情况书面通知当事人。组成仲裁庭的仲裁员，根据《仲裁法》规定需要回避的应当回避，当事人也有权提出回避申请。

3. 开庭和裁决

开庭是指仲裁庭按照法定的程序，对案件进行有步骤有计划的审理。《仲裁法》第三十九条规定"仲裁应当开庭进行",也就是当事人共同到庭,经调查和辩论后进行裁决。同时,该条还规定:"当事人协议不开庭的,仲裁庭可以根据仲裁申请书、答辩书以及其他材料做出裁决。"

在仲裁过程中,原则上应由当事人承担对其主张的举证责任。证据应当在开庭时出示,当事人可以质证。当事人在仲裁过程中有权进行辩论。辩论终结时,首席仲裁员或者独任仲裁员应当征询当事人的最后意见。仲裁庭在做出裁决前,可以先行调解,当事人自愿调解的,仲裁庭应当调解;当事人不愿调解或调解不成的,仲裁庭应当进行裁决。当事人申请仲裁后,可以自行和解。调解达成协议的,仲裁庭应当制作调解书,调解书应当写明仲裁请求和当事人协议的结果。调解书由仲裁员签名,加盖仲裁委员会印章,送达双方当事人。

仲裁裁决是指仲裁机构经过当事人之间争议的审理,依据争议的事实和法律,对当事人双方的争议做出的具有法律约束力的判定。仲裁裁决应当按照多数仲裁员的意见做出,少数仲裁员的不同意见可以记入笔录;仲裁庭不能形成多数意见时,裁决按照首席仲裁员的意见做出。裁决应当制作裁决书,裁决书应当写明仲裁请求争议事实、裁决结果、仲裁费用的负担和裁决日期。裁决书由仲裁员签名并加盖仲裁委员会印章,仲裁书自做出之日起即产生法律效力。

4. 法院对仲裁的协助和监督

(1) 法院对仲裁活动的协助

1) 财产保全。财产保全是指为了保证仲裁裁决能够得到实际执行,以免利害关系人的合法利益受到难以弥补的损失,在法定条件下所采取的限制另一方当事人、利害关系人处分财物的保障措施。财产保全措施包括查封、扣押、冻结以及法律规定的其他方法。

2) 证据保全。证据保全是指在证据可能毁损灭失或者以后难以取得的情况下,为保存其证明作用而采取一定的措施加以确定和保护的制度。证据保全是保证当事人承担举证责任的补救方法,在一定意义上也是当事人取得证据的一种手段。证据保全的目的就是保障仲裁的顺利进行,确保仲裁庭做出正确裁决。

3) 强制执行仲裁裁决。仲裁裁决具有强制执行力,对双方当事人都有约束力,当事人应该自觉履行。但由于仲裁机构没有强制执行仲裁裁决的权力,因此,为了保障仲裁裁决的实施,防止负有履行裁决义务的当事人逃避或者拒绝仲裁裁决确定的义务,我国《仲裁法》规定,一方当事人不履行仲裁裁决的,另一方当事人可以依照民事诉讼法的有关规定向人民法院申请执行,受申请的人民法院应当执行。这时,法院将只审查仲裁协议的有效性、仲裁协议是否承认仲裁裁决是终局的以及仲裁程序的合法性等,而不审查实体问题。

(2) 法院对仲裁的监督

为了提高仲裁员的责任心,保证仲裁裁决的合法性、公正性,保护各方当事人的合法权益,我国《仲裁法》规定了法院对仲裁活动进行司法监督的制度。规定表明,对仲裁进行司法监督的范围是有限的而且是事后的。如果当事人对仲裁裁决没有异议,不主动申请司法监督,法院对仲裁裁决采取不干预的做法。司法监督的实现方式主要是允许当事人向法院申请撤销仲裁裁决和不予执行仲裁裁决。

1) 撤销仲裁裁决。当事人提出证据证明裁决有下列情形之一的,可以在自收到仲裁裁决书之日起6个月内向仲裁委员会所在地的中级人民法院申请撤销仲裁裁决:没有仲裁协议的;裁决的事项不属于仲裁协议的范围或者仲裁委员会无权裁决的;仲裁庭的组成或者仲裁的程序违反法定程序的;裁决所根据的证据是伪造的;对方当事人隐瞒了足以影响公正裁决证据的;仲裁员在仲裁该案时有索贿受贿、徇私舞弊违法裁决行为的。以上规定表明，当事人申请撤销裁决应当在法律规定的期限内向法院提出，并应提供证明有以上情形的证据。同时，并非任何法院都有权受理撤销仲裁裁决的申请，只有仲裁委员会所在地的中级人民法院对此享有专属管辖权。此外，法院认定仲裁裁决应当予以撤销的，应当在受理撤销裁决申请之日起两个月内做出撤销裁决或者驳回申请的裁定。法院裁定撤销裁决的，应当裁定终止执行；撤销裁决的申请被裁定驳回的，法院应当裁定恢复执行。

2）不予执行仲裁裁决。在仲裁裁决执行过程中如果被申请人提出证据证明裁决有下列情形之一的，经法院组成合议庭审查核实，裁定不予执行该仲裁裁决：当事人在合同中没有订立仲裁条款或者事后没有达成书面仲裁协议的；裁决的事项不属于仲裁协议的范围或者仲裁机构无权仲裁的；仲裁庭的组成或者仲裁的程序违反法定程序的；认定事实和主要证据不足的；适用法律有错误的；仲裁员在仲裁该案时有贪污受贿、徇私舞弊、阻碍裁决行为的；仲裁裁决被法院裁定不予执行，当事人之间的争议并没有得到解决的。因此，当事人就该争议可以根据双方重新达成的仲裁协议申请仲裁，也可以向法院起诉。

五、诉讼

（一）诉讼的概念和特点

民事诉讼是指合同当事人依法请求人民法院行使审判权，审理双方之间发生的纠纷，做出有国家强制保证实现其合法权益的判决，从而解决纠纷的审判活动。合同双方当事人如果未约定仲裁协议，就只能以诉讼作为解决纠纷的最终方式。人民法院审理民事案件，依照法律规定实行合议、回避、公开审判和两审终审制度。诉讼具有以下特点：

1）提出诉讼请求的一方，是自己的权益受到侵犯和与他人发生争议，请求的目的是为了使法院通过审判，保护其受到侵犯和发生争议的权益。任何一方当事人都有权起诉，而无须征得对方当事人的同意。

2）当事人向法院提起诉讼，适用民事诉讼程序解决。诉讼应当遵循地域管辖、级别管辖和专属管辖的原则。在不违反级别管辖和专属管辖原则的前提下，可以依法选择管辖法院。

3）法院审理合同争议案件，实行二审终审制度。当事人对法院做出的审判判决、裁定不服的，有权上诉。对生效的判决、裁定不服的，可以向人民法院申请再审。

（二）诉讼参加人员

诉讼参加人是指与案件有直接利害关系并受法院判决约束的当事人，以及与当事人地位相似的第三人及其他们的代理人。诉讼参加人可以是自然人、法人或其他组织。

1. 当事人（原告、被告）

当事人是指因合同争议而以自己的名义进行诉讼，并受法院裁判约束，与案件审理结果有直接利害关系的人。在第一审程序中，提起诉讼的一方称为原告，被诉的一方称为被告。原被告都享有委托代理人、申请回避、提供证据进行辩论、请求调解、提出上诉、申请保全或执行等诉讼权利，同时也必须承担相应的诉讼义务，包括举证遵守庭审秩序、履行发生法律效力的判决裁定和调解协议等。

2. 第三人

第三人是指对他人争议的诉讼标的有独立请求权或者虽然没有独立请求权，但案件的处理结果与其有法律上的利害关系，因而自己请求或根据法院的要求参加到已经开始的诉讼中进行诉讼的人。有独立请求权的第三人享有原告的一切诉讼权利，无独立请求权的第三人不享有原告、被告的诉讼权利，只享有维护自己权益所必需的诉讼权利。

3. 诉讼代理人

诉讼代理人是指在诉讼中，受当事人的委托，以当事人名义在其授予的代理权限内实施诉讼行为的人。在工程合同争议诉讼中，诉讼代理人的代理权大多数是由委托授权而产生的。

（三）民事审判程序

1. 第一审普通程序和简易程序

（1）起诉与受理

起诉是指合同争议当事人请求法院通过审判保护自己合法权益的行为。起诉必须符合下列条件：原告是与案件有直接利害关系的公民、法人和其他组织；有明确的被告；有具体的诉讼请求和事实、理由；请求的事由属于法院的受案范围和受诉法院管辖；原被告之间没有约定合同仲裁条款或达成仲裁协议。起诉应在诉讼时效内进行。起诉原则上是以书面形式，即原告向人民法院提交起诉状。

起诉状是原告表示诉讼请求和事实根据的一种诉讼文书。起诉状中应记明以下事项：当事人的基本情况；诉讼请求和所根据的事实与理由；证据和证据来源；证人姓名和住处。此外，起诉状还应说明受诉法院的名称和起诉的时间，最后由起诉人签名或盖章。

受理是指法院对符合法律条件的起诉决定立案审理的诉讼行为。法院接到起诉状后经审查认为符合起诉条件的，应当在 7 日内立案，并通知当事人；认为不符合起诉条件的，应当在接到起诉状之日起 6 日内裁定不予受理。

（2）审理前准备

法院应当在立案之日起 5 日内将起诉状副本送达被告，被告在收到之日起 15 日内提出答辩状。法院在收到被告答辩状之日起 5 日内将答辩状副本送达原告，被告不提出答辩状的，不影响审判程序的进行。如被告对管辖权有异议的，也应当在提交答辩状期间提出，逾期未提出的，视为被告接受受诉法院管辖。

法院受理案件后应当组成合议庭，合议庭至少由三名审判员或至少由一名审判员加两名陪审员组成，不包括书记员。合议庭组成后应当在 3 日内将合议庭组成人员告知当事人。

其他准备工作有：发送受理案件通知书和应诉通知书；告知当事人的诉讼权利与义务；告知当事人合议庭组成人员；确定案件是否公开审理；审核诉讼材料，收集必要的证据；追加诉讼第三人；试行调解等。

（3）开庭审理

开庭审理是指在法院审判人员的主持下，在当事人和其他诉讼参与人的参与下，法院依照法定程序对案件进行口头审理的诉讼活动。开庭审理是案件审理的中心环节。审理合同争议案件，除涉及国家秘密或当事人的商业秘密外，其他均应公开开庭审理。

1）宣布开庭。法院应在 3 日前将通知送达当事人及有关人员，对公开审理的案件 3 日前应贴出公告。开庭前，由书记员查明当事人和其他诉讼参与人是否已到达法庭及其合法身份，同时宣布法庭纪律。开庭审理时，由审判长或独任审判员宣布开始，同时核对当事人并告知当事人诉讼权利和义务。

2）法庭调查。这是开庭审理的核心阶段，主要任务是审查、核对各种证据，以查清案情、认定事实。其顺序是：当事人陈述，先由原告陈述，再由被告陈述；证人做证，法庭应告知证人的权利与义务，对未到庭的证人应宣读其书面证言；出示书证、物证和视听资料；宣读鉴定结论；宣读勘验笔录。当事人在法庭上可以提供新证据，可以要求重新调查、鉴定或勘验，而是否准许，由法院决定。

3）法庭辩论。法庭辩论是由当事人陈述自己的意见，通过双方的言辞辩论，使法院进一步查明事实，分清是非。其顺序是：原告及其诉讼代理人发言；被告及其诉讼代理人答辩；第三人及其诉讼代理人发言或者答辩；互相辩论。法庭辩论终结，由审判长按照原告、被告、第三人的先后顺序征询各方最后意见。

4）评议审判。法庭辩论结束后，由合议庭成员退庭评议，按照少数服从多数原则做出判决。评议中的不同意见，必须如实记入笔录。评议除对工程合同争议案件做出处理决定外，还应对物证的处理、诉讼费用的负担做出决定。判决当庭宣告的，在合议庭成员评议结束重新入庭就座后由审判长宣判，并在 10 日内向当事人发送判决书。定期宣判的，审判长可当庭告知双方当事人定期宣判的时间和地点，也可当庭告知当事人上诉权利，上诉期限另行通知。定期宣判后，立即发给判决书。宣判时应当告知当事人上诉权利、上诉期限和上诉法院。

法院生效判决在法律上具有多方面的效力，主要体现在：
① 判决对人的支配力：判决具有确认某一主体应当为一定行为或不应当为一定行为的效力。
② 判决对事的确定力：判决一经生效，当事人不得以同一事实和理由提起诉讼。
③ 判决的执行力：判决具有作为执行根据、强制执行的效力。

（4）法院调解

经过法庭调查和法庭辩论后，在查清案件事实的基础上，可以当庭进行调解，当事人不愿调解或调解不成的，可以在诉讼开始后至裁决做出之前随时向法院申请调解，法院认为可以调解时也可以随时调解。当事人达成调解协议后，法院应当要求双方当事人在调解协议上签字，并根据情况决定是否制作调解书。对不需要制作调解书的协议，应当记入笔录，由争议双方当事人、审判人员、书记员签名或盖章后即具有法律效力。多数情况下，法院应当制作调解书，调解书应当写明诉讼请求、案件的事实和调解结果。调解书应由审判人员、书记员签名，加盖法院印章，送达双方当事人。

根据民事诉讼法的有关规定，第一审普通程序审理的案件应从立案之日起 6 个月内审结。有特殊情况需要延长的，由本院院长批准，可以延长 6 个月。还需要延长的，报请上级法院批准。

（5）简易程序

基层法院和它的派出法庭收到起诉状经审查立案后，认为事实清楚、权利义务关系明确、争议不大的简单合同争议案件，可以适用简易程序进行审理。在简易程序中可以口头起诉、口头答辩。原被告双方同时到庭的，可以当即进行审理，当即调解。可以用简便方式传唤另一当事人到庭。简易程序中由审判员一人独任审判，不用组成合议庭。在开庭通知、法庭调查、法庭辩论上不受普通程序有关规定的限制。适用简易程序审理的合同争议案件，应当在立案之日起 3 个月内审结。

2. 第二审程序

第二审程序是指诉讼当事人不服第一审法院判决裁定，依法向上一级法院提起上诉，由上一级法院根据事实和法律，对案件重新进行审理的程序。其审理范围为上诉请求的有关事实和适用的法律。上诉期限，不服判决的为 15 日，不服裁定的为 10 日。逾期不上诉的，原判决裁定即发生法律效力。当事人提起上诉后至第二审法院审结前，原审法院的判决或裁定不发生法律效力。

第二审法院应当组成合议庭开庭审理，但合议庭认为不需要开庭审理的，也可以直接进行判决、裁定。第二审法院对上诉或者抗诉的案件，经审理后依不同情况分别处理：

1）原判决、裁定认定事实清楚，适用法律正确的，以判决、裁定方式驳回上诉，维持原判决、裁定。

2）原判决、裁定认定事实错误或者适用法律错误的，以判决、裁定方式依法改判、撤销或者变更。

3）原判决认定事实不清的，裁定撤销原判决，发回原审人民法院重审，或查清事实后改判。

4）原判决遗漏当事人或者违法缺席判决等严重违反法定程序的，裁定撤销原判决，发回原审人民法院重审。

第二审法院做出的判决、裁定是终审的判决、裁定，当事人没有上诉权。二审法院判决、裁定的上诉案件，应当分别在案件立案之日起 3 个月内和 1 个月内审结。第二审法院可以对上诉案件进行调解，调解达成协议的，应当制作调解书。调解书送达后，原审法院的判决即视为撤销。调解不成的，依法判决。

3. 审判监督程序

审判监督程序是指法院对已经发生法律效力的判决、裁定发现确有错误需要纠正而进行的再审程序。它是保证审判的正确性，维护当事人合法权益，维护法律尊严的一项重要补救程序。可以提起再审的，只能是享有审判监督权力的机关和公职人员，具体有以下三种情况：

1）各级法院院长对本院已经发生法律效力的判决、裁定，发现确有错误，认为需要提起再审的，应当提交审判委员会讨论决定。决定再审，即做出裁定撤销原判，另组成合议庭再审。

2）最高法院对地方各级法院已经发生法律效力的判决、裁定，发现确有错误的，有权提审或指令下级法院再审。

3）上级法院对下级法院已经发生法律效力的判决、裁定，发现确有错误的，有权提审或指令下级法院再审。

按照审判监督程序决定再审的案件，应做出中止执行原判决、原裁定的裁定，通知执行人员中止执行。当事人对已经生效的判决、裁定认为有错误，可以向原审法院或上级法院申诉，要求再审，但不停止原判决、裁定的执行。当事人的申请符合下列情形之的，法院应当再审：

① 有新的证据，足以推翻原判决、裁定的。

② 原判决、裁定认定事实的主要证据不足的。

③ 原判决、裁定适用法律确有错误的。

④ 法院违反法定程序可能影响案件正确判决、裁定的。

⑤ 审判人员在审理该案件时有贪污受贿、徇私舞弊、枉法制裁行为的。

4. 执行程序

执行是法院依照法律规定的程序，运用国家强制力，强制当事人履行已生效的判决和其他法律文书所规定的义务的行为，又称强制执行。对于已经发生法律律效力的判决、裁定、调解书、支付令、仲裁裁决书、公证、债权文书等，当事人应当自动履行。一方当事人拒绝履行的，另一方当事人有权向法院申请执行，也可以由审判员移交执行员执行。申请执行的期限，双方或一方当事人是公民的为一年，双方是法人或其他组织的为六个月，从法律文书规定履行期限的最后日期起计算。

执行中，双方当事人自行和解达成协议的，执行员应当将协议内容记入笔录，由双方当事人签名或盖章。一方当事人不履行和解协议的，经对方当事人申请，恢复对原生效法律文书的执行。执行中，被执行人向法院提供担保并经申请执行人同意的，法院可以决定暂缓执行及暂缓执行的期限。被执行人逾期仍不履行的，法院有权执行被执行人的担保财产或者担保人的财产。

依照《民事诉讼法》规定，强制执行措施有：法院有权扣留、提取被执行人应当履行义务部分的收入；有权向银行等金融机构查询被执行人的存款情况；有权冻结、划拨被执行人的存款，但不得超出被执行人应履行义务的范围；有权查封、扣押、冻结、拍卖、变卖被执行人应当履行义务部分的财产；有权对被执行人隐匿的财产进行搜查，执行特定行为等。

第三节 建设工程合同争议的防范和管理

一、建设工程合同争议的防范措施

建设工程合同纠纷的处理会耗费双方当事人大量的时间、精力和金钱，影响双方的合作基础和未来的合作关系，并会影响工程项目最终目标的顺利实现。因此，建设工程合同双方当事人必须采取有效的防范措施，避免和减少工程合同纠纷的产生，或以最小的代价合理处理工程合同纠纷。工程合同争议的防范措施包括：

1) 认真学习、理解和遵守合同及建设工程相关的法律法规。
2) 提高、强化合同意识和诚信履约意识。
3) 建立、完善企业合同管理体系和合同管理制度。
4) 设立相应的合同管理机构，配备专门的合同管理人员。
5) 正确、合理地使用各类建设工程合同示范文本或建立企业标准的合同文本系列。
6) 提高工程合同风险管理能力和水平等。

二、建设工程合同的争议管理

1. 有利、有理、有节，争取和解或调解

由于建设工程项目具有投资巨大、建设期限长、参与方多、合同管理难度大等特点，因此在工程项目的实施过程中难免会出现大量的合同争议和纠纷，这些合同争议和纠纷能否得到妥善处理和解决，对于项目目标的顺利实现有着重要的意义。发承包双方都应高度重视工程合同争议和纠纷的解决工作。当工程合同争议和纠纷发生时，发承包双方都应本着公平、公正和诚实信用的原则来处理工程合同的争议与纠纷。双方应在查明引发工程合同争议或纠纷的事实的基础上分清责任，在合同约定和国家法律法规规定的基础上有礼、有节地主张自己的权利，妥善处理相关的争议和纠纷。处理工程合同争议与纠纷时，应首先考虑采用和解或调解的方式，本着相互信任和互惠互利的出发点，争取以最短的时间、最低的成本及时高效地处理好争议与纠纷，从而为工程合同的顺利实施创造良好的条件。

2. 重视诉讼、仲裁时效，及时主张权利

通过仲裁、诉讼的方式解决工程合同争议的，应当特别注意有关仲裁时效与诉讼时效的法律规定，在法定时效内主张权利。所谓诉讼或仲裁时效，是指权利人请求法院或者仲裁机构保护其合法权益的有效期限。

《仲裁法》第七十四条规定，法律对仲裁时效有规定的，适用该规定；法律对仲裁时效没有规定的，适用诉讼时效的规定。《民法总则》第一百八十八条规定，向人民法院请求保护民事权利的诉讼时效期间为三年；法律另有规定的，依照其规定。《合同法》第一百二十九条规定：因国际货物买卖合同和技术进出口合同争议提起诉讼或者申请仲裁的期限为四年，自当事人指导或应当知道其权利受到侵害之日起计算。关于建设工程合同争议的仲裁时效和诉讼时效的计算如下：

1）追索工程款勘察费、设计费，仲裁和诉讼时效期间均为三年，从工程竣工之日起计算；双方对付款时间有约定的，从约定的付款期限届满之日起计算。

2）工程因发包人的原因中途停工的，仲裁和诉讼时效期间从工程停工之日起计算。

3）工程竣工或工程中途停工，承包人应当积极主张权利。实践中，承包人提出工程竣工结算报告或对停工工程提出中间工程竣工结算报告，是承包人主张权利的基本方式，可引起诉讼时效的中断。

4）追索材料款、劳务款，仲裁和诉讼时效期间也为三年，从双方约定的付款期限届满之日起计算；没有约定期限的，从购方验收之日起计算，或从劳务工作完成之日起计算。

5）出售质量不合格的商品未声明的，仲裁和诉讼时效期间均为一年，从商品售出之日起计算。

3. 全面搜集证据，确保客观充分

证据是指能够证明案件真实情况的事实。证据具有两个基本特征：其一，证据是客观存在的事实，不以人的意志为转移；其二，证据是与案情有关系的事实，这也是证据之所以能起到证明案件真实情况的作用的原因。

根据能够作为证据的客观事实所借以表现的形式，《民事诉讼法》第六十二条将证据分为八种，即当事人的陈述、书证、物证、视听资料、电子数据、证人证言、意见、勘验笔录。根据法律规定和司法实践，搜集证据应当遵守如下要求：

1）为了及时发现和搜集到充分、确凿的证据，在搜集证据以前应当认真研究已有材料，分析案情，并在此基础上制订搜集证据的计划，确定搜集证据的范围和对象以及应当采取的步骤和方法，同时还应考虑到可能遇到的问题和困难，以及解决问题和克服困难的办法等。

2）搜集证据的程序和方式必须符合法律规定。凡是搜集证据的程序和方法违反法律规定的，例如，以贿赂的方式使证人作证的，或不经过被调查人同意擅自进行录音等，搜集到的材料一律不能作为证据来使用。

3）搜集证据必须客观、全面。搜集证据必须尊重客观事实，按照证据的本来面目进行搜集，不能弄虚作假、断章取义、制造虚假证据。全面搜集证据就是要搜集能够搜集到的能够证明案件真实情况的全部证据，不能只搜集对自己有利的证据。

4）搜集证据必须深入、细致。实践证明，只有深入、细致地搜集证据，才能把握案件的真实情况，因此搜集证据时必须杜绝粗枝大叶、不求甚解的做法。

5）搜集证据必须积极、主动、迅速。证据虽然是客观存在的事实，但可能由于外部环境或条件的变化而变化，如果不及时予以搜集，就有可能灭失。

4. 摸清债务人财务状况，做好财产保全

对建设工程合同的当事人而言，提起诉讼的目的在大多数情况下是为了实现金钱债权，因此必须在申请仲裁或者提起诉讼前调查债务人的财产状况，为申请财产保全做好充分准备。调查债务人的财产范围应包括：

1）固定资产如房地产、机器设备等，尽可能查明其数量、质量、价值，是否抵押等具体情况。

2）开户行账号、流动资金的数额等情况。

3）有价证券的种类、数额等情况。

4）债权情况，包括债权的种类、数额、到期日等。

5）对外投资情况（如与他人合股、合伙创办经济实体），应了解其股权种类、数额等。

6）债务情况，债务人是否对他人尚有债务未予清偿以及债务数额、清偿期限的长短等，都会影响到债权人实现债权的可能性。

7）此外，如果债务人是企业的，还应调查其注册资金与实际投入资金的具体情况，两者之间是否存在差额，以便确定是否请求该企业的开办人对该企业的债务在一定范围内承担清偿责任。执行难是一个令债权人十分头痛的问题。因此，为了有效防止债务人转移、隐匿财产，顺利实现债权，应当在起诉或申请仲裁之前向人民法院申请财产保全。

《民事诉讼法》第一百条规定："人民法院对于可能因当事人一方的行为或者其他原因，使判决不能执行或者造成当事人其他损害的案件，根据对方当事人的申请可以裁定对其财产进行保全，责令其做出一定行为或者禁止其做出一定行为；当事人没有提出申请的，申请人不提供担保的，裁定驳回申请。"债权人如果向法院申请对债务人的财产进行保全的，应当提供相应的担保，担保应当以金钱、实物或者人民法院同意的担保等形式实现，所提供的担保的数额应相当于请求保全的财产的数额。

第四节 案例分析

一、案例1

1. 案例背景

某市一栋在建住宅楼发生楼体倒塌事故，造成1名工人身亡。经调查分析，事故调查组认定这是一起重大责任事故。其直接原因是：紧贴该楼北侧，在短时间内堆土过高，最高达10m左右；紧邻该楼南侧的地下车库基坑正在开挖，开挖深度4.6m。大楼两侧的压力差使土体产生水平位移，过大的水平力超过了桩基的抗侧能力，导致房屋倾倒。此外，还存在以下六个方面的主要问题：①土方堆放不当。在未对天然地基进行承载力计算的情况下，开发商随意指定将开挖土方短时间内集中堆放于该楼北侧。②开挖基坑违反相关规定。土方开挖单位在未经监理方同意、未进行有效监测且不具备相应资质的情况下，没有按照相关技术要求

开挖基坑。③监理不到位。监理方对开发商、施工方的违法施工行为未进行有效处理，对施工现场的事故隐患未及时报告。④管理不到位。开发商管理混乱，违章指挥，违法指定施工单位，不合理压缩工期。⑤安全措施不到位。施工方对基坑开挖及土方处置未采取专项防护措施。⑥维护桩施工不规范。施工方未严格按照相关要求组织施工，施工速度快于规定的技术标准要求。

事故发生后，该楼所在地的副区长和镇长、副镇长等公职人员，因对辖区内建设工程安全生产工作负有领导责任，分别被给予行政警告、行政记过、行政大过处分；开发商、总包单位对事故发生负有主要责任，土方开挖单位对事故发生负有直接责任，基坑围护及桩基工程施工单位对事故发生负有一定责任，分别给予了经济处罚，其中对开发商、总包单位均处以最高罚款限额罚款50万元，并吊销总包单位的建筑施工企业资质证书及安全生产许可证，待事故善后处理工作完成后吊销开发商的房地产开发企业资质证书；监理单位对事故发生负有重要责任，吊销其工程监理资质证书；工程检测单位对事故发生负有一定责任，予以通报批评。监理单位、土方开挖单位的法定代表人等8名责任人员，对事故发生负有相关责任，被处以吊销执业证书、罚款、解除劳动合同等处罚。秦某、张某、夏某、陆某、张某、乔某6人犯重大事故罪，被追究刑事责任，分别被判处有期徒刑3~5年。

该楼的21户购房户，有11户退房、10户置换，分别获得相应的赔偿费。

2. 问题

1) 本案中的民事责任有哪些？

2) 本案中的行政责任有哪些？

3) 本案中的刑事责任有哪些？

3. 案例评析

本案中所涉及的法律关系复杂，产生了多个法律关系：

1) 本案中存在着多个合同关系。这些合同关系都会产生民事责任。首先是开发商与购房者存在商品房买卖合同，由于发生楼梯倒塌事故，开发商无法交付房屋，应当承担违约责任。在本案中，违约责任最主要的就是赔偿损失。开发商与其他主体也有合同关系，也会出现违约问题，但这些单位之间没有产生民事诉讼。

2) 本案中的行政责任包括了行政处分和行政处罚。副区长和镇长、副镇长等公职人员，对辖区内建设工程安全生产工作负有领导责任，分别被给予行政警告、行政记过、行政记大过处分，即属于行政处分。对开发商、总包单位等处以罚款、吊销资质证书等，对责任人处以吊销执业证书、罚款等，都属于行政处罚。

3) 本案中的被告人秦某等人在该楼工程项目中，分别作为建设方、施工方、监理方的工作人员以及土方施工的具体实施者，在工程施工的不同岗位和环节中本应上下衔接、互相制约，但却违反安全管理规定，不履行或者不能正确履行或者消极履行各自的职责与义务，最终导致该楼房整体倾倒的重大工程安全事故，致1人死亡，并造成重大经济损失。6名被告均已构成重大责任事故罪，且属于情节特别恶劣，依法应予惩处，承担相应的刑事责任。

二、案例2

1. 案情背景

2013年10月17日，王某与北京市某物资公司签订了拆迁安置居民回迁购房合同书，属于拆迁安置对象。该物资公司回迁楼建设完毕以后，分给王某 1 套三居室楼房。2015 年 10 月，物资公司如约将回迁楼建设完毕并交付使用。

王某在没有办理回迁入住手续的情况下私自进入该房，在向物业公司缴纳了装修押金 3000 元后，于 2016 年 3 月对该房进行了装修。装修过程中，王某雇佣没有装修资质的装修人员对房屋内部结构进行拆改，将多处钢筋混凝土结构承重墙砸毁，并将结构柱主钢筋大量截断。

其间，物资公司多次向王某发出停工通知，并委托房屋安全鉴定站对此房屋进行了鉴定，鉴定结论为：房屋墙体被拆改、移位，已对房屋承重结构造成破坏。但王某对此均未理睬。

2016 年 4 月，该物资公司向区人民法院提起诉讼，要求王某立即搬出强占的房屋，停止毁坏住宅楼主体结构的行为，消除危险，承担对所破坏房屋由专业施工单位进行修复的费用 77439.04 元、鉴定费 240 元以及加固设计费 1000 元。

2. 案件审理

一审法院经审理认为，凡涉及拆改主体结构和明显加大荷载的，房屋所有人、使用人必须向房屋所在地的房地产行政主管部门提出申请，并由房屋安全鉴定单位对装饰装修方案进行审定。经批准后，房屋所有人、使用人前往建设主管部门办理报建手续，领取施工许可证。

原有房屋装饰装修需要拆改结构的，装饰装修设计必须保证房屋的整体性、抗震性和结构安全性，并由具有资质的装饰装修单位进行施工。

本案中，王某在没有办理房屋入住手续的情况下私自进入房屋；未经有关部门批准，在装修过程中对房屋的主体结构及其他设施进行拆改；物资公司多次制止后仍不停止，给整幢房屋造成了严重安全隐患，应承担民事责任。

判决如下：

1）自本判决生效后 3 日内，被告王某将住房腾空，交原告物资公司。

2）自本判决生效后 3 日内，被告王某给付原告物资公司对住房的鉴定费 640 元、加固设计费 4000 元、加固费 63746 元，并由原告物资公司负责加固施工。

3）自加固工程完成后 30 日内，由被告王某负责将拆改的住房门厅隔断墙回复原状。

3. 案例评析

《建筑法》第四十九条规定："涉及建筑主体和承重结构变动的装修工程，建设单位应当在施工前委托原设计单位或者具有相应资质条件的设计单位提出设计方案；没有设计方案的，不得施工。"

《建筑法》第七十条规定："违反本法规定，涉及建筑主体或者承重结构变动的装修工程擅自施工的，责令改正，处以罚款；造成损失的，承担赔偿责任；构成犯罪的，依法追究刑事责任。"

《建设工程质量管理条例》第六十九规定："违反本条例规定，涉及建筑主体或者承重结构变动的装修工程，没有设计方案擅自施工的，责令改正，处 50 万元以上 100 万元以下的罚款；房屋建筑使用者在装修过程中擅自变动房屋建筑主体和承重结构的，责令改正，处 5 万元以上 10 万元以下的罚款。有前款所列行为，造成损失的，依法承担赔偿责任。"

根据上述法律规定，在房屋建筑装饰装修过程中，不论是建设单位还是房屋建筑使用者，都必须严格遵守法律的强制性规定。本案中，王某作为房屋建筑使用人，擅自变动建筑主体和承重结构，是严重的违法行为，不仅要依法承担赔偿责任，还应当受到建设行政主管部门的行政处罚。

三、案例3

1. 案例背景

2015年3月中旬，某地方建设行政主管部门对当地某建筑工程进行检查时，发现该工程建设单位将工程桩基部分肢解发包给A、B两家桩基施工单位（其中，A桩基施工单位不具有相应资质等级），且开工时未取得工程质量监督手续和建设工程施工许可证；A桩基施工单位超越本单位资质等级允许范围承接工程，且无建筑工程施工许可证违法施工；B桩基施工单位无建筑施工许可证违法施工。

该工程总建筑面积约150 000m^2，工程合同总造价约20 000万元，共有19个单体，地下室一层，工程分为两个标段。

A桩基施工单位（为地基基础专业承包三级资质）承接部分工程桩基合同，造价约800万元；B桩基施工单位承接部分工程桩基合同，造价约1000万元，工程于2007年12月下旬开工，2015年1月中旬才取得工程质量监督手续和建筑施工许可证，至检查时，桩基工程已全部施工完毕。

2. 案例评析

建设单位在工程建设过程中将桩基工程肢解发包给两家桩基施工单位（其中一家不具有相应资质等级），且开工时未取得工程质量监督手续和建设工程施工许可证，已经违反了《建筑法》第七条第一款（建筑工程开工前，建设单位应当按照国家有关规定向工程所在地县级以上人民政府建设行政主管部门申请领取施工许可证）、第二十四条第一款（提倡对建筑工程实行总承包，禁止将建筑工程肢解发包），国务院令第279号《建设工程质量管理条例》第七条（建设单位应当将工程发包给具有相应资质等级的单位；建设单位不得将建设工程肢解发包）、第十三条（建设单位在领取施工许可证或者开工报告前，应当按照国家有关规定办理工程质量监督手续）的规定。根据《建设工程质量管理条例》第五十五条（违反本条例规定，建设单位将建设工程肢解发包的，责令改正，处工程合同价款0.5%以上1%以下的罚款）的规定对建设单位进行处罚。

A桩基施工单位超越本单位资质等级许可的业务范围（三级资质可承担工程造价300万元及以下）承接工程，且无建筑工程施工许可证违法施工，违反了《中华人民共和国建筑法》第二十六条（承包建筑工程的企业应当持有依法取得的资质证书，并在其资质等级许可的业务范围内承揽工程），《建设工程质量管理条例》第二十五条第二款（禁止施工单位超越本资质等级许可的业务范围或者以其他施工单位的名义承揽工程）的规定；根据《建设工程质量管理条例》第六十条（违反本条例规定，勘察、设计、施工、工程监理单位超越本单位资质等级承揽工程的，责令停止违法行为，对施工单位处工程合同价款2%以上4%以下的罚款）的规定对A桩基施工单位进行处罚。

B桩基施工单位无建筑工程施工许可证违法施工，违反了《建筑工程施工许可管理办法》第三条第一款（本办法规定必须申请领取施工许可证的建筑工程未取得施工许可证的，一律不得开工）的规定；根据《建筑工程施工许可管理办法》第十条（对未取得施工许可证或者规避办理施工许可证将工程分解后擅自施工的，由有管辖权的发证机关责令改正，对于不符合开工条件的责令停止施工，并对建设单位和施工单位分别处以罚款）、第十三条（本办法中的罚款、法律、法规有幅度规定的从其规定，有违法所得的处5000元以上30000元以下的罚款）的规定对B桩基施工单位进行处罚。

四、案例4

（一）案例背景

1. 基本案情

本诉原告（被反诉人）：通州某建筑安装工程有限公司

本诉被告（反诉人）：北京某建设工程总承包公司

本诉的诉讼请求：要求判令被告立即支付工程款1997832元。

2015年11月18日，被告（反诉人）与原告（被反诉人）就苏州BLP厂房工程签订工程分包合同，将总包的苏州BLP厂房工程分包给原告施工。约定由原告承包厂房（51000m²）土建、围墙、临时设施、食堂等施工任务，承包范围：包工、包料、包工期。承包金额：合同总价暂定为人民币1800万元（以实际发生工程量为准）。取费标准：执行甲方（即总承包商）与业主的建设工程合同中的价格条件。2017年4月4日，双方又签订"补充协议"，明确承包范围：厂房土建、安装的人工费、脚手架费；办公楼、食堂、围墙、门卫室的土建和安装、装饰的人工费、脚手架费；室外总体道路的人工费；地下水管的人工费；临时设施费用；业主、监理的生活、就餐及设施费用。

原告认为其已按时完工。2007年10月13日，双方就工程款进行了结算，确认应支付原告工程款为人民币1800万元，被告已支付1100万元，后被告又垫付原告人员工资、土方、钢管租赁等费用共计3182168元，按工程款总额的90%计算，原告尚有到期的工程款1997832元没有支付。

反诉方认为：原告承包的工程合同总价暂定为人民币1800万元（以实际发生工程量为准），因此，对原告的工程款应当进行工程造价鉴定。在合同履行过程中，反诉人共给付被反诉人工程款1484.0821万元，但被反诉人完成的工程总量为738万元（暂估），且在没有完工的情况下拒绝履行合同义务，因此，被反诉人应返还反诉人工程款745万元（暂估）。

另外，在施工过程中，由于被反诉人野蛮施工，导致厂房室内地坪裂缝，被业主要求返工整修；而且因施工质量低劣，业主要求更换分包商，该部分工程的返工整修全部由反诉人自己完成。该部分工程返修整改的直接费为4541799元。另外，厂房、办公楼等附属工程的内外墙面裂缝、空鼓、室外地坪局部裂缝空鼓、界格缝不顺直、错缝等维修整改的直接费用为330400元。以上工程都属于被反诉人承包的工程，由于被反诉人被业主清理出了现场，因此这些工程的返修整改工作都由反诉人自己完成。该部分工程返修整改的费用理应由被反诉人承担，因此，被反诉人应当赔偿反诉人总计人民币581万元。

被反诉人的诉讼请求：

1）判令被反诉人支付反诉人应工程质量缺陷造成的人民币损失581万元。

2）判令被反诉人返还反诉人工程款745万元。

因本案反诉的诉讼标的超过200万元，案件由苏州市虎丘人民法院移交苏州市中级人民法院审理。

2. 本案的证据材料

1)诉讼主体资格的证据：北京市某建设工程总承包公司的营业执照及企业资质等级证书。

2)合同内证据（证明双方之间确立的法律关系）：业主与总承包商签订的"施工总承包合同协议书"及总承包商与分包商签订的"施工分包合同"及其"补充协议"。

3)合同履行情况的证据："苏州BLP项目工程量清单""通州市某建筑安装工程有限公司承包工程范围费用汇总表""工程款发票""苏州BLP项目工地未结清单位付款统计表""苏州BLP项目部账户最终核结报告表""苏州BLP项目劳务付款表""苏州BLP项目劳务付款明细及付款凭证"等。

4)证明分包商违约的证据："苏州BLP与北京某建设工程总承包公司'补充协议'及厂房地坪整改措施""厂房地坪及厂房、办公楼墙体质量缺陷来往邮件及照片""厂房地坪施工专题会议纪要""苏州BLP项目业主与总承包商电子邮件（含专家意见及照片）"。

5)证明违约损失的证据："苏州BLP项目办公楼墙体裂缝处理意见""苏州BLP厂房等质量缺陷返工整改费用汇总及明细表"。

3. 法院审理过程

(1)委托司法鉴定

反诉人在提起反诉的同时，还应申请工程质量鉴定和工程造价鉴定。

1)工程造价鉴定。在诉讼中，北京某建设工程总承包公司申请法院委托权威的工程造价鉴定机构对原告承包的工程量及其工程价款进行审核鉴定。

经法院委托，2017年9月17日，苏州某工程造价事务所出具的"关于BLP工程项目工程造价司法鉴定报告"，鉴定该部分工程的人工费及脚手架等费用是520万元。

2)工程质量鉴定。本案诉讼中，因北京某建设工程总承包公司提起反诉，双方同意由法院委托权威的工程质量检测机构鉴定，对通州某建筑安装工程有限公司实际施工的苏州BLP工程项目厂房地坪是否存在质量问题进行鉴定。

2017年11月28日，苏州某司法鉴定所的"苏州BLP厂房室内原地面工程质量鉴定报告"认定苏州BLP厂房室内原地面存在的主要质量问题是：

① 原地面混凝土存在不密实现象，属混凝土缺陷（空洞、夹渣）。

② 原地面混凝土存在贯穿裂缝。

③ 原地面混凝土在上层设计保护层范围内均未发现钢筋，钢筋实际布设在原地面混凝土底部，严重偏位；背离设计目的和规范要求。

④ 原地面砂石垫层存在疏松现象。

(2)原告变更诉讼请求

2017年2月5日，被告提起反诉后，原告变更诉讼请求为：要求被告立即支付工程款2790496元。

2018年3约日，原告又变更诉讼请求：

1)要求判令被告立即支付工程款501万元。

2)判令被告向原告支付拖欠工程款的利息357428元。

变更诉讼请求的理由是原告起诉时，被告应付款仅为应支付至90%，现因自业主发出接受工程项目证书之日起已经超过13个月。根据约定，被告应支付至95%，即1800万元×

95% = 1710 万元。拖欠的工程款为 1710 万元 – 1100 万元 = 501 万元。

(二) 审裁结果

1. 关于工程款的结算依据

法院审理认为，本案中就同一工程先后签订了"施工承包合同"及"补充协议"，其中2015 年 11 月 18 日签订的施工承包合同明确通州某建筑安装工程有限公司是包工包料（双包）施工，2017 年 4 月 4 日签订的"补充协议"明确通州某建筑安装工程有限公司是单包施工。双方对实际履行哪份合同均未能充分举证证明，北京某建设工程总承包公司也不能证实第一份双包合同未履行或已解除。

法院对 2017 年 4 月 4 日变更为单包施工合同，合同结算金额为 1800 万元的观点予以采信。因此判决北京某建设工程总承包公司按 1800 万元向分包商通州某建筑安装工程有限公司履行付款义务，扣除已付和代付款项，北京某建设工程总承包公司尚欠工程款 3797832 元。

2. 因工程质量缺陷引起的损失认定

法院对北京某建设工程总承包公司主张厂房、办公楼等附属工程的内外墙存在的裂缝、空鼓、室外地坪局部裂缝空鼓、界格缝不顺直、错缝等质量问题造成的损失因未通过鉴定部门做出鉴定结论，北京某建设工程总承包公司的主张举证尚不充分，故不予支持。

关于厂房室内地坪返修费用 4724927 元，法院认为，经苏州某房屋安全司法鉴定所鉴定，导致原地坪质量问题的主要原因在于施工方，考虑到原地坪施工完毕后总包方应业主要求又重新施工了地坪，原地坪为新地坪所覆盖，原地坪并未完全凿除，尚有可利用的价值，而新地坪已经通过整体验收，且北京某建设工程总承包公司又得到了业主一定的补偿，故通州某建筑安装工程有限公司应就原地坪施工承担相应的质量责任；根据北京某建设工程总承包公司设计的原地坪未包括防潮层及新地坪施工增加防水层并通过竣工验收的事实，北京某建设工程总承包公司对原地坪施工质量缺陷也负有一定责任。综上，法院酌定双方各承担 50% 的质量责任。北京某建设工程总承包公司对原地坪投入的材料费为 3498962 元，通州某建筑安装工程有限公司承担 50% 的质量责任，为 1749481 元。

通州某建筑安装工程有限公司为施工原地坪投入的人工费 106 万元应于双方工程款结算中做合理扣除，法院确定扣除 531022 元（新地坪造价为 380 万元，业主补偿款为 995290 元），判决通州某建筑安装工程有限公司赔偿北京某建设工程总承包公司损失 3151835（1749481 + 1402354）元。

一审判决后，双方均提出上诉。二审发回重审。

(三) 案例评析

1. 本案争议的焦点

第一个焦点：分包合同中约定的 1800 万元，究竟是包干价（闭口价）还是需要按工程量据实结算的暂估价（开口价）？

北京某建设工程总承包公司认为：双方合同中约定的 1800 万元应该是按工程量据实结算的暂估价。

通州某建筑安装工程有限公司认为：双方签订的是一口包死的固定总价合同。

第二个焦点：北京某建设工程总承包公司与通州某建筑安装工程有限公司是否未进行过工程结算？

双方就工程价款进行过结算，其证据就是 2017 年 10 月 12 日的"苏州工地未结清单位付款统计表"。

第三个焦点：通州某建筑安装工程有限公司承担的工程是否存在质量问题及如何修复？

北京某建设工程总承包公司认为通州某建筑安装工程有限公司承包的工程存在严重质量问题是客观事实。

从"鉴定报告"的鉴定结论和原因分析得出的结论是，苏州BLP厂房原地坪的质量问题是施工不当造成的，而该地坪的施工单位是通州某建筑安装工程有限公司，通州某建筑安装工程有限公司应当承担因工程质量问题造成的损失。

2. 建设工程纠纷诉讼途径解决的特点

1）建设工程案件争议标的额大，诉讼成本高。

案件的受理费是按案件诉讼标的收的，案件金额大，收费就越高；本诉的诉讼费是23963元，反诉的诉讼费是87288元。另外，司法鉴定的费用也高。工程造价的鉴定费是17万元，工程质量的鉴定费是528000元。

2）建设工程纠纷案件，诉讼关系复杂。

本案既涉及总包商与分包商的合同关系，又涉及总包商与业主的总承包合同；案件纠纷起因，既有工程价款问题，又有工程质量缺陷引起的修复、返工和赔偿问题。

3）建设工程案件证据材料多。

建设工程纠纷案件所需要的证据材料多，建设工程活动中的许多文件资料都是诉讼证据材料，如协议书、招标文件、投标书、施工图、监理工程师签证、会议纪要、与业主往来的电子邮件、检测结论、工程结算书、现场照片等。

4）专业性强。

建设工程纠纷的专业性很强，如工程质量问题，并不能仅凭表面观感，还必须进行专业鉴定。工程造价的确定也是一个专业性很强的工作，如果双方对结算资料有异议，就要通过司法鉴定解决。司法鉴定的证明力要高于决算书。

复习思考题

1. 工程合同争议有哪几种常见类型？引起合同终止可能有几种情况？
2. 和解的概念和原则是什么？
3. 调解的概念和原则是什么？调解解决争议的几种方式和应注意的问题是什么？
4. 什么是争议评审？其基本程序是什么？
5. 仲裁的概念、特点、原则和程序是什么？
6. 简述法院对仲裁的协助和监督。
7. 诉讼的概念、特点和程序是什么？简述执行程序。
8. 运用诉讼时效应当注意的问题有哪些？
9. 搜集证据的基本要求有哪些？
10. 结合建筑业和企业实际，谈谈如何防止产生工程争议及其防范措施。

参 考 文 献

[1] 徐勇戈，曹吉鸣. 建设项目管理 [M]. 北京：高等教育出版社，2012.
[2] 徐勇戈. 建筑工程施工组织与管理 [M]. 西安：西安交通大学出版社，2015.
[3] 李启明，邓小鹏. 建设项目采购模式与合同管理 [M]. 北京：中国建筑工业出版社，2011.
[4] 何伯森. 国际工程合同与合同管理 [M]. 2 版. 北京：中国建筑工业出版社，2010.
[5] 徐勇戈，宁文泽. 建设法规 [M]. 西安：西安交通大学出版社，2016.
[6] 李启明. 土木工程合同管理实务 [M]. 南京：东南大学出版社，2009.
[7] 李启明，朱树英，黄文杰. 工程建设合同与索赔管理 [M]. 北京：科学技术出版社，2001.
[8] 李启明. 土木工程合同管理 [M]. 3 版. 南京：东南大学出版社，2015.
[9] 成虎. 工程合同管理 [M]. 北京：中国建筑工业出版社，2005.
[10] 黄文杰. 工程建设合同管理 [M]. 北京：高等教育出版社，2004.
[11] 朱宏亮，成虎. 工程合同管理 [M]. 北京：中国建筑工业出版社，2006.
[12] 全国监理工程师培训教材编写委员会. 工程建设合同管理 [M]. 北京：知识产权出版社，2019.
[13] 雷俊卿. 合同管理 [M]. 北京：人民交通出版社，2000.
[14] 杨立新. 合同法总则：上册 [M]. 北京：法律出版社，1999.
[15] 张广兴，韩世远. 合同法总则：下册 [M]. 北京：法律出版社，1999.